长江中游通江湖泊
江湖关系演变及其效应与调控

杨桂山

陈剑池　张　奇　姜　霞等　著

科学出版社

北京

内 容 简 介

本书是关于长江中游自然通江的洞庭湖、鄱阳湖与长江江湖关系演变及其生态环境效应与调控的研究专著。本书系统揭示了近 60 年长江与洞庭湖和鄱阳湖江湖关系变化规律、阶段特征及其机制，阐明了三峡水库蓄水运行对长江中游通江湖泊江湖关系变化的影响，明确了江湖关系变化对通江湖泊水文情势与极端干旱事件、湖泊水环境演变与富营养化风险、湖泊水域与洲滩湿地生态演替及候鸟栖息地生境的影响程度，定量评估了近 30 年长江中游通江湖泊江湖关系健康状态与三峡运行以来的变化特征及其主导驱动因素，提出了三峡与通江湖泊流域水库群联合优化调度方案建议，建立了长江中游江湖水系统水安全预警预测与江湖关系优化调控系统平台。

本书可供地理学、水文学、环境学、湖泊学和生态学等学科的科技工作者，以及高等院校相关专业的师生阅读使用。

图书在版编目（CIP）数据

长江中游通江湖泊江湖关系演变及其效应与调控/ 杨桂山等著. —北京：科学出版社，2021.12

　ISBN 978-7-03-071181-6

Ⅰ. ①长… Ⅱ. ①杨… Ⅲ. ①长江流域–中游–湖泊–研究 Ⅳ. ①P942.07

中国版本图书馆 CIP 数据核字(2021)第 268891 号

责任编辑：彭胜潮　李　静 / 责任校对：何艳萍
责任印制：肖　兴 / 封面设计：铭轩堂

科 学 出 版 社 出版
北京东黄城根北街 16 号
邮政编码：100717
http://www.sciencep.com
北京九天鸿程印刷有限责任公司 印刷
科学出版社发行　各地新华书店经销
*
2021 年 12 月第 一 版　开本：787×1092　1/16
2021 年 12 月第一次印刷　印张：28 1/4
字数：670 000
定价：260.00 元
（如有印装质量问题，我社负责调换）

前　言

长江中游地区是我国重要的商品粮基地,自古就有"湖广熟,天下足"的美誉,近年来,加快构建以长江中游城市群为组成的长江经济带成为国家总体发展战略的重要组成部分。长江中游湖泊密布,历史上均与长江自然连通,形成了自然的江、河、湖复合生态系统,位于其中的鄱阳湖和洞庭湖两个大型淡水湖泊,至今仍保持着与长江自然连通的状态。两湖流域年径流量占长江年径流总量的40%以上,是长江中下游优质水源的重要补充,成为国家战略水源地的重要组成;两湖作为长江中游防洪体系中极重要的一环,分别承担着蓄洪 160 亿 m^3 和 25 亿 m^3 超额洪水的任务,在中游江湖水系中的防洪地位不可替代,均是历代防洪的重点区域;两湖独特的水域和湿地生态系统,孕育了极其重要的生物资源,作为包括白鹤、大天鹅、小天鹅和东方白鹳等世界珍稀鸟类东亚最为重要的越冬候鸟栖息地,其生物多样性保护的国际地位不可替代。

自然通江的洞庭湖和鄱阳湖与长江之间形成了各具特色和错综复杂的水沙交换关系,洞庭湖接纳长江荆江三口(调弦口 1958 年建闸堵闭,现为三口)分流及上游湘、资、沅、澧四水来水,调蓄后在城陵矶与长江汇流,形成吞吐长江之势;鄱阳湖承接上游赣、抚、信、饶、修五河来水,由湖口北注长江,与长江相互顶托(长江间或倒灌入湖)关系。两湖与长江关系相互作用、互为制约,决定着两湖和长江中下游的水文情势变化,进而影响区域防洪、供水、水环境和水生态安全维护,是长江中游水问题的核心。

20 世纪中叶以来,一系列江湖整治和水资源利用工程建设等人类活动导致江湖关系发生深刻变化,其间经历了如 60 年代前的湖泊大规模围垦和荆江调弦口建闸封堵、70年代的下荆江裁弯、80 年代葛洲坝水利工程建成运行、90 年代末的退田还湖和 21 世纪初三峡及上游控制性水利枢纽工程建设运行等不同作用。这些重大水利工程所带来的干流水沙与河道地形,以及湖盆容积与形态变化等,直接导致江湖水沙交换过程与通量的连锁调整,改变江湖水文水动力特征,进而影响江湖蓄泄能力、湖泊水资源、水环境质量、湖泊生态系统完整性与稳定性,以及湿地生物多样性与珍稀候鸟栖息地生境等各个方面。

特别是进入 21 世纪以来,三峡工程等上游控制性水利枢纽相继建成运行,又强力驱动着江湖关系的新一轮调整,尤其是三峡工程蓄水运行的影响,成为政府、社会和学术界共同关注的焦点,亟须开展相关的系统深入研究,突破重大水利工程与大型河湖系统相互作用的过程与动力学机制理论,预测其发展趋势,提出以长江中游江湖水系重大水利工程一体化调度为核心的江湖关系优化调控方案,以维护长江中游水安全,保障长江经济带发展等国家战略的顺利实施。

十多年来,随着三峡工程正常蓄水运行,长江中游来水来沙条件对江湖关系的影响及由此带来的一系列效应,给长江中下游水安全带来严峻挑战:一是小水大灾,受湖区大规模围垦、联圩并垸和河湖冲淤变化等多种因素影响,长江中游地区同水位条件下过流能力大大降低，进而加重洪水灾害；二是季节性水资源短缺，在降水丰枯变化和重大水利工程蓄水运行的综合影响下，长江中游江湖水系冬春季近年来出现持续性严重干旱，洞庭湖和鄱阳湖都出现了接近或超过历史最低枯水位，引起湖区灌溉，甚至沿湖农村和城市居民饮水困难；三是局部水质恶化和富营养化加重，江湖关系变化改变湖泊水动力条件，湖泊污染物质(营养物质)输移过程和降解能力也随之改变，污染物质在一定的气象水文条件下，在特定区域富集，造成水质下降和藻类水华发生；四是水域和湿地生态系统面临威胁，两湖生物多样性丰富，江湖关系改变引起湖泊湿地水文条件发生变化，影响湿地植物的萌发和生长，进而改变珍稀候鸟栖息地生境和湿地生态系统的完整性和稳定性。维护江湖两利的健康江湖关系，减缓三峡工程运行对江湖关系和湖泊生态系统造成的负面影响，是保障长江中游地区水安全的关键。

解决长江中游江湖愈发复杂的水文、通江湖泊环境与生态问题，亟须江湖关系变化机制、效应与优化调控原理的支撑。江湖关系敏感而脆弱，局部水沙条件的变化就可能引起江湖连锁反应，影响湖泊水动力和泥沙在河湖系统内部分布，不仅引起短期的水文水动力、泥沙运动变化，而且对河床和湖泊地貌长期演变产生影响，进而可能触发河湖系统一系列的水环境和水生态问题。重大水利工程对长江中游江湖关系的影响集短期可见性和长期难以预知性于一体，其影响过程极其复杂，因此，探明江湖水沙运动及其地形演变规律，阐明江湖关系演变的过程与机制及其重大水利工程影响机理，揭示江湖关系变化的水文、水环境和水生态效应，并在此基础上，明确江湖水系统健康阈值，构建大型江湖系统的健康评价理论与方法，提出江湖关系优化调控的原理和方案，是当前亟须开展并解决的基础科学问题。

目前，河流水沙运移过程与机制研究已受到国内外水文学界的广泛关注，但针对大型河湖系统水沙变化一体化研究则较少，特别是重大水利工程对河流与湖泊水沙相互作用影响的研究更是不足。长江中游重大水利工程对水沙影响多关注江湖水情和干流河道冲淤变化，极少关注通江湖泊泥沙冲淤与洲滩发育过程和机制，对江湖关系研究也多以历史水文资料分析研究为主，而对决定江湖相互作用的交汇河段河床演变对三维水流和泥沙输移动力特征响应及其对江湖水情变化的影响研究不足。水流和泥沙数学模型作为定量模拟与预测水域水动力和泥沙输移过程的重要手段，现状研究成果多基于局部、分块的一维水沙数学模型，从江湖水系统整体角度，开展涵盖长江中下游干流和洞庭湖、鄱阳湖一体化的水沙模拟分析明显缺乏。

与水沙变化研究相比，针对通江湖泊水沙交换变化产生的湖泊水环境与水生态效应研究则更少。江湖关系变化改变湖泊水文水动力场，对湖泊污染物浓度、形态、分布和降解规律产生影响，并使湖泊初级生产力、藻类生物量、种群结构和空间分布规律等富营养化效应发生改变。目前鄱阳湖和洞庭湖正处于中营养向富营养转化的关键阶段，如何维持这两大通江湖泊"一湖清水"，亟待对江湖关系调整引起的湖泊水文、水动力变化对水环境与水生态影响进行深入研究。同时，湖泊水文水动力条件是决定湖泊湿地生态系统演替的决定因素，已有研究主要侧重于湖泊水文、湿地植被格局及生物多样性单一研究，缺乏从水文生态过程角度，探讨湖泊湿地生态系统生物-非生物关键因子的动态耦合关系，以揭示湿地水文、生源要素生物地球化学循环过程及其与植被生长与种群竞争相互作用机理。

在自然和人为双重因素持续加大的影响下,长江中游江湖关系深刻变化是否已超出了健康的范围,以至于需要人类的强烈干预才能维护长江中游水安全,既是一个亟待回答的实践问题,也是一个重要的科学问题。由于区域的差异性,至今国际上对江湖关系健康的内涵、健康标准及其评价指标选择和确定原则等仍无统一认识,目前河湖健康研究实践多以河段和局部生境为主,长江中游大型江湖系统作为一个复杂开放的复合生态系统,江湖相互作用关系健康研究兼具对象的独特性和问题的复杂性,需要开展探索研究。

长江流域干支流大型水库群运用是中下游江湖系统来水来沙条件变化和水环境与水生态质量下降的重要影响因素,开展干支流水库群联合优化调度成为改善江湖关系和保障江湖水安全的重要路径。由于工程优化调度及湖泊水安全与江湖关系改善涉及要素多、响应关系复杂,传统决策支持系统由于缺乏动态的、多目标的、多层次的、多情景的模型模拟支撑,无法全面考虑整个系统的不确定性和复杂性,不能满足区域水量、水沙、水质和生态综合管理的需求,亟待开发基于 GIS 与高性能计算技术、包含多目标和多情景水库群优化调度决策模型在内的湖泊水安全预测预警与江湖关系优化调控决策支持系统。

基于此,2012 年,科技部重点基础研究(973)计划在资源环境领域批准设立“长江中游通江湖泊江湖关系演变及其生态环境效应与调控”项目,旨在揭示长江中游通江湖泊江湖水沙交换关系的演变过程及其与江湖水沙运移、地形演变互馈影响的机理,阐明重大水利工程影响下江湖关系变化及对湖泊生态系统影响的机制,创建江湖关系健康评价与优化调控的原理与方法;预测三峡工程影响下江湖水沙交换过程与通量变化及其湖泊水文、水环境与水生态演变趋势,寻求优化江湖关系的中游江湖水系重大水利工程一体化调度方案,为客观认识三峡工程蓄水运行对中游江湖系统生态环境影响和国内外大型河湖水系一体化管理提供理论依据和科学支撑。

项目在中国科学院南京地理与湖泊研究所、水利部 交通运输部 国家能源局南京水利科学研究院、河海大学、中国环境科学研究院、水利部长江水利委员会水文局,以及中国科学院地理科学与资源研究所、中国科学院亚热带农业生态研究所、北京林业大学、江西师范大学、中国科学院测量与地球物理研究所等科研机构数十位科研工作者历经五年的共同努力下,以长江中游大型江-湖-河系统为研究对象,以江湖关系变化为主线,以三峡工程影响下江湖关系演变趋势及其湖泊水文、水环境和水生态效应研究为重点,以江湖关系优化调控为目标,系统收集了长江中游干流和洞庭湖、鄱阳湖及其入湖河流代表站点水文、泥沙、气象、水环境和水生态长序列观测数据以及三峡水库与湖泊入湖河流水库群水利工情资料;开展了野外水沙原型观测、水环境与水生态断面调查、洲滩湿地定位观测、室内江湖分汇河段水沙运动和河床冲淤定床与动床大型物理模型试验、湿地植物萌发与水情关系,以及植物对水沙输移影响等控制试验,建立了长江中游大型江湖水系统水文-水环境-水生态综合数据库;构建了长江干流一二维非恒定流泥沙及三维紊流泥沙数学模型、湖泊二维水沙模型、湖泊水动力-水质及富营养化模型、洲滩湿地生态水文模型、江湖一体水动力-泥沙模型等不同过程定量分析工具。

　　本研究揭示了近 60 年长江与洞庭湖和鄱阳湖江湖关系变化规律、阶段特征及其机制，阐明了三峡水库蓄水运行对长江中游江湖分汇河段河床演变和江湖关系变化的影响，明确了江湖关系变化对通江湖泊水文情势与极端干旱事件、湖泊水环境演变与富营养化风险、湖泊水域与洲滩湿地生态演替及候鸟栖息地生境退化的影响程度，定量评估了近 30 年长江中游通江湖泊江湖关系健康状态与三峡运行近 10 年来的变化特征及其主导驱动因素，形成了三峡与通江湖泊流域水库群联合优化调度方案和长江中游江湖水系统水安全预警预测与江湖关系优化调控系统平台，并取得了多项重要研究进展。

　　一是自主研制长江中游江-湖-河一体化大型水系统水沙数学模型，全面系统阐明了长江中游通江湖泊江湖关系演变过程及重大工程的影响机理，科学回答了不同时期重大江湖整治与利用工程对长江中游江湖关系的影响。研究综合近 60 年的长江干流水文、泥沙、河湖地形原型观测资料和研制的水沙数学模型：①系统揭示了长江中游江湖水沙长历时的周期性、趋势性及突变性变化规律及不同时期重大整治与利用工程的影响方式，辨识了自然因素(以气候因素、河床自适应调整及湖泊自然淤积为主)和人类活动(湖泊围垦与退田还湖、下荆江裁弯、水土保持工程、人工采砂活动及以三峡水库为核心的梯级水利枢纽工程)对江湖水系水情时空变化的影响及叠加效应。发现长江中游江湖关系演变经历了三个主要阶段：1956～1980 年长江对湖泊影响强，湖泊对长江作用减弱，江湖关系调整较为剧烈；1981～2002 年江湖相互作用强度减弱，江湖关系缓慢调整；2003～2015 年长江干流河道强烈冲刷，湖泊泥沙淤积大幅减少，江湖关系重新调整。②对比三峡蓄水运行以来的 2003～2013 年 1980～2002 年和两个时段两湖江湖关系，发现 2003 年后洞庭湖和鄱阳江湖关系都发生了显著变化，长江对两湖的作用都由顶托转为拉空，除湖泊枯水期(12 月至次年 3 月)外，涨水(4～5 月)、丰水(6～8 月)和退水期(9～11 月)两湖江湖关系变化均较显著，尤以退水期长江对两湖拉空作用最为强烈。③自主研制了长江中游江-湖-河一体化的大型水系统水沙数学模型，首次从动力学角度解析了三峡工程对长江中游顺直微弯、弯曲分汊和藕节状分汊三种类型河段演变影响，综合植被对水沙机理研究，建立了湖泊二维水沙模型，评估了三峡工程运行引起的江湖关系变化对湖泊水沙输移、洲滩演变的影响；模拟揭示了三峡工程试验性蓄水对江湖水情影响的分量，以及典型水文年条件下三峡工程对江湖水量交换的影响，表明三峡 9～11 月集中蓄水加剧了汛末长江中游干流河道的枯水情势，使水位消落提前，长江对湖泊拉空作用增强，导致湖泊枯水期提前、历时延长和枯水期超低水位频现。

　　二是发展了大型通江湖泊-流域水文水动力联合模拟方法，揭示了三峡水库蓄水运行条件下江湖关系变化对两湖水情的影响机制与极端干旱事件成因，澄清了国内外各界对近年频频发生的两湖地区枯水季干旱问题的疑虑和争论。研究借助长序列湖泊及流域水文、气象观测资料和近 30 年遥感影像数据等：①在湖泊平原区(湿地)产流过程模拟中首次考虑了地表水-地下水的相互作用机制，有效提高湖泊-流域水文水动力联合模拟的精度。借助模型模拟，阐明了 20 世纪 50 年代以来湖泊水文变量长序列时空变化特征及 2003 年三峡蓄水运行以来的新特点，评估了鄱阳湖水利枢纽建设的水文水动力效应，表明水利枢纽可提升鄱阳湖枯水期北部水位，使南北水位差减小，减小湖泊流速 44%～50%，增大湖泊换水周期 27%～53%，显著影响湖泊的水动力场和江湖连通性。②揭示了江湖关系改变对湖泊枯、涨、丰、退四个时期水文情势的影响，对不同的水文年型计算表明，与 1956～2002 年平均水位相比，枯水期三峡水库消落运行将导致洞庭湖平均水位升高 0.4～0.8 m、鄱阳湖升高 0.2～0.5 m，水库枯水期补水过程对两湖水位有一定程度的抬升，但作用不显著；涨水期水库汛前腾空运行将导致洞庭湖平均水位升高 0.5～0.7 m、鄱阳湖升高 0.5～0.7 m，对两湖流域防洪有一定不利影响；丰水期水库调洪将导致洞庭湖最高洪水位削减 0.81 m、鄱阳湖削减 0.37 m，可有效降低湖泊洪峰水位，对坦化湖区洪峰和缓解洪水压力效果明显；退水期水库汛末蓄水将导致洞庭湖平均下降 1.7～2.1 m、鄱阳湖下降 0.8～1.5 m，两湖退水提前、水位下降加快，是东洞庭湖(南、西洞庭湖影响较弱)和鄱阳湖秋季发生异常低枯水位的主要原因。③以湖泊干旱指数界定湖泊干旱事件，分辨了流域和长江对湖泊极端干旱的不同影响机制，相比 1961～2010 年，近十年来两湖都表现为干旱持续时间延长，发生频率增大，干旱强度显著增强，但两湖在干旱发生的时段和干旱强度上存在差异；湖泊干旱受流域降水和长江来水的共同影响，作用机制复杂，主次因子随不同干旱事件转换，总体上，三峡运行以来两湖历次干旱事件中，流域降水偏少导致的入湖径流减少的贡献为 45%，湖区降水减少和蒸散增加的贡献为 31%，而长江拉空作用增强导致出湖径流增加的贡献仅为 24%。

三是构建了大型通江湖泊水文水动力-水质-富营养化模型，模拟揭示了江湖关系变化对两湖水环境容量及水华发生风险的影响，清晰表明三峡和两湖水利枢纽工程建设运行将不同程度加剧湖泊富营养化和局部藻类水华发生风险。 研究全面分析了鄱阳湖和洞庭湖湖区水质历史资料，结合湖泊水环境监测、蓝藻生长原位试验和湖泊水质水动力模型研制：①阐明了近 30 年两湖水环境演变及藻华时空变化特征，以及江湖关系变化前后两湖水环境质量、营养状态和水华发生区域变化，表明鄱阳湖湖体水质相对较好，但水体中的氮磷浓度整体呈缓慢上升趋势；浮游植物种类下降，蓝藻种属个数增加，中东部及南部尾闾区水动力作用小，蓝藻生物量较高，是水华发生的高值区。洞庭湖氮浓度显著增大，磷浓度有所下降，水体营养状态指数呈上升趋势，东洞庭湖富营养化程度高于其他湖区；洞庭湖的大小西湖区域是藻类生物量的高值区，水华暴发时间主要为 4～8 月，大小西湖常年有水华存在。②通过现场原位观测和室内模拟等手段，定量研究了沉积物溶解性活性磷、有效磷含量、扩散通量，分析了不同流速、水位对沉积物/水界面氮、磷释放影响及释放机理，表明沉积物氮磷释放能力与湖体流速有关，同时铁的氧化还原循环也是影响沉积物中磷吸附与解吸过程的关键因素，氧化还原电位较高，利于铁的氧化和有效磷固定，氧化还原电位较低，利于铁的还原和有效磷的释放。③开发出适用于大型通江湖泊水文水动力-水质-富营养化模型，模拟了江湖关系改变对不同水情条件下洞庭湖、鄱阳湖水环境容量、营养状态指数和水华发生时空分布的影响。总体上，三峡蓄水运行引起的江湖关系调整，枯水期和涨水期由于湖泊水位有不同程度抬高，水环境容量有所增大，丰水期和退水期水位降低，湖泊水环境容量有所减少；对湖泊富营养化的影响主要在退水期，由于湖泊换水周期缩短，水质变差趋势明显，洞庭湖 TN 浓度最大上升 6.6%，TP 上升 12.7%，鄱阳湖 TN 和 TP 分别上升 12.4%和 13.6%，而此时的气温水温适合水华生长，导致局部湖区水华风险升高，尤其是鄱阳湖，大量碟形湖脱离主湖区，形成静水环境，水华风险更大。④模拟分析了洞庭湖城陵矶和鄱阳湖湖口水利枢纽建设运行对两湖水环境质量和富营养化的影响，表明枢纽在湖泊退水期和枯水期蓄水运行，将导致水体流速明显降低、水体滞留时间增大、水体透明度增加，湖区由急流河流型水体向缓流湖泊性水体转变，随着营养盐浓度升高，湖泊湖相状态下浮游植物生长所需的低流速、高水温与透明度物理条件与较低的营养盐浓度平衡将被打破，蓝藻将发展为两湖浮游植物的优势门类，叶绿素浓度显著升高，将加剧湖泊富营养化和局部藻类水华风险，特别是在流速降低较为明显的东洞庭湖湖区和鄱阳湖北部通江区、西部湿地区和河口尾闾区。

四是首次系统阐明了江湖关系变化下湖泊和洲滩湿地生态演变规律及其响应机制，明晰三峡运行对两湖生态的主要影响集中在湿地呈旱化演替趋势，候鸟适宜栖息地范围因退水提前导致的湿地植物过早萌发而有所减少。研究系统调查了洞庭湖和鄱阳湖两大通江湖泊浮游生物和底栖动物群落结构及生物量，获取了1989年以来两湖湿地分布格局遥感定量反演数据，开展了典型洲滩湿地水文、植被与土壤等关键水文生态要素定位观测：①探明了两湖指示性浮游生物和底栖动物种类和优势种群相似，但丰度和生物量存在差异；阐明了两湖浮游植物各门类生物量变化与水位波动的密切相关性以及湖泊水体流动特性对浮游生物汇集产生的影响；揭示了水情变化下湖泊底质分布对水流不同流速变化的响应，表明长江拉空作用增强，鄱阳湖底质有粗化的趋势，将导致底栖动物密度和优势种数量减少。②系统分析了江湖关系改变对两湖洲滩植被景观格局变化的影响及水文作用机制，阐明了植被格局变化的生态学效应，发现水文情势变化是控制两湖植被格局、群落动态及植被生长最关键环境要素，近年来两湖退水期和枯水期水位下降，导致林地、芦苇面积呈显著扩张趋势，植被扩张速率不断增加，湿地旱化演替趋势；各植被带分布高程逐步下移，东洞庭湖草洲和芦苇平均分布高程下限平均下移了0.37 m和0.45 m，鄱阳湖薹草和芦苇平均分布高程下限平均下移了0.34 m和0.43 m。③开展了水文节律与水鸟栖息地分布及水鸟种群数量关系的定量研究，建立了候鸟栖息地适合度模型，确定了枯水期水位变化过程(包括退水节点和速率)与雁类觅食草洲植被生长之间的关系，提出了江湖关系变化后维持鄱阳湖和洞庭湖珍稀候鸟种群数量的最佳适宜水位、退水时间节点和退水模式，结果表明，三峡水库运行两湖提前退水改变了洲滩植被生长状况，导致两湖草食性候鸟与食物可利用性之间"物候不匹配"，为保障食草性越冬候鸟食物资源，湖泊退水不应早于10月中上旬，退水时间提前和延迟，洲滩植物生长过早或受到抑制，均将导致越冬雁类食物资源匮乏，对于鄱阳湖越冬水鸟栖息地而言，枯水期最佳水位应维持在8.2～8.8 m。

五是开展了面向湖泊水安全的江湖关系健康评价和水库群联合优化调度方案研究，研制出长江中游通江湖泊水安全预测预警和江湖关系优化调控系统平台，为江湖关系优化调控和江湖一体化管理提供了科学依据和有效的技术工具。长江中游大型江湖系统受流域径流量丰枯变化和大型水利工程调蓄影响显著，健康评价和优化调控兼具对象的独特性和问题的复杂性：①创建了以湖泊水情要素为纽带、以湖泊水安全为核心的"湖泊水安全-湖泊水情-江湖关系-健康阈值"的江湖关系健康评价方法，依据湖泊水量平衡原理构建了通江湖泊江湖关系指数定量表征公式，确定了满足湖泊水安全的江湖关系健康阈值，阐明了1980年以来两湖江湖关系变化规律及阶段特征，表明2003年以来，鄱阳湖有5年、洞庭湖有3年江湖关系呈现不健康状态，显著高于1980～2002年平均，主要原因在于长江上游和两湖同时进入干旱期，两湖上游流域入湖流量显著减少，而长江上游干旱叠加三峡工程蓄水拦截上游来水量，进一步降低长江下游干流水位，导致湖泊退水期水位快速下降，加剧了湖泊水资源短缺。②以江湖关系健康为目标，通过水库概化和虚拟科学界定了有利于改善通江湖泊江湖关系的水库群优化调控对象，借助基于数据驱动的江湖一体化水情动态模拟和收敛性全面改善的改进自适应遗传算法，构建了三峡与两湖入湖河流水库群联合调度模型，提出了三峡与通江湖泊流域水库群联合优化调度方案，三峡蓄水期，通过蓄水初期减少水库下泄流量，适当提高起蓄水位，蓄水末期适当加大下泄流量，丰平水年，两湖生态需水均能得到满足，但枯水年改善作用有限，两湖生态需水保证均难达到70%；枯水期通过适当加大下泄流量，丰平水年两湖生态需水均能得到保障，而枯水年保证率也仅能达到76.3%～93.8%，表明单一优化调度难以满足枯水年两湖生态需水要求。③研制出长江中游通江湖泊水安全预测预警和江湖关系优化调控系统平台，采用大区域、多尺度、多要素的多源数据-模型交互模式，实现子模型不同时空尺度、编程语言、数据格式的耦合，基于底层函数库开发长江-两湖关系的可视化组件，实现江湖关系空间动态过程可视化和优化调控效果的决策支持。

　　本书是973项目"长江中游通江湖泊江湖关系演变及其生态环境效应与调控"(2012CB417000)研究系列成果的综合部分。全书共分10章。第1章为江湖关系格局与现状态势，着重介绍通江湖泊江湖关系内涵与表征，以及洞庭湖和鄱阳湖江湖关系现状与三峡工程运行以来的新情势。第2章为江湖水沙关系变化过程与阶段，着重阐述洞庭湖和鄱阳湖两湖近60年来江湖关系变化及其阶段。第3章为江湖水沙关系变化驱动机制，着重阐述影响通江湖泊江湖关系变化的主要自然和人为因素，定量甄别长江与流域来水变化对两湖江湖关系影响的贡献。第4章为三峡水库蓄水运行背景下江湖关系变化趋势，着重介绍长江中游江湖河一体水动力模型构建，阐述洞庭湖和鄱阳湖两湖江湖关系变化趋势。第5章为江湖关系变化对两湖水文情势的影响，着重阐述两湖水文水动力变化与影响因素、两湖水情对江湖关系变化的响应，以及江湖关系对两湖极端干旱事件和洪水演变的影响。第6章为江湖关系变化对两湖水环境的影响，着重阐述两湖水环境变化与影响因素，江湖关系变化对两湖氮磷输移转化、水环境容量和富营养化与藻类水华发生风险的影响。第7章为江湖关系变化对两湖水生态的影响，着重阐述两湖水生态系统结构及江湖关系变化的影响机制，两湖浮游植物群落、浮游甲壳动物群落和底栖动物群落结构对水情变化的响应。第8章为江湖关系变化对两湖湿地生态的影响，着重阐述两湖湿地分布及影响机制，湖泊洲滩湿地分布格局和珍稀候鸟栖息地生境对江湖关系变化的响应。第9章为保障湖泊水安全的江湖关系健康评价，着重阐述江湖关系健康与湖泊水安全内涵关联，以及湖泊水安全与江湖水情要素变化的关系，满足湖泊水安全的江湖关系健康评价。第10章为江湖关系优化调控路径与总体策略，着重阐述有利于江湖关系和保障湖泊水安全的干支流水库群联合优化调度，洞庭湖城陵矶和鄱阳湖湖口水利枢纽工程建设对湖泊水文与环境生态的可能影响，江湖关系优化调控系统构建，以及通江湖泊江湖关系调控的总体策略。

本书提纲和统稿工作由杨桂山负责，万荣荣、李冰等协助完成。各章节编写人员如下。

前言：杨桂山(中国科学院南京地理与湖泊研究所)。

第1章：责任作者杨桂山、陈剑池(水利部长江水利委员会水文局)；

1.1：张欧阳(水利部长江水利委员会水文局)，万荣荣(中国科学院南京地理与湖泊研究所)、杨桂山；

1.2：姜加虎(中国科学院南京地理与湖泊研究所)，李彦彦(江苏第二师范学院)，许全喜、朱玲玲(水利部长江水利委员会水文局)，戴雪(河海大学)；

1.3：姜加虎、朱玲玲、许全喜，李云良(中国科学院南京地理与湖泊研究所)。

第2章：责任作者陈剑池；

2.1：万荣荣、许全喜、何征；

2.2：李云良、朱玲玲；

2.3：朱玲玲、许全喜。

第3章：责任作者陈剑池、张奇(中国科学院南京地理与湖泊研究所)；

3.1：张丹(中国科学院南京地理与湖泊研究所)，朱玲玲、许全喜，姚静(中国科学院南京地理与湖泊研究所)；

3.2：许全喜、朱玲玲；

3.3：万荣荣、张奇、李云良、姚静。

第4章：赖锡军(中国科学院南京地理与湖泊研究所)。

第5章：责任作者张奇；

5.1：孙占东、黄群(中国科学院南京地理与湖泊研究所)，李云良、田泽斌(中国环境科学研究院)；

5.2：黄群、张奇、李云良、李冰(中国科学院南京地理与湖泊研究所)；

5.3：刘元波、孙占东、吴桂平(中国科学院南京地理与湖泊研究所)；

5.4：孙占东、李相虎(中国科学院南京地理与湖泊研究所)。

第6章：责任作者姜霞(中国环境科学研究院)；

6.1：王婷(中国环境科学研究院)；

6.2：王凌青(中国科学院地理科学与资源研究所)；

6.3：田泽斌、杜彦良(中国水利水电科学研究院)、王婷；

6.4：田泽斌、李冰、杜彦良、王婷。

第7章：责任作者陈宇炜(南昌工程学院)；

7.1：陈宇炜，蔡永久、刘霞、刘宝贵(中国科学院南京地理与湖泊研究所)；

7.2：刘霞、陈宇炜；

7.3：刘宝贵、陈宇炜；

7.4：蔡永久、陈宇炜。

第8章：责任作者杨桂山、雷光春(北京林业大学)；

8.1：万荣荣、戴雪、周静(中国自然资源经济研究院)，谢永宏(中国科学院亚热带农业与生态研究所)，谭志强(中国科学院南京地理与湖泊研究所)；

8.2：雷光春、关蕾、贾亦飞、刘云珠、朱轶、冯多多(北京林业大学)。

第 9 章：杨桂山、万荣荣、张艳会(南京晓庄学院)、李冰、戴雪。

第 10 章：责任作者杨桂山、戴会超(三峡集团)；

10.1：戴会超，毛劲乔(河海大学)；

10.2：姜霞、赖格英(江西师范大学)、田泽斌，王鹏、李林(江西师范大学)；

10.3：高俊峰、黄佳聪(中国科学院南京地理与湖泊研究所)；

10.4：杨桂山、李冰。

本书的出版首先要感谢科技部基础研究司国家重点基础研究(973)计划的支持，同时也要感谢中国科学院原资源环境科学与技术局、科技部基础研究管理中心等部门的指导和支持，感谢项目牵头承担单位中国科学院南京地理与湖泊研究所和各参与承担单位的大力支持以及各参加人员的辛勤工作与奉献。特别要感谢在项目立项论证、实施方案制订、年度研究进展总结和项目中期评估与结题验收各个环节给予全过程指导的中国科学院地理科学与资源研究所孙鸿烈院士及项目专家组全体成员，包括国家自然科学基金委员会原主任陈宜瑜院士、中国科学院生态环境研究中心傅伯杰院士、水利部南京水利科学研究院张建云院士、中国环境科学研究院郑丙辉研究员、三峡集团戴会超教授、水利部长江水利委员会水文局王俊教授级高级工程师等。本书最后仅列出主要参考文献，不少文献引用和标注难免有所疏漏，敬请各位谅解。书中其他不妥之处，也请读者一并批评指正。

长江中游水系图

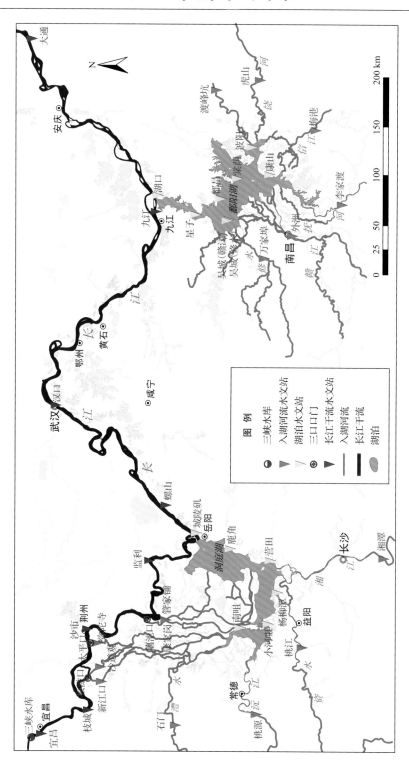

目　　录

前言

长江中游水系图

第1章　江湖关系格局与现状态势 ·· 1

　　1.1　江湖关系内涵与表征 ·· 1

　　　　1.1.1　江湖关系内涵 ·· 1

　　　　1.1.2　长江中游江湖关系系统表征 ···································· 2

　　1.2　洞庭湖江湖关系 ·· 7

　　　　1.2.1　洞庭湖江湖关系格局形成 ······································ 7

　　　　1.2.2　洞庭湖江湖关系特征 ·· 8

　　1.3　鄱阳湖江湖关系 ··· 18

　　　　1.3.1　鄱阳湖江湖关系格局形成 ····································· 18

　　　　1.3.2　鄱阳湖江湖关系特征 ··· 19

第2章　江湖水沙关系变化过程与阶段 ······························· 31

　　2.1　洞庭湖江湖关系变化 ··· 31

　　　　2.1.1　入出湖径流变化 ··· 32

　　　　2.1.2　入出湖泥沙变化 ··· 36

　　2.2　鄱阳湖江湖关系变化 ··· 39

　　　　2.2.1　入出湖径流变化 ··· 39

　　　　2.2.2　入出湖泥沙变化 ··· 42

　　2.3　江湖关系变化的阶段 ··· 43

　　　　2.3.1　江平衡、湖淤积阶段(1956~1980年) ······················· 44

　　　　2.3.2　江、湖同淤积阶段(1981~2002年) ························· 49

　　　　2.3.3　江冲刷、湖平衡阶段(2003~2015年) ······················· 57

第3章　江湖水沙关系变化驱动机制 ································· 66

　　3.1　影响江湖关系变化主要自然因素 ····································· 66

　　　　3.1.1　气候干湿变化 ··· 66

　　　　3.1.2　河床自适应调整 ··· 75

　　　　3.1.3　湖泊沉积 ··· 77

　　3.2　影响江湖关系变化主要人文因素 ····································· 82

　　　　3.2.1　大型水利工程建设 ··· 82

　　　　3.2.2　长江河道整治 ··· 88

　　　　3.2.3　湖泊围垦与退田还湖 ··· 91

　　　　3.2.4　流域水土保持 ··· 98

　　3.3　长江与流域来水变化对江湖关系的影响 ······················· 101

　　　　3.3.1　通江湖泊水量平衡与蓄水量变化 ····················· 101

3.3.2 长江与流域来水变化对两湖蓄水量的影响 ……………………………………………………109

第4章 三峡水库蓄水运行背景下江湖关系变化趋势 …………………………………………117

4.1 江湖一体水动力-泥沙数学模型 ………………………………………………………………117

4.1.1 模型原理 ……………………………………………………………………………………117

4.1.2 模型理论与试验算例验证 …………………………………………………………………121

4.1.3 长江中游江湖河一体化模型构建 …………………………………………………………123

4.1.4 水动力模型率定与验证 ……………………………………………………………………124

4.1.5 泥沙输移模拟验证 …………………………………………………………………………127

4.2 洞庭湖江湖关系变化趋势 ……………………………………………………………………129

4.2.1 三峡工程运行对洞庭湖水情的影响机制 …………………………………………………129

4.2.2 三峡工程运行对洞庭湖水量交换的影响 …………………………………………………133

4.2.3 三峡工程运行对洞庭湖泥沙交换的影响 …………………………………………………134

4.3 鄱阳湖江湖关系变化趋势 ……………………………………………………………………137

4.3.1 三峡工程对鄱阳湖水情的影响机制 ………………………………………………………137

4.3.2 三峡工程运行对鄱阳湖水量交换的影响 …………………………………………………140

4.3.3 三峡工程运行对鄱阳湖泥沙交换的影响 …………………………………………………142

第5章 江湖关系变化对两湖水文情势的影响 …………………………………………………144

5.1 两湖水文水动力变化 …………………………………………………………………………144

5.1.1 洞庭湖水文水动力变化 ……………………………………………………………………144

5.1.2 鄱阳湖水文水动力变化 ……………………………………………………………………148

5.2 两湖水情对江湖关系变化的响应 ……………………………………………………………154

5.2.1 洞庭湖水文情势对江湖关系变化的响应 …………………………………………………154

5.2.2 鄱阳湖水文情势对江湖关系变化的响应 …………………………………………………159

5.3 两湖极端干旱事件与江湖关系 ………………………………………………………………166

5.3.1 两湖水文干旱变化特征 ……………………………………………………………………166

5.3.2 两湖近年来枯季干旱水情及成因 …………………………………………………………169

5.4 两湖洪水演变与江湖关系 ……………………………………………………………………179

5.4.1 洞庭湖历史洪水演变与成因 ………………………………………………………………179

5.4.2 鄱阳湖历史洪水演变与成因 ………………………………………………………………185

第6章 江湖关系变化对两湖水环境的影响 ……………………………………………………193

6.1 两湖水环境变化与影响因素 …………………………………………………………………193

6.1.1 洞庭湖水环境变化 …………………………………………………………………………193

6.1.2 鄱阳湖水环境变化 …………………………………………………………………………197

6.1.3 两湖水环境变化与富营养化影响因素 ……………………………………………………200

6.2 江湖关系变化对两湖氮磷输移转化的影响 …………………………………………………203

6.2.1 模拟实验方法 ………………………………………………………………………………203

6.2.2 水位和流速变化对沉积物氮输移转化的影响 ……………………………………………204

6.2.3 水位和流速变化对沉积物磷输移转化的影响 ……………………………………………209

6.2.4 水位和流速对两湖沉积物-水界面氮磷迁移、转化的影响 ………………………………213

6.3 江湖关系变化对两湖水环境容量的影响 ……………………………………………………214

6.3.1 模拟方法 ……………………………………………………………………………………214

6.3.2　三峡工程运行对两湖水环境容量的影响 ……………………………… 215

6.4　江湖关系变化对两湖富营养化的影响 ………………………………………… 219

6.4.1　三峡工程运行对两湖水质的影响 …………………………………………… 219

6.4.2　三峡工程运行对两湖富营养化的影响 ……………………………………… 224

6.4.3　江湖关系变化对两湖水华发生风险的影响 ………………………………… 233

第7章　江湖关系变化对两湖水生态的影响 …………………………………………… 239

7.1　两湖水生态系统结构及影响机制 ……………………………………………… 239

7.1.1　通江湖泊水生态系统特征与结构 …………………………………………… 239

7.1.2　通江湖泊生态系统对水情变化的响应 ……………………………………… 247

7.2　两湖浮游藻类群落结构对水情变化的响应 …………………………………… 252

7.2.1　两湖浮游藻类群落结构时空变化特征 ……………………………………… 252

7.2.2　两湖浮游藻类生长影响因素及对水情变化的响应 ………………………… 254

7.2.3　江湖关系改变对浮游藻类群落结构与时空演变的影响 …………………… 257

7.3　两湖浮游甲壳动物群落结构对水情变化的响应 ……………………………… 261

7.3.1　两湖浮游甲壳动物群落结构时空分布特征 ………………………………… 261

7.3.2　两湖浮游甲壳动物时空分布的影响因素分析 ……………………………… 269

7.3.3　江湖关系改变对两湖浮游甲壳动物群落结构与演变的影响 ……………… 270

7.4　两湖底栖动物群落结构对水情变化的响应 …………………………………… 271

7.4.1　两湖底栖动物时空格局 ……………………………………………………… 271

7.4.2　两湖底栖动物演变特征及驱动因素 ………………………………………… 277

7.4.3　两湖底栖动物影响因素及对水文条件的响应 ……………………………… 279

第8章　江湖关系变化对两湖湿地生态的影响 ………………………………………… 282

8.1　洲滩湿地分布格局对江湖关系变化的响应 …………………………………… 282

8.1.1　洞庭湖湿地格局变化及对江湖关系变化的响应 …………………………… 282

8.1.2　鄱阳湖湿地格局变化及对江湖关系变化的响应 …………………………… 289

8.2　江湖关系变化对珍稀候鸟栖息地生境的影响 ………………………………… 298

8.2.1　两湖湿地候鸟栖息地现状及典型珍稀候鸟生境需求分析 ………………… 298

8.2.2　珍稀候鸟适宜栖息地与水文情势的关系 …………………………………… 302

8.2.3　不同江湖关系与水文情景下候鸟栖息地生境的响应 ……………………… 306

第9章　保障湖泊水安全的江湖关系健康评价 ………………………………………… 314

9.1　江湖关系指数与变化 …………………………………………………………… 314

9.1.1　江湖关系指数 ………………………………………………………………… 314

9.1.2　江湖关系年际与季节变化 …………………………………………………… 315

9.2　湖泊水安全评价 ………………………………………………………………… 318

9.2.1　湖泊供水与防洪安全 ………………………………………………………… 318

9.2.2　湖泊水环境安全 ……………………………………………………………… 326

9.2.3　湖泊水域生态安全 …………………………………………………………… 329

9.2.4　湖泊湿地生态安全 …………………………………………………………… 340

9.3　湖泊水安全与江湖水情要素变化的关系 ……………………………………… 345

9.3.1　湖泊水安全综合评价 ………………………………………………………… 345

9.3.2　湖泊水安全指数与水情要素关系 ························· 348

9.4　江湖关系健康评价 ·································· 356

9.4.1　评价方法与江湖关系健康阈值 ························· 356

9.4.2　鄱阳湖江湖关系健康评价 ··························· 357

9.4.3　洞庭湖江湖关系健康评价 ··························· 358

第 10 章　江湖关系优化调控路径与总体策略 ···················· 359

10.1　有利于改善江湖关系的水库群联合优化调度 ·············· 359

10.1.1　调控对象的选取与概化 ··························· 359

10.1.2　三峡与两湖流域水库群联合优化调度模型构建 ··········· 361

10.1.3　情景、工况与调度时段设置 ························· 364

10.1.4　有利于改善洞庭湖江湖关系的优化调度方案 ············ 366

10.1.5　有利于改善鄱阳湖江湖关系的优化调度方案 ············ 380

10.2　洞庭湖城陵矶和鄱阳湖湖口建闸 ·················· 394

10.2.1　洞庭湖城陵矶建闸 ····························· 394

10.2.2　鄱阳湖湖口建闸 ······························· 398

10.3　江湖关系优化调控系统构建 ···················· 408

10.3.1　系统平台研发 ······························· 408

10.3.2　系统模拟设置 ······························· 411

10.3.3　江湖关系调控决策 ····························· 412

10.4　江湖关系调控的总体策略 ···················· 414

10.4.1　优化长江和两湖干支流水库群联合调度 ··············· 415

10.4.2　审慎对待洞庭湖城陵矶和鄱阳湖湖口水利枢纽工程建设 ······ 417

10.4.3　疏浚洞庭湖荆江三口和增加鄱阳湖碟形湖建议调控枯水期水量 ··· 420

10.4.4　加大湖区综合管理力度 ·························· 422

主要参考文献 ···································· 424

第 1 章　江湖关系格局与现状态势

1.1　江湖关系内涵与表征

1.1.1　江湖关系内涵

"江湖关系"一词由来已久,但迄今尚无公认的科学定义,通常指江(河)湖之间的水量蓄泄关系及引起的江河水道与湖盆冲淤演变。长江中下游地区湖泊众多,与长江之间存在着各式水力联系,包括网状和单通道自然连通、闸坝控制的半阻隔连通等。网状连通是指湖泊有多条水道与长江直接连通,最典型的是荆江与洞庭湖、太湖与长江的关系,前者仍主要保持自然连通,后者为闸坝控制的半阻隔连通;单通道连通指湖泊仅有一条水道与长江直接连通,最典型的为鄱阳湖和巢湖与长江的关系,鄱阳湖仍维持与长江的自然连通,巢湖与长江之间则建有闸坝控制,呈半阻隔连通。千百年来,由于人类防洪除涝和围湖造田等大量修建圩堤,数以千计的湖泊与长江的直接水力联系被完全阻隔,导致大量湖泊萎缩消亡,如古彭蠡泽。

20 世纪有关江湖关系的研究主要侧重于荆江与洞庭湖的关系(卢金友和罗恒凯,1999),由于荆江与洞庭湖在长江流域治理尤其是防洪治理中具有显著地位,江湖关系成为水利行业的专有名词。近年来,鄱阳湖与历史通江的洪湖等与长江水沙交换研究中也越来越多涉及江湖关系的概念(Hu et al., 2007;尹发能,2008),尤其是三峡工程引起的江湖关系改变对长江中游洞庭湖、鄱阳湖的影响越来越受到学术界的关注,从而大大提升了"江湖关系"这一概念的关注度,也大大拓展了江湖关系的概念内涵。国外有关河湖关系的研究较少,仅有零星的关于河-湖水量交换变化特征研究(Bonnet et al., 2008;Lesack and Melack, 1995)。

与国内外同类河-湖关系相比,自然通江的洞庭湖、鄱阳湖与长江之间形成的江湖水力联系及水沙交换关系较为复杂。洞庭湖接纳长江荆江三口(调弦口 1958 年建闸堵闭,现为三口)分流及湘、资、沅、澧四水来水,调蓄后在城陵矶与长江汇流,形成吞吐长江之势;鄱阳湖承接上游赣、抚、信、饶、修五河来水,由湖口北注长江,与长江相互顶托(长江间或倒灌入湖),长江水情变化直接影响鄱阳湖的水量变化。长江与洞庭湖、鄱阳湖之间不同的水沙交换特性,形成了各具特色的江湖关系,其复杂性与重要性在世界上独一无二。

综合已有的相关研究,江湖关系可以定义为江(河)湖水系之间的水力连通和水沙营养盐等物质与能量交互作用关系,广义的江湖关系还包括江湖水沙营养盐等物质和能量交互作用引起的水系结构与功能变化及河湖生态系统的响应。而长江中游江湖关系特指长江与洞庭湖、鄱阳湖两个大型通江湖泊的交互作用关系。

因此,广义江湖关系内涵主要包含以下三个方面。

一是江湖连通性。江湖连通状况决定水沙交换、河湖演变、水质净化、洄游性生物的洄游通道。除中游的洞庭湖、鄱阳湖和下游的石臼湖三个湖泊与长江仍保持自然连通外,长江中下游包括太湖、巢湖、洪湖、梁子湖等大多数湖泊与长江之间均建有闸坝控制,失去了与长江的自然连通,呈半阻隔连通状态,从而导致湖泊水动力条件显著改变,成为这些湖泊富营养化加重和蓝藻水华灾害频发的重要原因。

二是水沙交换关系及其所引起的江、湖冲淤变化。水沙变化是江湖关系演化最根本的动力,引起河流、湖泊的冲淤变化并导致河湖形态、水文情势等变化。长江中下游江、湖冲淤演变频繁且剧烈,荆江三口河道淤积导致长江入洞庭湖径流分流比逐渐下降,历史上中下游不少湖泊因长年淤积而消亡。

三是氮磷等营养物质交换关系与生态环境变化。包括河湖形态与水、沙改变造成的氮磷等营养物质、水环境、水生生物多样性,以及水生生态系统的结构与功能等变化。长江中下游洪泛平原上的淡水沼泽、湖泊、洲滩湿地等与长江形成密切的水力联系,形成江湖一体的水域生境,如洪水上涨使作为索饵场和繁殖场的水塘、沼泽、湖泊与河流连通,在这些地方繁殖索饵的鱼类进入河流生长,秋冬季节洪水退落后,滞留于洪泛平原沼泽或水塘中的成鱼在来年繁殖重新进入河流系统,维系着河湖的生物多样性。

江湖关系是一个复合现象,长江与洞庭湖、鄱阳湖的江湖关系具有不同的内涵。洞庭湖作为过水型的湖泊,与长江关系通过荆江三口分流入流和城陵矶出流,构成江湖分合、相互影响、相互制约的复杂关系,其内涵不仅包括传统防洪意义上的蓄泄关系,即荆江河段的泄流能力、荆江三口分流分沙能力、洞庭湖调蓄洪水能力及城汉河段的泄流能力四个方面(李义天等,2000;蔡其华,2007),而且还包括荆江与洞庭湖因水量、物质能量交换而导致的江、湖冲淤演变与水文情势变化及引起的水资源、水环境和水生态效应。长江和鄱阳湖以湖口为汇合口,构成湖水下泄入江和江水倒灌入湖的复杂关系,水量交换受到鄱阳湖上游五河来水和长江水量的双重影响,其内涵不仅包括鄱阳湖调蓄长江洪水的能力,还包括长江和鄱阳湖因水量、物质能量交换而导致的江、湖冲淤演变与水文情势变化及引起的水资源、水环境和水生态效应。

1.1.2 长江中游江湖关系系统表征

长江中游通江湖泊江湖关系的核心是长江和湖泊之间的水沙交换,由于江湖关系的复杂性,如何表征这种水沙交换关系,成为学界关注的重点。对于鄱阳湖与长江水量交换,除考虑湖口出流量外,还应考虑长江对鄱阳湖的倒灌作用对江湖水交换产生的影响。Hu 等(2007)、Guo 等(2012)和郭华等(2012)用鄱阳湖水量净变化量(湖口出流量与流域五河来水量之差)与湖口出流量的比例关系定义长江-鄱阳湖相互作用指数,以评价长江-鄱阳湖相互作用的强度。方春明等(2012)从长江干流来水对湖口出流的顶托作用、湖口倒灌出现的条件、鄱阳湖对洪水的调节系数等定量分析鄱阳湖与长江干流径流相互作用。赵军凯等(2011)通过构建年尺度江湖水量交换的经验公式来量化长江与鄱阳湖、洞庭湖江湖水交换作用的强度。

对于洞庭湖与长江水量交换,荆江三口分流比、城陵矶水位、螺山水位流量关系是关注的焦点。不少学者认为,荆江三口作为联系长江干流与洞庭湖的水沙通道,是长江与洞庭湖关系调整变化的纽带(卢金友和罗恒凯, 1999; 李学山和王翠平, 1997; 许全喜等, 2009); 另外一些学者又从洞庭湖城陵矶出口水力坡降的变化, 论证了长江水位的顶托作用(卢承志, 2005; 赖锡军等, 2012a; 胡旭跃等, 2011; Dai et al., 2015)。

从江湖水系统角度来看, 江湖关系系统包含系统结构指标和系统功能指标两部分, 一定的系统结构表现出相应的系统功能。相应地, 江湖关系表征也应包含系统结构指标和系统功能指标两个部分。系统结构指标包括江湖连通性、水沙交换、水动力、冲淤与形态、水质与水生生物等; 系统功能指标包括防洪与供水、生物多样性维持和生产服务等。和谐的江湖关系是以江湖两利为判别, 因此这些江湖关系系统指标理论上必须包括江河和湖泊两个方面, 但在实际研究和应用中, 往往着重关注受江湖关系影响变化大的水体, 而把作用强的水体视为影响因素, 如在中游洞庭湖、鄱阳湖与长江的江湖关系中, 除连通性和水沙相互作用, 两湖对长江干流下游河段有较大影响外, 江湖关系变化对长江干流冲淤、形态以及水质和水生生物的影响都远远小于其对两湖的影响, 因而相关指标更多侧重于表征湖泊的变化。表征江湖关系系统的主要指标见表 1.1。

表 1.1　江湖关系系统主要指标体系[1]

系统结构指标	江湖连通性	水流连续性 通道畅通性 最大泄流能力
	水沙交换	分流分沙比 水沙汇合比 水沙交换强度 湖泊换水周期
	水动力	水面比降 水流顶托 排沙能力
	冲淤与形态	河湖冲淤 河湖形态
	水质	物理性 化学性 生物性
	水生生物	生物种类/种群 生物数量 珍稀动物种类与数量
系统功能指标	防洪与供水	径流量 蓄水量 洪水蓄泄能力
	生物多样性维持	生态需水量 水质安全 生物多样性
	生产服务	通航水深 物质生产

[1] 据长江水利委员会水文局.长江中下游江湖关系指标体系研究报告(2012.8), 略有修改。

1. 江湖关系系统结构指标

1) 江湖连通性

江湖连通是江湖关系存在的前提，是指江(河)与湖泊之间水力联系的连接和通畅状况，可用三个指标来表征：①水流连续性，为江湖水系之间保持流动的水量和流速大小，一般地，流速小和水量小意味着江湖水流连续性差；流速大和水量大意味着江湖水流连续性好，水流连续性可用日均流量与年均流量的比例或低流量持续时间来表征；②通道畅通性，表征通道是否受人工建筑物阻隔，包括水流通道、生物通道、航运通道等是否自然和畅通；长江流域湖泊面积广大，对防洪和湿地生态环境等具有重要影响，河流与湖泊连接通道的通畅性十分重要，尤其是生物通道的畅通，可保障洄游、半洄游性鱼类等水生动物的自然繁殖和生长，闸坝修建将阻断生物洄游通道，使生境破碎化；③最大泄流能力，指江(河)与湖泊水体相互排泄的最大过水能力，以最大出湖流量/最大入湖流量比值表示。

2) 水沙交换

水沙交换量是江湖关系变化的关键指标，河湖水沙变化及交换是江湖相互作用的直接动力，是实现江湖相互作用的途径，包括分流分沙比、水沙汇合比、水沙交换强度、湖泊换水周期等表征指标。①分流分沙比，就洞庭湖与长江江湖关系，包括荆江三口分流分沙比和城陵矶倒灌水沙的比例；鄱阳湖则为湖口水沙倒灌的比例，表明江河对湖泊的作用强度；②水沙汇合比，指湖泊进入长江干流的水沙占汇合后的干流水沙的比例，表明湖泊对江河的影响程度；③水沙交换强度，交换强度越大，表明江湖联系越紧密，有利于防洪、生态及服务效益的发挥；④湖泊换水周期，是判断湖泊水资源能否持续利用和保持良好水质的一项重要指标，通常是以多年平均水位下湖泊容积除以多年平均出湖流量来计算，出湖流量越大，换水周期越短，说明湖水一经利用，其补充恢复也越快，从而对水资源的持续利用越有利；出湖流量小，则换水周期长，如果湖水被大量引用，水量又难以得到补充时，湖面就会明显缩小，湖泊的生态环境也会发生一系列变化。

3) 水动力

水沙交换需要一定的水流动力，水流动力强，江湖水沙交换强度也强，表征水动力变化的指标较多，根据对江湖关系的影响程度，可用三个指标来表达：①水面比降，是与江河水位和湖泊水位差和水流流速相关的一项重要指标，一般用沿水流方向单位水平距离的水面差，以千分率或万分率表示；②水流顶托，主要指湖泊出口处江河水流对湖泊出流的顶托作用，江河水位越高，则对湖泊出流的顶托作用强，江河水位低，对湖泊出流顶托强度弱；③排沙能力，可用排沙比来表示，即年出湖沙量/年入湖沙量比值，排沙比大于1表明湖泊冲刷，排沙比小于1表明湖泊淤积，反映水动力条件的变化。

4) 冲淤与形态

江(河)湖床和岸滩冲淤是水沙交换强度与水动力条件强弱的直接反映，冲淤变化受水沙、边界条件、新构造运动、人类活动等多种因素的影响，合理的水沙配比可以使湖盆不冲不淤或者在一定时段内达到冲淤相对平衡。包括干流河段的冲淤变化、入湖通道的冲淤变化和湖泊的冲淤变化。对于洞庭湖与长江江湖关系，长江干流河段冲淤变化包含荆江河段和城汉河段，入湖通道的冲淤变化主要指三口河道，由于江水倒灌的关系，同时也包含洞庭湖出城陵矶进入长江河段的冲淤变化。鄱阳湖与长江江湖关系，长江干流河段冲淤变化一般指湖口附近河段的冲淤变化，入湖通道的冲淤变化指鄱阳湖入江水道。

江(河)湖形态是冲淤变化结果的表现形式，湖泊形态一般以某一水位条件下相应的面积、容积、长度、宽度、岸线周长、河/湖深和岸线占用系数等指标表征；河道形态一般以某一水位条件下相应的河宽、水深、宽深比、湿周、弯曲系数等指标表征。洞庭湖区河道形态包括荆江干流、三口及三口河道和城汉(城陵矶-汉口)河段形态，湖泊形态指东洞庭、南洞庭和西洞庭的湖盆形状；鄱阳湖区河道形态主要指湖口附近长江干流河道，湖泊形态指湖口入江水道及以上湖泊形状。

5)水质

水质是江(河)湖泊水体物理、化学和生物特性的重要表征，长江中游江湖关系水质指标着重强调伴随水沙和营养盐等交换而发生变化的湖泊理化和生物学指标，包括常用的：①物理性指标，如温度、色度、嗅和味、浑浊度、透明度、悬浮物、电导率等；②化学性指标，包含一般化学性指标，如 pH、碱度、硬度、各种阳离子、阴离子、总含盐量和溶解氧(DO)、化学需氧量(COD)、生化需氧量(BOD)、总需氧量(TOC)等氧平衡指标，氨氮、亚硝酸盐氮、硝酸盐氮、总氮、磷酸盐和总磷等有机污染指标，以及有毒化学性指标，如各种重金属、氰化物、多环芳烃、各种农药等；③生物性指标，如叶绿素 a、细菌总数、总大肠菌数等。

6)水生生物

水生生物指标涉及江(河)湖泊中的鱼类、藻类、底栖生物、水禽和高等水生植被等不同物种，覆盖了生物个体、种群、群落等多个层次，综合反映了湖泊的生物多样性及物理化学因素所产生的影响。长江中游江湖关系涉及的水生生物指标同样是强调伴随江湖水沙与营养盐交换而发生变化的湖泊生物指标，包括 3 个方面：①生物种类/种群；②生物数量，包括浮游生物、底栖动物、鱼类、沉水植物等大型水生植物种类、数量、分布范围和生物量等，其中对江湖关系连通性和水沙交换强度变化最敏感的指标为浮游植物和底栖动物种群结构和数量变化；③珍稀动物种类与数量，包括珍稀候鸟和鱼类，候鸟数量主要依据鄱阳湖 2 个国家级自然保护区和西洞庭、南洞庭与东洞庭 3 个省级及以上自然保护区冬季观鸟的记录和专题调查；珍稀鱼种类与数量，依据不同时期的专题调查。

2. 江湖关系系统功能指标

1)防洪与供水

防洪和供水是江(河)湖泊最基本的功能，长江中游洞庭湖多年平均入湖径流量约3018 亿 m³，鄱阳湖 1494 亿 m³(出湖径流占长江大通水文站年径流量的 16.7%)；1998 年洪水高水位期间,洞庭湖(城陵矶莲花塘最高水位 35 m 时)最大容积达 229 亿 m^3,鄱阳湖(湖口最高水位 22.59 m 时)最大容积达 340 亿 m^3。防洪与供水表征指标通常包括:①径流量/蓄水量,径流量为某一时段(日、月、年)内通过河流某一过水断面的水量,湖泊蓄水量为入湖水量减出湖水量;②洪水蓄泄能力,洪水调蓄能力指湖泊最大蓄水量与入湖最大径流量的比值,洪水下泄能力指单位时间通过湖口或河流特定过水断面的最大径流量。

2) 生物多样性维持

江(河)湖泊具有重要的生态维护功能,在维持生物多样性和区域生态平衡方面发挥着不可替代的作用,与江湖关系系统密切相关的指标包括:①生态需水量,为枯水期多年平均最小流量与湖泊最小环境需水量的比值;②水质安全,一般以水功能区达标率表示,其指标值=年水质达标天数/365×100%;③生物多样性,指江河或湖泊所有生物(动物、植物、微生物等),以及由这些生物与环境相互作用所构成的生态系统多样化程度。

3) 生产服务

江(河)湖泊系统除具有重要的调节洪水和维护生态平衡等功能外,还具有航运、提供丰富水产品等重要生产功能。江湖关系变化引起的河湖水文情势变化,不仅造成河湖水位变化,影响航运等功能发挥,而且还会造成水生生物生境条件改变,进而影响鱼类等具有经济价值的生物繁殖和生长,通常指标包括:①通航水深,一般用通航水深保证率表征,为年大于通航水深的天数/365×100%;②物质生产,一般用鱼类或芦荻等水产品捕捞和收割产量表征。

3. 长江中游江湖关系定量表征

由于长江中游江湖关系的复杂性和涉及影响因素的广泛性与多样性,定量表征洞庭湖和鄱阳湖江湖关系显得十分困难,必须兼顾湖泊对长江的出流蓄泄作用和长江对湖泊的顶托倒灌作用,对洞庭湖而言还涉及荆江三口分流的作用。对湖泊而言,湖泊的蓄水量是长江与湖泊江湖水沙交换量和流域入湖水沙量综合作用的结果,湖泊水量平衡变化一方面体现了长江和流域两者的水沙交换关系和水动力的变化;另一方面与江(河)湖泊的系统功能指标密切相关,而沙量交换是由水量交换决定的,因此,定量刻画江湖水量交换强度就成为江湖关系定量表征的核心。

根据湖泊水量平衡原理,长江与湖泊水量交换强度应为湖泊蓄水量与流域入湖水量的差值(湖区自身产流量较小,可忽略不计),通过构建湖泊蓄水量与长江和流域来水量关系回归模型,就可以定量表征和计算出不同时段(如年均、不同季节和月份)江湖水量交换关系强度,将该强度标准化处理,就可以定义一个变化区间为[-1, 1]的江湖关系指数。当江湖关系指数值为 0 时,表示江湖关系处于平衡状态,相互作用强度小;若江湖关系指数为负值,表示长江对湖泊的顶托倒灌关系弱,湖泊下泄出流量大,江湖关系指数为正,表示长江对湖泊顶托倒灌关系强,湖泊下泄出流量小;无论其值为正还是为负,其绝对值越大表示江湖关系作用强度越大。

1.2　洞庭湖江湖关系

1.2.1　洞庭湖江湖关系格局形成

总体而言，荆江南岸分流四口的演变，形成洞庭湖四口分流、四水入湖的格局，是历史上荆江地区水沙关系、地质运动等自然因素的变迁与人类社会经济发展共同作用的结果(窦鸿身和姜加虎，2000)。根据已有文献资料(窦鸿身和姜加虎，2000；姜加虎和窦鸿身，2003；姜加虎等，2009)，洞庭湖的历史演变大致可以分为以下 4 个时期。

1. 湖泊形成

全新世早期和中期，洞庭湖区地貌形态继承晚更新世河网交错的平原地貌性质，新石器时代至公元 3 世纪的先秦汉晋时期，洞庭平原和华容隆起均有明显的沉降趋势，在平原上形成一些局部性小湖泊，直至先秦汉晋时代，洞庭地区仍属河网交错的平原地貌景观，虽有局部性小湖泊存在，但大范围的浩渺水面尚未形成。

秦汉至南朝时期，随着荆江与汉水三角洲的发育，云梦泽范围缩小至不及先秦之半，其主体局限于江汉平原东南。同时，出现鹤水、子夏水等左岸分流及若干穴口。

2. 湖泊快速发展

唐宋时期，随着荆江堤防不断修筑，江面缩狭，泄洪不畅，每当大洪水通过荆江段常形成决口，宋代有"九穴十三口"之说，其中荆江南岸分布四穴四口(长江流域规划办公室《长江水利史略》编写组，1979)。穴口大量分流长江来水，使洞庭湖呈现明显扩张之势，湖面向西、向南伸展，南连青草，西吞赤沙，水域面积扩大。由于受长江来水的影响越来越大，洞庭湖洪水过程也相应发生显著变化，由唐宋以前的"春溜满涨"为主逐渐演变为"夏秋水涨"为主，洪水特征除受四水影响外，长江的洪水特征已突现出来，使湖泊的洪水过程年内变化由原来的单峰型转变为明显的双峰型。

宋代以来，因荆江河床不断为泥沙淤积，洪水位持续抬升，使魏晋时期原"湖高江低、湖水入江"的江湖关系逐渐演变为"江高湖低、江水入湖"的格局。南宋初期，荆江右岸溃决分流，形成虎渡河；明嘉靖年前后，荆北最后一个穴口——郝穴人为堵塞，荆北大堤连成一体，江水分流专注于南，调弦口疏浚。荆江南侧原有分流口进一步扩大，虽然是两口分流，但分流形势已由两口各向南北分流转变为两口皆向南分流，在长江来水来沙有增无减的情况下，湖底逐日增高，一遇洪水则湖水泛滥，向外扩张已成必然之势。

3. 湖泊由盛转衰

19 世纪中叶，洞庭湖开始由盛转衰，进入有史以来演变最为剧烈的阶段。其主要原因是清代沿袭明代"舍南救北"的治水方针，导致藕池溃口于 1852 年，1860 年冲成藕池河，松滋口于 1870 年溃决，堵塞后于 1873 年再次溃决成河，荆江由原太平、调弦两口分流转变为四口分流，至此，四口与四水注入洞庭湖的格局基本形成，而江湖关系巨变，成为洞庭湖近一百多年来演变的重大转折。四口自北向南奔流，夺流改道，造成四口与四水在湖中相互顶托干扰，局部地区的水位壅高。此外，四口分流带来大量泥沙倾积于湖内，其形成的河口三角洲自西北向东南推进，加速了洲滩的发育，洞庭湖由此进入迅速萎缩时期。与此同时，洲滩广为发育而诱发的日益兴盛的围湖造田、与水争地，使得湖泊萎缩愈演愈烈。洞庭湖自荆江四口分流形成之后，由于江湖关系剧变，在泥沙淤积与筑堤建垸的双重作用下，湖泊演变迅速，由盛转衰，面积急剧萎缩，由 1825 年的 6000 km² 缩减至 1896 年的 5400 km²，到中华人民共和国成立前夕的 4350 km²，如今洞庭湖面积仅有 2625 km²(姜加虎和窦鸿身，2003)。

4. 近代以来长江与洞庭湖关系演变

近代江湖格局形成后，长江与洞庭湖江湖关系演变大致可以划分为三个阶段(胡春宏等，2017)。自荆南四口形成至 20 世纪三四十年代为第一阶段，该阶段的特征是长江分流入洞庭湖水量持续增加；此后，藕池西支最先衰退，1958 年华容河入口调弦口建闸封堵，1966~1972 年的下荆江裁弯，使荆南三口分流量逐渐减少，一直持续到三峡水库运行前，此为洞庭湖江湖关系变化的第二阶段；三峡水库运行后，江湖关系迎来新一轮调整，主要表现在清水下泄，加剧荆江河道冲刷，荆南三口分流分沙持续减少，汛后洞庭湖水位消落加快、提前进入枯水等，为江湖关系演变的第三个阶段。

1.2.2 洞庭湖江湖关系特征

1. 荆江三口分流

20 世纪 50 年代以来，受高强人类活动及气候变化的影响，荆江河段河势、河床形态、水力因素、水沙条件均发生了较大的变化。下荆江人工裁弯、自然裁弯显著改变了所在河段的河势，引起本河段及上游一定范围河段内水位、比降、流速等水力因素的剧烈变化，溯源冲刷现象明显；之后上游葛洲坝水利枢纽运行，1981~2002 年平均每年有 830 万 t 的泥沙被拦截在库内(Yang et al.，2007)，使得荆江河段河床冲刷继续发展，干流水位进一步下降；21 世纪初，葛洲坝上游三峡水库蓄水运用后，进入长江中游的水流含沙量急剧减小(Dai et al.，2009; Dai and Liu，2013)，荆江河段河床冲刷强度再次加大(Maren van et al.，2013; Hu et al.，2015)，与此同时，长江干流遭遇枯水水文周期，干旱频发(Xu et al.，2008; Zhang et al.，2012)，这些因素累积作用于与之相连的三口洪道，促使三口分流比不断减小，三口洪道年内大部分时间断流。

下荆江裁弯以前河床基本上处于自然调整状态，河床冲淤主要取决于来水来沙量，荆江三口分流、分沙能力与干流水位、流量密切相关。从长序列年际变化来看，荆江三口分流比与干流径流量存在良好的正相关关系(图 1.1)，干流来流量越大，三口分流比也越大。

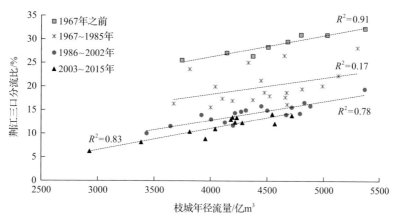

图 1.1　不同时期荆江三口分流比与干流来流的相关关系

伴随荆江裁弯、葛洲坝及三峡大坝修建等人类的影响，荆江河道来水沙量、荆江河道冲淤，以及荆江河势的改变导致荆江三口河道冲淤发生了剧烈变化(李义天等，2009；Yang et al.，2014)，根据 1952～2011 年实测地形资料分析发现，荆江三口河道从三峡大坝运行前 1952～2003 年河道以淤积为主，转变为三峡大坝运行后 2003～2011 年河道以冲刷为主(Yang et al.，2014)。三峡水库运行前的 1952～2003 年里，三口洪道总体为持续淤积萎缩，此期间藕池河淤积量高达 31 795 万 m^3，占三口洪道同期总淤积量的 51.6%；而松滋河此期间淤积量为 17 093 万 m^3，占三口洪道同期总淤积量的 27.7%，藕池河淤积量约为松滋河的 1.86 倍。三峡水库蓄水后，清水下泄，进入洪道，洪道普遍由淤积转换为冲刷，松滋河和藕池河的冲刷量分别为 3521 万 m^3、1769 万 m^3，松滋河冲刷量约为藕池河的 1.52 倍。

因此，下荆江裁弯后，荆江河床冲刷通过改变水位、比降等水力因素作用于荆江三口，使得影响三口分流的因素趋于复杂，三口分流比与来流的相关关系被扰动，荆江三口分流变化存在明显的时段性。在下荆江裁弯至葛洲坝蓄水后第 5 年的时间内，即 1967～1985 年，三口分流比与来流相关性急剧下降；1985～2002 年，人类活动的扰动强度有所减弱，三口分流比与来流的关系明显恢复；2003 年三峡水库蓄水后，长江干流与三口洪道均表现为冲刷，两者对三口分流存在相向的影响，三口分流比与来流的相关性又开始增强，但由于荆江河床冲刷下切、同流量下水位下降，三口分流道河床冲刷以及三口口门段河势调整等仍未能抵消荆江河段河床下切和水位下降的影响，使荆江三口分流一直处于衰减之中。

1)三口分流能力年际变化特征

整体上荆江三口在 1960～2018 年的多年平均分流量与分流比分别为 2416 m^3/s 与 17.43%。1960～1967 年、1968～1980 年、1980～2002 年与 2003～2018 年的平均分流量分别为 4277 m^3/s、2827 m^3/s、2134 m^3/s、1536 m^3/s，分流比分别为 29.19%、20.98%、15.19%、11.73%。对近 60 年来三口分流量与分流比进行 M-K 趋势分析，检验的值分别为

Z＝－7.99 与 Z＝－9.0（当 Z＜－2.58 时表示极为显著），两者均呈现显著的下降趋势（图 1.2）。

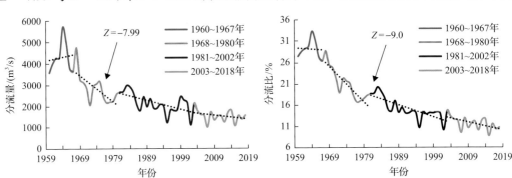

图 1.2　近 60 年来荆江三口年均分流量与分流比的变化特征

1960～2018 年，利用 M-K 趋势分析方法检验了不同分流口的分流量与分流比的变化趋势，显示 Z 均远远小于－2.58（当 Z＜－2.58 时表示极为显著），说明不同口的分流量与分流比均呈现显著的下降趋势（图 1.3），其一致的变化趋势说明其具有相同变化驱动因子。

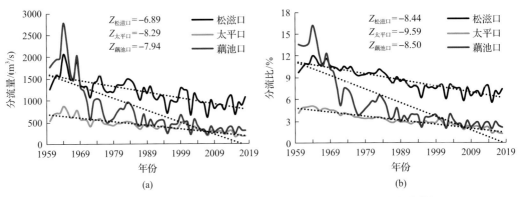

图 1.3　近 60 年来荆江三口不同分流口年均分流量与分流比的变化特征

2) 分流能力年内变化特征

从图 1.4 中可以看出，1960～2019 年荆江三口总分流量与分流比均在年内不同月份呈现不同特征。5～11 月，分流量与分流比呈现逐时段显著减小的特征，1968～1980 年、1980～2002 年和 2003～2019 年的平均分流量与 1960～1967 年相比，分别减小了 2296 m³/s、3441 m³/s、4538 m³/s，分流比分别减小了 8.58%、15.23%、18.47%［图 1.4(b)、(d)］；12 月至次年 4 月，呈现 1960～1967 年、1968～1980 年、1980～2002 年逐时段减小，2003～2019 年较前一时段呈现增大的特征［图 1.4(a)、(c)］，1968～1980 年、1980～2002 年与 2003～2019 年的平均分流量与 1960～1967 年相比，分别减小了 167 m³/s、239 m³/s、201 m³/s，分流比分别减小了 3.23%、5.10%、4.59%，说明三峡水库运行后三口分流量与分流比在枯水期有所增大（图 1.4）。

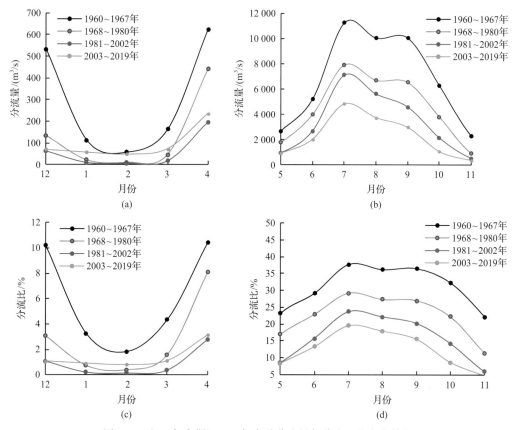

图 1.4　近 60 年来荆江三口年内总分流量与分流比的变化特征

对于不同的分流口，其年内分流量与分流比在 5～11 月基本呈现减少的趋势，但不同口门减小的幅度不同(图 1.5)。从图 1.5 中可以看出，5～11 月，由于受荆江裁弯的影响，藕池口 1968～1980 年分流量与分流比与 1960～1967 年相比减少幅度最大，其次是太平口，减少幅度最小的是松滋口；葛洲坝运行后至三峡水库运行前的 1980～2002 年，与前一时段(1968～1980 年)相比，分流量与分流比减小幅度总体有所放缓，特别是分流量，松滋口 7～8 月分流量超过了前期分流量，但分流比相比前一时期仍旧减少[图 1.5(a)、(b)]，太平口 7～8 月的分流量与前期的分流量相当，分流比同样减少，藕池口分流量与分流比相比前时段均显著减小；三峡工程运行以来的 2003～2019 年，相比前一时段(1980～2002 年)，不同口门分流量与分流比进一步减少。12 月至次年 4 月，与三口总体变化趋势一致，不同口门分流量与分流比在 1960～1967 年、1968～1980 年、1980～2002 年均逐时段的下降，而 2003～2019 年时段相比前一时段有增大趋势，松滋分流量与分流比分别平均增大了 38.45 m³/s 和 0.5%；太平口与藕池口变化幅度均不明显，依然处于断流状态(图 1.6)。

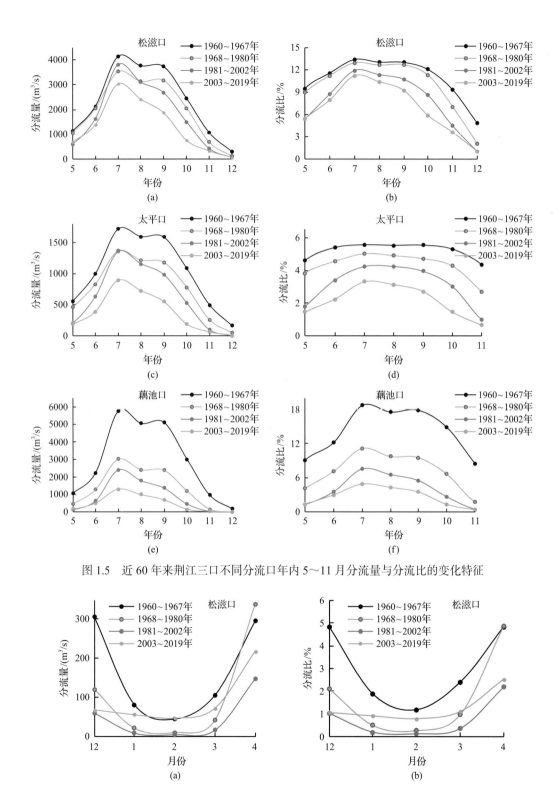

图 1.5　近 60 年来荆江三口不同分流口年内 5～11 月分流量与分流比的变化特征

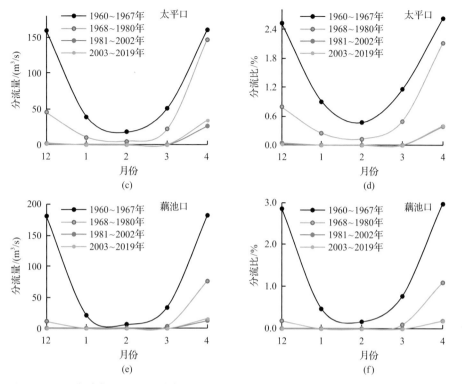

图 1.6　近 60 年来荆江三口不同分流口年内 12 月至次年 4 月分流量与分流比的变化特征

3）荆江三口分流总体变化规律

总体上，荆江三口分流比与长江干流来流量存在正相关关系，干流来流量越大，三口分流比越大，但这种关系并不是持续稳定的，还受多种人为和自然因素的干扰，如下荆江自然与人工裁弯、葛洲坝和三峡水利枢纽运行等。大规模的人类活动造成荆江河道冲刷下切和三口洪道淤积，并带来荆江河段水位下降和洪道水位抬升等间接效应，使得干支流水位差持续减少，三口分流比大幅度下降，成为诱发三口分流比变化最为主要的因素。

除此之外，从近 60 年三口分流比的变化过程来看，当遭遇特殊水文条件，干流来水量突变，三口分流比也会改变，尤其是遭遇特大洪水年后，河床冲淤调整剧烈，三口分流比会显著变化。1954 年、1998 年大洪水期间，一方面，荆江河段（尤其是下荆江段）淤积了大量的泥沙（1954 年宜昌至城陵矶河段累计淤积泥沙 2.55 亿 t，1998 年宜昌至螺山河段累计淤积泥沙 2.61 亿 t），下荆江七弓岭弯道狭颈处滩面普遍淤高 1.2~2.0 m，最大达 3 m，导致干流河段同流量下水位大幅度抬升，在干流流量为 7000 m³/s 时，1998 年宜昌站水位相较于 1997 年抬升约 0.87 m，三口分流比显著增大；另一方面，大洪水期间，三口洪道容易获得更大的分流量，1998 年枝城站最大流量为 71 600 m³/s，三口洪峰分流比达 26.6%，三口年分流比由 1997 年的 12% 增至 1998 年的 20%；大水过后，淤积较厚的河道再经历含沙量偏小的水文过程时，河床又经历以冲刷为主的平衡调整，1998~2002 年荆江河道平滩河槽累计冲刷约 1.70 亿 t，2002 年宜昌站水位相较于 1998 年下降约 0.84 m。

因此，大规模人类活动和以大洪水为代表的特殊水文条件这两类因素导致荆江三口分流比持续性减小，呈现趋势性调整，每一因素引起的趋势调整期一般历时 4～5 年，而衔接前后两个趋势调整期的平衡调整期，则历时长短不一，三口分流比相对稳定波动减小，从而将近 60 年荆江三口分流比调整过程分成了多个变化区间(图 1.7)。

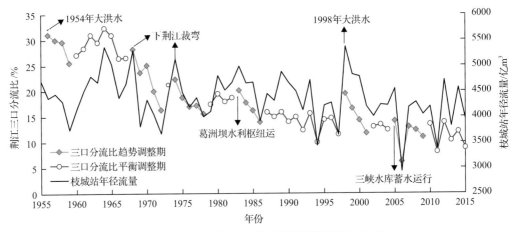

图 1.7　荆江三口分流比变化过程及诱发因素时点分布

2. 长江顶托作用与洞庭湖出流

1) 长江干流对洞庭湖出流的顶托作用

长江干流对洞庭湖出流的顶托作用主要发生在东洞庭湖与长江的汇流处，该处的监利站监测长江干流水情，城陵矶站监测洞庭湖出口水情，因此，通过监利站不同流量下的城陵矶水位-流量关系对比可揭示长江水情对洞庭湖出口顶托作用的强度(Dai et al., 2018)。

如图 1.8 所示，不同监利站流量限定下的城陵矶水位-流量关系点群集中，其水位-流量关系单值化拟合精度 R^2 均在 0.90 左右，且不同监利站流量限定下的城陵矶水位-流量关系曲线近似呈平行关系，可见监利站表征的长江干流水情对城陵矶出口的水位-流量关系具有决定性影响。具体来说，随着监利站流量的增加，城陵矶同流量下的水位有梯级抬升，且抬升幅度具有明显的季节差异。涨水季节监利站流量每增加 2000 m³/s，城陵矶同流量下水位抬升约 0.5 m[图 1.8(a)]；丰水季节监利站流量每增加 5000 m³/s，城陵矶同流量下水位抬升约 0.8 m[图 1.8(b)]；退水季节监利站流量每增加 2000 m³/s，城陵矶同流量下水位抬升约 0.5 m[图 1.8(c)]；枯水季节监利站流量每增加 2000 m³/s，城陵矶同流量下水位抬升约 0.8 m[图 1.8(d)]。

综上所述，在洞庭湖的涨、丰、退、枯各个季节，长江干流的不同流量条件对洞庭湖城陵矶出流均有显著的影响，且长江干流小流量时对城陵矶出流顶托的影响更显著，长江干流监利站流量每增加 1000 m³/s 对城陵矶涨、丰、退、枯四个季节的水位抬升率分别为 0.25 m、0.16 m、0.25 m 和 0.40 m。

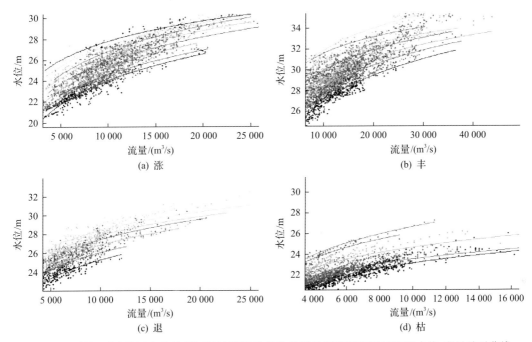

图 1.8　以长江干流临近水文站(监利站)流量为条件分割的洞庭湖出口城陵矶水位-流量关系曲线

2) 长江干流顶托作用强度变化对洞庭湖水情的影响

长江干流监利站各水文季节平均流量在 2003 年前后两个时段发生的变化幅度如图 1.9 所示。2003 年后的洞庭湖涨水期和枯水期，监利站流量呈现小幅的上升(涨水期平均流量增加 363 m³/s，枯水期增加 803 m³/s)，但因在枯水期长江干流流量的小幅增加即可对城陵矶出流产生较为显著的顶托，枯水期监利站流量的小幅增加对城陵矶同流量下水位的抬升幅度达 0.32 m。洞庭湖的丰水期和退水期，监利站流量均有较大幅度的下降，分别达到 2354 m³/s 和 2510 m³/s，其造成的城陵矶同流量下水位降幅分别为 0.4 m 和 0.62 m，因而 2003 年后的洞庭湖在丰水期和退水期水位有显著的大幅下降。需要说明的是，2003 年

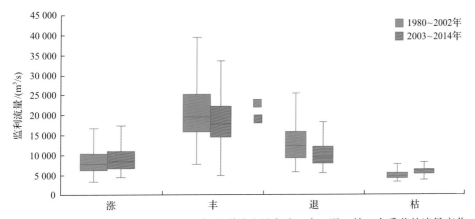

图 1.9　1980～2002 年与 2003～2014 年监利站流量在涨、丰、退、枯四个季节的流量变化

以后洞庭湖涨水期长江干流对洞庭湖出流的顶托作用增加，仅导致以城陵矶站为代表的东洞庭湖水位出现小幅上升，而此顶托作用并未上溯至中、上游的南洞庭和西洞庭；2003 年以后洞庭湖丰水期和退水期因长江干流（监利站）流量的显著大幅下降对洞庭湖出流产生的显著拉空效应不仅导致了东洞庭湖同流量下水位的大幅下降，此水位下降趋势在南洞庭和西洞庭湖水位监测中也被发现。2003 年以后的洞庭湖枯水期，长江干流监利站流量略有增加，城陵矶出流受干流水位上升的顶托影响，出流受阻，水位有所增加，但此增加趋势仅在东洞庭湖有响应，并未在南洞庭湖与西洞庭湖中发现。

3. 长江-洞庭湖泥沙交换关系

1956～2015 年洞庭湖的排沙比基本上经历了两个发展阶段，但同时从排沙量来看，具体过程可以分为以下三个时期。

(1) 1956～1980 年，洞庭湖约 82%的泥沙来自于荆江三口，长江与洞庭湖之间的泥沙交换以湖区泥沙大量沉积为主要特征。其间，长江上游来沙和干流河床冲刷补给泥沙量的 29.3%，通过荆江三口进入洞庭湖，年均输沙量达到 1.56 亿 t，三口分流洪道和洞庭湖湖区均处于泥沙淤积状态。洞庭湖的排沙比小于 30%，表明经由荆江三口进入洞庭湖的泥沙，进入湖区后，水流流速骤减，挟沙能力大幅度下降，使得 70%以上的泥沙在湖区沉积，仅有不足 30%的泥沙被置换出湖。洞庭湖对长江干流的泥沙补给率为 12.0%，并不断地趋于减小。其间，洞庭湖吸纳长江和四水来沙后，年均向城陵矶以下干流河道补给泥沙约 0.510 亿 t，为螺山至汉口河段泥沙淤积提供了充足来源。因此，这一阶段长江与洞庭湖之间泥沙交换的特征主要表现为：长江上游输移及宜昌至城陵矶河段河床补给入湖的泥沙 70%以上沉积在洞庭湖湖区及三口洪道，其余则输移至城陵矶以下河段并沉积在河道内。

(2) 1981～2002 年，长江与洞庭湖之间的泥沙交换，随着三口分沙量减少和洞庭湖平垸行洪、退田还湖工程，湖区淤积明显减轻，其年均淤积量为 0.801 亿 t，较 1956～1980 年的 1.39 亿 t/a 减少了 42%，其占江湖来沙量的比例也由 22.6%减小至 15.6%，湖区排沙比基本与上一时段持平。但遇特殊年份，如 1994 年，长江干流水沙偏枯，荆江三口分沙量为 1956～2002 年的最小值，仅为 2560 万 t（为 1991～2002 年均值的 37.7%），但湖南四水来水量偏大，年入湖总径流量达到 2180 亿 m^3，较 1981～2002 年均值偏大 16.8%，位居 1956 年以来年径流量的第四位，使得洞庭湖与长江干流泥沙交换相对充分，排沙比达到 55%（图 1.10）。由于荆江三口进入洞庭湖的沙量大幅减小，年均输沙量由 1956～1980 年的 1.56 亿 t 减少至 0.861 亿 t，加之湖南四水沙量也明显减少，洞庭湖对长江干流的泥沙补给率仅为 7.1%，补给率较小且无趋势性变化。

排沙比大小主要取决于干流输入沙量和湖泊输出沙量。与 1956～1980 年相比，1981～2002 年长江干流经由三口输入洞庭湖的泥沙量减少较为明显，减幅超过 40%，水量也有所减少，湖南四水占入湖总水量的比重增大 11.8 个百分点至 71.5%，当湖区特别是湖南四水来水较大时，排沙比也相应增大，但同时出湖沙量偏小幅度更大，多方面作用下，湖区的排沙比总体变化较小。

(3) 2003～2015 年，长江-洞庭湖泥沙交换以江、湖泥沙的普遍补给为主要特征。三峡水库蓄水后，荆江三口进入洞庭湖的水流含沙量急剧减小（Dai et al., 2009; Dai and Liu, 2013），荆江河段冲刷强度再次加大（Maren van et al., 2013; Hu et al., 2015），三口洪道由淤积转为冲刷状态，水流进入湖区后，水流流速减小，西、南洞庭仍有一定淤积，但东洞庭湖受来水含沙量减少的影响，加之汛后三峡水库蓄水、干流水位降低，洞庭湖出流加大，使得湖区有所冲刷，进入湖区的泥沙逐渐由单向沉积转化为沉积再悬浮随水流汇入干流，因此洞庭湖的泥沙排沙比也由 30%左右增大至 109%。表明湖区除了将荆江三口分流的泥沙输入城陵矶以下干流段以外，还从湖区补给部分泥沙，补给泥沙量占荆江三口入湖总沙量的 50%，洞庭湖对长江干流的泥沙补给率增至 23.7%。可见，这一时期长江-洞庭湖的泥沙交换关系相较于此前的各个时段发生了较大的变化，洞庭湖由吸纳沉积泥沙逐渐转化为向干流冲刷补充泥沙。

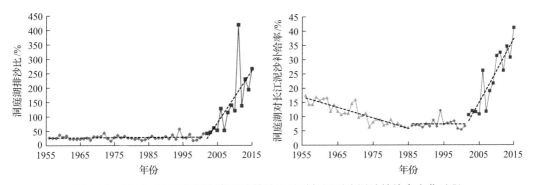

图 1.10　1956～2015 年洞庭湖泥沙排沙比及对长江干流泥沙补给率变化过程

4. 洞庭湖与长江水量交换强度

洞庭湖与长江水量交换过程包括三口分流过程和城陵矶出湖径流过程。洞庭湖与长江水量交换强度主要受长江干流来水量、湖泊蓄水量和流域四水入湖水量等因素的影响和制约。为直观反映洞庭湖与长江水交换情况，可以用单位时间内长江三口入湖水量与城陵矶出流水量的比值来度量洞庭湖与长江的水量交换强度（赵军凯等，2011）。

设 I 为洞庭湖和长江水交换系数，R_λ 为流域四水年入湖水量，$R_出$ 为城陵矶年出湖水量，$\overline{R}_\lambda$ 为 R_λ 的多年平均值，$\overline{R}_出$ 为 $R_出$ 的多年平均值。

$$I = \overline{R}_\lambda q / \overline{R}_出 - 0.5 \tag{1-1}$$

式中，q 为调整系数；当 $I=0.5$ 时，表示河湖交换作用处于稳定状态。

设 I_d 为洞庭湖与长江干流水量交换系数，单位时间取年；R_t 为三口入洞庭湖年水量，R_f 为洞庭湖流域四水入湖年水量，R_c 为城陵矶站的出湖的年水量，根据洞庭湖与长江交换的特点，有 $R_\lambda = R_f$，$R_出 = R_c$。

由公式计算出洞庭湖的河湖交换调整系数 $q_d = 1.67$（利用洞庭湖流域 1956～2014 年的水文统计资料计算得到）。那么得出洞庭湖与长江的水交换系数公式为

$$I_d = R_f q_d / R_c - 0.5 \tag{1-2}$$

公式的物理意义为：当 I_d=0.5，表示洞庭湖的调节作用接近多年平均水平，江湖水交换作用处于稳定状态；当 I_d>0.5，表示洞庭湖对长江补水作用大；当 I_d<0.5，表示长江对洞庭湖的作用较强，或者说湖泊容纳长江洪水的调蓄作用较强。

依据计算的历年洞庭湖与长江水量交换系数，绘制洞庭湖与长江水量交换系数变化过程。由图 1.11 可知，1956～2014 年，多年平均水量交换系数 I_d 为 0.51，整体呈增加变化趋势，线性变化率为 0.0057/a。下荆江裁弯前(1956～1968 年)、下荆江裁弯后至葛洲坝水库运用阶段(1969～1990 年)和 1991 年以来三个阶段，江湖水量交换系数分别为 0.33、0.51 和 0.61，总体呈现明显增大趋势。1969 年以前，洞庭湖与长江干流水量交换系数均小于 0.5，表明下荆江裁弯前，洞庭湖与干流水量交换激烈，洞庭湖对干流洪水的调蓄作用相对较强；1969～1990 年下荆江裁弯至葛洲坝水库运用期内，洞庭湖与干流水量交换仍处于波动状态，均值在 0.5 左右，表明洞庭湖与长江干流水量关系发生转折性变化的时期；1991 年之后，除了 1998 年、1999 年特大洪水作用，洞庭湖发挥强调蓄能力以外，其他各年水量交换系数都在 0.5 以上，说明此阶段洞庭湖对干流补水作用加强；三峡水库运行后，多数年份水量交换系数维持在 0.6 以上，进一步表明此阶段洞庭湖对干流补水作用较强。

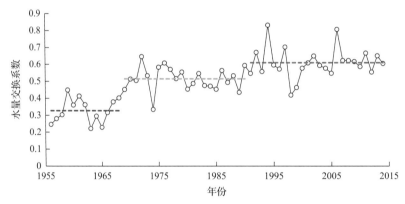

图 1.11　洞庭湖与长江水量交换系数变化图

1.3　鄱阳湖江湖关系

1.3.1　鄱阳湖江湖关系格局形成

鄱阳湖湖盆形成的时代可上溯至中生代，而鄱阳湖的形成则被认为在公元 400 年前后，由于长江河道变迁和古彭蠡泽不断淤积，古彭蠡泽解体逐步向南扩张形成的。其形成与演变是江、湖、河长期相互作用与矛盾统一的产物，是该地区水系变迁和不断调整以达到新的水量平衡的结果(朱海虹等，1997)。根据已有文献资料(朱海虹等，1997；姜加虎和窦鸿身，2003；姜加虎等，2009)，鄱阳湖的历史演变大致可以分为以下 4 个时期。

1. 六朝—唐初迅速扩张

六朝至唐初是鄱阳湖迅速扩张期，主要是由于长江主泓道的向南迁徙，导致赣江诸水泄水受阻。隋炀帝时以湖水与"鄱阳山所接"，鄱阳湖因而得名。说明湖水继续南侵，已越过松门山、四山。到了唐代，中国气候进入一个温暖期，降水丰沛，长江与五河水量剧增，鄱阳湖水扩展达到顶点，东至余干县莲花山，西至永修县涂家埠，南达南昌城附近。

2. 唐—宋入湖三角洲迅速发育

唐末宋初，张家洲的形成，使长江主泓道移至洲北，减轻了对鄱阳湖出水的顶托，增大了重力型流速，使各入湖三角洲迅速向湖区伸展。至宋代，赣江与修水三角洲前缘北抵松门山，东连南山、矶山与康山相望，饶河三角洲推进至棠荫一带，抚河原在赣江西南入赣江，至宋代改道向北至三江口与信江、赣江南支相汇，其三角洲也推进到康山南与赣江三角洲汇合。信江汉晋时与饶河分道入赣江，宋代与鄱阳三角洲相连。

3. 明末—清初鄱阳湖再次扩张

明末清初梅家洲迅速加积、延伸，张家洲左汊衰退，右汊发展，致使湖口水位顶托增大，造成水面再次扩张。修水下游南湖六汊一带频繁被淹，胭脂湖一带田地被迫遗弃，赣江三角洲前缘自矶山至天子庙一带已屯垦的大片农田、住宅与坟墓均遭水淹。鄱阳湖河口退至莲荷山以北，棠荫、康山、长山等再度沦为湖岛，日月湖因水侵扩展成军山湖，青岚湖也因谷地充水形成。

4. 鄱阳湖与长江关系演变

目前，鄱阳湖上承赣江、抚河、信江、饶河、修水 5 条河来水，下通长江的格局完全稳定，湖泊面积平均约 3583 km^2，蓄水量约 249 亿 m^3，湖面面积和蓄水量在洪、枯水期相差很大，湖口水文站 1998 年 7 月 31 日实测洪水位 22.59 m 时，湖面面积达 4500 km^2，对应容积 340 亿 m^3；枯水季节，水位下降，洲滩出露，湖水归槽，蜿蜒一线，湖口水文站 1963 年 2 月 6 日实测枯水位 5.90 m 时，湖面面积仅 146 km^2，对应容积 4.5 亿 m^3。因此，鄱阳湖季节性涨水，具有"高水是湖，低水似河"独特的自然地理景观。

鄱阳湖与长江相互影响、相互制约，长期演变形成的水沙交换关系错综复杂。自 20 世纪 50～60 年代有系统的实测资料以来，三峡水库及上游水库群蓄水运用是引起长江与鄱阳湖关系演变最主要的驱动要素。

1.3.2　鄱阳湖江湖关系特征

1. 鄱阳湖与长江水量交换关系

对鄱阳湖来说，五河来水量的多少直接影响到湖泊补给长江水量的多少。在不同水量交换强度及长江洪水顶托下，湖口将会发生江水倒灌入湖的现象，江水倒灌的现象表明江湖水交换的另一面。在进行鄱阳湖与长江水交换强度量化描述时，由于长江对湖口出流顶托和倒灌会造成五河来水量与湖口径流量对比关系发生变化。从这点出发，我们在考虑长江水倒灌影响背景下定义江湖水量交换系数，以量化表征鄱阳湖与长江水交换强度。

设 I_p 表示鄱阳湖与长江水量交换系数，R_j 表示五河入湖年水量，m^3；R_h 表示湖口站出湖年水量，m^3；$q_p=R_j/R_h$；Q_i 表示第 i 年江水倒灌量，m^3；a_i 表示湖口站长江水倒灌系数；I_{pc} 是 a_i 归一化的结果，a_{min} 为 a_i 的最小值，a_{max} 为 a_i 的最大值，$i=1,2,3,\cdots,n$，n 为统计的年数。

湖口站长江水倒灌系数（a_i）是反映鄱阳湖容纳长江洪水能力的量。一般认为某年长江水倒灌水量多，长江对湖泊作用强烈，则该年长江水倒灌系数 a_i 就大；反之，相反。a_i 可以用量化的方法表示出来，用第 i 年长江水倒灌量 Q_i 除以统计 n 年内长江水倒灌量平均值。计算公式为

$$a_i = Q_i \Big/ \frac{1}{n}\sum_{i=1}^{n} Q_i, \quad i=1,2,3,\cdots,n \qquad (1\text{-}3)$$

可以看出，对于统计总年数 n 固定的情况下，当 Q_i 较大时，a_i 也较大，反之，相反。a_i 总是大于等于 0，但可能会大于 1。需要把 a_i 标准化为[0，1]。计算公式如下：

$$I_{pc} = \frac{a_i - a_{min}}{a_{max} - a_{min}} \qquad (1\text{-}4)$$

则考虑倒灌影响的鄱阳湖河湖水交换系数定义如下：

$$I_{pz} = \frac{R_h}{R_j} q_p - 0.5$$
$$I_p = r_1 I_{pz} + r_2 I_{pc} \qquad (1\text{-}5)$$

式中，I_{pz} 和 I_{pc} 分别为鄱阳湖水系五河与湖口站年径流对比关系所反映的江湖水交换作用和长江水倒灌所反映的江湖水交换作用；r_1、r_2 为平衡系数。由于鄱阳湖与长江水量交换主要包括两部分：一部分是鄱阳湖补充长江水量，为主要部分；另一部分是长江倒灌鄱阳湖水量，为次要部分。为综合这两部分，需要分别赋予 I_{pz} 和 I_{pc} 权重系数 r_1、r_2 的不同取值，使得 I_p 更加合理化。

r_1、r_2 的取值有以下三个方面的要求：①r_1、r_2 应该尽可能准确地反映鄱阳湖与长江水交换作用两个方面之间的平衡关系，这一点为首要条件，必须建立在大量观测和实验基础之上；②$I_p=0.5$ 时，能反映江湖水交换的多年平均状况；③尽可能使 I_p 值标准化，在[0,1]取值，有利于评价，为了达到上述目标，本书利用 1956～2014 年实测资料实验得出它们的经验值，r_2 取湖口历年平均倒灌量占湖口相应年径流量的比值，即 $r_2=0.0159$，$r_1=1-r_2=0.9847$，$q_p=0.833$。鄱阳湖与长江水交换系数 I_p 的计算公式（由于湖区产水量较少，故忽略不计）如下：

$$I_p = 0.9847 \times \left(\frac{R_h}{R_j} \times 0.833 - 0.5 \right) + 0.0159 \times I_{pc} \qquad (1\text{-}6)$$

上式的物理意义：$I_p=0.5$，表示鄱阳湖与长江水交换处于稳定状态；$I_p<0.5$，表示鄱阳湖对长江补给作用较弱，值越小表明湖泊容纳长江水的调蓄作用越强烈，即长江水倒灌强烈；$I_p>0.5$，表示鄱阳湖对长江补给作用较强，值越大湖泊对长江的补给作用越强，或者长江水倒灌强度越小。

鄱阳湖与长江水量交换系数(I_p值)计算结果见表 1.2。选取 1998 年、1978 年、2006 年为典型年，用鄱阳湖与长江水量交换系数进行水量江湖强度分析。1998 年汉口站属于径流频率为 4%的特大洪水年，五河属于径流频率为 3%的特大洪水年，该年的江湖水交换系数 $I_p=0.56$，表明鄱阳湖对长江作用强烈，江湖水量交换关系以鄱阳湖补给长江洪水为主，长江水倒灌强度小。据 1998 年水量倒灌天数统计，事实上该年江水没有倒灌入湖的现象，江湖水交换系数反映的现象与实际情况相符。

1978 年汉口站属于径流频率约 96.5%的枯水年，五河属于径流频率为 87%的枯水年，该年的江湖水交换系数 $I_p=0.45$，表明鄱阳湖对长江有一定的补水作用。据实测资料统计，该年长江水倒灌鄱阳湖的天数为 15 天，高于多年平均水平(12.37 天)，长江水倒灌鄱阳湖较强烈。2006 年汉口站属于径流频率为 98.5%的特枯水年，五河属于径流频率为 36%平水偏丰年，该年的江湖水交换系数 $I_p=0.51$，表明鄱阳湖对长江补水作用接近多年平均水平。与 1978 年相比，2006 年 I_p 值略大的原因是 2006 年没有发生江水倒灌现象，长江对鄱阳湖作用较弱。通过以上分析，说明江湖水交换系数 I_p 值能客观反映鄱阳湖与长江的水量交换的实际情况。

表 1.2　鄱阳湖与长江水量交换系数

年份	I_p	年份	I_p	年份	I_p	年份	I_p	年份	I_p	年份	I_p
1956	0.49	1966	0.45	1976	0.45	1986	0.52	1996	0.51	2006	0.51
1957	0.49	1967	0.52	1977	0.46	1987	0.54	1997	0.46	2007	0.50
1958	0.47	1968	0.42	1978	0.45	1988	0.51	1998	0.56	2008	0.56
1959	0.45	1969	0.43	1979	0.44	1989	0.54	1999	0.61	2009	0.56
1960	0.46	1970	0.42	1980	0.50	1990	0.49	2000	0.56	2010	0.54
1961	0.45	1971	0.49	1981	0.47	1991	0.53	2001	0.52	2011	0.60
1962	0.49	1972	0.45	1982	0.47	1992	0.48	2002	0.50	2012	0.51
1963	0.48	1973	0.45	1983	0.55	1993	0.55	2003	0.48	2013	0.55
1964	0.47	1974	0.53	1984	0.50	1994	0.49	2004	0.57	2014	0.52
1965	0.47	1975	0.44	1985	0.50	1995	0.54	2005	0.53		

依据历年鄱阳湖与长江水量交换系数，绘制鄱阳湖与长江水量交换系数变化过程及与五河合计入流和湖口流量差的对比变化过程。

由图 1.12 可知，1956～2014 年，多年平均水量交换系数 I_p 为 0.50，长系列整体呈增加趋势变化，线性变化率为 0.0017/a。其中 1956～1982 年平均水量交换系数 I_p 值为 0.467，1983～2014 年平均水量交换系数 I_p 值为 0.528。以 1983 年为突变跳跃点，1983～2014 年较 1956～1982 年多年平均水量交换系数增加 0.061。

从水量交换系数所表征的江湖交换强度分析，1983 年以前，平均水量交换系数小于多年平均值，大多数年份 $I_p<0.50$，说明该阶段鄱阳湖与长江水量交换剧烈，主要表现为鄱阳湖分蓄长江水量，长江对鄱阳湖作用相对较强。1983～2014 年，水量交换系数增加，大于多年平均值，大部分年份 $I_p>0.50$，说明该阶段鄱阳湖与长江江湖水量交换关系主要以鄱阳湖补给长江为主。

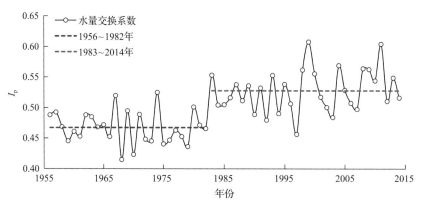

图 1.12　鄱阳湖与长江水量交换系数变化过程

2003 年后，三峡工程开始蓄水，拦蓄部分下泄水量，使得鄱阳湖湖口长江河段来水减少。江湖关系此消彼长，2003～2009 年三峡蓄水初期主要表现为鄱阳湖对长江的补给作用。而随着 2010 年以后三峡蓄水达到 175 m 后，水量交换系数进一步增加，说明此阶段后鄱阳湖对长江的补水作用进一步加强(图 1.13)。

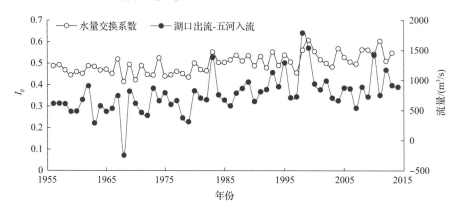

图 1.13　鄱阳湖与长江水量交换系数与出入湖流量差对比变化过程

从图 1.14 鄱阳湖与长江水量交换系数与出入湖流量差对比变化过程来看，鄱阳湖与长江水量交换强度的最大影响因素与湖区出入湖流量相关密切。水量交换强度与鄱阳湖出入湖水量差相关系数达 0.432，而与汉口-湖口水量差相关系数仅为 0.007。显然鄱阳湖与长江的江湖关系强弱受鄱阳湖五河来水大小影响。2003 年后五河合计入湖流量较常年偏低，这将对鄱阳湖水量江湖强度变化产生不同程度的影响。

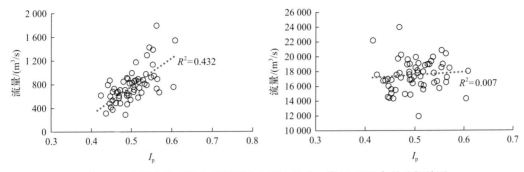

图 1.14　水量交换系数与鄱阳湖出入湖水量差、湖口-汉口水量差相关图

2. 长江-鄱阳湖泥沙交换关系

1956～1980 年长江与鄱阳湖之间的泥沙交换，多以鄱阳湖单向补给干流为主。长江干流泥沙随倒灌水流进入鄱阳湖，这种倒灌则主要取决于干流与出湖的水文过程，且倒灌进入湖区的泥沙量较小。鄱阳湖的泥沙有 33%沉积在湖区，67%的泥沙则被置换出湖。因此，尽管长江与鄱阳湖之间的泥沙交换比例较大，但数量较小，年均倒灌入湖的沙量仅为 182 万 t。鄱阳湖年均出湖泥沙 1060 万 t，对长江干流泥沙的平均补给率为 3.4%。上游螺山至汉口河段泥沙大量淤积，而湖区补给泥沙量较小，导致湖口以下的干流河道始终处于泥沙补给状态。

1981～2002 年，长江与鄱阳湖之间的泥沙交换量较洞庭湖明显偏小，其排沙比也略小于 1956～1980 年。其间，长江倒灌进入鄱阳湖的泥沙 65%沉积在湖区，35%的泥沙被置换出湖。鄱阳湖对长江干流的泥沙补给率变化不大，但补给量比洞庭湖区也明显偏小。其主要原因是，1990 年后长江倒灌鄱阳湖的概率减小，是倒灌发生频次最少的一个水文周期(图 1.15)。可见，与洞庭湖相比，1981～2002 年长江与鄱阳湖之间的泥沙交换强度有所减弱，主要原因在于 1990 年以后长江倒灌的概率和数量均有所减小。

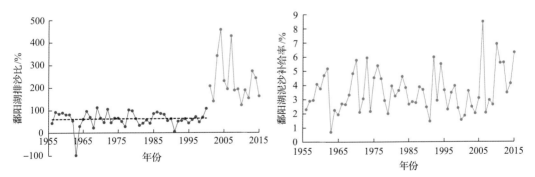

图 1.15　1956～2015 年鄱阳湖泥沙排沙比及对长江干流泥沙补给率变化过程

2003～2015 年，鄱阳湖排沙比有所增大。三峡水库蓄水后，长江干流倒灌鄱阳湖的概率和水量没有明显变化，但长江干流含沙量减少，倒灌入湖的水流含沙量也随之显著减小，江湖泥沙交换强度增大，倒灌进入湖区的泥沙均置换出湖以外，湖区还对长江干流进行泥沙补给，补给量与倒灌沙量超过 1∶1。鄱阳湖对长江干流的泥沙补给率略有增

大，主要原因在于干流输沙总量显著地减小(图1.15)。与洞庭湖类似，这一时期，长江-鄱阳湖泥沙交换的程度相较于此前各个时期是偏大的，尽管交换的绝对量值偏小，但由于干流河道沙量减小幅度更甚，因此鄱阳湖对干流的补沙效应增强，但增幅较小。

3. 长江倒灌鄱阳湖特征

倒灌是长江作用于鄱阳湖的一个独特方式，是湖泊水文水动力变化的重要影响因素，倒灌量(或强度)和倒灌频次是表征长江倒灌的两个重要指标。基于1960～2010年的长序列水文资料，采用数据统计分析和二维平面水动力模拟方法研究长江倒灌对鄱阳湖水文水动力的影响。

统计数据显示，不管是倒灌量还是倒灌频次，1960～2010年，均呈明显的下降趋势，尤其是在2003年之后，倒灌量和倒灌频次的减少趋势极为显著，主要与长江干流径流减少以及水位降低等因素有关(图1.16)。倒灌期间，湖泊空间水位整体处于13～20 m。从长期变化趋势而言，湖泊水位的提升幅度以及湖泊空间水位梯度与倒灌强度变化趋势基本一致，即倒灌强度越大，湖泊水位抬升越明显，湖泊空间水位梯度越小。从近50年的统计结果可见，长江倒灌频次与倒灌强度呈现高度的年际变异性且两者均呈明显下降趋

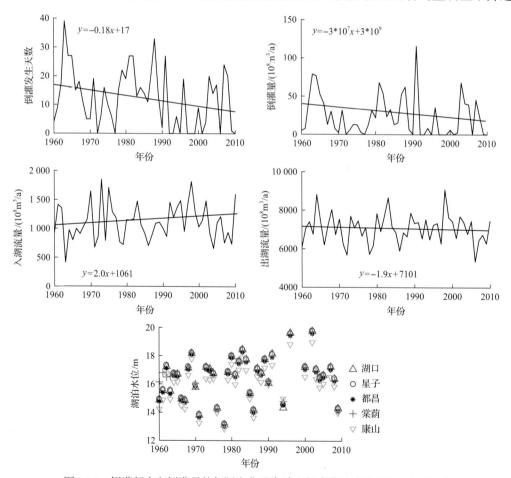

图1.16　倒灌频次和倒灌量的年际变化及湖泊空间水位响应(Li Y et al., 2017)

势。在 2000 年之前，倒灌频次与倒灌强度在 20 世纪 60 年代和 80 年代呈明显增加趋势，而在过去其他年份呈下降趋势。在 2000 年之后，尤其是 2001～2006 年长江倒灌频次与倒灌强度均呈显著下降趋势，但倒灌强度有着比倒灌频次更为显著的下降趋势(Li Y et al.,2017；李云良等，2017)。总体来说，近 50 年来长江倒灌发生频次的逐渐减少和倒灌强度的逐渐减弱，在 2000 年后表现得尤为突出。

1960～2010 年，共发生长江倒灌约 630 次，平均每年发生 13 次，可见长江倒灌是一个频发的水力学现象，倒灌主要发生在每年的 7～10 月，占年内发生总频次的 96.4%，这与长江的主汛期(7～9 月)基本一致；偶尔有倒灌发生在每年的 6 月和 11～12 月，占发生总频次的 3.6%(图 1.17)。相关性分析进一步表明(图 1.18)，倒灌频次、倒灌强度均

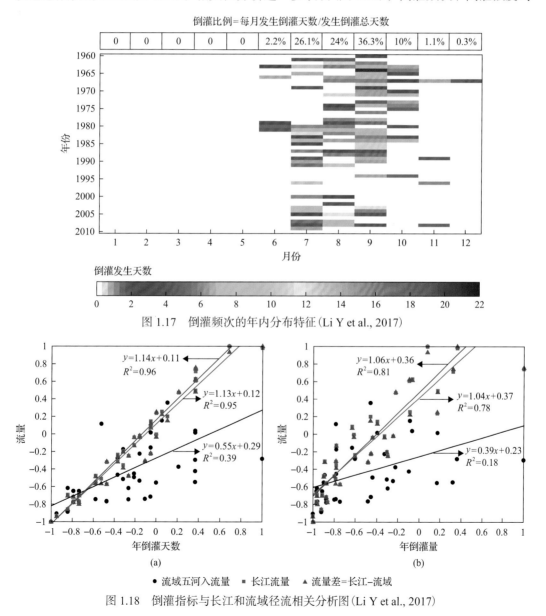

图 1.17　倒灌频次的年内分布特征(Li Y et al., 2017)

● 流域五河入流量　■ 长江流量　▲ 流量差=长江-流域

图 1.18　倒灌指标与长江和流域径流相关分析图(Li Y et al., 2017)

与长江、流域之间的径流差异有密切联系，即流域和长江的径流变化均会对倒灌产生一定的影响。但同流域径流相比，不管是倒灌频次还是倒灌强度均与长江径流有着更为密切的相互关系。总体而言，长江倒灌是鄱阳湖一个频发的水力学现象，虽然倒灌发生与否依赖于鄱阳湖区水文同上游流域来水和下游长江水情之间的动态调节，但长江径流和倒灌的相互关系更为密切。

来流比，这里定义为流域径流和长江干流径流的比值，其用来表征流域和长江对倒灌的联合作用。对比倒灌和无倒灌发生条件下的来流比分布可知(图 1.19)，当鄱阳湖无倒灌发生时，来流比的变化幅度较大为 1%～147%，50%中位数约 13%；而倒灌发生时，来流比变化幅度明显减小 0.9%～30%，相应 50%的中位数为 3%。上述结果意味着倒灌发生时鄱阳湖流域和长江径流之间的来流比很小，即弱流域作用(低流量)或者强长江作用(高流量)会促进倒灌发生。概率分析进一步表明，低来流比(约<5%)会显著增加长江倒灌发生的可能性(可达 25%)，但并不是低来流比一定会导致倒灌的发生。当来流比高于 10%时，倒灌发生概率则明显降至 2%以下。

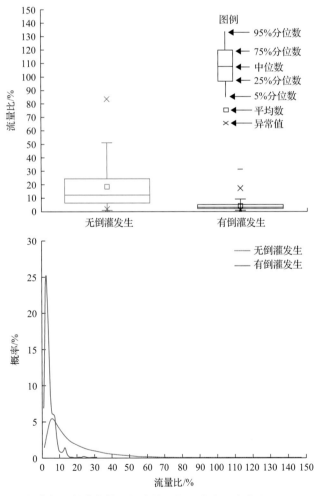

图 1.19　倒灌与无倒灌条件下的流域和长江来流比变化(Li Y et al., 2017)

基于鄱阳湖二维水动力和粒子示踪耦合模型，选取倒灌量最大(1964 年)和倒灌频次最多(1991 年)的历史典型事件，研究长江倒灌量和倒灌频次对鄱阳湖水位、流速及流向的综合影响。模拟结果表明，长江倒灌改变了鄱阳湖空间水流的流向与运动轨迹(图 1.20)。正常水情条件下，鄱阳湖空间不同区域的水流方向大致呈由南向北流动，当遭遇倒灌入湖水量的影响后，原本向北方向的水流发生了明显偏转，大致方向为由北向南(图 1.21)。通过湖区关键站点的流向数据分析可知，倒灌发生期间，湖区关键站点的水流产生了 90°～180°的明显转向(图 1.22)。倒灌对湖泊空间水流流向的影响由下游湖口至上游的康山逐步衰减，流向影响较为明显的区域主要分布在湖区中下游广大湖区，康山等上游区域的流向影响程度相对较弱。在倒灌期间，湖区不同区域的水流能够向上游追溯的距离介于几千米至 20 km，体现了空间水流的变异性以及倒灌对全湖的综合影响。

倒灌对湖区空间流速的影响呈现了一个较为复杂的分布格局(图 1.23)。倒灌总体上增加了湖泊主河道等区域的流速，增加幅度可达 0.3 m/s，然而湖泊洪泛洲滩等广大湖泊浅水区的流速既有增加又有减小，但是这些浅水区流速的变化幅度相对较小(<0.1 m/s)。距离湖口越远，长江倒灌对湖区流速的影响量级越小，但其对流速的影响可至上游湖区。因为倒灌发生期间，湖泊水量呈逐渐增加的变化态势，湖泊空间水位有所抬高。模拟结果也充分验证了这一点，倒灌明显抬升了整个湖区的空间水位，1964 年和 1991 年的典型倒灌事件使得湖水位的提高幅度分别为 0.2～1.3 m 和 0.3～1.5 m。同湖区流速一样，倒灌对湖区空间水位影响最为显著的区域是湖泊主河道等区域，其次是大面积洪泛洲滩等浅水区(图 1.23)。此外，倒灌对空间水位的影响同样随着距湖口距离的增加而呈逐渐减

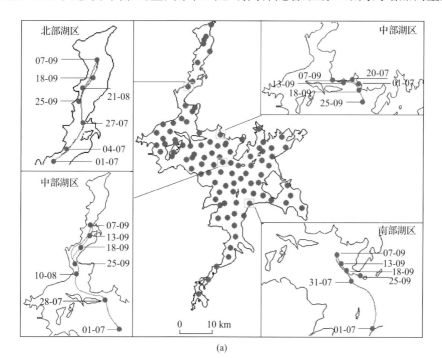

(a)

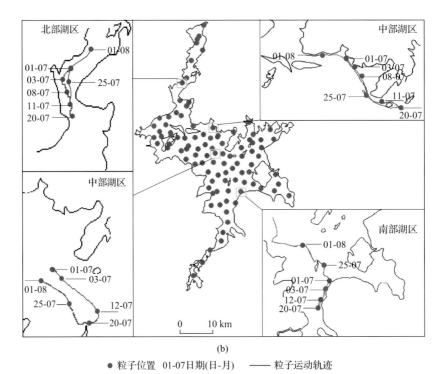

(b)

● 粒子位置　01-07日期(日-月)　—— 粒子运动轨迹

图 1.20　典型倒灌过程对湖区关键区域水流运动格局的影响

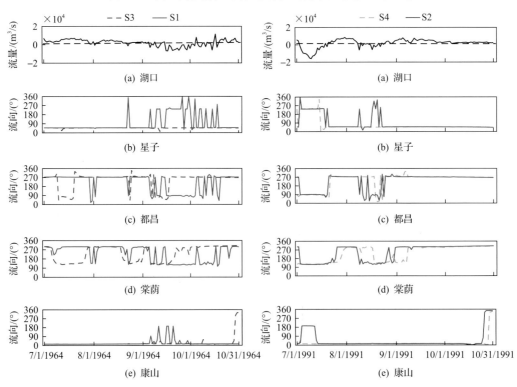

图 1.21　湖泊主要站点水流流向对倒灌发生的响应

S1 和 S2 表示有倒灌事件发生；S3 和 S4 表示无倒灌事件发生

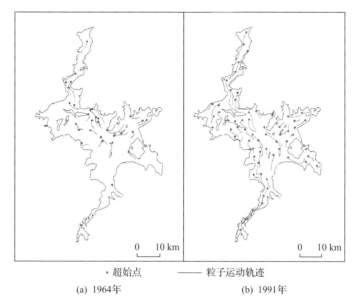

· 超始点　　　　——　粒子运动轨迹

(a) 1964年　　　　　　　　　　　　　(b) 1991年

图 1.22　倒灌对湖区空间水流和粒子运动的影响

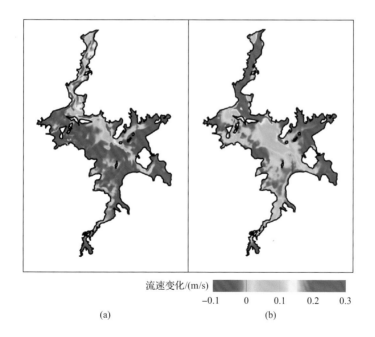

流速变化/(m/s)

−0.1　　0　　0.1　　0.2　　0.3

(a)　　　　　　　　　　　　　　　　(b)

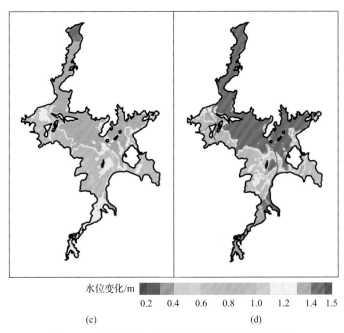

水位变化/m

0.2　0.4　0.6　0.8　1.0　1.2　1.4　1.5

(c)　　　　　　　　　　　　　　(d)

图 1.23　典型倒灌对湖区空间水位和流速的影响

小的趋势。此时，鄱阳湖除了接受流域五河地表入湖径流，长江倒灌也是湖泊水量的主要来源之一，而且倒灌量约为五河入湖总量的 4 倍。可见，倒灌对鄱阳湖水文水动力产生了重要影响，影响程度主要与倒灌量、倒灌强度密切相关。

第2章　江湖水沙关系变化过程与阶段

2.1　洞庭湖江湖关系变化

洞庭湖入湖水沙主要来自湘、资、沅、澧四水和荆江三口分流、分沙,从城陵矶(七里山)出流汇入长江。采用湘江湘潭站、资水桃江站、沅江桃源站、澧水石门站合成流量、输沙量代表洞庭湖四水入湖水量、沙量,松滋河新江口站和沙道观站、虎渡河弥陀寺站、藕池河康家岗站和管家铺站合成流量、输沙量代表荆江三口入湖水量、沙量,城陵矶(七里山)站流量、输沙量代表洞庭湖出湖入江水量、沙量。

洞庭湖湖区由东、南、西洞庭组成,出口在东洞庭的城陵矶,本书以鹿角、小河咀、南咀水位站为湖区代表水位站,城陵矶(七里山)水位站代表出口(各站位置示意图见图2.1),根据各站1956～2014年水位资料,分析洞庭湖区的水位变化规律。

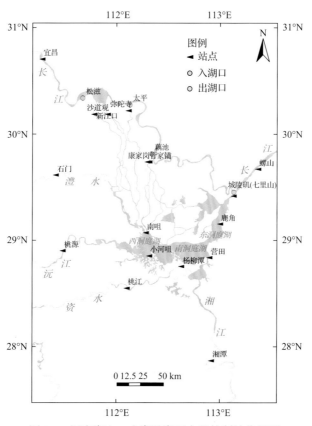

图 2.1　洞庭湖入、出湖及湖区主要控制站位置图

2.1.1　入出湖径流变化

洞庭湖入湖径流包括湘、资、沅、澧四水及荆江三口分流(松滋口、太平口、藕池口)，出湖径流为城陵矶出流。1981～2014 年四水、三口及城陵矶年平均流量为 5268.0 m³/s、1953.2 m³/s、8208.6 m³/s(图 2.2)；不考虑洞庭湖流域区间来水，1981～2014 年四水、三口平均入湖比为 73%、27%，湖泊以四水来水为主。四水最大和最小流量分别出现在 2002 年和 2011 年，流量分别为 7397.3 m³/s、3258.1 m³/s；三口最大和最小流量分别出现在 1998 年和 2006 年，流量分别为 3316.9 m³/s、579.1 m³/s；城陵矶最大和最小流量分别出现在 1998 年和 2011 年，流量分别为 12 709.2 m³/s、4678.4 m³/s。2003 年后洞庭湖入、出湖径流量均减小，四水、三口流量分别减小 556.4 m³/s、618.2 m³/s，占 2003 年前的 10.2%、28.5%，三口入湖比有所下降，由 28.4%下降到 24.0%。

长江中游代表水文站枝城、监利、螺山站 1981～2014 年平均流量为 13 612.1 m³/s、11 973.6 m³/s、20 004.3 m³/s(图 2.2)。各站最大和最小流量均出现在 1998 年和 2006 年，1998 年枝城、监利、螺山站流量分别为 17 005.8 m³/s、13 990.1 m³/s、26 317.0 m³/s，2006 年流量分别为 9143.0 m³/s、8624.2 m³/s、14 755.3 m³/s。2003 年后枝城、监利、螺山站流量均减小，分别减小 1290.4 m³/s、643.9 m³/s、1827.4 m³/s，占 2003 年前的 9.2%、5.3%、8.8%。

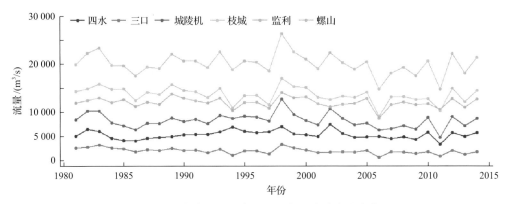

图 2.2　洞庭湖入、出湖流量及长江中游流量变化

洞庭湖进入汛期时间早于长江，一般 4～9 月为洞庭湖汛期，5～10 月为长江汛期。由洞庭湖入、出湖径流及长江中游径流各代表站月尺度流量盒形图(图 2.3)可以看到，四水涨水过程迅速，退水稳定，6 月流量达到最大，多年平均为 10 667.8 m³/s，12 月流量最小，平均为 2224.0 m³/s。而长江枝城、监利、螺山站及荆江三口分流涨水相对稳定，退水迅速，均在 7 月流量达到最大，分别为 30 410.4 m³/s、24 014.7 m³/s、39 227.9 m³/s、6784.1 m³/s；枝城、监利、三口分流均在 2 月流量最小平均流量分别为 4616.2 m³/s、4747.0 m³/s、10.9 m³/s，螺山 1 月流量最小，平均为 8010.2 m³/s。城陵矶出流 7 月达到最大，多年平均为 15 788.1 m³/s，1 月最小，平均为 2951.6 m³/s，涨水过程和退水过程均较为稳定，是四水及江湖水量交换共同作用的结果。

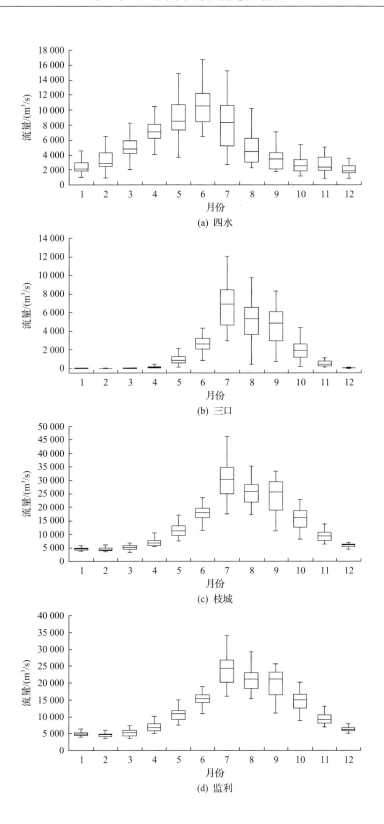

(a) 四水

(b) 三口

(c) 枝城

(d) 监利

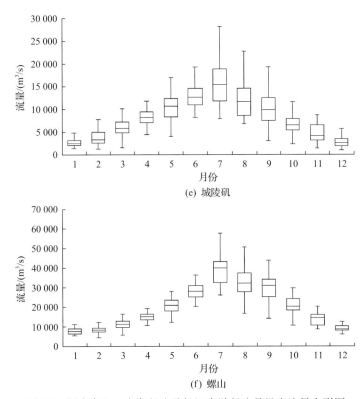

图 2.3　洞庭湖入、出湖径流及长江中游径流月尺度流量盒形图

　　4～5 月涨水季节，四水进入汛期，平均流量全年最高为 8084.8 m³/s，三口分流量逐渐增加，平均流量 565.7 m³/s；6～9 月丰水季节，四水保持较大流量 6900.1 m³/s，三口分流量达到最大，多年平均为 4918.5 m³/s；10～11 月退水季节，四水平均流量全年最低为 2965.7 m³/s，三口分流量快速减少，平均流量 1277.6 m³/s；12 月至次年 3 月的枯水季节，四水流量有所增加，平均流量 3324.2 m³/s，三口平均流量达到最低仅为 26.5 m³/s。不考虑洞庭湖流域区间来水，从月尺度及季尺度三口、四水入湖流量比（表 2.1）可以得知，涨、丰、退、枯各季节均以四水入湖流量为主，其中涨水季节和枯水季节三口分流所占比例十分小，枯水季节三口分流入湖流量比低于 1%；7～10 月三口、四水来水比例相当，尤其是 8～9 月，三口分流甚至超过了四水来水，由此可以得出以下结论，洞庭湖丰水季节及退水季节前期水位由三口、四水来水共同决定，而其他季节四水来水变化起主导作用。

表 2.1　四水、三口入湖流量比　　　　　　　　　　（单位：%）

月份/季节	1981～2014 年		1981～2002 年		2003～2014 年	
	四水	三口	四水	三口	四水	三口
4	97.7	2.3	97.6	2.4	97.8	2.2
5	90.4	9.6	90.1	9.9	90.9	9.1
6	79.8	20.2	78.8	21.2	82.2	17.8
7	54.5	45.5	53.7	46.3	56.4	43.6

续表

月份/季节	1981～2014 年		1981～2002 年		2003～2014 年	
	四水	三口	四水	三口	四水	三口
8	47.9	52.1	48.1	51.9	47.4	52.6
9	44.9	55.1	43.6	56.4	48.1	51.9
10	59.8	40.2	57.7	42.3	67.7	32.3
11	84.9	15.1	84.1	15.9	86.5	13.5
12	97.5	2.5	97.3	2.7	98.0	2.0
1	99.4	0.6	99.6	0.4	99.0	1.0
2	99.7	0.3	99.8	0.2	99.3	0.7
3	99.6	0.4	99.7	0.3	99.3	0.7
涨	93.5	6.5	93.4	6.6	93.5	6.5
丰	58.4	41.6	57.3	42.7	61.0	39.0
退	69.9	30.1	67.5	32.5	76.9	23.1
枯	99.2	0.8	99.3	0.7	99.0	1.0

　　四水、三口流量均在 2003 年前后发生明显变化。与 1981～2002 年相比，2003 年之后，涨水季节四水流量大幅下降，平均下降 425.7 m³/s，占 2003 年前的 5.2%；其中 4 月流量显著下降(表 2.2)，下降 1519.5 m³/s，占 2003 年前的 19.7%。丰水季节四水、三口流量均显著下降，分别下降 1124.0 m³/s、1481.0 m³/s，占 2003 年前的 15.5%、27.4%；其中三口分流 6 月、7 月、9 月均有显著下降，分别下降 670.2 m³/s、2198.8 m³/s、1479.8 m³/s，占 2003 年前的 23.0%、29.1%、29.4%。退水季节四水流量大幅下降而三口分流显著下降，分别下降 777.2 m³/s、815.4 m³/s，占 2003 年前的 24.1%、52.6%；两者均在 10 月发生显著变化，流量下降 1236.8 m³/s、1462.8 m³/s，占 2003 年前的 36.4%、58.7%。枯水季节四水流量大幅下降平均下降 434.0 m³/s，占 2003 年前的 12.5%。2003 年后丰水季节、退水季节三口入湖流量比均表现出下降现象(表 2.2)，三口流量下降幅度超过四水。

表 2.2　洞庭湖入、出湖径流及长江中游径流月尺度及季尺度流量 2003 年前后方差分析(p 值)

月份/季节	四水	三口	城陵矶	枝城	监利	螺山
4	0.047[c]	0.471	0.048[c]	0.654	0.484	0.12
5	0.536	0.916	0.801	0.765	0.523	0.792
6	0.652	0.030[c]	0.928	0.041[c]	0.181	0.725
7	0.189	0.014[c]	0.009[b]	0.060	0.0761[d]	0.0137[c]
8	0.142	0.130	0.0959	0.231	0.334	0.197
9	0.448	0.068[d]	0.0858[d]	0.116	0.159	0.129
10	0.042[c]	<0.001[a]	0.002[b]	<0.001[a]	<0.001[a]	<0.001[a]
11	0.641	0.305	0.26	0.194	0.251	0.209
12	0.651	0.165	0.364	0.627	0.752	0.359

月份/季节	四水	三口	城陵矶	枝城	监利	螺山
1	0.831	0.008[b]	0.689	<0.001[a]	<0.001[a]	0.213
2	0.171	0.001[b]	0.257	<0.001[a]	<0.001[a]	0.41
3	0.379	0.030[c]	0.443	<0.001[a]	<0.001[a]	0.727
涨	0.553	0.778	0.464	0.686	0.449	0.646
丰	0.082[d]	0.009[b]	0.015[c]	0.022[c]	0.0407[c]	0.0302[c]
退	0.114	<0.001[a]	0.009[b]	<0.001[a]	<0.001[a]	<0.001[a]
枯	0.368	0.294	0.345	<0.001[a]	<0.001[a]	0.644

注：a、b、c、d 表示显著性水平分别为 $p<0.001$，$p<0.01$，$p<0.05$，$p<0.1$。

2.1.2　入出湖泥沙变化

从 1956~2015 年多年平均情况来看，洞庭湖的泥沙绝大部分来源于荆江三口，其多年平均输沙量为 9880 万 t，占洞庭湖入湖泥沙总量(荆江三口+湖南四水)的 80.5%，但近 50~60 年，洞庭湖入湖总沙量持续减少的同时，荆江三口来沙占比不断减小，湖南四水来沙占比不断增大，出湖沙量因入湖沙量的减少也呈明显的下降趋势(马元旭和来红州，2005)。从入、出湖的荆江三口、湖南四水及城陵矶年输沙量的具体变化过程来看(图 2.4)。

(1)荆江三口输沙量呈阶段性减小的变化过程，大致可以分为四个阶段：第一阶段是下荆江裁弯前(1956~1968 年)，其年均输沙量高达 19 900 万 t，占同期枝城站输沙量的 34.6%，占入湖总沙量的 86.6%；第二阶段是下荆江裁弯施工及影响期(1969~1985 年)，其年均输沙量减小至 11 800 万 t，占同期枝城站输沙量的 22.2%，占入湖总沙量的 77.0%；第三阶段是 1986~2002 年，其年均输沙量继续减小至 7160 万 t，占同期枝城站输沙量的 17.2%，占入湖总沙量的 78.6%；第四阶段是三峡水库蓄水后的 2003~2015 年，其年均输沙量大幅度减小至 956 万 t，占同期枝城站输沙量的 19.6%，占入湖总沙量的 55.5%。

(2)湖南四水输沙量也呈现阶段性减小的变化过程(胡光伟等，2014)，大致经历了三个阶段：第一阶段为 1956~1984 年，其年均输沙量为 3380 万 t，占同期入湖总沙量的 17.9%；第二阶段，受流域水利枢纽工程和水土保持工程的影响，1985~2002 年，其年均输沙量减小至 1920 万 t，相较于上一阶段减小超 40%；第三阶段为 2003~2015 年，受流域来水量偏少的影响，其年均输沙量仅为 816 万 t，但占入湖总沙量的比例却增至 44.5%，说明湖南四水沙量的减幅不及荆江三口，也进一步反映了三峡工程巨大的拦沙作用(Dai et al., 2009; Dai and Liu, 2013)。

(3)洞庭湖入湖的泥沙大部分经湖区沉积作用后，小部分经由城陵矶汇入长江干流，城陵矶年输沙量变化在 2007 年之前基本上呈现持续下降的趋势，阶段特征不甚明显，2008 年开始出湖沙量出现增大的现象，可能与湖区，尤其是集中在东洞庭湖的采砂活动有一定关系，受到入湖水流含沙量大幅度减小的影响。

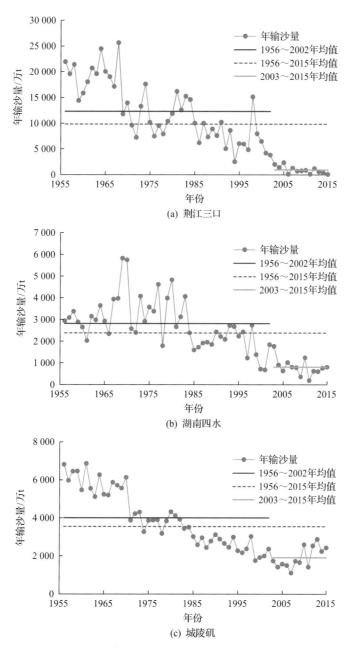

图 2.4　洞庭湖入、出湖年输沙量及时段均值变化

三峡水库蓄水对长江干流泥沙的拦截幅度大，荆江三口洪道的水沙基本属性与干流河道的保持一致，含沙量、输沙率大幅度减少。相较于 1956～2002 年，2003～2015 年荆江三口月均输沙率的减幅达到 89.9%～100%；湖南四水的月均输沙率变幅相对偏小，为 18.4%～89.9%，其 11 月输沙率还略有增大；城陵矶出湖的月均输沙率普遍减小，减小幅度为 13.7%～64.6%。从月均输沙量占年总量的比例变化情况来看，荆江三口的变化特征与长江干流宜昌站类似，汛期输沙量占比增大，非汛期减小，尤其是 6 月、10 月减

小幅度较大，可见，其输沙进一步集中在汛期，与径流的变化规律较为一致；湖南四水汛期 6 月、7 月和汛后的 11 月占比增大，其他月份变化不大或有所减小；城陵矶月均输沙量占比变化较小，年内汛期、非汛期的规律不明显，绝对变幅在 4 个百分点以内（图 2.5）。

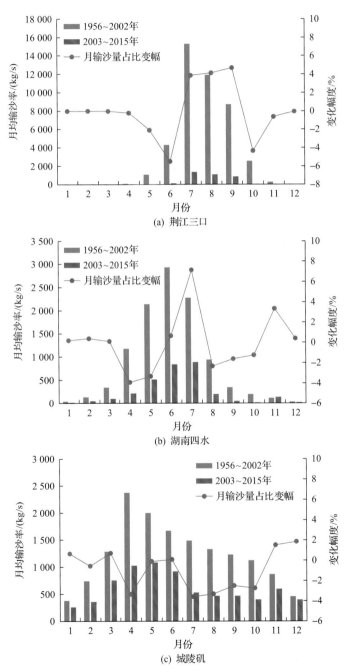

图 2.5　洞庭湖入、出湖时段月均输沙率及输沙量占比变化

2.2　鄱阳湖江湖关系变化

鄱阳湖水系由赣江、抚河、信江、饶河、修水等五河组成，五河七口控制站分别为赣江的外洲站、抚河的李家渡站、信江的梅港站、饶河的虎山和渡峰坑站、修水万家埠站，出湖水量由湖口水文站控制。现以五河七口合计水量、沙量作为鄱阳湖湖区主要入湖水量、沙量，以湖口站水量、沙量表征出湖水量、沙量。根据鄱阳湖区水文(位)站网布设，以鄱阳、都昌、康山、吴城、星子水位站为鄱阳湖水情特点代表站。

2.2.1　入出湖径流变化

鄱阳湖承纳流域五河来水，通过鄱阳湖湖口与长江保持水系连通。本节利用 50 多年的鄱阳湖主要入湖河流径流以及湖口出流量数据，采用 Mann-Kendall 检验和 Sen's slope 法分析了鄱阳湖入出湖径流变化趋势与程度，对鄱阳湖径流的长期变化趋势和统计特征等方面提供基础性认知。

统计结果表明，6 个站点的年平均径流量在 1953～1970 年呈下降趋势，除李家渡外，其他 5 个站点的年平均径流下降趋势较为显著，在 1960 年左右达到显著性水平(图 2.6)。1971～1990 年各站点的 UF 在零值线上下波动，表明此时段流量变化不稳定。除李家渡外，1991～2003 年其他 5 个站点年平均径流量均呈上升趋势。2006～2014 年 6 站点年平均径流量呈下降趋势。1953～1970 年，6 站点的年最大径流量总体上呈下降趋势。1970～1980 年各站点的 UF 线在零值线上下波动，表明此时段流量变化不稳定。1981～1990 年的最大径流量变化呈下降趋势，1991～2005 年呈上升趋势，而在 2005～2014 年呈下降

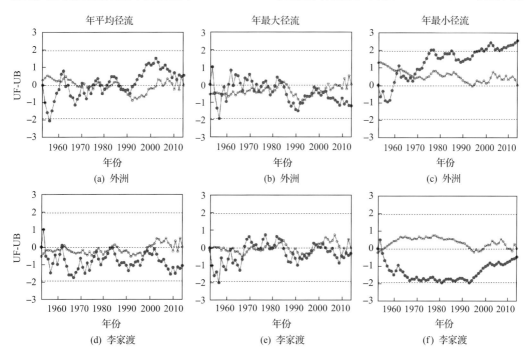

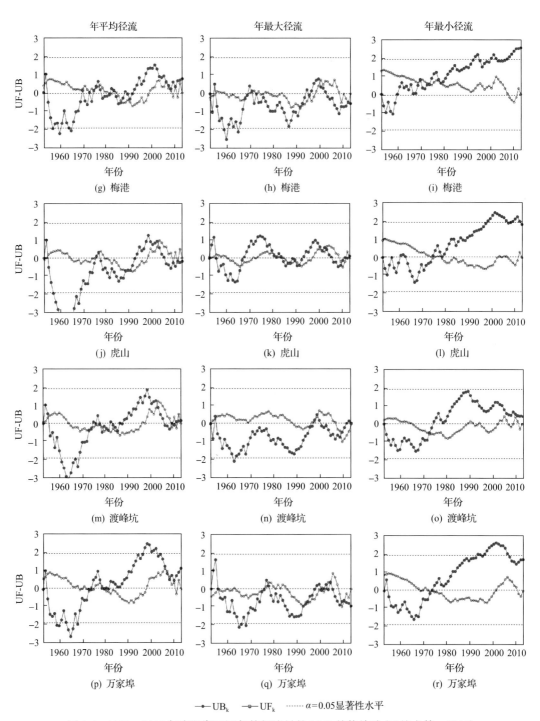

图 2.6 1953～2014 年鄱阳湖五河年特征流量的 M-K 趋势检验（王然丰等，2017）

趋势，但下降趋势没有达到显著性水平。各站点年最小径流在 1970～2014 年，除李家渡站呈下降趋势外，其余 5 个站点均呈上升趋势，并在 2000 年左右达到显著性水平。李家渡站与其他各站存在差异，这主要是由于抚河流域下游兴建了大规模引水工程，并且抚河流域农业开发程度高，耕地面积大，流域森林覆盖率为五河流域最低(罗蔚等，2012)。总体上，各站点径流变化趋势不同，反映出各支流在降水、人类活动等诸多方面具有差异性(王然丰等，2017)。

从五河径流年特征值变化的 Sen 斜率估计值变化的程度可以看出，鄱阳湖流域径流年际变幅差异不大(表 2.3)，年平均径流斜率值除李家渡和虎山外均大于 0，表明 1953～2014 年平均径流呈上升趋势；年最大径流除虎山、渡峰坑外均小于 0，表明年最大径流呈下降趋势；年最小径流除李家渡外均大于 0，表明年最小径流呈上升趋势；检验结果与 M-K 趋势检验结果基本一致。

表 2.3　鄱阳湖五河径流特征值年代际变化的 Sen 斜率估计

特征值	外洲	李家渡	梅港	虎山	渡峰坑	万家埠
平均值	2.3806	−1.2671	1.0129	−0.1013	0.0455	0.3055
最大值	−33.1373	−3.7736	−9.2857	1.8750	1.000	−5.0263
最小值	3.2727	−0.0309	0.6457	0.1633	0.0189	0.1455

通过近 50 年鄱阳湖湖口站的日观测流量数据可知，鄱阳湖的日最大出湖流量为 31 900 m³/s，平均出湖流量约 4684 m³/s，最大日倒灌量可达 −13 600 m³/s(见图 2.7 中负值)。因鄱阳湖出湖流量受湖泊自身和长江水情的共同影响，日出湖流量的动态变化特征非常明显，除了体现流量强度和时间上的变异规律，也体现了鄱阳湖和长江的水量交互关系。观测数据可见，在大多数时期，鄱阳湖流量变化仍以向长江干流排泄为主(见图 2.7 中正值)，长江倒灌鄱阳湖也时有发生。从长时间序列尺度上，线性拟合结果显示，近 50 年来鄱阳湖出湖流量呈现微弱的增加趋势，可能与长江干流河道下切等多种因素有关。

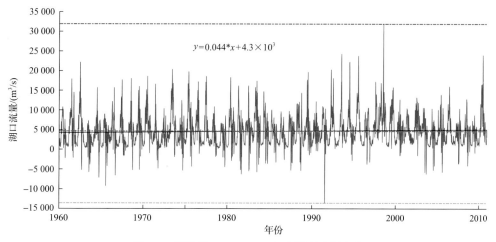

图 2.7　鄱阳湖 1960～2010 年出湖径流量变化

2.2.2　入出湖泥沙变化

鄱阳湖入湖沙量较少，江西五河 1956～2015 年多年平均输沙量为 1240 万 t，鄱阳湖区泥沙沉积量和沉积率相对于洞庭湖都偏小，因此其出湖湖口站的沙量与入湖沙量相差不大，多年平均输沙量为 1000 万 t。从入、出湖沙量历年的变化过程来看，基本上都可以分为三个阶段（图 2.8）：第一阶段是 1956～1984 年江西五河年均输沙量为 1640 万 t，绝大部分年份的输沙量都超过 1956～2015 年的多年平均值，湖口站出湖沙量基本上在多年均值上下波动，这一时段年均输沙量为 1040 万 t；第二阶段是 1985～2002 年，五河水系以赣江和抚河为重点实施了水土保持工程，五河时段年均输沙量下降至 1070 万 t，相较于上一时段减少 34.8%，各年输沙量在 60 年长系列均值上下波动；湖口出湖沙量年均也有所减少，为 782 万 t，相较于上一时段减少 24.8%，各年输沙量以小于长系列均值居多；第三阶段为 2003～2015 年，江西五河入湖沙量进一步减少至年均 569 万 t，但出湖沙量则相反，湖口站时段年均输沙量为 1220 万 t，出湖沙量骤然增大主要与集中在入江水道区域的大规模采砂活动有关。

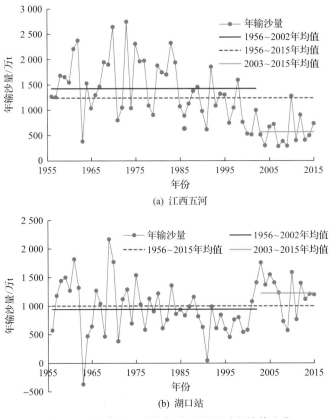

(a) 江西五河

(b) 湖口站

图 2.8　鄱阳湖入、出湖年输沙量及时段均值变化

上述鄱阳湖入、出历年变化输沙量变化的分析结果显示，江西五河的输沙量近 60 年阶段性递减的趋势较为明显，湖口出湖沙量受采砂活动出现转折性的变化，这一规律在

各月输沙率的变化上也能够得到体现。相较于 1956~2002 年，2003~2015 年江西五河除 12 月输沙率略有增大以外，其他各月输沙率减幅在 3.9%~77.3%；湖口站则除 2~4 月输沙率有所减小以外，其他各月输沙率均增大，其中 5 月、6 月、10 月、11 月、12 月增幅为 3.3%~191%，7~9 月在 1956~2002 年输沙率为负值，即长江干流倒灌的沙量大于出湖沙量，2003~2015 年出湖输沙率均为正值，主要与干流输沙量减少造成的倒灌沙量下降有关，同时也与倒灌频率下降有关(图 2.9)。从输沙量年内分配比例变化情况来看，江西五河入湖沙量 6 月、11 月、12 月占比增加，其他月份变化不大或有所减小；湖口站 1~6 月的输沙量占比均有所减小，7~12 月输沙量占比则一致性增大，可见湖口站的年内输沙规律发生了较大的变化。

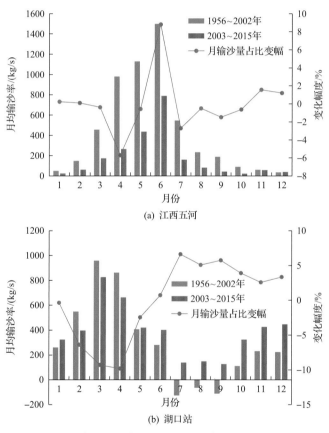

图 2.9　鄱阳湖入、出湖时段月均输沙率及输沙量占比变化

2.3　江湖关系变化的阶段

近 60 年来，受降雨(径流)变化、大中型水库群拦沙、水土保持工程、河道采砂等影响，长江中下游江、湖沙量总体均呈持续减少的态势，且以大型水利枢纽工程拦沙的影响最为明显，江湖关系变化及响应呈现江平衡、湖淤积，江、湖同淤积和江冲刷、湖平衡三个明显的阶段。

2.3.1 江平衡、湖淤积阶段(1956~1980年)

1956~1980年,江湖系统外部条件变化主要包括汉江丹江口水库、洞庭湖水系资水的柘溪水库和鄱阳湖水系修水的柘林水库等大型水库的修建运用;内部条件变化,主要包括下荆江裁弯(共缩短河长约78 km),以及洞庭湖和鄱阳湖湖区大范围、高强度的联圩并垸和围垦等。

1. 江湖泥沙分配格局

1956~1980年中游江湖系统江湖泥沙分配格局的显著特征是汉江丹江口水库以及洞庭湖和鄱阳湖水系大型水库的修建运用等外部条件变化对江湖泥沙的影响相对较小,而江湖系统内部的重大人类活动如下荆江裁弯(1967~1972年)、洞庭湖湖泊围垦(主要集中在1949~1978年)、鄱阳湖湖泊围垦(主要集中在1949~1976年)等对江、湖泥沙交换与分配格局的影响显著。

1956~1980年,宜昌以上干支流、湖南四水、汉江、江西五河等累积进入长江中游江、湖的泥沙总量约153.8亿t,其中,宜昌以上干支流、汉江和两湖水系来沙量占总量的比例分别为84%、7.5%和8.1%。泥沙进入中游江湖系统后,空间上重分配的显著特征为:长江干流宜昌至大通长约1130 km的河道输沙相对平衡,来沙量仅有0.07%淤积在干流河道里面,泥沙总量的76.4%随水流入海,22.6%的泥沙沉积在洞庭湖湖区,0.8%的泥沙淤积在鄱阳湖湖区(图2.10)。

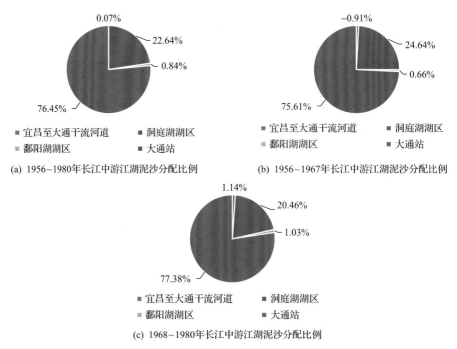

(a) 1956~1980年长江中游江湖泥沙分配比例

(b) 1956~1967年长江中游江湖泥沙分配比例

(c) 1968~1980年长江中游江湖泥沙分配比例

图2.10 1956~1980年长江中游江湖泥沙分配格局

按 1967～1972 年下荆江裁弯、1968 年丹江口水库建成蓄水等人类活动的影响程度，又可分为 1956～1967 年和 1968～1980 年两个时期，每年平均输入长江中游江湖系统的泥沙分别为 6.68 亿 t 和 5.74 亿 t，后者相对前者年均沙量偏少 0.943 亿 t，减少幅度为 14.1%，减少的主要原因是长江干流来沙和汉江来沙偏少，分别占总偏少量的 57.5%和 53.7%，两湖水系来沙量则略有增加，湖南四水和江西五河来沙偏多 1050 万 t。

对比两时期的泥沙交换与分配，下荆江裁弯后，一方面，长江干流通过荆江三口进入洞庭湖的沙量由年均 1.94 亿 t 大幅度减小至 1.21 亿 t，洞庭湖湖区泥沙沉积量占比减少超过 4 个百分点；另一方面，下荆江裁弯后，河道缩短了近 1/3（约 78 km），水面比降增大，三口分流量减小、干流河道流量加大，荆江河床自上而下出现明显的冲刷。但进入城陵矶以下的河道泥沙有所增多，河床出现大幅淤积，长江干流河道总体由泥沙冲刷转化为泥沙淤积（图 2.10）。

2. 长江中游干流河道冲淤及响应

1）河床冲淤变化

三峡工程蓄水前的数十年中，长江中下游河道在自然条件下长期不断调整，河道总体冲淤相对平衡。实测地形表明，下荆江裁弯和葛洲坝水利枢纽修建前（1966～1981 年），宜昌-大通河段总体呈冲刷状态，且冲刷主要发生在宜昌-城陵矶河段。1967～1972 年下荆江中洲子、上车湾人工裁弯和沙滩子自然裁弯后，引起了自下而上的溯源冲刷，其中尤以下荆江的冲刷最为剧烈。1966～1981 年，宜昌-城陵矶河段洪水位以下河槽累计冲刷泥沙 5.25 亿 m³，导致城陵矶以下河道输沙量大幅增加，引起河床持续淤积，1966～1981 年城陵矶-大通段平滩河槽累计淤积泥沙 3.57 亿 m³（图 2.11）。

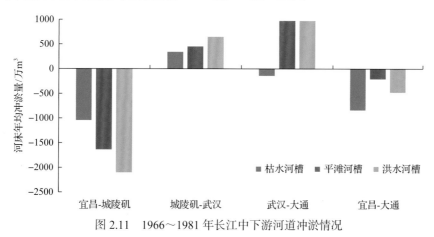

图 2.11　1966～1981 年长江中下游河道冲淤情况

2）河床形态响应

1956～1980 年，长江中下游干流河道河势控制工程和两岸护岸工程的陆续兴建，河势逐渐趋于稳定，但河床的自适应调整，局部河段的河道平面形态、横断面形态、滩槽格局均发生明显变化，尤以荆江河段最为明显。下荆江裁弯工程实施后，河道水面比降加大，三口分流比减小，干流河道流量增大，河床在纵向冲刷下切的同时，横向展宽也较为明显。其中，上荆江平滩河宽 1980 年较裁弯前的 1966 年平均增加 56 m，下荆江1980 年新河平滩河宽相对于 1966 年增大 209 m；河床断面的宽深比总体有所增大(表 2.4)。由此可见，下荆江裁弯后，河势调整较为剧烈，多以弯道段的横向展宽为主，近岸河床冲刷下切、岸坡变陡。城陵矶以下河段河床断面形态则总体变化不大。

表 2.4　1966～1980 年荆江河段平滩河床断面特征值统计

河段	年份	平均河宽/m	平均高程/m	最低高程均值/m	宽深比($\sqrt{B/H}$)
上荆江	1966	1494	27.67	19.40	3.98
	1970	1561	27.81	19.14	4.12
	1975	1534	27.64	18.43	4.02
	1980	1550	27.88	19.26	3.83
下荆江	1966	1200	19.18	9.05	3.57
	1970	1247	18.90	7.45	3.55
	1975	1288	18.82	8.56	3.52
	1980	1409	19.14	9.17	3.80
荆江	1966	1298	22.01	12.50	3.71
	1970	1368	22.32	11.82	3.77
	1975	1389	22.44	12.61	3.72
	1980	1474	23.14	13.79	3.81

从荆江河段河床平均高程纵剖面变化来看，在裁弯初期(1966～1975 年)，上荆江冲淤幅度均较小，公安至石首发生明显冲刷，但公安以上至枝城冲淤相间；下荆江沿程冲淤十分复杂，冲淤幅度较大，从宏观来看，荆江门以上河床平均高程总体降低，荆江门以下河床平均高程则有所抬高，说明荆江门以上河床总体冲刷，而荆江门以下河床总体是淤积的(图 2.12)。1975～1985 年，上、下荆江沿程冲淤相间，总体均呈冲刷态势。

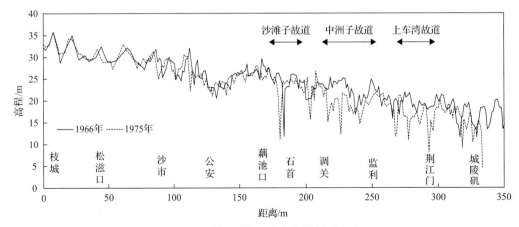

图 2.12　荆江平均河底高程纵剖面变化

3. 洞庭湖冲淤及响应

1）荆江三口洪道冲淤

1952～1995 年三口洪道泥沙总淤积量为 5.69 亿 m³，其中松滋河淤积 1.67 亿 m³，约占进口两站同期总输沙量的 10.4%（泥沙干容重取 1.3）；虎渡河淤积 0.71 亿 m³，约占弥陀寺站同期总输沙量的 10.7%；松虎洪道 0.4424 亿 m³，藕池河淤积 2.87 亿 m³，约占进口两站同期总输沙量的 13.6%。

2）洞庭湖湖区冲淤

1956～1980 年，洞庭湖湖区泥沙年均沉积量达到 1.39 亿 t。其间，年均入湖沙量为 1.90 亿 t，其中 82.0% 来自于荆江三口；年均出湖沙量为 0.511 亿 t。下荆江裁弯后，荆江三口年均入湖沙量较裁弯前减小 0.73 亿 t，湖区泥沙年均沉积量则相应减少 0.48 亿 t（表 2.5）。可见，下荆江裁弯减少了长江入湖沙量，湖区泥沙年均沉积量距平变化也出现明显减少（图 2.13）。但从泥沙沉积率来看，尽管湖区围垦活动较多、湖泊面积和容积减少，但泥沙沉积率基本稳定在 73% 左右，泥沙沉积量与来沙量之间的相关关系也基本稳定。可以看出，该阶段内洞庭湖泥沙大量沉积，下荆江裁弯虽显著地减少了经由三口分入湖区的泥沙量，泥沙沉积量相应地减少，但洞庭湖湖区泥沙沉积特性没有改变。

表 2.5　1956～1980 年洞庭湖泥沙沉积量年际变化统计表

时段	年均入湖水量/亿 m³		年均入湖沙量/万 t		年均城陵矶出湖		年均洞庭湖泥沙变化		
	荆江三口	湖南四水	荆江三口	湖南四水	水量/亿 m³	沙量/万 t	沉积量/万 t	沉积率/%	排沙比/%
1956～1967 年	1 320	1 540	19 400	3 000	3 140	5 960	16 400	73.4	26.6
1968～1980 年	890	1 710	12 100	3 830	2 840	4 330	11 600	72.8	27.2
1956～1980 年	1 100	1 630	15 600	3 430	2 980	5 110	13 900	73.1	26.9

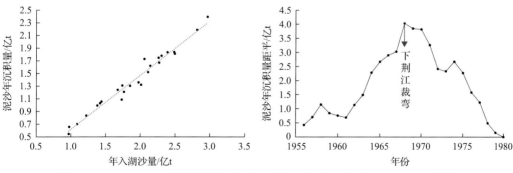

图 2.13　1956～1980 年洞庭湖泥沙年沉积量与入湖沙量关系及沉积量距平变化

年内 5～9 月洞庭湖入、出湖水沙量变化见表 2.6。由表可见，洞庭湖泥沙淤积主要集中在汛期 5～9 月，入湖泥沙超过 83.0% 沉积在湖区，其沉积量超过全年总量，表明洞庭湖湖区年内变化规律一般表现为汛期淤积、枯期冲刷。其主要原因：汛期入湖沙量占全年的 87.9%，且汛期长江干流水位高，对湖区顶托作用较强，泥沙易于落淤，出湖沙量占全年的 53.2%；而枯水期，入湖沙量大幅减少，干流水位逐步消落，顶托作用减弱，湖区水面比降增大，流速增大，湖区泥沙易于冲刷。

表 2.6　1956～1980 年洞庭湖泥沙沉积量年内变化统计表

时段	年汛期入湖水量/亿 m³		年汛期入湖沙量/万 t		年汛期城陵矶出湖		年汛期洞庭湖泥沙变化		
	荆江三口	湖南四水	荆江三口	湖南四水	水量/亿 m³	沙量/万 t	沉积量/万 t	沉积率/%	排沙比/%
1956～1967 年	1 070	901	18 000	2 420	2 090	3 070	17 300	85.0	15.0
1968～1980 年	730	1 080	11 100	3 220	1 910	2 400	11 900	83.2	16.8
1956～1980 年	894	994	13 900	2 830	2 000	2 720	14 000	83.7	16.3

4. 鄱阳湖冲淤及响应

鄱阳湖的泥沙主要来自于江西五河，长江干流倒灌泥沙相对较小。1956～1980 年，五河年均入湖沙量为 1570 万 t，年均出湖沙量（考虑倒灌沙量）为 1060 万 t，湖区年均沉积泥沙约 510 万 t，沉积率仅为 32.5%。与洞庭湖不同的是，鄱阳湖入湖大部分泥沙都随水流汇入长江，排沙比为 67.5%（表 2.7）。

表 2.7　1956～1980 年鄱阳湖泥沙沉积量年际变化统计表

时段	五河年均入湖水沙量		湖口年均出湖水沙量		年均鄱阳湖泥沙变化	
	水量/亿 m³	沙量/万 t	水量/亿 m³	沙量/万 t	沉积量/万 t	沉积率/%
1956～1967 年	953	1460	1260	1010	450	30.8
1968～1980 年	1120	1680	1460	1100	580	34.5
1956～1980 年	1040	1570	1360	1060	510	32.5

4～9 月鄱阳湖入、出湖泥沙和湖区泥沙沉积量分析表明，汛期泥沙沉积率均超过 60%（表 2.8），接近全年沉积率的 2 倍，鄱阳湖湖区汛期淤积、汛后走沙的现象更为明显。枯期 1～4 月鄱阳湖为河相，比降较大，流速相对较快，且由于"五河"处于涨水阶段，入湖流量增加，泥沙通过鄱阳湖进入长江，主要冲刷淤积在主河道附近的泥沙，出湖沙量大于入湖沙量；4 月起，"五河"进入汛期，入湖的水、沙骤增，鄱阳湖呈湖相，比降减小，流速减缓，泥沙大量落淤，出湖沙量小于入湖沙量，但出湖沙量的比重仍较大；7～9 月为长江干流汛期，湖水受顶托，入湖泥沙大部分淤积在湖内，倒灌的江沙则主要淤

表 2.8　1956～1980 年鄱阳湖泥沙沉积量年内变化统计表

时段	五河年汛期入湖水沙量		湖口年汛期出湖水沙量		年汛期鄱阳湖泥沙变化	
	水量/亿 m³	沙量/万 t	水量/亿 m³	沙量/万 t	沉积量/万 t	沉积率/%
1956～1967 年	720	1110	906	325	785	70.7
1968～1980 年	840	1240	1030	470	770	62.1
1956～1980 年	783	1180	970	401	779	66.0

积在湖口水道内；10 月以后，长江水位消落、出湖水量增加，水流逐渐归槽、流速增大，鄱阳湖又呈河相，湖区泥沙开始冲刷。因此，鄱阳湖泥沙年内冲淤变化规律一般为"低水冲、高水淤"。

此外，鄱阳湖湖区泥沙沉积量与入湖沙量(含五河及长江倒灌沙量)相关关系较差，这主要与发生在湖区的大规模垦殖有关。20 世纪 50～80 年代初期，湖区人口快速增长，"围湖造田"活动频繁，导致湖泊面积、容积减小，调蓄能力降低，改变了湖区的水动力特征和水沙输移关系，且具有不规律性和多发性(图 2.14)。

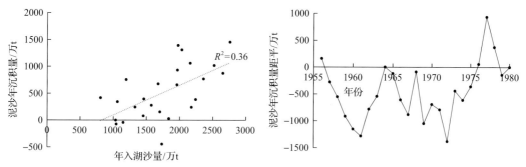

图 2.14　1956～1980 年鄱阳湖泥沙年沉积量与入湖沙量关系及沉积量距平变化

2.3.2　江、湖同淤积阶段(1981～2002 年)

1981～2002 年，江湖系统外部条件变化主要包括洞庭湖四水和鄱阳湖五河水系一系列大中型水库相继建成、流域水土保持工程建设、长江干流葛洲坝等大型水库建设运用和长江中上游水土保持工程建设等；内部条件变化包括两湖平垸行洪和退田还湖工程建设等，导致江湖泥沙分配和冲淤格局明显变化。

1. 江湖泥沙分配格局

1981～2002 年，长江中游江湖累积纳入来自于宜昌以上干支流、湖南四水、汉江、江西五河的泥沙总量约 112.8 亿 t，其中宜昌以上干支流来沙、汉江来沙和两湖水系来沙量占总量的比例分别为 89.6%、3.8% 和 6.55%，宜昌以上干支流与两湖水系、主要支流来沙量比例接近 9：1。泥沙进入长江中游江湖系统重分配的显著特征为长江干流和两湖均以泥沙沉积为主，来沙总量的 72.6% 随水流入海，27.4% 的泥沙沉积在长江干流和两湖湖区，干流、洞庭湖、鄱阳湖沉积量的比例为 3.9：5.8：0.3。

依据人类活动及其影响程度，可划分为两个时期：1981～1990 年，主要为新增葛洲坝和五强溪等大型水利枢纽工程的影响；1991～2002 年，流域内大中型水库的陆续建成和水土保持工程的全面实施，长江与洞庭湖、鄱阳湖水系沙量均出现明显减少。与 1956～1980 年相比，1981～2002 年长江上游年均来沙量约 4.59 亿 t，同比减少 10.8%(宜昌站)，中游江、湖泥沙分配最为显著的变化是入海量和洞庭湖沉积量占比均有所减少，两者减少的幅度与长江干流沉积量增加的幅度基本相当(图 2.15)。

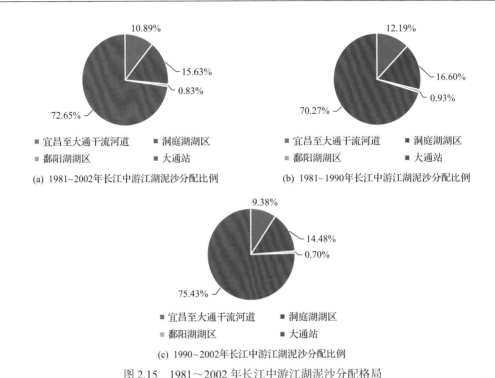

(a) 1981~2002年长江中游江湖泥沙分配比例

(b) 1981~1990年长江中游江湖泥沙分配比例

(c) 1990~2002年长江中游江湖泥沙分配比例

图 2.15　1981～2002 年长江中游江湖泥沙分配格局

2. 长江中游干流河道冲淤及响应

1) 河床冲淤变化

实测地形资料表明,1981～2002 年宜昌至大通河段高水河槽累计淤积泥沙 9.46 亿 m³,年均淤积量为 0.450 亿 m³/a;平滩河槽累计淤积泥沙 2.24 亿 m³,年均淤积量仅为 0.107 亿 m³/a。其间,河床"冲槽淤滩"现象十分明显,枯水河槽冲刷泥沙 6.24 亿 m³,年均冲刷量为 0.297 亿 m³/a;枯水位以上河床则淤积泥沙 8.47 亿 m³(图 2.16)。

从沿程分布来看,1981～2002 年宜昌至城陵矶段平滩河槽累计冲刷泥沙 2.29 亿 m³,年均冲刷量为 0.109 亿 m³/a,枯水河槽冲刷 3.70 亿 m³,枯水位以上河槽则淤积泥沙 1.41 亿 m³,且主要集中在荆江,其主河槽明显冲刷,但江心洲滩和两岸边滩均有所淤积;城陵矶至九江段平滩河槽累计淤积泥沙 1.52 亿 m³,年均淤积量为 0.072 亿 m³/a,淤积主要集中在枯水位至平滩水位之间的河床,枯水河槽冲刷 1.24 亿 m³;九江至大通段平滩河槽累计淤积泥沙 3.02 亿 m³,年均淤积量 0.144 亿 m³/a,但枯水河槽累计冲刷泥沙 1.30 亿 m³,年均冲刷量 0.062 亿 m³/a。由此可见,1981～2002 年长江中下游河道河床冲淤的"冲槽淤滩"特征均十分明显,以城陵矶为界,表现为"上冲下淤",宜昌至城陵矶段河床大幅冲刷、城陵矶以下则大幅淤积,总体以淤积为主。

从沿时分布来看,其冲淤变化大体可分为三个时期。

(1)葛洲坝水利枢纽修建后(1981～1993 年)。1981～1993 年,葛洲坝水库共淤积泥沙 1.334 亿 m³,占 1981～2002 年水库淤积总量的 85.8%。说明 1994 年后水库基本达到了冲淤平衡,对下游的河床冲淤影响较小。其间,宜昌至城陵矶河段洪水位以下河槽累计冲刷泥沙 2.78 亿 m³, 城陵矶以下河段则仍以淤积为主, 城陵矶至汉口段淤积 2.63 亿 m³, 其淤积量与宜昌至城陵矶河段的冲刷量基本相当。汉口至大通河段淤积泥沙 2.35 亿 m³。

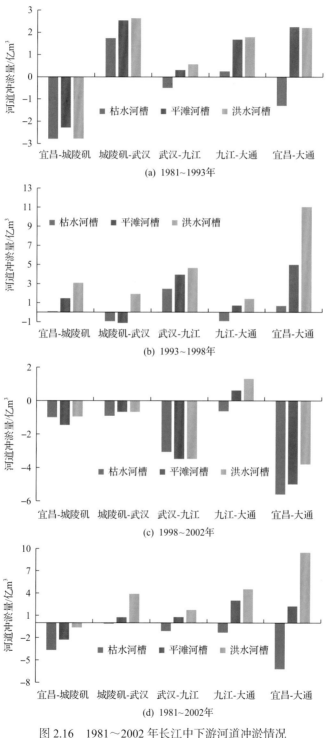

图 2.16　1981～2002 年长江中下游河道冲淤情况

(2) 1993～1998 年。1996 年洞庭湖、鄱阳湖水系发生大洪水，城陵矶、湖口站站最高水位分别为 35.31 m、21.22 m，对长江干流顶托作用较大，导致长江干流下荆江、汉口至九江、九江至大通河段河床发生明显淤积，但宜昌至枝城河段（简称宜枝河段）和上荆江由于上游来水较大、沙量减小，河床出现一定程度的冲刷。1993～1996 年，宜枝河段、上荆江受上游来沙量减小等影响，河床分别冲刷 0.112 亿 m³、0.117 亿 m³；下荆江河床则淤积泥沙 2.11 亿 m³，且以洲滩淤积为主；城陵矶至汉口段平滩河槽冲刷 0.126 亿 m³，但中高滩部分则淤积泥沙 0.626 亿 m³；汉口至九江河段滩槽均淤，淤积量为 1.58 亿 m³，以枯水河槽淤积为主；九江至大通段淤积量为 2.33 亿 m³，以滩面淤积为主。

1998 年长江发生流域性大洪水，长江中下游高水位持续时间长，宜昌至大通河段总体表现为淤积，1996～1998 年其淤积量为 4.76 亿 m³，其中除上荆江和九江至大通段有所冲刷外，其他各河段泥沙淤积较为明显。

(3) 1998～2002 年。1998 年大水后，河道内大水年淤积的松散堆积物极易冲刷，长江中下游河床冲刷较为剧烈，宜昌至大通河段冲刷量为 4.99 亿 m³，基本上将 1998 年大水期间落淤的泥沙全部冲刷输往下游。其中：宜昌至九江全河段均处于冲刷状态，其冲刷量为 5.61 亿 m³，且主要集中在汉口至九江段，其冲刷量占 62%；九江至大通段则表现为"冲槽淤滩"，其枯水河槽冲刷泥沙 0.631 亿 m³，但枯水位以上河床淤积泥沙 1.94 亿 m³。

2）河床形态响应

1980～2002 年，长江中下游干流河道的河床断面形态变化以宜昌至城陵矶河段最为明显，城陵矶以下以分汊河型为主，河道较宽，河床断面形态相对变化不大。由表 2.9 可见，平滩河宽除宜枝河段变化不大以外（该段两岸抗冲性较强，平面形态稳定），上、下荆江的平滩河宽均有所减小，与上一时段恰好相反，枯水河槽的宽度则有增有减。平滩水位、枯水位下河床平均高程宜枝河段分别累计下降 1.35 m、1.27 m，深泓高程下切的幅度更大，约为 1.71 m，相较于河宽，水深增幅偏大，因而这一河段的宽深比趋于减小。上荆江河床平均高程和深泓高程同样以下切为主，平滩水位、枯水位下河床高程累计下降幅度分别约 1.49 m 和 1.09 m，深泓下切 1.38 m，宽深比也有所减小。平滩水位、枯水位下下荆江河床沿程有冲有淤，且冲淤幅度均较大，整体呈冲刷态势，其平均高程累计下降幅度分别约 0.82 m 和 0.44 m，深泓下切 2.31 m，宽深比趋于减小（表 2.9）。

表 2.9　1980～2002 年宜昌至城陵矶河段固定断面水位特征值统计

河段	年份	平均河宽/m		平均高程/m		最低高程均值/m	宽深比($\sqrt{B/H}$)	
		平滩河槽	枯水河槽	平滩河槽	枯水河槽		平滩河槽	枯水河槽
宜枝河段	1980	1187	990	32.03	30.47	24.01	2.51	4.27
	1987	1174	1021	31.16	29.84	22.70	2.35	3.99
	1993	1188	1005	31.25	29.70	22.52	2.38	3.89
	1998	1172	1002	31.33	29.98	22.78	2.38	4.03
	2002	1165	1005	30.68	29.20	22.30	2.25	3.64

续表

河段	年份	平均河宽/m		平均高程/m		最低高程均值/m	宽深比($\sqrt{B}/H$)	
		平滩河槽	枯水河槽	平滩河槽	枯水河槽		平滩河槽	枯水河槽
上荆江	1980	1550	1150	27.88	25.85	19.26	3.83	5.42
	1987	1554	1179	27.72	25.73	19.43	3.77	5.38
	1993	1548	1166	27.24	25.08	18.20	3.58	4.82
	1998	1448	1169	26.56	24.86	17.85	3.26	4.68
	2002	1449	1178	26.39	24.76	17.88	3.17	4.54
下荆江	1980	1409	937	19.14	15.87	9.17	3.80	4.43
	1987	1359	999	18.55	16.02	8.45	3.53	4.68
	1993	1342	916	18.48	15.21	7.13	3.49	4.02
	1998	1224	855	17.95	14.92	5.91	3.18	3.74
	2002	1233	873	18.32	15.43	6.86	3.33	3.93
荆江	1980	1474	1035	23.14	20.44	13.79	3.81	4.87
	1987	1449	1082	22.80	20.52	13.53	3.64	5.00
	1993	1441	1036	22.69	19.96	12.45	3.54	4.40
	1998	1332	1006	22.09	19.70	11.65	3.22	4.19
	2002	1358	1049	22.99	20.23	13.24	3.23	4.30
宜昌至城陵矶河段	1980	1430	1028	24.50	21.97	15.35	3.56	4.77
	1987	1407	1073	24.08	21.95	14.94	3.38	4.82
	1993	1401	1031	24.06	21.51	14.05	3.30	4.31
	1998	1306	1005	23.56	21.34	13.42	3.06	4.16
	2002	1315	1039	24.73	22.72	15.29	2.96	4.13

与 1956～1980 年相比，宜昌至城陵矶河段河床同属于冲刷状态，但前者以断面展宽为主要形式，断面宽深比多有增大，后者平滩河宽变化不大，甚至有所束窄，河床冲刷以高程下切为主要形式，且深泓点的下切幅度偏大，断面宽深比均有所减小，断面由宽浅向窄深方向发展的趋势明显。

从河床断面变化来看，大量的护岸工程实施后，宜昌至城陵矶河段在 1981～2002 年的平面形态稳定性增强，河道两岸除少数险工段以外，变形幅度均较小，河道总体呈现窄深化的发展，深泓纵剖面总体冲刷下切，其中，上荆江整体呈冲刷态势，而下荆江沿程有冲有淤，且冲淤幅度均较大，整体呈冲刷态势(图 2.17)。

城九河段河床横断面形态分为单一顺直和复式分汊河段两种，1981～2001 年，多分汊河段团风东槽洲断面冲淤变化最大，两分汊河段如天兴洲、戴家洲以及龙坪新洲汊道断面的冲淤次之，顺直单一性河段及弯曲性河段断面冲淤变化较小，低山丘陵河段如马口附近断面冲淤变化最小，基本没有多大变化(图 2.18)。

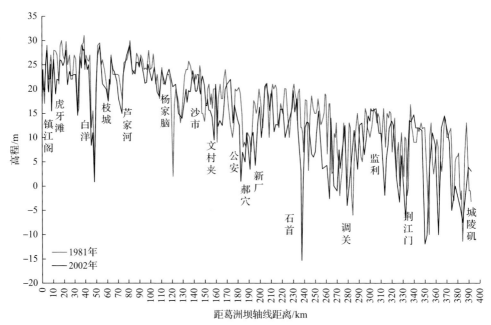

图 2.17　1981～2002 年宜昌至城陵矶河段深泓纵剖面变化

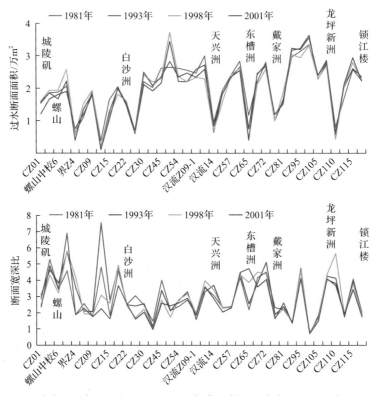

图 2.18　城陵矶至九江河段 1981～2002 年典型断面过水断面面积、宽深比变化

3. 洞庭湖冲淤及响应

1) 荆江三口洪道冲淤

1995～2003 年，三口洪道枯水位以下河床冲淤基本平衡，泥沙淤积主要集中在中、高水河床，总淤积量为 0.4676 亿 m^3。其中以藕池河淤积最为严重，占淤积总量的 66%，淤积强度为 9.1 万 m^3/km；虎渡河次之，占总淤积量的 28%，淤积强度为 9.8 万 m^3/km；松滋河淤积量不大，仅占总淤积量的 7%，淤积强度为 1.1 万 m^3/km。松虎洪道则略有冲刷，冲刷量为 0.0095 亿 m^3。

2) 洞庭湖湖区冲淤及响应

1981～2002 年，洞庭湖湖区内垦殖、围湖造田等活动基本停止，湖泊面积、容积相对稳定。其间，洞庭湖年均入湖泥沙 1.079 亿 t，年均淤积率基本稳定在 74% 左右，其中，湖南四水和荆江三口年均入湖沙量分别为 2130 万 t、8660 万 t，分别占入湖总沙量的 19.8%、80.2%，洞庭湖年均淤积泥沙 8010 万 t。

1981～2002 年，湖南四水、荆江三口入湖沙量均呈明显的减小态势，与 1981～1990 年均值相比，1991～2002 年沙量分别减少了 19.0%、40.0%，入湖总沙量和湖区淤积量则分别减少 36.3% 和 40.3%(表 2.10)。由图 2.19 可见，湖区泥沙淤积量的大小与入湖沙量的大小密切相关，由于洞庭湖泥沙绝大部分来源于荆江三口分沙，因此，洞庭湖泥沙淤积量随着荆江三口分沙量的减小而呈下降的趋势。

湖区泥沙年内冲淤规律则未发生明显变化，仍表现为汛期(5～9 月)淤积、汛后冲刷。其中，汛期年均淤积量为 8550 万 t，沉积率为 86.2%，枯期则冲刷泥沙 540 万 t，这一规律与输入泥沙量的年内变化及出口江湖水流顶托作用的强弱相关(表 2.11)。

表 2.10　1981～2002 年洞庭湖泥沙淤积量年际变化统计表

时段/年	年均入湖水量/亿 m^3		年均入湖沙量/万 t		年均城陵矶出湖		年均洞庭湖泥沙变化		
	荆江三口	湖南四水	荆江三口	湖南四水	水量/亿 m^3	沙量/万 t	淤积量/万 t	沉积率/%	排沙比/%
1981～1990	772	1 540	11 300	2 370	2 590	3 210	10 500	76.5	23.5
1991～2002	622	1 860	6 780	1 920	2 860	2 430	6 270	72.1	27.9
1981～2002	685	1 720	8 660	2 130	2 740	2 780	8 010	74.2	25.8

表 2.11　1981～2002 年洞庭湖泥沙淤积量年内变化统计表

时段/年	年汛期入湖水量/亿 m^3		年汛期入湖沙量/万 t		年汛期城陵矶出湖		年汛期洞庭湖泥沙变化		
	荆江三口	湖南四水	荆江三口	湖南四水	水量/亿 m^3	沙量/万 t	淤积量/万 t	沉积率/%	排沙比/%
1981～1990	650	858	10 300	1 830	1 600	1 590	10 500	86.9	13.1
1991～2002	551	1 120	6 490	1 560	1 870	1 200	6 850	85.1	14.9
1981～2002	596	1 000	8 240	1 680	1 750	1 370	8 550	86.2	13.8

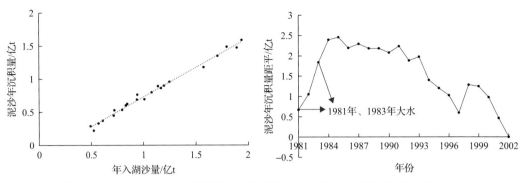

图 2.19　1981～2002 年洞庭湖泥沙年沉积量与入湖沙量关系及沉积量距平变化

4. 鄱阳湖冲淤及响应

1981～2002 年，鄱阳湖湖区泥沙年均淤积泥沙 427 万 t，较 1956～1980 年减小了 16.3%。其中，1981～1990 年湖区年均淤积量变化不大，进入 20 世纪 90 年代以后，江西五河流域水土保持工程相继实施和赣江万安水库的建成运用，1991～2002 年五河来沙量明显减小，较 1981～1990 年减小了 29.4%，加之该时期为长江干流倒灌鄱阳湖频次最小的时期，因此湖区年均泥沙淤积量仅为 304 万 t（表 2.12）。

表 2.12　1981～2002 年鄱阳湖泥沙沉积量年际变化统计表

时段/年	五河年均入湖水沙量		湖口年均出湖水沙量		年均鄱阳湖泥沙变化	
	水量/亿 m³	沙量/万 t	水量/亿 m³	沙量/万 t	淤积量/万 t	沉积率/%
1981～1990	1040	1460	1430	895	565	38.7
1991～2002	1260	1030	1750	726	304	29.5
1981～2002	1160	1230	1600	803	427	34.7

湖区泥沙年内冲淤规律未发生变化，仍表现为汛期（4～9 月）淤积、非汛期冲刷的规律。其间，汛期五河入湖沙量占全年的 64.3%，湖口出湖沙量仅为全年的 30.3%，湖区平均泥沙淤积量为 547 万 t，较全年总淤积量偏大 28.1%，泥沙沉积率接近全年的 2 倍，非汛期湖盆冲刷泥沙 120 万 t（表 2.13）。这一规律主要与汛期泥沙输移量大和长江干流顶托作用强有关。

表 2.13　1981～2002 年鄱阳湖泥沙沉积量年内变化统计表

时段/年	五河年汛期入湖水沙量		湖口年汛期出湖水沙量		年汛期鄱阳湖泥沙变化	
	水量/亿 m³	沙量/万 t	水量/亿 m³	沙量/万 t	淤积量/万 t	沉积率/%
1981～1990	720	887	904	230	657	74.1
1991～2002	897	710	1205	254	456	64.2
1981～2002	816	791	1068	243	547	69.2

20 世纪 80 年代初期，鄱阳湖湖区大规模垦殖的现象初步得到遏制，至 1992 年之

后，"围湖造田"才得到禁止。因此，人类活动对湖区的干扰强度较弱，鄱阳湖湖区泥沙淤积量与来沙量相关关系较好，沉积量累积距平也随水文泥沙条件变化而波动（图 2.20）。

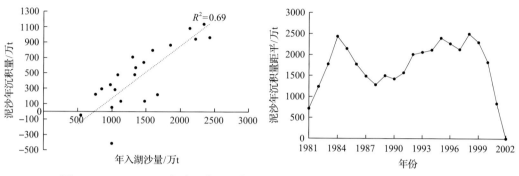

图 2.20　1981～2002 年鄱阳湖泥沙年沉积量与入湖沙量关系及沉积量距平变化

2.3.3　江冲刷、湖平衡阶段（2003～2015 年）

2003 年以来，中游江湖系统水沙变化的外部条件改变主要为三峡水库和金沙江中下游一系列水库蓄水运用；内部条件主要为长江干流航道整治和两湖湖区大规模采砂（采砂量平均达 200 万 t/a）等。

以三峡水库为核心的长江上游大型水库群陆续建成，在发挥了巨大的防洪、发电、航运等综合效益的同时，对长江水沙情势也产生了深刻的影响。

(1)长江上游径流量总体变化不大，输沙量大幅减少。2003～2015 年长江上游干流控制站——寸滩站年均径流量与输沙量分别为 3262 亿 m³ 和 1.59 亿 t，分别较 1981～2002 年均值 3420 亿 m³ 和 4.02 亿 t 减少了 4.6% 和 60.4%，较 1991～2002 年均值减少了 2.3% 和 52.7%。

(2)2003 年三峡水库蓄水运行后，拦截了宜昌以上干支流近 75% 的沙量，宜昌站 2003～2015 年年均沙量 0.404 亿 t，较蓄水前减少了 90% 以上，同时下泄泥沙颗粒粒径明显变细，长江中游江湖泥沙外部环境发生了深刻变化。特别是金沙江中下游梯级水库相继建成运行后，三峡水库入库沙量进一步大幅度减少，出库沙量也再度减少，2013～2015 年宜昌站年输沙量分别减少至 3000 万 t、940 万 t、371 万 t。输入长江中游河湖的泥沙量骤减，对于河湖泥沙交换格局的影响尤为明显，带来的效应更为显著。

1. 江湖泥沙分配格局

2003～2015 年，长江中游江湖泥沙年均总输入量减少至 0.675 亿 t/a，相较于三峡水库蓄水前 1956～2002 年的 5.67 亿 t/a 减少 88.1%，江、湖总来沙量也锐减至 8.77 亿 t，仅相当于 1964 年全年的江湖总来沙量（8.34 亿 t）。沙量的大幅度减少，导致江、湖先后进入泥沙冲刷补给状态，且以干流泥沙冲刷补给为主，江湖泥沙总补给量为 9.27 亿 t。其中干流宜昌至大通段补给泥沙约 8.21 亿 t，占江湖泥沙总补给量的 88.6%。在坝下游河床长距离冲刷的强补给作用下，入海沙量超过江、湖总来沙量的两倍，江、湖泥沙交换规律也发生了新的变化。

三峡水库蓄水以来经历了围堰发电期(2003～2006年)、初期运行期(2007～2008年)和175 m试验性蓄水期(2008年至今)等3个阶段。根据三峡水库上游水沙变化和水库运用对坝下游水沙的影响，可将三峡水库蓄水后2003～2015年分为2003～2008年和2009～2015年两个时期。三峡水库蓄水后，整个长江中下游河湖均处于泥沙补给状态，入海的泥沙以外部来沙和宜昌至大通干流河道河床补给泥沙为主，且前者占比不断减小，年均输入江湖系统的泥沙由初期运行期的9310万t减小至试验性运行期的4540万t，河床补给泥沙量的占比不断增大，从初期运行期的39.1%增至试验性蓄水期的52.2%，年均补给量由6000万t增至6580万t。洞庭湖的泥沙沉积状态也发生了较大的变化，初期运行期内洞庭湖年均沉积822万t泥沙，试验性蓄水期内洞庭湖进入补沙状态，年均补给泥沙996万t，补给总量占时段入海泥沙总量的7.9%(图2.21)。可见，三峡水库蓄水后，江湖系统外部输入的泥沙总量越来越少，江湖不断地冲起泥沙对水流进行补充，以干流河道的补给强度最大。

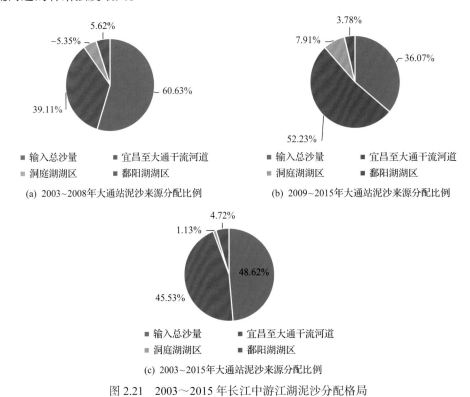

(a) 2003~2008年大通站泥沙来源分配比例　　　(b) 2009~2015年大通站泥沙来源分配比例

(c) 2003~2015年大通站泥沙来源分配比例

图2.21　2003～2015年长江中游江湖泥沙分配格局

2. 长江中游干流河道冲淤及响应

1)河床冲淤变化

三峡工程蓄水运用后，进入坝下游河段的输沙量明显减少，长江中下游干流河道出现明显冲刷，尤以宜昌至湖口河段冲刷最为明显。2002 年 10 月至 2015 年 10 月，宜昌至湖口河段平滩河槽总冲刷量为 16.48 亿 m³，年均冲刷 1.22 亿 m³，年均冲刷强度 12.80 万 m³/(km·a)（表 2.14、图 2.22），宜昌至城陵矶、城陵矶至湖口段冲刷量分别占 60%、40%。河床冲刷主要集中在枯水河槽，其冲刷量占总冲刷量的 92%。

从冲淤纵向总体分布来看，坝下游河床冲刷强度以宜枝河段为最大，荆江冲刷量最多，宜昌至城陵矶河段表现为全程冲刷，宜枝河段、上荆江、下荆江冲刷量分别为 1.579 亿 m³、4.46 亿 m³、3.44 亿 m³。

城陵矶至汉口段，2001 年 10 月至 2015 年 10 月平滩河槽冲刷量为 2.491 亿 m³，冲刷主要集中在枯水河槽。以石矶头为界，上段（城陵矶至石矶头，长约 97 km）河床有冲有淤，总体冲淤变化不大，嘉鱼以下河床冲刷强度相对较大，平滩河槽冲刷量为 1.986 亿 m³，占全河段冲刷总量的 80%；下段（石矶头至汉口，长约 154 km）则全程表现为冲刷。

汉口至湖口段，2001 年 10 月至 2015 年 10 月河床年际间有冲有淤，总体表现为滩槽均冲，总冲刷量为 4.077 亿 m³，且冲刷量主要集中在枯水河槽。从沿程分布来看，河床冲刷主要集中在长江与鄱阳湖的汇流河段（九江至湖口河段，干流长约 51 km），其冲刷量约为 1.485 亿 m³，占全河段总冲刷量的 36%；而九江以上河段，以黄石为界，主要表现为"上冲下淤"，汉口至黄石段（长约 124.4 km）冲刷量较大，其冲刷泥沙 1.961 亿 m³，黄石至田家镇段（长约 84 km）则淤积泥沙 0.019 亿 m³，龙坪至九江段冲刷泥沙 0.471 亿 m³。

总体上，三峡水库蓄水后长江中下游河道冲淤相对平衡的状态被打破，河床出现了长距离、较为剧烈的冲刷，且冲刷沿时逐渐向下游发展，呈现上段较下段先发生冲刷，上段冲刷多、下段冲刷少甚至不冲刷的特征，且冲刷主要发生在枯水河槽，河床冲淤形态由蓄水前的"冲槽淤滩"转变为"滩槽均冲"。

表 2.14　三峡工程蓄水运用后三峡大坝下游宜昌至湖口河段平滩河槽冲淤量对比

项目	时段	宜昌-枝城	荆江	城陵矶-汉口	汉口-湖口	宜昌-湖口
河段长度/km		60.8	347.2	251	295.4	954.4
总冲淤量 /万 m³	2002 年 10 月～2006 年 10 月	−8 140	−32 830	−5 990	−14 700	−61 650
	2006 年 10 月～2008 年 10 月	−2 230	−3 570	197	3 160	−2 440
	2008 年 10 月～2015 年 10 月	−5 560	−46 780	−19 110	−29 240	−100 700
	2002 年 10 月～2015 年 10 月	−15 930	−83 180	−24 910	−40 770	−164 800
年均冲淤强度 /[万 m³/(km·a)]	2002 年 10 月～2006 年 10 月	−33.5	−23.6	−5.97	−9.9	−14.4
	2006 年 10 月～2008 年 10 月	−18.3	−5.1	−4.8	5.4	−1.3
	2008 年 10 月～2015 年 10 月	−13.1	−19.2	0.4	−14.1	−15.1
	2002 年 10 月～2015 年 10 月	−20.2	−18.4	−10.9	−9.9	−12.8

注：1. "−"号表示冲刷，正值为淤积，下同；2. 平滩河槽是当宜昌站流量为 30 000 m³/s、汉口站流量为 35 000 m³/s 所对应的水面线以下的河槽；3. 城陵矶至湖口河段无 2002 年 10 月地形资料，实际统计采用 2001 年 10 月的资料。

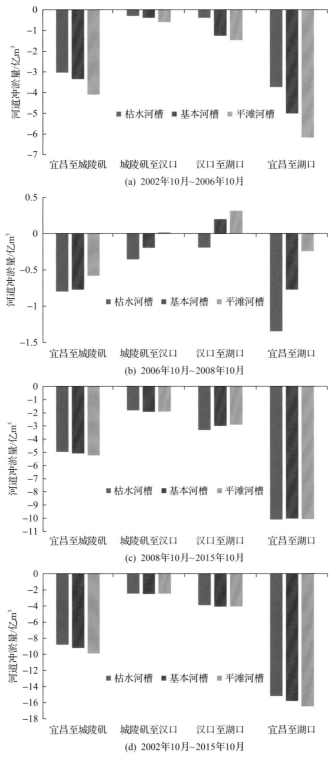

图 2.22 三峡水库蓄水运用后各时段坝下游河道冲淤情况

2) 河床形态响应

三峡水库蓄水后，坝下游的宜枝河段受河床组成影响冲刷发展较快，年均冲刷强度最大，河道形态响应延续蓄水前的规律，以主河槽的冲刷下切为主。河道两岸抗冲性强，平均河宽较小，因此，河道的平面外形、河型等基本保持稳定。城陵矶以下至湖口河段冲刷发展相对缓慢。荆江河段位于长江中下游沙质河床起始段，冲刷发展十分迅速，冲刷既具有一般性的规律，也出现了一些新的与预测有偏差的现象。

A. 深泓纵剖面明显下切

图 2.23 为 2002 年 10 月至 2015 年 10 月枝城至城陵矶河段深泓纵剖面冲淤变化图，从图中可以看出，2002~2015 年，荆江河段纵向深泓以冲刷为主，平均冲刷深度为 2.14 m，最大冲刷深度为 14.4 m；枝江河段深泓平均冲深 2.85 m，最大冲刷深度为 11.2 m；沙市河段深泓平均冲刷深度为 3.38 m，最大冲刷深度为 13.2 m；公安河段平均冲刷深度为 1.33 m，最大冲刷深度为 7.5 m；石首河段深泓平均冲刷深度为 2.9 m，最大冲刷深度为 14.4 m；监利河段深泓平均冲刷深度为 0.73 m，最大冲刷深度为 9.3 m。

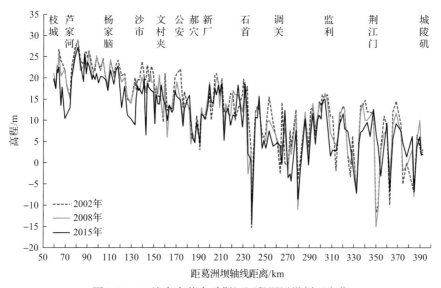

图 2.23　三峡水库蓄水后荆江河段深泓纵剖面变化

B. 断面形态向窄深化发展

三峡工程运用后，荆江河段河床冲刷以下切为主，横向展宽的现象并不明显，宽深比趋于减小，河道向窄深方向发展的趋势明显。河床断面宽深比变化与累计冲刷量存在较好的响应关系，分段及总体宽深比都是随着累计冲刷量的加大而减小，断面向窄深化发展。自然状态下，上荆江、下荆江在不同水位下的河床断面形态呈截然相反的特征，上荆江枯水河槽宽浅，下荆江窄深，与分汊河型和弯曲河型断面形态特性一致，宽深比上荆江大于下荆江[图 2.24(a)]；随着水位抬升至平滩河槽后，上荆江、下荆江宽深比均有所减小，但下荆江宽深比减幅偏小，而上荆江宽深比减幅偏大，两者对比情况与枯水

河槽的恰恰相反 [图 2.24(b)]。

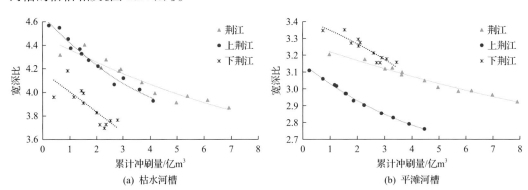

图 2.24　荆江河段河床宽深比与累计冲刷量相关关系

2001 年 10 月至 2015 年 11 月城汉河段河床形态均未发生明显变化，河床深泓纵剖面总体略有冲刷，深泓平均冲深为 0.44 m。其中，城陵矶至石矶头(含白螺矶河段、界牌河段和陆溪口河段)深泓平均冲深约 1.38 m；石矶头至汉口(含嘉鱼河段、簰洲河段和武汉河段上段)段深泓平均淤积抬高约 0.168 m。

汉口至湖口河段河床断面形态均未发生明显变化，河床冲淤以主河槽为主，部分河段因实施了航道整治工程，断面冲淤调整幅度略大，2001～2015 年累计淤积幅度最大达到 6 m 以上。

3. 洞庭湖冲淤及响应

1) 荆江三口洪道冲淤

三峡水库蓄水后(2003～2011 年)荆江三口洪道洪水河槽总冲刷量为 7520 万 m³，其中松滋河总冲刷量为 3521 万 m³，占三口洪道总冲刷量 47%；虎渡河冲刷量为 1493 万 m³，占总量的 20%；松虎洪道冲刷量为 737 万 m³，占总量的 10%；藕池河总冲刷量为 1769 万 m³，占总量的 24%(图 2.25)。

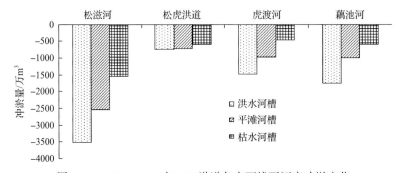

图 2.25　2003～2011 年三口洪道各水面线下河床冲淤变化

三口洪道在三峡水库蓄水后发生普遍冲刷，冲刷的沿程分布主要表现为：松滋河水系冲刷主要集中在口门段、松西河及松东河，其支汊冲淤变化较小，采穴河表现为较小的淤积；虎渡河冲刷主要集中在口门至南闸河段，南闸以下河段冲淤变化相对较小；松虎洪道表现为较强的冲刷；藕池河冲淤变化表现枯水河槽以上发生冲刷，枯水河槽冲淤变化较小，其口门段、梅田湖河等段冲刷量较大。口门段在三峡水库蓄水后的冲淤变化：松滋口口门段表现为较强的冲刷，冲刷量为 750 万 m^3，滩槽均表现为冲刷；虎渡河口门段表现为冲刷，冲刷量为 270 万 m^3；藕池河口门发生冲刷，冲刷量为 227 万 m^3。

2）洞庭湖湖区冲淤及响应

三峡水库蓄水后，水库巨大的拦沙作用使得进入长江中游河湖的水流含沙量急剧减小，荆江三口的水流含沙量减幅与干流基本相当，同时荆江三口分流又处于相对偏小的水平，使得 2003～2015 年三口分入洞庭湖的沙量减小至 956 万 t/a，相较于 1981～2002 年均值减少 89.0%，其占入湖总沙量的比例也由 80.3%下降为 54.0%。加之湖南四水的来沙也处于减少的状态，其年均入湖沙量仅为 816 万 t，相较于上一时段减少 61.7%，导致洞庭湖湖区泥沙沉积减弱，甚至出现从湖床向水流补给泥沙以满足其挟带能力的现象，年均补给量达 158 万 t。

年内输沙集中在汛期的现象更为显著，荆江三口和湖南四水汛期输沙占比分别增大至 95.4%和 81.3%，使得湖区年内依旧保持汛期泥沙沉积、汛后泥沙冲刷的状态，但汛期泥沙的沉积率相较于蓄水前各时段显著减小（表 2.15）。

表 2.15　2003～2015 年洞庭湖泥沙淤积量年内变化统计表

时段/年	年汛期入湖水量/亿 m^3		年汛期入湖沙量/万 t		年汛期城陵矶出湖		年汛期洞庭湖泥沙变化	
	荆江三口	湖南四水	荆江三口	湖南四水	水量/亿 m^3	沙量/万 t	淤积量/万 t	沉积率/%
2003～2008	440	916	1320	873	1460	817	1376	62.7
2009～2015	425	908	612	483	1530	1020	75	6.8
2003～2015	432	912	941	663	1500	925	679	42.3

与蓄水前的各个时段相比，三峡水库蓄水后，洞庭湖泥沙沉积量仍主要与入湖沙量相关，但这种相关性在减弱，水库拦沙和湖区采砂活动显然扰动了这一关系（图 2.26），尤其是当出湖沙量大于入湖沙量时，湖区补给的泥沙量与来沙量的相关性较差，反而与

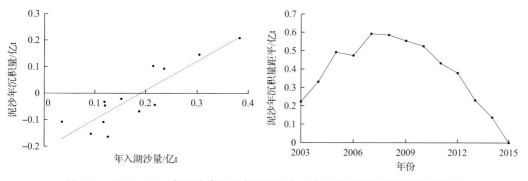

图 2.26　2003～2015 年洞庭湖泥沙年沉积量与入湖沙量关系及沉积量距平变化

四水来水占总入湖水量比例的关系更为密切，主要原因在于汛后冲刷期洞庭湖水量基本上来自于湖南四水，来水量的大小决定湖区泥沙的冲刷量。

总体上，三峡水库蓄水后2003～2011年，洞庭湖区由淤转冲，与蓄水前形成鲜明对比，少量淤积主要发生在南洞庭湖西部和东洞庭湖的南部，湖区的泥沙平均冲刷厚度约为10.9 cm，东洞庭湖泥沙平均冲刷厚度最大（含采砂的影响），约19 cm。

4. 鄱阳湖冲淤及响应

1）湖区泥沙沉积量

三峡水库蓄水后，鄱阳湖湖区泥沙沉积量均为负值，也即各个时段湖区都处于向干流补沙的状态，受五河水系水土保持工程、采砂及水利工程等的影响，2003～2015年年均入湖沙量约569万t，相较于上一时段偏少53.7%，长江干流倒灌的沙量更因干流含沙量锐减而大幅度下降，年平均倒灌沙量仅40.8万t，而出湖沙量却显著增加，年均出湖1220万t，相较于上一时段偏多51.9%。湖区出现补给泥沙量超过总入湖沙量的现象（表2.16）。

相对较强的补给状态下，鄱阳湖湖区汛期泥沙沉积的现象也消失，年内的规律变为"汛期少冲刷，枯期多冲刷"（表2.17）。

表 2.16　2003～2015 年鄱阳湖泥沙沉积量年际变化统计表

时段/年	五河年均入湖水沙量		湖口年均出湖水沙量		年均鄱阳湖泥沙变化	
	水量/亿 m³	沙量/万 t	水量/亿 m³	沙量/万 t	沉积量/万 t	沉积率/%
2003～2008	915	479	1280	1340	−861	
2009～2015	1150	646	1600	1120	−474	—
2003～2015	1040	569	1450	1220	−651	

表 2.17　2003～2015 年鄱阳湖泥沙沉积量年内变化统计表

时段/年	五河年汛期入湖水沙量		湖口年汛期出湖水沙量		年汛期鄱阳湖泥沙变化	
	水量/亿 m³	沙量/万 t	水量/亿 m³	沙量/万 t	沉积量/万 t	沉积率/%
2003～2008	657	349	838	527	−178	
2009～2015	800	470	1068	477	−7	—
2003～2015	734	414	962	500	−86	

从湖区泥沙沉积量与来沙量的关系来看，鄱阳湖湖区泥沙沉积再次受到较大的外在因素干扰，两者相关性显著地减小（图2.27），与1980年之前的情况极为类似，但两者产生的根本原因却明显不同，1980年之前鄱阳湖处于大规模垦殖期，影响了湖区泥沙沉积特性，2003年之后，大规模的采砂船涌入鄱阳湖湖区，并且采砂活动多集中在入江水道内，采砂活动对于局部水流输沙的扰动较强，湖口出湖沙量受此影响较大。

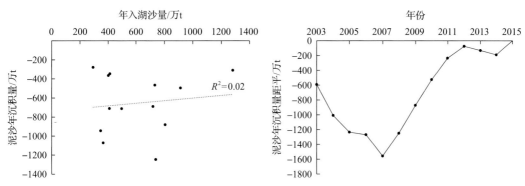

图 2.27　2003～2015 年鄱阳湖泥沙年沉积量与入湖沙量关系及沉积量距平变化

2) 湖区泥沙淤积分布

三峡水库蓄水后，鄱阳湖入江水道区域冲刷最为明显，青岚湖及湖盆东北部区域少量淤积，淤积主要集中在湖盆中部。1998～2010 年，由于挖沙严重，入江水道区域、赣江、修水河口区域冲刷明显，断面河床高程呈下降趋势，河床平均高程下切 1.23 m；抚河、信江入湖河口至湖盆过渡带由于上游来沙沉降，使得湖盆中部、东北部区域仍有所淤积，断面河床高程呈上升趋势，河床平均高程淤积约 0.11 m；南部、青岚湖下游区域断面略有冲刷，断面变化不大，河床平均高程下切 0.26 m。

从冲刷速率来看，鄱阳湖区北部入江水道区域 1998～2010 年河底下切，冲刷严重，年冲刷速率最大为 0.61 m，平均冲刷速率 0.09 m；中部区域呈缓慢淤积，年淤积速率最大为 0.06 m，平均淤积速率为 0.01 m；南部区域为轻度冲刷，年冲刷速率最大为 0.03 m，平均冲刷速率 0.02 m。

第 3 章　江湖水沙关系变化驱动机制

3.1　影响江湖关系变化主要自然因素

影响流域水沙变化的因素可分为自然因素和人为因素两大类。自然因素以江河湖泊本身特征以及气候变化影响为主。河湖形成之初，主要受新构造运动影响，随后的演化水流开始成为改变河床形态的动力，使得河道周期性的变化与水文周期密切相关。气候因素则通过影响降雨分布，改变河湖径流量及组成。河道内，为了响应水沙条件的改变，河床始终处于自适应调整过程；湖泊内水动力条件相对河道较弱，因而泥沙进入湖泊后往往以沉积为主。

3.1.1　气候干湿变化

江湖关系的变化的核心是水沙变化，气候变化引起的降水丰枯交替变化引起的径流改变是流域水沙变化的主要动力来源，江湖产沙和输沙依赖于径流、降雨等动力条件(Xu et al., 2005)。

1. 流域降水对长江干流径流的影响

1) 长江流域降水-径流变化过程

近百年来，长江流域的径流量发生了改变。汉口站的观测结果表明，自 1865 年以来，长江径流以 3.4 mm/10a 的速度呈现不明显的下降趋势(图 3.1)。基于 Climatic Research Unit 降水量和潜在蒸散发数据集，发现 1901~2010 年降水量和潜在蒸散发均呈现微弱的上升趋势，其上升速率分别为 0.8 mm/10a 和 1.3 mm/10a(图 3.2)。基于 M-K 变点检验和

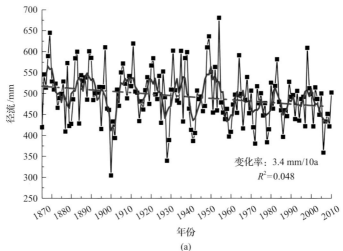

(a)

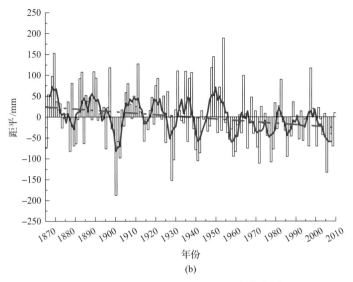

图 3.1　1865～2010 年长江(a)径流变化和(b)径流距平变化序列图(Zhang et al., 2015)

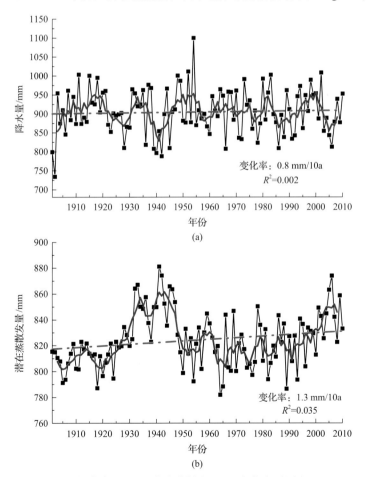

图 3.2　1901～2010 年降水量(a)和潜在蒸散发量(b)变化序列图(Zhang et al., 2015)

小波分析,可将过去百年分为 4 个时段:1901~1930 年(基准期)、1931~1960 年、1961~1990 年和 1991~2010 年(图 3.3)。相对于 1901~1930 年,1931~1960 年、1961~1990 年、1991~2010 年三个时期的年平均径流分别变化了 1.85 mm、−21 mm 和−25.32 mm;年平均降水量分别变化了 9.36 mm、9.34 mm 和 8.65 mm;潜在蒸散发分别变化了 12.84 mm、4.20 mm 和 21.85 mm(表 3.1)。

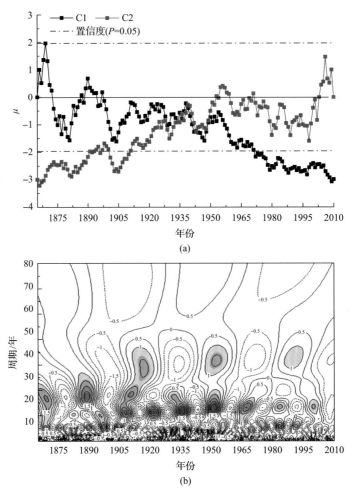

图 3.3　径流序列(a)M-K 变点检验和(b)小波分析图(Zhang et al., 2015)

表 3.1　不同时期径流、降水量和潜在蒸散发量的变化　　　　　　　　(单位: mm)

时段/年	Q	ΔQ	P	ΔP	PET	ΔPET
1901~1930	497.26	—	898.64	—	811.86	—
1931~1960	499.11	1.85	908.01	9.36	824.70	12.84
1961~1990	476.25	−21.00	907.98	9.34	816.06	4.20
1991~2010	471.93	−25.32	907.30	8.65	833.71	21.85

注: Q、P 和 PET 分别代表径流量、降水量和潜在蒸散发量;ΔQ、ΔP 和 ΔPET 分别代表径流变化量、降水量变化和潜在蒸散发变化量。

2) 气候因素对长江干流水情变化的贡献

为了定量评估气候因素对长江干流水情变化的贡献率，采用弹性系数法对过去百年长江径流的变化进行归因分析 (表 3.2)。径流对降水 (ε_P) 和潜在蒸散发 (ε_{PET}) 的弹性系数分别为 2.39 和 –1.39，说明降水增加 10%会使径流增加 23.9%，而潜在蒸散发增加 10%会使径流减小 13.9%。相对于基准期，1931～1960 年、1961～1990 年、1991～2010 年三个时期气候波动对径流变化的贡献量 (ΔQ_C) 分别是 1.46 mm、8.77 mm、–7.14 mm，而人类活动对径流变化的贡献量 (ΔQ_H) 是 0.39 mm、–29.78 mm、–18.19 mm。同时采用水文模型法对长江径流的变化进行归因分析。水文模拟结果表明所选用的水文模型对研究区径流有较好的模拟能力，其纳西效率系数 (NSE) 在率定期和验证期分别为 0.85 和 0.86，水量平衡相对误差 (MAE) 分别为 0.81%和 1.83%。归因结果表明，相对于基准期，1931～1960 年、1961～1990 年、1991～2010 年三个时期气候波动对径流变化的贡献量分别为 0.59 mm、7 mm、–4.26 mm，而人类活动对径流变化的贡献量分别是 1.26 mm、–28.01mm、–21.07mm。总的来说，1931～1960 年，气候波动是径流变化的主导因素，而 1961～1990 年和 1991～2010 年，人类活动是径流变化的主导因素 (图 3.4)。

表 3.2　基于弹性系数和水文模型的长江径流变化归因分析

	ε_P	ε_{PET}	时期/年	ΔQ_C/mm	ΔQ_H/mm	ΔRQ_C/%	ΔRQ_H/%
弹性系数法	2.39	–1.39	1931～1960	1.46	0.39	78.70	21.30
			1961～1990	8.77	–29.78	–41.77	141.77
			1991～2010	–7.14	–18.19	28.18	71.82
	NSE	MAE	时期/年	ΔQ_C/mm	ΔQ_H/mm	ΔRQ_C/%	ΔRQ_H/%
水文模拟法	0.85[a]	0.81%[a]	1931～1960	0.59	1.26	67.10	32.90
	0.86[b]	1.83%[b]	1961～1990	7.00	–28.01	–33.33	133.33
			1991～2010	–4.26	–21.07	16.81	83.19

注：a 和 b 分别指率定期 (1901～1920 年) 和验证期 (1921～1930 年)；ΔQ 为绝对贡献量；ΔRQ 为相对贡献量。

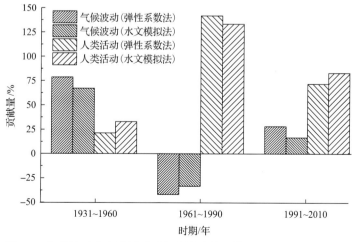

图 3.4　气候波动和人类活动对径流影响的贡献量 (Zhang et al., 2015)

2. 流域降水对洞庭湖径流的影响

洞庭湖区径流不仅受长江上游径流减少的影响，而且还受洞庭湖流域四水入湖径流变化的影响。趋势分析发现 1960 年以来洞庭湖入湖径流呈现出减少（–0.98 mm/a）的变化趋势（图 3.5）；进一步采用 M-K 变点检验，发现洞庭湖的入湖径流在 20 世纪 80 年代后期发生了突变，突变点之前的径流变化幅度远小于突变点之后的径流变化幅度。

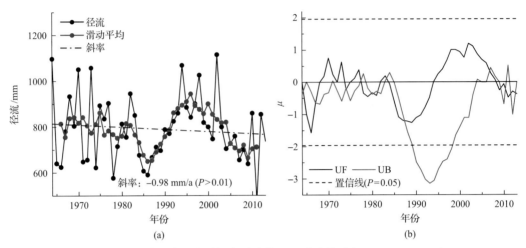

图 3.5　洞庭湖入湖径流时间序列及其 M-K 变点检验（Zhang et al., 2018）

M-K 趋势分析显示，1960 年以来，长江上游、洞庭湖流域降水量均略呈下降趋势，洞庭湖流域的降水以–0.20 mm/a 的速度减少，而潜在蒸散发以 0.16 mm/a 的速度增加（图 3.6）。季节变化上，洞庭湖夏、冬季降水量增加，春、秋季降水量减少；长江上游秋、冬季降水量减少，洞庭湖流域春季与夏季降水量、长江上游秋季降水量通过 0.05 显著性水平的检测（图 3.7）。

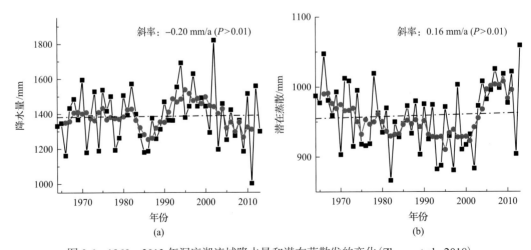

图 3.6　1960～2013 年洞庭湖流域降水量和潜在蒸散发的变化（Zhang et al., 2018）

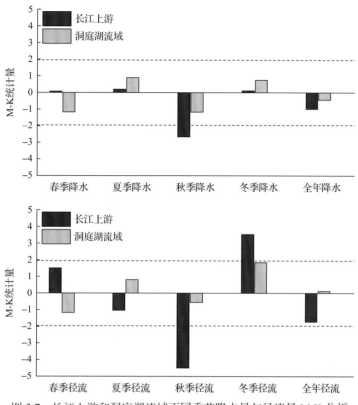

图 3.7　长江上游和洞庭湖流域不同季节降水量与径流量 M-K 分析

采用水文模型进行模拟和情景分析，定量识别洞庭湖流域气候变化和人类活动对入湖径流和水文干旱事件的影响程度。研究表明，洞庭湖流域降水、潜在蒸散发和人类活动分别导致入湖径流变化了-4.0%、-0.8%和-1.7%；洞庭湖流域降水和潜在蒸散发的变化使干旱平均强度分别增加了86.0%和18.0%，平均干旱时间分别延长了9.3%和12.3%，人类活动使干旱强度和持续时间分别增加了14.5%和2.3%(图3.8、表3.3)。总的来说，和径流相比，气候变化和人类活动引起的径流变化小于5%("初阶"影响)，而它们对水文干旱的影响在-65.8%～86.0%("高阶"影响)，这表明，相比较于环境变化对径流的影响，环境变化对水文干旱的影响表现为一种显著的"累积"效应，它强调径流是在一定的持续时间内、超过某个阈值的改变。

表 3.3　气候变化和人类活动对径流和水文干旱事件影响的贡献量　　(单位：%)

流域	影响因子	径流	干旱强度	干旱持续时间
	降水	-4.0	86.0	9.3
洞庭湖流域	潜在蒸散发	-0.8	18.0	12.3
	人类活动	-1.7	14.5	2.3

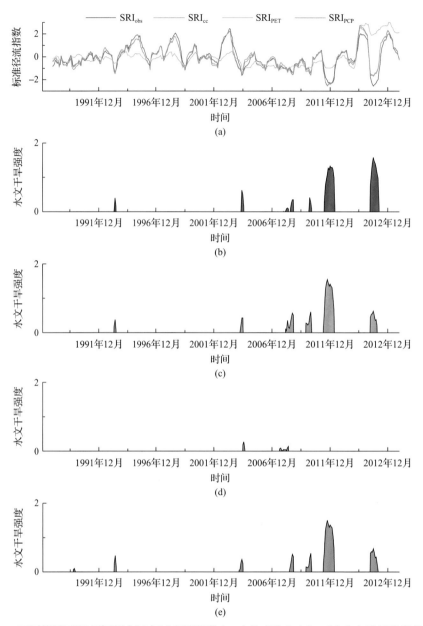

图 3.8　不同情景下洞庭湖流域 (a) 标准径流指数 (SRI) 的变化和 (b) ~ (e) 水文干旱强度的变化
图中：(b) 同时考虑人类活动和气候变化；(c) 只考虑气候变化；(d) 只考虑潜在蒸散发的变化；
(e) 只考虑降水的变化 (Zhang et al., 2018)

　　长江上游及洞庭湖流域多年降水丰枯交替，呈波动变化，具有明显的周期性特点。Morlet 小波变换结果显示 (图 3.9)，长江上游降水变化存在 7 年、16 年左右的显著周期，20 世纪 60 年代初、80 年代初、2000 年前后对应降水变化的波峰，70 年代初、1990 年前后、2000~2010 年后期对应降水变化的波谷；洞庭湖流域降水存在 22 年左右的显著周期，70~80 年代还存在 8 年左右的次周期，1970 年前后、90 年代中后期对应降水变化的波峰，50 年代后期、80 年代中期、2000～2010 年后期对应降水变化的波谷。

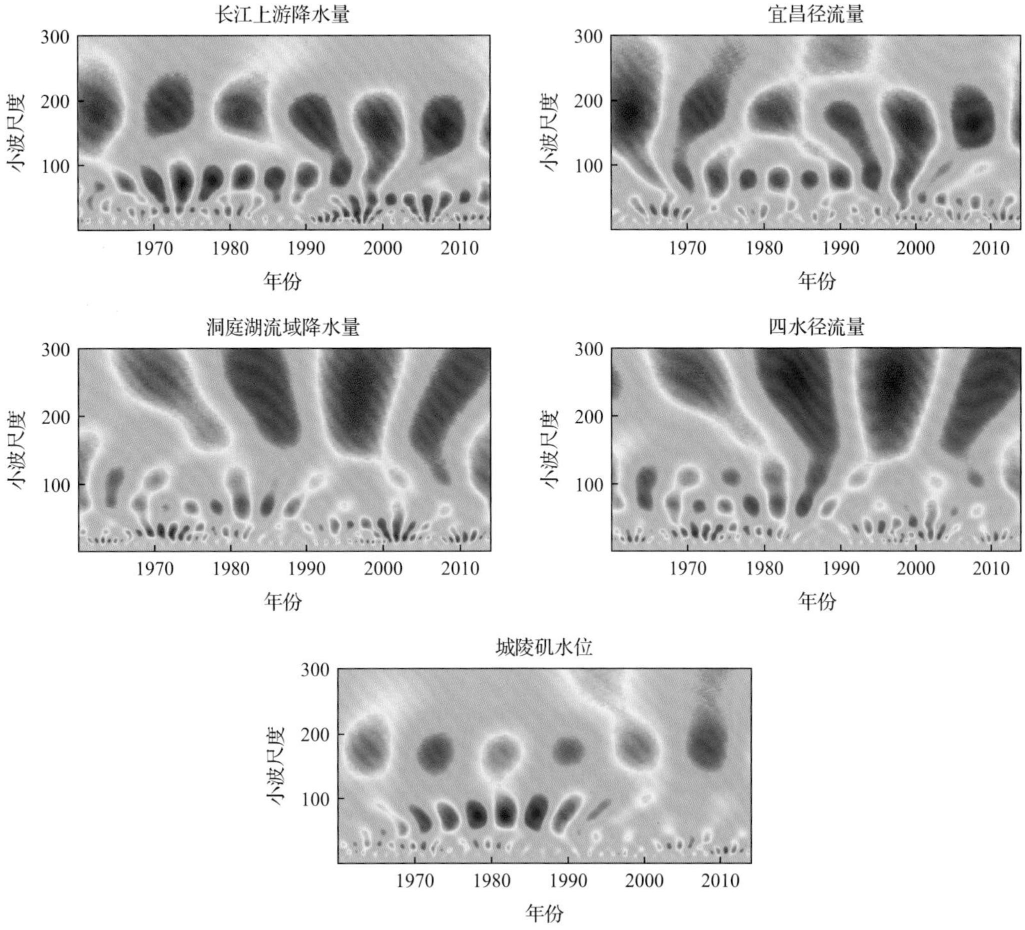

图 3.9 降水量、径流量、水位 Morlet 小波系数图

与此相对应，洞庭湖城陵矶水位变化既存在 22 年左右的周期，也存在 16 年左右的周期，表明城陵矶水位同时受到长江上游水情和洞庭湖流域水情的影响。值得注意的是，长江上游 2000 年前后降水波动的高值区及 2000～2010 年中后期的降水波动的低值区与两湖流域降水波动的高、低值区有很大程度的重叠，对于洞庭湖的水情而言是一种不利的组合，这应是 2000 年后两湖水情丰枯急转的重要原因之一。

3. 流域降水对鄱阳湖区径流的影响

降雨是鄱阳湖水文水动力的一个主要气候影响因素。鄱阳湖流域降水量在前半年里持续迅速地增加。4～6 月降水量最大，为 750 mm，占年总降水量的 45%。6 月达到年降水量的峰值(284 mm/月)。然而，7 月降水大幅度下降，降水量为 149 mm，是 6 月降水量的一半。之后下半年各月的降水量维持在相对较低的水平。这种集中在 4～6 月的年降水分布显示了中纬度初夏季风降水的特征。潜在蒸散发量的年变化呈现以 7 月最大的近乎对称的弓形分布。该分布指出地表蒸散发量主要随着从冬到夏的太阳高度角的减小

（地表能量增加）和温度的增加而增大，同时由于降水增加使地表有充足的水分用来蒸发。实际蒸散发的年变化分布特征与潜在蒸散发保持一致。主要原因在于前半年地表能量不能满足达到潜在蒸散发的需要，而后半年地表水分有限所致。在前半年里，随着能量和降水量的增加，潜在和实际蒸散发都迅速增长，而且实际蒸散发逼近潜在蒸散发量。尤其在 6 月，当强降水和相伴随的厚云层使地表净能量的增量减少，潜在蒸散发减少，但由于该能量增量的减少对实际蒸散发的影响小于潜在蒸散发，使前者更接近后者。从 7 月开始，大幅度的降水减少使地表水分减少，限制了实际蒸散发。在其后的两个月里降水量非常接近蒸发量。进入晚秋和冬季后，地表能量大幅度减少，降水量微弱，能量和水分的减少使实际蒸散发近乎为零（图 3.10）。

鄱阳湖流域特殊的年降水分布和降水峰值（6 月）与年实际蒸散发峰值（7 月）的时间差形成了鄱阳湖流域特有的地表产流的年变化（图 3.10）。3～6 月，迅速增加的降水和缓慢增加的蒸发使得地表产流迅速增长。6 月降水量达到年峰值，约 280 mm。这些降水和蒸发变化的特殊关系形成了鄱阳湖流域 4～6 月里的强大汇流。从 7 月开始，降水锐减，同时

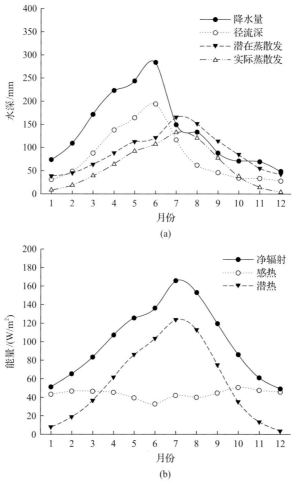

图 3.10　鄱阳湖年平均降雨量和能量变化

净辐射的增加使蒸散发达到年峰值，约 130 mm。7～9 月，大部分降水被用来蒸发，只有 1/3 的量用于地表产流（尤其在 8～9 月）。产流量迅速减小，接近年最低值，约 30 mm。集中在 4～6 月的强大汇流使得鄱阳湖水位迅速抬升，同时也意味着流域近乎饱和。此时，鄱阳湖水大量流入长江，减轻鄱阳湖的洪水压力。但从 7 月开始，长江中游雨季开始并在月中达到一个峰值。抬升的长江水位阻碍鄱阳湖湖水的流出，甚至倒灌入湖，增加鄱阳湖的洪水压力。所以，鄱阳湖流域的降水和蒸散发的年变化的微妙关系，以及流域水文变化与长江中游的降水和水位峰值的时间差使得鄱阳湖流域在 7～8 月达到可容纳水量阈值。在这样的情况下，如果 7 月或 7～8 月鄱阳湖流域有较大降水（属异常降水，因为正常年份气候应为 7 月有降水锐减），降水量将全部用于增长鄱阳湖水位，大大增加流域发生洪涝的可能性。如果有强降水，鄱阳湖流域发生洪涝则成为必然。

进一步比较 2003 年前后鄱阳湖水系年降水量变化，1956～2002 年、2003～2012 年降水量多年平均值分别为 1651.5 mm、1566.5 mm，2003～2012 年多年平均降水量较 1956～2002 年偏少 5.15%，相较 1956～2012 年偏少 4.28%（表 3.4）。

表 3.4　鄱阳湖流域年降水量统计特征表　　　　　　　　（单位：mm）

时段/年	统计特征		赣江	赣江上游	赣江中游	赣江下游	抚河	信江	饶河	修水	鄱阳湖区	鄱阳湖水系
1956～2002	均值		1600.2	1597.4	1584.5	1625.6	1751.4	1855.2	1828.3	1630.9	1538.5	1651.5
	最大值	降水量	2106.9	2282.9	2150.7	2062.2	2289.2	2733.4	2647.4	2336.3	2141.9	2129.6
		年份	1961	1961	2002	1970	1970	1998	1998	1998	1998	1975
	最小值	降水量	1091.6	1089.4	1034.4	1151.3	1127.6	1201.6	1136.4	1181.7	1007.0	1133.8
		年份	1963	1963	1963	1978	1963	1971	1978	1978	1978	1963
2003～2012	均值		1506.8	1483.8	1484.6	1583.2	1692.9	1822.7	1724.3	1513.0	1463.5	1566.5
	最大值	降水量	2049.6	2046.3	1986.0	2166.0	2480.0	2832.2	2524.8	2084.8	2051.3	2201.8
		年份	2012	2012	2010	2012	2012	2012	2010	2012	2010	2012
	最小值	降水量	1160.9	1110.7	1087.1	1114.7	1173.7	1374.1	1318.6	1162.6	1067.3	1253.9
		年份	2003	2003	2003	2007	2003	2007	2007	2011	2007	2007
1956～2012	均值		1583.8	1577.5	1566.9	1618.2	1741.1	1849.5	1810.1	1610.2	1525.3	1636.6

从表 3.4 中可以看出，赣江，赣江上、中、下游，抚河、信江、饶河、修水、鄱阳湖区多年平均年降水量 2003～2012 年较 1956～2002 年均有所偏少，是鄱阳湖区 2003 年以来入湖径流偏少的主要原因。

3.1.2　河床自适应调整

河床自适应调整是基于河道演变的基本原理，当河床淤积使过水面积减小时，水流与河床相互作用与适应的结果，必然是通过沿程淤积的不均匀性来增加河床与水面的比降，加大流速，以求达到河道与来水间新的适应与平衡（李学山和王翠平，1997）。三峡水库蓄水，显著地改变长江中下游水沙条件，河道出现了纵剖面调整、河床粗化调整、断面及洲滩形态调整等平衡趋向调整[1]。

1. 长江中游河床粗化调整

河床粗化在沙质河床平衡趋向中的作用与卵石夹沙河段中床沙粗化作用类似，主要表现在两个方面：一是增大河床阻力，减小流速、增大水深；二是降低输沙强度、减缓冲刷速度。

根据三峡水库蓄水后的原型观测资料，三峡水库自2003年6月蓄水至2015年，下游沙卵石河床、沙质河床的床沙粗化特征均已经显现，主要特征为：一是当地床沙粗化，逐渐由沙卵石河床粗化转为卵石夹沙河床；二是沙卵石河床范围下延，2003年该段河床组成成果显示，17个典型断面床沙组成中小于0.25 mm的颗粒沙重比例均在40%以上，平均达到69%；随着冲刷发展，河床粗化明显，至2010年，17个典型断面床沙组成中小于0.25 mm的颗粒沙重比例均不超过48%，12个断面的床沙组成中小于0.25 mm的颗粒沙重比例均不超过30%，河段平均值下降至24.4%，床沙中值粒径普遍增大，部分断面床沙中值粒径粗化至卵石水平。

从河段沿程变化看，荆江河段自2003年以后床沙逐年粗化趋势明显，枝江河段、沙市河段、公安河段、石首河段和监利河段的床沙中值粒径均有所增大，且沿程有上游粗化较下游快的特征；城陵矶至汉口河段除界牌河段、嘉鱼河段床沙中值粒径变化不大外，其他河段均略有粗化；汉口以下至湖口河段在三峡水库蓄水运用以后床沙也略有粗化，仅叶家洲河段、黄州河段和九江河段不明显。

2. 长江中下游河床纵剖面调整

在清水冲刷条件下，水库下游河道调整的总方向是降低河道水流的输沙能力。对于沙质河床而言，清水冲刷条件下，河段很难形成控制性作用较强的卡口河段，河床比降的趋缓将导致水面比降的趋缓、河段上游水深的增加，从而降低水流流速和水流输沙能力，促使河床向平衡方向发展。

三峡水库蓄水以后，荆江沙质河床段发生了剧烈冲刷，河床纵剖面形态也进行了相应的调整。图3.11为三峡水库蓄水前后枝城至城陵矶河段的河床纵剖面变化情况。可以看出，与2003年相比，经过10余年冲刷后，至2015年河床纵剖面比降已有较明显的减缓趋势，由2003年的0.67‰降为2015年的0.58‰。其中，2008年之前，荆江河段的平均冲刷强度相对较小，荆江河段的比降调平是通过上游河道冲刷大，下游河道冲刷少的形式来实现，深泓纵剖面的下切幅度具有上段大、下段小的特征。

3. 长江中下游河床断面形态调整

统计荆江河段断面平均高程下切超过1 m、0.5 m和0 m的断面所占比例及河宽增幅超过0 m、20 m和50 m的断面所占比例（表3.5），三峡水库蓄水后2003~2015年荆江河段173个断面中，接近90%的断面洪水河槽河床平均高程冲刷下切，平滩河槽下切比例

---

① 葛华. 2010. 水库下游非均匀沙输移及模拟技术初步研究. 武汉：武汉大学。

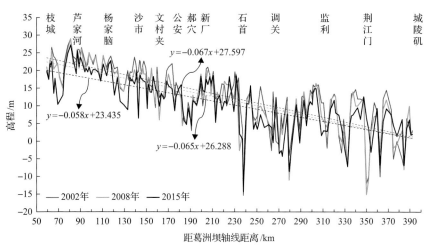

图 3.11　三峡水库蓄水前后枝城至城陵矶河段河床段纵剖面调整

表 3.5　三峡水库蓄水后长江中游荆江河段断面形态
一定调整幅度比例变化　　　　　　　　　　（单位：%）

统计时段/年	过水断面	$\Delta Z>0$ m	$\Delta Z>1.0$ m	$\Delta Z>0.5$ m	$\Delta B>0$ m	$\Delta B>20$ m	$\Delta B>50$ m
2003～2008	洪水河槽	64.2	20.2	44.5	74.6	22.0	6.36
	平滩河槽	61.8	27.7	46.2	71.7	27.2	16.2
	枯水河槽	67.1	30.6	47.4	68.8	41.6	28.9
2008～2015	洪水河槽	87.3	41.0	65.3	38.7	14.5	6.94
	平滩河槽	80.3	51.4	68.2	57.8	25.4	17.3
	枯水河槽	76.3	48.6	61.8	70.5	46.8	31.8
2003～2015	洪水河槽	89.6	60.7	80.3	55.5	16.8	6.94
	平滩河槽	86.1	65.3	79.2	60.1	34.1	23.1
	枯水河槽	80.9	61.8	74.0	71.7	57.8	43.9

注：ΔZ 指断面河床平均高程下切幅度；ΔB 指断面宽度增加幅度；表中数据均为超过一定变化幅度的断面所占百分比。

86.1%，枯水河槽为 80.9%，同时，断面也存在展宽现象，洪水河槽展宽断面占比 55.5%，至枯水河槽展宽占比增大到 71.7%，说明滩体冲刷较崩岸更为频繁。

从下切和展宽的幅度来看，大部分断面的河床高程平均下切超过 1 m，超过 0.5 m 的占比洪水河槽超过 80%，枯水河槽河宽增幅超过 20 m 的占 57.8%。不同水位下的河槽下切与展宽的变化恰好相反，一定下切幅度断面占比洪水河槽＞平滩河槽＞枯水河槽，一定展宽幅度断面占比枯水河槽＞平滩河槽＞洪水河槽，间接地反映出断面形态调整形式的多样性。

3.1.3　湖泊沉积

湖泊水力特性与河道差异十分明显，水流自河道进入湖泊，过水断面突然增大，水流流速减缓，挟带泥沙能力大幅度下降。统计中游江湖系统控制站实测水力特性，河道控制站断面平均流速和断面平均水深都显著地较湖区偏大，挟沙能力河道与湖区存在数量级上的差别，如宜昌站能够达到 0.361，洞庭湖湖区南咀站仅 0.035。从区域分布来看，干流河道的挟沙力指标最大，荆江三口洪道次之，湖区最小，因而经由荆江三口输入的干流泥沙基本上都会在洪道和湖区内沉积下来(图 3.12)。

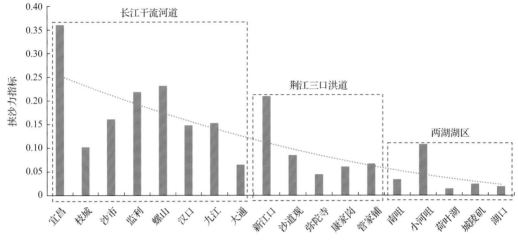

图 3.12　长江中游河湖挟沙力指标对比

湖泊沉积的年内变化规律与江湖关系密切相关，长江中游两湖都遵循汛期沉积、非汛期冲刷的基本规律，并且这一规律没有因湖区总的沉积量显著变化而发生改变，除全年总沙量集中在汛期输移外，汛期长江干流对湖泊出流的顶托作用，导致湖泊大范围湖区比降调平，水流受阻，流速减缓，也是湖区泥沙沉积主要发生在汛期的重要水力条件。

1. 洞庭湖湖泊沉积

入湖四水的地表径流进入洞庭湖后水面骤然放宽、比降减小、流速减缓，水流挟沙能力下降，泥沙(尤其是颗粒较粗的泥沙)开始在湖区沉积。1956~1995 年平均每年在洞庭湖区沉积的泥沙为 1.23 亿 t(李义天等，2000)，1974~1998 年湖盆年均淤积厚度为 0.017 m(高俊峰等，2001)。由于湖盆地形起伏变化，洪枯季水量、水位变化，水沙条件发生变化，不同水域、或同一水域不同季节的水动力条件不同，整个湖区有冲有淤，如 1974~1998 年前 15 年洞庭湖淤积主要集中在中高滩，南、东洞庭湖在中低位滩地存在冲刷，后 10 年洞庭湖泥沙淤积则呈现全湖性特征，而且有向中低位滩地转化的趋势，东洞庭湖一直处于快速淤积状态(姜加虎和黄群，2004)。

近 60 年来，洞庭湖自然沉积经历了两个主要发展阶段：第一阶段水沙相关关系相对稳定，入湖泥沙量可以作为湖区泥沙沉积量相对单一的控制因素，对湖泊泥沙沉积属性影响较小，包括湖泊围垦、下荆江裁弯前、葛洲坝水利枢纽运行、水土保持工程等对入湖水沙关系改变程度相对较小，2002 年之前湖泊泥沙沉积率基本上在 71.7%附近波动，无趋势性调整现象，仅湖区泥沙沉积量伴随入湖泥沙总量的减少而下降；第二阶段入湖水沙关系急剧变化，湖区泥沙沉积量不再与入湖沙量单一相关，湖区由沉积转化为补给泥沙，且补给主要集中在非汛期，湖南四水来水量对泥沙沉积的影响逐渐显现，主要原因在于汛后冲刷期洞庭湖水量基本上来自于湖南四水,来水量的大小决定湖区泥沙的冲刷量(图 3.13)。

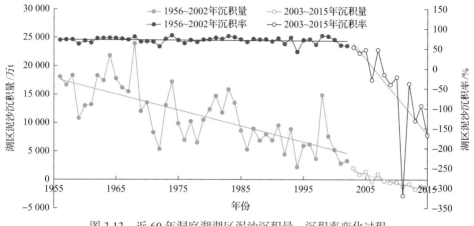

图 3.13 近 60 年洞庭湖湖区泥沙沉积量、沉积率变化过程

2. 鄱阳湖湖泊沉积

鄱阳湖湖泊沉积过程大体经历了两个阶段:第一阶段入湖沙量周期性波动,1956~1997 年湖区泥沙沉积量、沉积率都在均值附近波动变化;1997 年之后,水利工程及水土保持工程作用增强,鄱阳湖入湖泥沙量进入历史最低水平,同时受到湖区大规模采砂的影响,湖区泥沙沉积量和沉积率快速下降(图 3.14)。

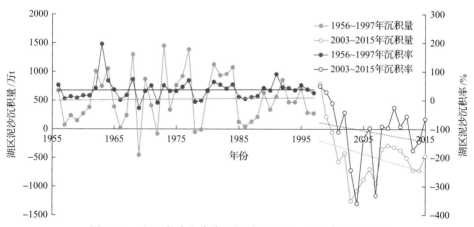

图 3.14 近 60 年鄱阳湖湖区泥沙沉积量、沉积率变化过程

依据 2010 年和 1998 年所获取的湖盆地形数据,鄱阳湖两时段地形高程差别主要在湖区北部入江通道段(图 3.15)。2010 年地形与 1998 年相比,入江通道段冲刷严重,其余区域差异并不明显。基于 2006 年五河来水和长江水位,通过鄱阳湖水动力模型分别计算了不同地形条件下湖泊的水位、流量,比较了相同水情条件下,不同地形的水位、流量响应差异(姚静等,2017;Yao et al.,2018)。

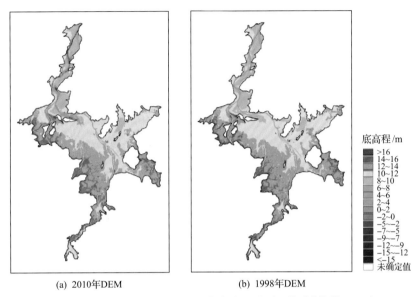

(a) 2010年DEM　　　　　　　　　(b) 1998年DEM

图 3.15　2010 年和 1998 年鄱阳湖湖盆地形图比较(姚静等, 2017)

　　鄱阳湖湖泊沉积变化对湖泊水位影响显著，从星子、都昌、棠荫和康山四个代表站点 2006 年典型水文年水位过程来看(图 3.16)，底高程的降低拉低了枯季水位，涨退水过程水位也有所下降，而高水位变化微弱。尤其星子、都昌两站变化比较明显。枯水季节

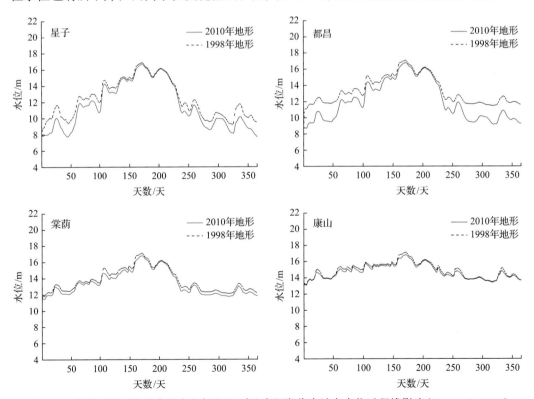

图 3.16　湖盆地形变化对典型水文年(2006 年)鄱阳湖代表站点水位过程线影响(Yao et al., 2018)

（1～3 月和 11～12 月），星子水位平均降低了 1.3 m，都昌 1.9 m，棠荫 0.4 m，至康山，几乎不受影响。针对近年来秋季退水期的低水位事件，以星子站为例，2006 年 8～10 月平均水位与多年平均相比降低了 4.58 m，而地形引起的平均水位降幅为 0.66 m，地形的变化对 2006 年的秋季低水位事件的贡献约占 14.4%。

湖盆地形变化对湖泊高、低水位空间变化梯度影响差异明显。2006 年高水位时，不同地形条件下水面线变化不大。从低水位来看，与 1998 年相比，2010 年都昌至湖口段水面线坡度变缓，水面坡降发生明显变化，星子至都昌段水面平均降低了 2 m，同期棠荫至都昌段水面坡度则变陡，棠荫至康山段变化微弱，这与都昌以北入江通道段地形大面积冲刷、湖泊地形坡降变化高度吻合。由于湖底高程降低改变了地形坡度，湖口出口流量也随之发生变化，从湖口流量过程来看，出口流量普遍增大，最大增量达 2000 m³/s，2006 年全年出湖总流量增加了 95.4 亿 m³，约占全年总流量的 6%，表明鄱阳湖入江水道地形下切引起的水位降低，加快了湖口出流（图 3.17）。

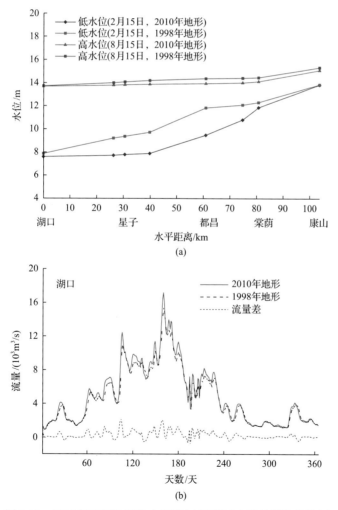

图 3.17　2006 年不同地形的水面线 (a) 和湖口出流过程及差异 (b)

3.2　影响江湖关系变化主要人文因素

人类活动对水沙交换作用的影响可分为两类：一是影响长江中游江湖系统水沙交换的总量。对于泥沙而言，水土保持工程、水库建设、人工采砂等都会改变江湖系统的泥沙总量。与1984年前年均输沙量相比，1984～1991年人类活动对长江干流输沙量影响程度为36.3%，1992～2013年达88.1%，呈明显增加趋势(顾朝军等，2016)。二是影响长江中游江湖系统局部泥沙输移特性，如荆江裁弯、围湖造田及河道(航道)整治工程，基本上不会影响系统内水沙的总量，但会改变局部水沙分配，如荆江三口分流比由下荆江裁弯前1955～1966年的29.79%降至裁弯后1973～1980年的18.79%，分沙比则由35.24%下降至21.6%，松滋口取代藕池口成为分流分沙量最多的口门(唐日长，1999；Zhao et al.，2010)。

3.2.1　大型水利工程建设

水库调度对于径流的年内过程有一定的调节作用，相比之下，水库对于长江中游河湖系统的泥沙影响更大。以三峡为代表的梯级水库群层层拦截输入中游江湖系统泥沙，使得江湖系统目前处于前所未有的少沙状态，2003～2015年进入中游江湖系统的年均沙量仅0.675亿t/a，造成这一现象的主要原因在于长江上中游大中型水库群的拦沙减沙作用，尤其以三峡及长江上游干支流梯级水库群为主。

1. 长江上游水库群的拦沙效应

(1) 1956～1990年。该时段长江上游地区建成各类水库约11 931座，总库容约206亿 m^3，其中，三峡水库上游(寸滩以上地区和乌江流域)总库容约189.2亿 m^3。据长江水利委员会水文技术研究中心估算，长江上游干流区间(主要是三峡区间)1956～1990年拦沙量为2.66亿 m^3，三峡上游水库群年均拦沙淤积量为1.8亿t，减少三峡年入库沙量1500万～1990万t。

(2) 1991～2015年。1991年以来，长江上游又陆续修建了大量水库，主要集中在金沙江、嘉陵江和乌江流域，以大中型水库为主。水库拦沙导致1990年以来三峡入库沙量出现大幅度减小。研究以长江上游21座大中型水库为对象，分析其1990～2015年的拦沙作用，主要包括金沙江中下游的梨园、阿海、金安桥、龙开口、鲁地拉、观音岩、溪洛渡、向家坝；雅砻江的锦屏一级、二滩；岷江的紫坪铺、大渡河的瀑布沟；白龙江的碧口和宝珠寺、嘉陵江的亭子口和草街；乌江的构皮滩、思林、沙坨和彭水，以及控制长江中游入口的三峡水库。长江中游支流梯级水库1991年之后入库沙量极少，拦沙效应不明显。

按照水库建设运行时间，将1991～2015年水库拦沙效应分为三个阶段，其中1991～2002年主要考虑雅砻江、岷江、嘉陵江、乌江梯级水库拦沙效应，2003～2009年在1991～2002年的基础上考虑三峡水库的拦沙效应，2010～2015年在2003～2009年的基础上考虑金沙江中游、下游水库的拦沙效应。

(1)1991～2002 年，金沙江(主要是雅砻江的二滩)水库拦沙对屏山站年均减沙量为 1890 万 t/a；岷江水库拦沙对高场站年均减沙量为 1880 万 t/a；白龙江及嘉陵江干流水库拦沙对北碚站年均减沙量为 4150 万 t/a；乌江梯级水库拦沙对武隆站年均减沙量为 1480 万 t/a。初步估计，与 1990 年前相比，1991～2002 年长江上游主要控制性水库年均新增减沙量约 0.94 亿 t/a。

(2)2003～2009 年，上游各大支流的梯级水库继续运行，拦沙效应未发生大的改变，雅砻江二滩电站年均拦沙量约为 4040 万 t；新增的三峡水库入库悬移质泥沙 13.513 亿 t，出库(黄陵庙站)悬移质泥沙 3.79 亿 t，不考虑三峡库区区间来沙，水库淤积泥沙 9.723 亿 t，水库排沙比为 28.0%，年均减沙量约 1.50 亿 t/a。综合 1991～2002 年其他支流水库减沙量的估算，与 1990 年前相比，2003～2009 年长江上游梯级水库年均新增减沙量约 2.65 亿 t/a。

(3)2010～2015 年，三峡水库入库悬移质泥沙 5.495 亿 t，出库泥沙 0.824 亿 t，水库年均拦沙量为 1.06 亿 t。与 1990 年前相比，2010～2015 年长江上游梯级水库年均新增减沙量约 3.67 亿 t/a。

综上所述，与 1990 年前相比，现状条件下长江上游主要控制型水库(21 座)年均新增减沙量约为 3.1 亿 t/a，加上其他未纳入考量范围的水库，以及长江中游、两湖流域继续发挥拦沙作用的水库，长江中游河湖系统每年因水库拦沙造成的沙量来源减少量约 3.5 亿 t，考虑 2003～2015 年江湖系统年均输入总沙量相较于 1991～2002 年的减幅，水库拦沙量占沙量总减少量的比例接近 80%。

2. 长江中下游河湖水沙重分配效应

在三峡及上游梯级水库群巨大的调蓄及拦沙作用下，最为直接的效应是导致长江中下游水沙条件重新分配，这种变化是江湖关系调整的根源，为研究这种重分配效应，除对比历史不同时期的月均流量变化情况以外，还选取相同历时的 1990～2002 年和 2003～2015 年分别作为三峡水库蓄水前后的样本系列，采用频率计算的方法，对比分析蓄水后长江中下游水沙重分配程度。

1)水量过程性重分配效应

水库群联合调度带来长江中下游流量的过程性重分配。水库枯期补偿调度、汛期削峰调度及汛后蓄水多重调蓄作用下，荆江河段出现枯水加大(宜昌站最小流量超过 5600 m³/s)、洪峰流量削减(2010 年最大入库流量 70 000 m³/s，下泄不超过 40 000 m³/s)、汛后流量减小(9 月、10 月平均流量减幅超过 2000 m³/s)等径流年内过程的重分配特征，重分配的结果是年内流量过程的坦化，中水历时延长。

三峡水库蓄水后，2003～2015 年坝下游宜昌站年径流量均值与 1990～2002 年相比偏少约 7.0%，三峡库区万县站 2003～2015 年径流量均值与 1990～2002 年相比偏少约 10.8%，可见，长江中下游河段水量近 10 年偏枯主要与长江上游水文周期性偏枯有关，水库调度运行对于坝下游径流总量的影响极为有限，三峡水库蓄水对坝下游荆江河段水量的影响主要集中在过程而非总量，流量过程性重分配总体呈现三个特征：一是三峡水库蓄水后遭遇了径流偏枯的水文周期，应坝下游河湖生态、库尾河段减淤等要求，对汛前枯水期下游流量进行补水调度，2003～2015 年长江中下游干流各控制站 1～5 月径流量均相较于蓄水前各时段同期偏大，20 世纪 90 年代洞庭湖枯水期入汇流量偏大，使得城陵矶以下河段的枯期补水效应不明显；二是径流偏枯集中体现为汛期流量减小，如 2003～2015 年枝城站主汛期(6～9 月)径流量均值相较于 1991～2002 年偏少 267 亿 m³，占年径流偏少总量的 93.3%，三峡水库自 2009 年开始的削峰调度试验也对高水期径流减少有一定影响；三是水库进入 175 m 试验性蓄水阶段后，年蓄水量增大，汛后 10 月、11 月流量大幅度减少，尤以 10 月减少幅度大，宜昌站 2003～2015 年 10 月平均流量相较于 1991～2002 年减少约 3900 m³/s，干流流量大幅度减少的同时，洞庭湖、鄱阳湖出湖流量几乎相同幅度减少，11 月出湖流量减少幅度较干流偏小，湖泊对干流河道有一定的补水效应(图 3.18)。

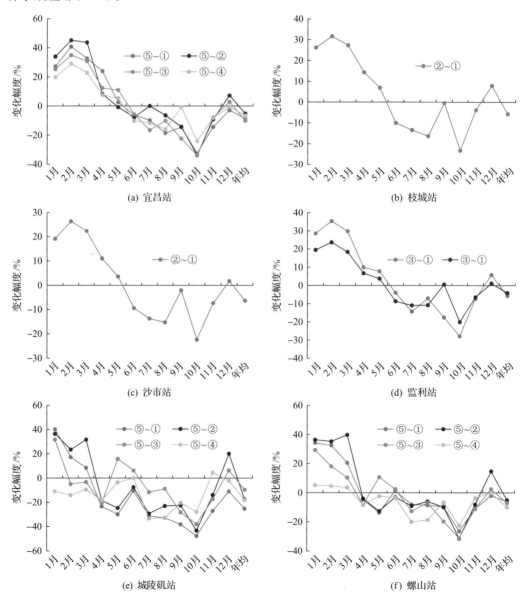

(a) 宜昌站

(b) 枝城站

(c) 沙市站

(d) 监利站

(e) 城陵矶站

(f) 螺山站

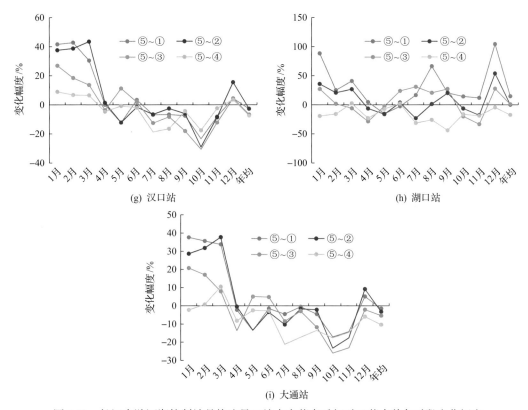

图 3.18　长江中游河湖控制站月均流量三峡水库蓄水后相对于蓄水前各时段变化幅度

统计相同历时的 1990～2002 年和 2003～2015 年长江中下游干流控制站特定区间流量出现频率的变化，以及同频率下的流量变化，总体上，除螺山站低水出现的频率略有增加以外，其他各站低水频率均有较大幅度的减小，宜昌站年内小于 5000 m³/s 流量的频率从 22.0%下降至 10.7%；中水出现的频率则一致性增加，宜昌站、监利站 5000～10 000 m³/s 流量的频率分别增大 14.4 和 13.7 个百分点，螺山站、汉口站、九江站及大通站 10 000～15 000 m³/s 流量的频率分别增大 4.7、8.6、11.2 和 5.6 个百分点；高水出现的频率普遍减小，整体年内的流量过程呈坦化趋势。同频率下的流量，三峡水库蓄水后相较于蓄水前一致性减小，1%频率对应的流量绝对减幅最大，沿程各站减少幅度在 4200～16 600 m³/s，频率越大，流量的绝对减幅越小(图 3.19)。

2)沙量区域性重分配效应

影响某一河段在某一时期来沙量的人为因素是多样的，既有可能产生流域性影响的水土保持工程、水利枢纽工程，也有限于局部影响的采砂、局部河势控制及航道整治等涉水工程。就流域性的影响来看，水土保持工程从源头上控制了泥沙的来量，而水利枢纽工程，尤其是大型工程，则可实现河道内泥沙量重分配。

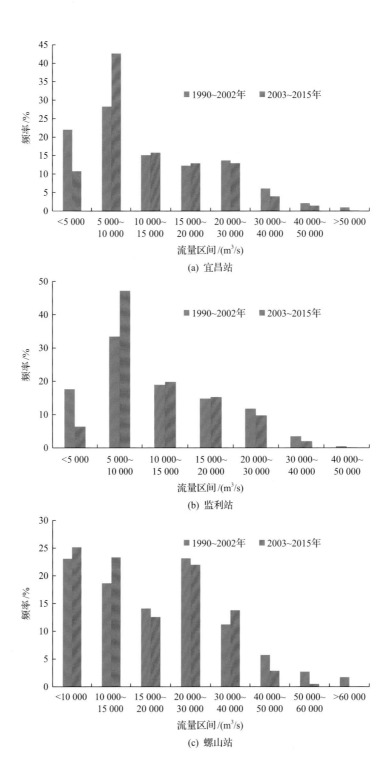

(a) 宜昌站

(b) 监利站

(c) 螺山站

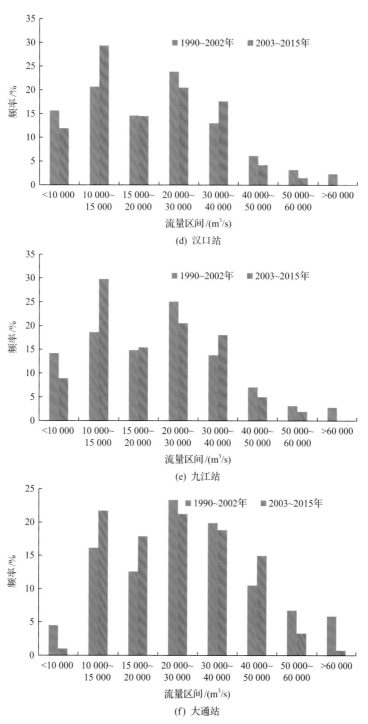

(d) 汉口站

(e) 九江站

(f) 大通站

图 3.19　长江中下游控制站特征流量区间频率变化

三峡水库蓄水运用后，来自长江上游的泥沙在水库库区沉积下来，水库分配了绝大部分的泥沙，长江中下游河道只分配到少部分的泥沙，2003～2015 年，三峡水库累积入库泥沙量约 21.2 亿 t，累积出库泥沙量为 5.12 亿 t，长江上游输入的泥沙 70%以上在三峡水库库区沉积下来，仅有不到 20%的泥沙随水流进入宜昌以下河段，导致长江中下游沙量大幅度减少，2003～2015 年宜昌、枝城、沙市、监利、螺山、汉口、大通站年输沙量分别较 1991～2002 年减少 89.7%、87.6%、83.2%、76.1%、71.6%、66.0%、57.6%，河床强烈冲刷的泥沙补给作用使得输沙量减幅沿程下降。从径流量-输沙量双累积曲线的变化特征来看，相较于年径流量，各控制站年输沙量的累积速度自 2003 年开始显著下降，输沙量累积过程的转折特征明显(图 3.20)。

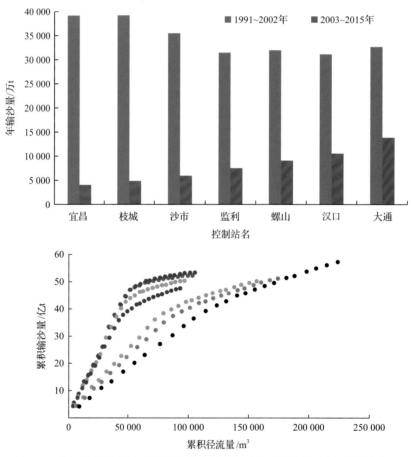

图 3.20 长江中游控制站时段年均输沙量及径流量-输沙量双累积曲线变化图

3.2.2 长江河道整治

长江河道整治工程中，下荆江裁弯对长江中游和两湖，尤其是洞庭湖区造成了极为深远的直接或间接影响，直接影响包括局部河道形态的剧烈改变、下荆江河势格局的重塑等，间接影响包括上游河道水位、比降的改变，因此而发生的河道冲淤调整，以及在此影响下荆江三口分流比的变化、荆江-洞庭湖汇流关系变化等。仅从反映荆江-洞庭湖关系变化的控制指标、三口分流分沙比变化来看，下荆江裁弯的影响是近 60 年其他人类活动难以比拟的。

1. 对干流河道的影响

1）水位、比降变化

下荆江裁弯后，河道水流流程减小，高、中、低水比降均有不同程度的增大，其中调弦口-姚圻脑和姚圻脑-洪山头两河段比降增值最大（表 3.6）。

下荆江裁弯后，河床冲刷，同流量的水位较裁弯前降低，且其降低值自下游往上游减小，枯水期大于汛期。各站枯水期同流量水位下降幅度最大的时段为 1967~1978 年，流量 4000 m³/s 时石首水位下降 1.8 m；汛期同流量下降值较枯水期小，流量为 50 000~60 000 m³/s，沙市水位较裁弯前降低 0.3~0.5 m，监利同流量的水位也有所降低。

表 3.6　下荆江裁弯前后荆江河段比降变化　　　　　　（单位：10^{-4}）

河段	$Q=5000 \text{ m}^3/\text{s}, Z=20 \text{ m}$			$Q=20\,000 \text{ m}^3/\text{s}, Z=27 \text{ m}$			$Q=40\,000 \text{ m}^3/\text{s}, Z=29 \text{ m}$			$Q=50\,000 \text{ m}^3/\text{s}, Z=31 \text{ m}$		
	1953~1966 年	1967~1972 年	1973~1988 年	1953~1966 年	1967~1972 年	1973~1988 年	1953~1966 年	1973~1988 年		1953~1966 年	1967~1972 年	1973~1988 年
枝城-砖窑	0.577	0.603	0.737	0.573	0.594	0.662	0.631	0.698		0.686	0.693	0.894
砖窑-陈家湾	0.409	0.425	0.465	0.539	0.594	0.599	0.623	0.745		0.700	0.745	0.617
陈家湾-沙市	0.561	0.498	0.579	0.410	0.413	0.485	0.370	0.388		0.242	0.276	0.394
沙市-郝穴	0.359	0.419	0.416	0.410	0.468	0.494	0.478	0.575		0.551	0.554	0.559
郝穴-新厂	0.574	0.722	0.805	0.526	0.517	0.614	0.440	0.500		0.404	0.364	0.538
新厂-石首	0.532	0.674	0.633	0.433	0.535	0.498	0.383	0.529		0.359	0.429	0.380
石首-调弦口	0.429	0.437	0.453	0.407	0.416	0.414	0.454	0.416		0.408	0.308	0.400
调弦口-姚圻脑	0.424	0.755	0.698	0.367	0.595	0.554	0.415	0.672		0.343	0.718	0.656
姚圻脑-洪山头	0.470	0.636	0.722	0.296	0.358	0.443		0.451		0.282		0.417
洪山头-七里山	0.364	0.347	0.439	0.264	0.291	0.329		0.400		0.245		0.394
姚圻脑-七里山	0.439	0.426	0.520	0.287	0.298	0.363	0.305	0.416		0.277	0.344	0.401

注：Q 为枝城流量；Z 为七里山水位。

2）河道水沙输移量变化

裁弯工程并不改变河道的来水来沙条件，但由于荆江南岸存在三口分流入洞庭湖，裁弯后荆江河床冲刷、水位降低，使三口分流分沙减少速率加大，从而进入荆江的水沙量有所增加，下荆江汛期设防水位的时间有所增加，如裁弯前 1954 年洪水，上荆江经过 3 次运用荆江分洪工程，沙市最高洪水位 44.67 m（不分洪时水位将达 45.63 m），洪峰流量约 50 000 m³/s；下荆江经过上车湾扒口分洪，降低监利洪水位约 0.7 m，监利最高洪水位达到 36.57 m，洪峰流量 35 600 m³/s；下荆江裁弯后，扩大了荆江泄洪流量，裁弯前后沙市、监利站实测本站和城陵矶站同水位的流量对比见表 3.7。

表 3.7　下荆江裁弯前后沙市和监利站同水位实测流量

站名	裁弯前后	实测日期	城陵矶水位/m	水位/m	流量/(m³/s)	扩大泄量/(m³/s)
沙市	前	1958.08.26	30.60	43.88	46 500	
(新厂)	后	1974.08.13	30.69	43.84	51 100	4 600
监利	前	1954.07.25	33.73	35.82	26 600	
(姚圻脑)	后	1980.09.02	33.67	35.83	32 900	6 300

注：城陵矶系莲花塘站。

3）河床冲刷与调整

下荆江裁弯后，河道曲折率由裁弯前的 2.83 变为 1.93，水面比降加大，破坏了河道原有的相对平衡，裁弯河段上、下游河道发生了较剧烈的冲刷，持续时间长达 20 多年，主要表现在以下四个方面。

(1) 上、下荆江河床普遍发生冲刷。裁弯后，一方面，由于分流口门水位下降，上游河段水位也相应下降，且下降程度沿程增加，导致上游段比降变陡，流速增大，挟沙能力加强，产生溯源冲刷，越靠近下游，冲刷量越大。另一方面，裁弯后随着荆江河床冲刷，三口分流入湖水量明显减少，荆江过流量增大，引起整个上、下荆江河床断面冲刷扩大；同时洞庭湖出流减少，对下荆江的顶托作用相对减弱，加大下荆江河床冲刷。根据实测资料计算，1975 年前，各时段河床有冲有淤，其后各时段均系冲刷；裁弯后上、下荆江强烈冲刷调整，历时达 15 年，到 1980 年才渐趋缓慢，且上荆江溯源冲刷以冲槽为主，而下荆江则滩槽均衡冲刷。

(2) 上、下荆江河床形态有所调整。荆江河床形态的调整，可以用平滩水位下的河槽宽深变化表示，由于上荆江两岸有护岸工程保护，裁弯后上荆江平均水深相对增幅15.9%，平均河宽增幅仅 2.7%，河床以下切为主，河床宽深比减小；而下荆江由于两岸护岸工程薄弱，河床下切与展宽同时发生，且下切与展宽的相对增幅接近，约为 10%，河床宽深比基本未变。

(3) 河势发生一定变化。下荆江裁弯后，荆江河道虽演变仍遵循原有的规律，总体河势未见根本性变化，但局部河段的河势发生了较剧烈的调整。在裁弯段上游，由于比降加大，河床冲刷，主流趋直，弯道凹岸水流顶冲部位下移，从而产生或加速了水流切滩撇弯与汊道段主支汊的易位；裁弯段河势，受新河出口水流顶冲而岸线崩退，1973～1981年岸线最大年崩宽达 230 m，累计崩退约 1300 m，致使原右向弯道变成左向弯道，下游右岸洪水港险工位置下移，护岸后河势才基本得到控制；裁弯段下游，由于上游主泓由北摆向南，新河进口右岸一带受冲崩退，水流顶冲点迅速下移，直冲金鱼沟边滩，致使新河出口下游由右向弯道变为左向弯道，导致其下游连心垸弯道凹岸崩退，弯曲半径减小，形成急弯，使调关矶头过于突出，汛期守护困难，险情时有发生。

(4) 城陵矶以下河段河床在一段时期内发生淤积。主要是裁弯后三口分流分沙减少，下荆江水沙量增加，而下荆江输沙率约与流量的平方成正比，反映出输沙能力有所加大，河床冲刷扩大。而城陵矶以下干流，裁弯后下荆江出流量增大，相应洞庭湖出流量减小，江湖汇流后总水量裁弯前后保持不变，对于沙量，裁弯后下荆江增加的部分沙量在裁弯前经三口分流进入洞庭湖落淤，裁弯后三口减少的分沙量直接通过荆江输入下游，加以荆江河道冲刷，江湖汇流后的总沙量增加，河床在一段时期内产生淤积，中、枯水期同流量水位有所抬高，河床调整过程直到 20 世纪 80 年代中期才基本结束。

2. 对荆江-洞庭湖关系的影响

下荆江裁弯引起荆江与洞庭湖关系调整幅度加大，主要表现在三口分流分沙大幅度减小、荆江河道冲刷加大、江湖汇流段水情变化、洞庭湖淤积减缓和城陵矶至武汉河段冲淤调整等。

(1) 下荆江裁弯前，荆江三口分入洞庭湖的水量和沙量均呈逐年递减趋势；裁弯后，荆江河床大幅冲刷下切、水位下降，三口口门段河势调整，加之三口洪道河床淤积，进一步加快了三口分流分沙的衰减进程。如下荆江裁前的 1956~1966 年，三口分流比基本稳定在 29.5%左右；下荆江裁弯期间，荆江河床冲刷，三口分流比减小至 24%；裁弯后的 1973~1980 年，荆江河床继续大幅冲刷，三口分流能力衰减速度有所加大，分流比进一步减小至 19%。同时，三口分流比和分沙比的对比情况也发生了明显变化。裁弯前，松滋口、太平口分流比均大于分沙比，藕池口分流比则明显小于分沙比(7.4 个百分点)；裁弯期间及裁弯后的 1973~1980 年，松滋口分流比仍大于分沙比，太平口分流比与分沙比则基本相当，藕池口分沙比与分流比的差值则逐渐减小。

(2) 相应地，在枝城来水来沙量相同条件下，荆江过流和输沙量逐年递增，河床断面冲刷扩大，尤以下荆江更为突出。1988~1996 年与裁弯前的 1956~1966 年相比，下荆江监利站年平均流量由 10 100 m³/s 增大至 12 200 m³/s，增大 20.8%，下荆江断面冲深扩宽，断面积增大约 15%。

(3) 荆江三口分流分沙减少使洞庭湖淤积速率减缓。洞庭湖年淤积量由裁弯前(1956~1966 年) 16 868 万 t 减小到 1989~1995 年的 6783 万 t，1967~1995 年的 29 年中，洞庭湖实际少淤约 13 亿 m³，占洞庭湖容积的 7.8%左右。

3.2.3　湖泊围垦与退田还湖

1. 湖泊围垦

围湖垦殖不仅使湖泊水域范围缩小，减少河道与湖盆的过水断面，同时还使原有的水系紊乱，促使湖泊泥沙淤积，加速了天然湖泊的萎缩，削弱了湖泊调节洪水的能力，汛期洪水位抬升，导致水情恶化，造成湖泊生态环境与生物资源破坏，使江湖关系恶化(姜加虎和黄群，2004)。

1) 洞庭湖围垦

洞庭湖围垦历时悠久，据史料记载，战国时期即被利用垦殖，东晋时开始筑堤防水，之后逐渐形成荆江两岸的堤防。据统计，1988 年洞庭湖湖区面积千亩[①]以上的堤垸数达 266 个，1998 年、1999 年大洪水过后，国家开始在洞庭湖湖区实施"退田还湖"，根据 2003 年《洞庭湖堤垸图集》，湖区堤垸数减少为 222 个，其中万亩以上的堤垸 24 个。

---

① 1 亩 ≈ 666.7 m²。

　　大规模的围湖造田直接导致洞庭湖湖域、湖容的迅速缩减。仅以 20 世纪 50 年代以来所建大通湖、钱粮湖、屈原等 18 座大型堤垸而统计，新增围垦面积就达 1659 km²，若连同巴垸民圩，洞庭湖合计围垦面积 1700 km² 以上(姜加虎和窦鸿身，2003)。湖容由 293 亿 m³ 降低至 174 亿 m³，累积减少 119 亿 m³，其中，1949～1978 年洞庭湖泥沙淤积量约为 1 亿 m³/a，而湖容萎缩率却高达 2 亿～10 亿 m³/a(图 3.21)。可见，围湖造田引起的湖域面积、湖容的减小更甚于泥沙淤积的影响。

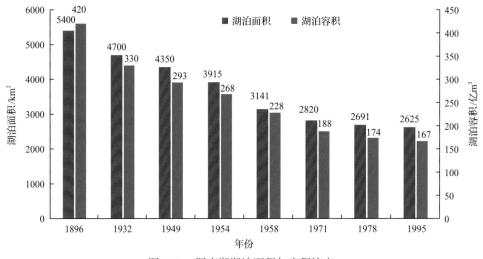

图 3.21　洞庭湖湖泊面积与容积演变

　　湖区大面积洲滩被围垦后，垸内不再承受上游来沙淤积，而已缩小的垸外湖盆却承受着同等数量入湖泥沙的淤积，进而加快了泥沙淤积速率；与此同时，湖区历经了堵支并流合修大圈、整治洪道、洞庭湖区一、二期治理工程，以及平垸行洪、退田还湖等工程，这些重大工程的实施，破坏了洲滩表土结构，改变了水动力条件，造成二次泥沙淤积，人为促长了泥沙淤积。

　　1951～2005 年，洞庭湖湖区累计淤积总量达 49.06 亿 m³，加上已围垦的 1695 km² 滩地中，以平均水深 1.5 m 计，相当于损失湖容 29.6 亿 m³，意味着在相同水位下，淤积和围垦导致洞庭湖区容水体积减少了 78.66 亿 m³，其结果是促使洪水位抬高，洪溃决堤灾情加重(姜加虎和黄群，2004)。

　　从洞庭湖湖区多个控制站最高洪水位 5 年滑动平均值变化来看，湖泊围垦期间，洞庭湖湖区自最西部的南咀站至东洞庭湖入口的营田站，年最高洪水位 5 年滑动平均值均呈抬高的趋势，1956～1983 年第一个 5 年均值和最后一个 5 年均值相比，最高洪水位累积的抬高幅度，南咀、小河咀、杨柳潭、营田分别约 1.08 m、1.22 m、1.39 m 和 0.81 m(图 3.22)。由于洞庭湖区最大洪水流量基本无趋势性变化，因此洪水位抬高主要受围垦和湖泊自然淤积的影响，尤以湖泊围垦影响最大，围垦对洪水位影响值最大可达 0.91 m。在湖区分布上，影响最大为南洞庭湖，西洞庭湖次之，东洞庭湖最小。

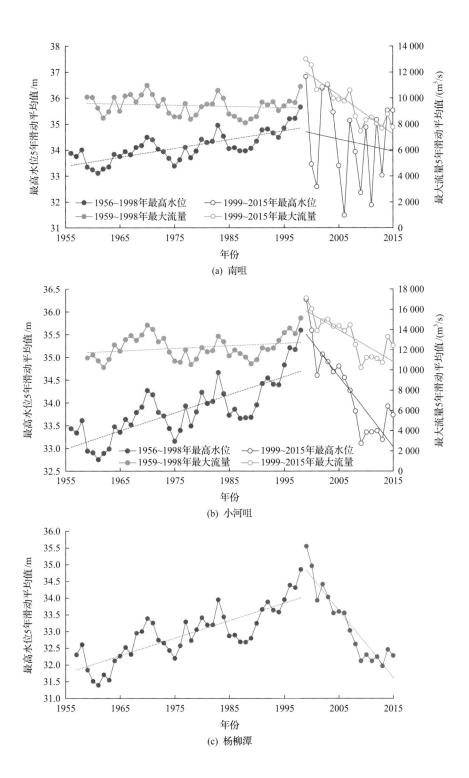

(a) 南咀

(b) 小河咀

(c) 杨柳潭

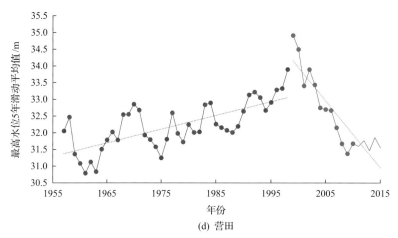

图 3.22　洞庭湖湖区控制站最高洪水位 5 年滑动平均值变化

洞庭湖湖区围垦一定程度上也改变了荆江三口分流分沙的下边界条件。1954～1958 年为围湖造田高峰期，围湖总面积多达 6 万 hm²，至 1958 年，湖区面积减小为 3141 km²。与此同时，荆江三口(原为四口分流，由于调弦口 1959 年建闸控制而演变为三口分流)三角洲转而向东北迅速扩展，分流分沙呈自然衰减态势。1956～1966 年荆江三口年均分流、分沙比分别为 29.5%、35.4%，分别比 1956 年减少 2.2% 和 1.0%，空间上以藕池口最大，松滋口次之，太平口最小。可见，湖泊大规模围垦，荆江三口分流分沙量出现小幅衰减，但影响不大，20 世纪 60 年代以来三口分流分沙减少主要还是与三口洪道的自然淤积萎缩有关。

2) 鄱阳湖围垦

20 世纪 40 年代末以来，鄱阳湖区围垦大致经历四个阶段：第一阶段为 50 年代，由于湖区经历了 1949 年、1954 年两次大洪水，在修堤堵口、加固堤防中，实行联圩并垸，新建圩垸面积 394.9 km²，湖泊吴淞高程 22 m 以上面积由 1949 年的 5340 km² 减小为 1957 年的 5010 km²；第二阶段为 60 年代，这一时期在 "向湖滩地要粮"、"与水争地" 导向下，围垦面积达 793.4 km²，湖泊吴淞高程 22 m 以上面积由 1961 年的 4690 km² 减小为 1967 年的 4066 km²；第三阶段为 70 年代，此时期虽未大规模围垦，但兴建了一些小型圩垸，围垦 211.7 km²；第四阶段为 1980～1995 年，湖区围垦已基本得到控制，但一些小圩联成大圩，80 年代增垦面积为 40 km²，90 年代部分滩地实施血防垦殖，又增加围垦 26.93 km²。以上 4 阶段共围垦湖区面积 1466.93 km²(图 3.23)。

1954 年以来，鄱阳湖湖泊容积累计减少 80 亿 m³，洪水调节系数从 17.3% 下降至 13.8%，减小 3.5 个百分点，湖泊对洪水的调蓄能力降低近 20%，主要原因为人为湖滩或湖汊围垦。据估算，1954～1997 年，鄱阳湖泥沙淤积平均每年约使得湖床抬高 2.6 mm，累积淤高约 0.114 m，相应湖容减少约 3.82 亿 m³，仅占湖泊容积总减少量的 4.8%。

从鄱阳湖湖区多个控制站的最高洪水位 5 年滑动平均值变化来看，湖泊围垦期间，鄱阳湖湖区自最南端的康山站至最北端的星子站，年最高洪水位 5 年滑动平均值均呈抬高的趋势(图 3.24)。

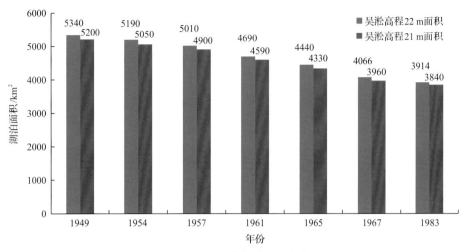

图 3.23　鄱阳湖湖泊面积变化

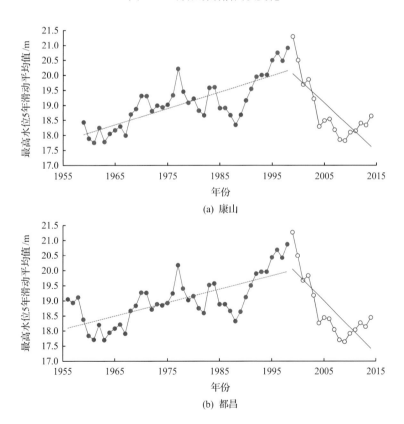

(a) 康山

(b) 都昌

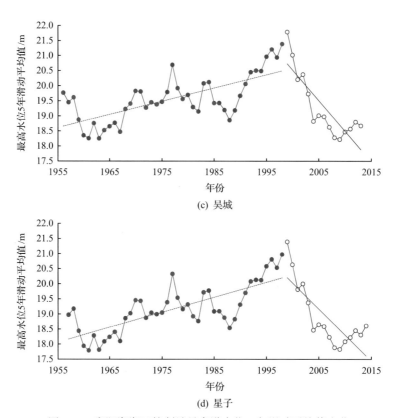

图 3.24　鄱阳湖湖区控制站最高洪水位 5 年滑动平均值变化

2. 退田还湖

1）洞庭湖还湖

历史时期 1912～1930 年，洞庭湖堤垸总面积为 5084.19 km²，主要分布在湖区的北面；到 1930～1949 年，堤垸从洞庭湖周边逐渐向湖中心发展，堤垸面积达到 6459.33 km²；1950～1963 年，洞庭湖区在整修堤垸的基础上，利用部分老垸和一些地面较高的荒洲进行围垸，兴建国有农场，堤垸进一步向合围大垸演变，总面积达到了 8102.10 km²，大通湖周围被大量围垦，西洞庭和南洞庭的围垸面积也进一步扩大；1963～1980 年，堤垸总面积增加至 8892.77 km²，主要增加洞庭湖西北部围垦，此后堤垸总面积达到 9098.13 km²（吉红霞等，2014）。

1998 年长江特大洪水后，洞庭湖区治理开始实施"平垸行洪，退田还湖，移民建镇"工程，全湖区通过退人不退耕（单退）和既退人又退耕（双退）两种方式平退堤垸。据湖南省水利厅统计，1998～2004 年，双退垸和单退垸面积总计 1078.89 km²，其中单退垸 752.99 km²，双退垸 325.90 km²（表 3.8）。

表 3.8　洞庭湖区各项退田还湖土地利用调整数据(1998~2004 年)　　(单位：km²)

地区	双退垸面积	双退垸耕地面积	单退垸面积	移民占地面积
全区	325.90	178.66	752.99	45.97
常德市	51.78	30.12	156.96	8.55
市区	10.07	5.85	31.89	0.64
澧县	4.82	3.10	45.22	4.12
津市	14.88	6.13	9.65	0.64
安乡	7.87	5.05	0	1.20
汉寿	14.14	9.99	70.20	1.96
益阳市	29.39	12.55	84.03	5.18
市区	11.87	4.93	13.63	2.49
南县	14.04	5.44	5.18	1.22
沅江	3.48	2.19	65.22	1.46
岳阳市	81.78	46.66	135.51	9.26
市区	3.16	2.89	2.28	1.11
湘阴	14.81	6.73	72.69	3.34
汨罗	3.36	2.27	19.66	0.99
岳阳县	1.08	0.71	38.41	1.78
华容	59.37	34.06	2.47	2.04

资料来源：陶卫春，2007。

2) 鄱阳湖还湖

1998 年鄱阳湖出现特大洪水之后，国家决定在鄱阳湖滨湖区开展大规模的退田还湖和移民建镇工作。1998 年冬至 2003 年冬的 5 年中，湖区共将 273 座圩堤(指堤外为鄱阳湖的圩堤)退田还湖，圩区总面积 830.3 km²，容积 45.7 亿 m³，圩堤座数和圩区面积分别占 1998 年前湖区圩堤总座数与圩区总面积的 48.7%和 27.3%。其中退人又退田的"双退"圩堤 95 座，面积 189.61 km²，容积 10.44 亿 m³；退人不退田的"单退"圩堤共 178 座，面积 640.7 km²，容积 35.26 亿 m³。

3) 退田环湖对洪水影响

相较于湖泊围垦幅度，洞庭湖、鄱阳湖退田还湖对于湖泊面积及有效防洪容积的影响相对较小，同时，湖泊受来沙量减少的影响，自然淤积的强度也有所减弱，相当于湖泊萎缩的影响因素由强强叠加转化为两方面都减弱，湖泊调蓄能力呈逐渐恢复的状态。

同时 1998 年至今，长江中游及两湖地区未遭遇大水年，径流一直处于偏枯的状态，多方面影响因素共同作用下，两湖湖泊的最高洪水位均呈下降的趋势。

3.2.4　流域水土保持

1. 长江上游水土保持工程减沙作用

长江上游水土流失重点区域包括金沙江下游及毕节地区、陕南及陇南地区、嘉陵江中下游地区和三峡库区等四大片，土地总面积 35.1 万 km²，与长江流域暴雨区相重合，形成严重的水土流失区域。研究采用水保法、水文法与神经网络相结合的方法，对长江上游地区水土保持减蚀、减沙作用进行了评估。

1）金沙江流域

据统计，金沙江流域"长治"工程共完成治理水土流失面积 1.23 万 km²，其中兴修基本农田 9.98 万 hm²，发展各类经济果林 13.12 万 hm²，营造水土保持林 36.53 万 hm²，种草 6.24 万 hm²，保土耕作 17.89 万 hm²，封山育林育草 39.54 万 hm²，同时完成了一大批塘堰、拦沙坝、谷坊、蓄水池、排洪沟、引水渠等小型水利水保工程。

综合水保法和水文法分析结果，1991~2005 年金沙江流域屏山以上地区"长治"工程对屏山站的年均减沙量为 960 万~1460 万 t(平均 1210 万 t)，减沙效益仅为 4.9%。这主要是因为该时段金沙江流域水土保持措施治理面积不大，且以坡面治理为主，加之本区间降雨量偏大且暴雨出现天数多，也使得水土保持坡面防治措施减沙作用不明显。

2）嘉陵江流域

据长江水利委员会水土保持局资料统计，1989~2003 年嘉陵江流域共实施水土保持治理面积 326.74 万 hm²。其中水土保持林草措施 230.66 万 hm²，共实施坡改梯单项措施 28.37 万 hm²，修筑塘库共 86 235 座、谷坊 10 325 座、拦沙坝 2782 座、蓄水池 100 741 口、排灌渠 33 万 km、截水沟 37 万 km、沉沙地 1 615 402 个。此外，水土保持农业技术措施中，共实施保土耕作措施 67.72 万 hm²，基本形成了从侵蚀源地的就地减蚀治理到沟坡就近拦蓄的防治体系。

根据水保法、水文法和 BP 神经网络模型法计算结果综合分析，嘉陵江流域 1989~2003 年水土保持措施年均减沙量在 2080 万~2830 万 t/a，平均为 2400 万 t/a，减沙效益 16.9%，占北碚站总减沙量的 22.6%，减蚀减沙效益较为明显。这主要是由于大部分地区气候湿润，植被恢复较快，侵蚀控制作用明显，特别是川中丘陵区丘陵起伏不大，河流泥沙主要来源于坡面侵蚀，植被恢复减少坡面侵蚀拦截泥沙的作用显著。

3）乌江流域

乌江上游毕节地区治理面积 3628 km²，占水土流失面积 14 595 km² 的 24.9%，水土保持措施年均减蚀量约 1000 万 t，对乌江上游鸭池河站年均减沙量约 270 万 t，主要体现在上游水电站如东风、乌江渡等入库泥沙的减小，对武隆站输沙量则无明显影响。

4）三峡库区

1989~1996 年三峡库区共完成治理土壤侵蚀面积 9129.84 km²，治理程度达到 25.1%；1989~2004 年三峡库区水土流失重点防治工作累计治理水土流失 1.77 万 km²，其中兴建基本农田 208 万亩，营造经济林果 288 万亩。

采用水文法和水保法计算，1989～1996 年三峡入库泥沙 38 010 万 t，出库 41 760 万 t（宜昌站），区间年均输沙量 3750 万 t，如考虑区间来水量不同的影响，三峡库区"长治"工程年均减沙量约为 480 万 t，1989～1996 年各项措施综合治理总减蚀量为 1.237 亿 t，年均减蚀量为 1546 万 t，减蚀效益 9.9%。

2. 两湖流域水土保持工程减沙作用

1）洞庭湖流域

近年来，洞庭湖流域水土保持综合治理，主要包括水土保持耕作措施、水土保持林草措施和水土保持工程措施等，截至 2009 年，累计治理水土流失面积 1200 km²，其中封禁治理面积 471 km²，占治理面积的 39.78%；其次为水土保持林和种草，其中营造水土保持林面积为 238 km²，占总治理面积的 19.42%；种草 209 km²，占治理面积的 17.48%；营造经果林 151 km²，占总治理面积的 12.50%；基本农田改造 128 km²，占治理总面积的 10.81%。

洞庭湖流域"四水"中上游地区，涉及湘水、资水的衡邵盆地，横穿沅水流域向西的走廊地带及澧水的中部，面积为 86 673 km²，其中水土流失面积 24 852 km²。其中澧水水土流失位于"四水"之首，从 1980～2000 年，澧水流域完成 403 km² 面积的治理，水土流失区的轻度流失和剧烈流失面积得到基本控制、改善和治理。

从减沙效果来看，水土流失治理前至 20 世纪 80 年代初期，澧水石门站年输沙量累积速度快，5 年滑动均值在 1983 年达到最大值，1980 年输沙量为 2230 万 t，是近 60 年的最大值，因此，水土保持工程的减沙作用十分显著(图 3.25)。

2）鄱阳湖

20 世纪 80 年代初以来，鄱阳湖流域先后实施了水土保持重点治理工程、长江上中游水土保持重点防治工程等一批水土保持工程，取得了一定的成效，森林面积逐年增加，五河输沙量也大幅度减小。

鄱阳湖流域水土流失重发区主要是赣江、抚河中上游及九江地区，水土流失面积 10.63 万 km²，占江西省水土流失面积的 63.65%。至 2010 年年底，仅赣江上游已完成 400 余条小流域综合治理，总治理面积 5404.7 km²，年拦沙 4933.3 万 t。

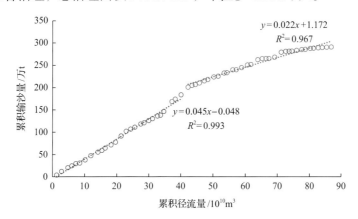

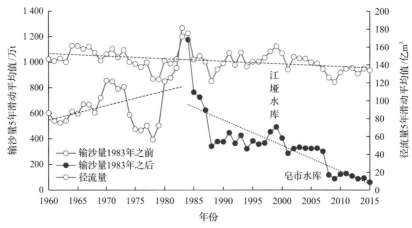

图 3.25　澧水石门站年径流量和输沙量的双累积曲线及 5 年滑动均值变化曲线

从赣江外洲站的水沙输移量变化看，其年径流量 5 年滑动均值呈周期性波动的特征，输沙量在 1984 年之前呈波动状态，无明显变化趋势，1984 年之后持续减少，其中 1984~1993 年沙量减少与径流偏少和水土保持工程有关，1993 年以来，伴随着水土保持工程的持续进行，加之万安水库的蓄水运用，赣江外洲站的输沙量保持减少的趋势(图 3.26)。

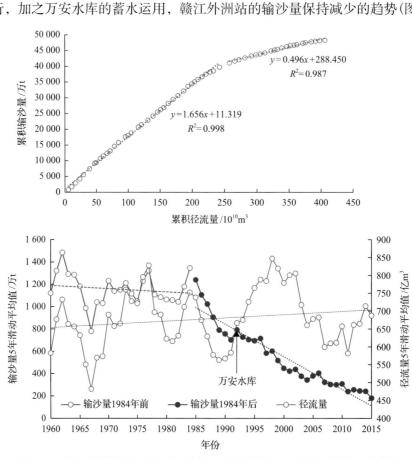

图 3.26　赣江外洲站年径量和输沙量的双累积曲线及 5 年滑动均值变化曲线

3.3　长江与流域来水变化对江湖关系的影响

3.3.1　通江湖泊水量平衡与蓄水量变化

1. 基于湖泊水量平衡原理的湖泊蓄水量回归模型

从水量平衡的角度，湖泊蓄水量与湖泊入流、区间来水、湖泊出流和蒸散有关，由于通江湖泊是过水型湖泊，湖泊换水周期短，湖泊蓄水量主要受入湖、出湖水量的影响，同时长江通过荆江三口分流影响洞庭湖入湖水量，城陵矶顶托或拉空作用影响洞庭湖出湖水量，湖口顶托、倒灌或拉空作用影响鄱阳湖出湖水量，因此长江对通江湖泊蓄水量的影响不容忽视。

由于通江湖泊水情及其可能的影响要素都存在显著的季节变化特征，为了辨识对两湖水情影响的主要因子，去除存在共线性关系的影响因子，对两湖季尺度平均蓄水量、湖泊入湖流量、出湖流量、长江流量作散点图分析，鄱阳湖湖口出流量与流域五河来水存在一定的线性相关关系，其中涨水期、退水期和枯水期呈强线性相关，同时，流域五河来水与长江来水之间不存在相关关系，因此，影响鄱阳湖蓄水量的关键因子重点考虑流域五河来水和长江来水两个变量(图 3.27)；洞庭湖三口分流量与长江枝城流量在涨、

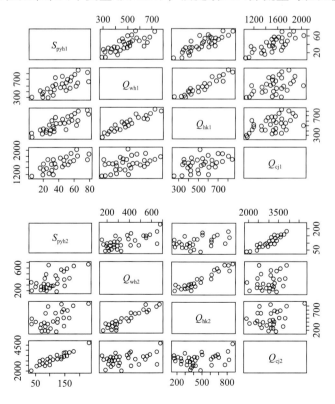

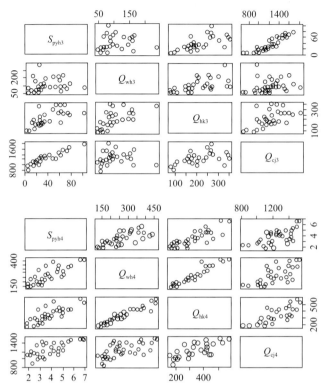

图 3.27　鄱阳湖蓄水量、湖泊入出湖流量、长江流量关系散点图

S_{pyh} 为鄱阳湖季平均蓄水量；Q_{wh} 为五河来水量；Q_{hk} 为湖口出流量；Q_{cj} 为长江汉口站流量；

1、2、3、4 分别代表涨水期、丰水期、退水期和枯水期

丰、退水期呈显著的线性相关，枯水期由于三口流量极小甚至断流，与长江水量相关性不明显；城陵矶流量受湖泊蓄水量及长江水量双重影响，同时，由于城陵矶流量与湖泊蓄水量存在互为影响的复杂关系，不适合将其作为影响蓄水量的变量；综上，影响洞庭湖蓄水量的变量可以归结为流域四水来水量和长江来水量，其中长江来水量(枝城流量)为影响三口分流和城陵矶出流的综合变量(图 3.28)。

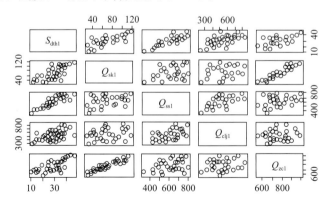

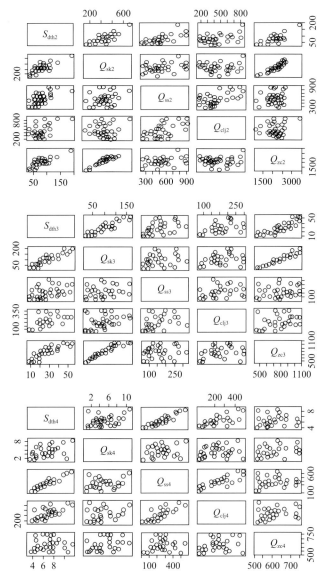

图 3.28　洞庭湖蓄水量、湖泊入出湖流量、长江流量关系散点图

S_{dth} 为洞庭湖季平均蓄水量；Q_{sk} 为三口流量；Q_{ss} 为流域四水流量；Q_{clj} 为城陵矶出流流量；

Q_{zc} 长江枝城站流量；1、2、3、4 分别代表涨水期、丰水期、退水期和枯水期

　　湖泊蓄水量受流域来水和长江来水的双重影响，并存在显著的季节变化特征，根据湖泊水量平衡原理，构建以下回归模型来描述流域和长江对湖泊蓄水量的影响：

$$\overline{S} = a\overline{Q}_W + b\overline{Q}_C + c \tag{3-1}$$

式中，$\overline{S}$ 为特定时段(年、季)湖泊平均蓄水量标准化值；$\overline{Q}_W$ 为特定时段(年、季)流域入湖径流量标准化值；$\overline{Q}_C$ 为特定时段(年、季)长江入湖径流量标准化值；c 为湖区自身径流量。

模型拟合结果如表 3.9 所示。

表 3.9　流域和长江对两湖蓄水量的影响拟合结果

时段	鄱阳湖	洞庭湖
年	$\bar{S} = 0.212\bar{Q}_{wh} + 0.515\bar{Q}_{cj} + 6.817 \times 10^{-17}$ $R^2 = 0.852,\ p < 0.001$	$\bar{S} = 0.48\bar{Q}_{ss} + 0.745\bar{Q}_{zc} - 2.84 \times 10^{-16}$ $R^2 = 0.815,\ p < 0.001$
涨	$\bar{S} = 0.539\bar{Q}_{wh} + 0.515\bar{Q}_{cj} + 7.256 \times 10^{-16}$ $R^2 = 0.821,\ p < 0.001$	$\bar{S} = 0.717\bar{Q}_{ss} + 0.464\bar{Q}_{zc} - 4.986 \times 10^{-17}$ $R^2 = 0.911,\ p < 0.001$
丰	$\bar{S} = 0.306\bar{Q}_{wh} + 0.812\bar{Q}_{cj} + 2 \times 10^{-16}$ $R^2 = 0.968,\ p < 0.001$	$\bar{S} = 0.516\bar{Q}_{ss} + 0.679\bar{Q}_{zc} + 2.9 \times 10^{-16}$ $R^2 = 0.887,\ p < 0.001$
退	$\bar{S} = 0.083\bar{Q}_{wh} + 0.914\bar{Q}_{cj} - 4.25 \times 10^{-16}$ $R^2 = 0.866,\ p < 0.001$	$\bar{S} = 0.303\bar{Q}_{ss} + 0.824\bar{Q}_{zc} + 2.56 \times 10^{-17}$ $R^2 = 0.854,\ p < 0.001$
枯	$\bar{S} = 0.872\bar{Q}_{wh} - 4.41 \times 10^{-17}$ $R^2 = 0.760,\ p < 0.001$	$\bar{S} = 0.952\bar{Q}_{ss} + 1.415 \times 10^{-16}$ $R^2 = 0.907,\ p < 0.001$

注：$\bar{Q}_{wh}$ 为标准化的鄱阳湖五河来水量；$\bar{Q}_{cj}$ 为标准化的长江汉口站流量；$\bar{Q}_{ss}$ 为标准化的洞庭湖四水流量；$\bar{Q}_{zc}$ 为标准化的长江枝城站流量。

2. 洞庭湖和鄱阳湖蓄水量变化

鄱阳湖和洞庭湖两大通江湖泊是过水型的湖泊，鄱阳湖上游五河来水经湖泊调蓄在湖口注入长江，长江高水位时江水会倒灌入湖，洞庭湖承接上游四水来水和长江荆江河段三口分流，经湖泊调蓄在城陵矶入江。近 30 多年来，两湖湖泊蓄水量存在年际波动变化特征 (图 3.29)，1980～2014 年，鄱阳湖多年平均蓄水量 46.25 亿 m³，2003～2014 年均蓄水量比 1980～2002 年下降了 19.37 亿 m³；1980～2014 年，洞庭湖多年平均蓄水量 36.32 亿 m³，2003～2014 年均蓄水量比 1980～2002 年下降了 8.63 亿 m³ (图 3.29)。同时，两湖蓄水量存在显著的年内波动，即涨—丰—退—枯周期性变化特征，且两湖年内蓄水量的波动变化具有高度的一致性，2000 年之后湖泊蓄水量总体呈现下降趋势 (图 3.30)。

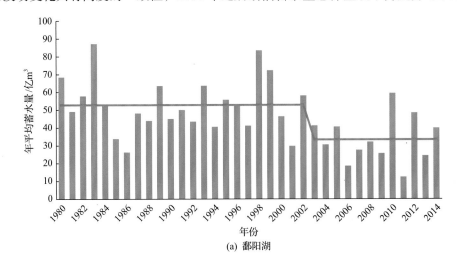

(a) 鄱阳湖

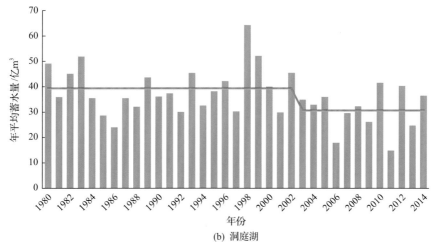

(b) 洞庭湖

图 3.29　鄱阳湖与洞庭湖湖泊年平均蓄水量年际变化

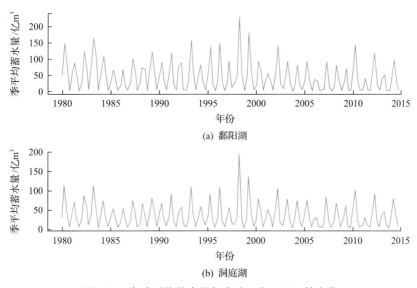

图 3.30　湖泊平均蓄水量年内涨—丰—退—枯变化

　　江湖交互作用变化是两湖蓄水量变化的重要原因之一。通过鄱阳湖与洞庭湖水位-流量关系曲线揭示两湖蓄水量变化的特征(图 3.31、图 3.32)。总体而言，两湖 2003～2014 年水文节律相比 1980～2002 年有显著变化，但枯—涨—丰—退的逆时针绳套曲线模式并未改变，然而丰水阶段与退水阶段水位流量关系发生了明显变化(戴雪等，2014；何征等，2015)。就丰水阶段而言，鄱阳湖与洞庭湖水位-流量关系曲线顶端基本近似处于水平状态，即水位始终较高，而流量变化较大，表明两湖湖水下泄受阻，江湖长时间保持顶托-壅水甚至倒灌状态。然而两湖 2003～2014 年水位-流量关系曲线相较 1980～2002 年在水位相对较低的 7 月出现明显拉平的态势，表明 2003 年以后顶托与壅水发生时湖泊水位并未明显升高，这可能是由于同期干流水位有所下降。此外对于退水阶段而言，从图 3.31、图 3.32 可以明显看出，1980～2002 年两湖 11 月水位-流量曲线近似正线性变化，表明2002 年前两湖湖水经湖口和城陵矶下泄，持续稳定的汇入长江，然而 2003～2014 年两湖 11 月水位-流量关系发生明显转折，由水位缓变而流量大减的缓变不稳定流变为水位-流量正线性变化的相对稳定流，表明湖泊由迅速退水变为稳定退水。类似地，鄱阳湖 10 月水位-流量关系由 2003 年前的波动变化变为近似线性变化，而洞庭湖 10 月水位-流量关系线性斜率明显增大，这都表明了两湖水位由高位迅速下降，水位变幅增大。

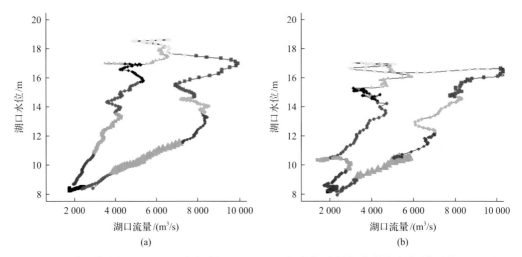

图 3.31　鄱阳湖(a)1980～2002 年与(b)2003～2014 年水位-流量绳套曲线变化(戴雪等，2014)

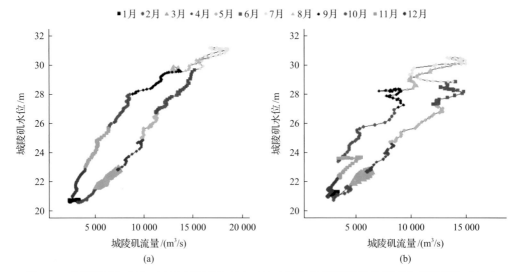

图 3.32　洞庭湖(a)1980～2002 年与(b)2003～2014 年水位-流量绳套曲线变化(何征等，2015)

水位波动变化是两湖蓄水量变化的重要表征指标。鄱阳湖各湖区各季节在 2003 年后均出现了水位的下降(图 3.33)。2003～2014 年相对于 1980～2002 年，丰水期、退水期的鄱阳湖水情显著偏枯，退水季节各湖区水位降幅都达到 $P<0.001$ 的显著水平(戴雪等，2017)。三峡前后，从水位平均变幅分析来看，这一季节湖区各站水位降幅为 1.2～2.2 m，且各湖区水位降幅在由上游南部湖区至下游北部湖区的过程中逐步增大。近十几年来，

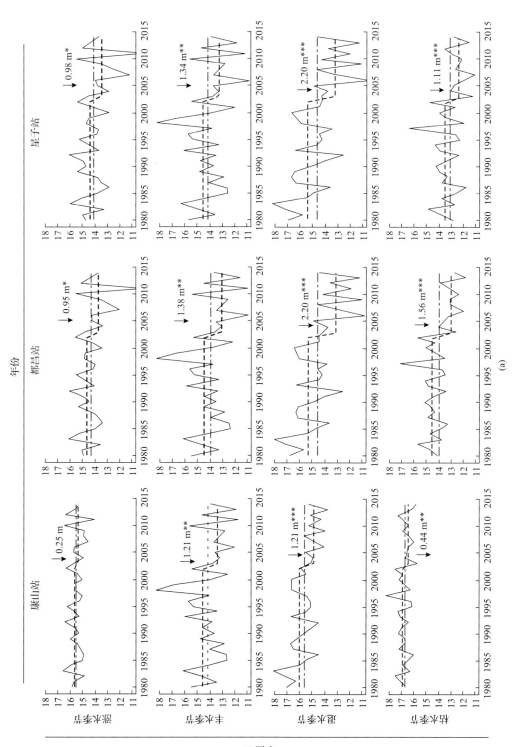

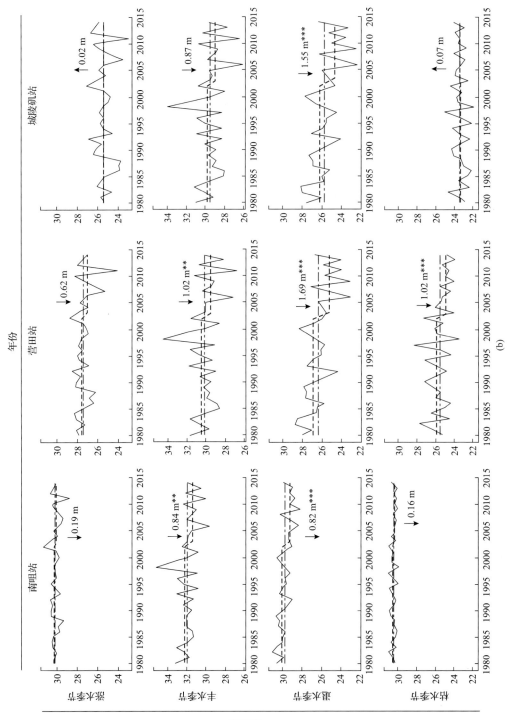

图3.33 鄱阳湖(a)与洞庭湖(b)各代表水文站2003年前后季节尺度水位变化态势(戴雪等，2017)

湖泊最低水位频频出现接近或超过历史最低枯水位的现象，2006 年、2009 年、2011 年等年份鄱阳湖湖区均出现了持续性的严重干旱。类似的，对于洞庭湖而言，1980～2002 年城陵矶、南咀、营田站水位在各个季节总体呈现相对稳定的趋势(图 3.33)。三峡水库运行后，整个洞庭湖水位呈下降趋势，偏枯趋势在各湖区各季节又存在时空差异。总体来说，2003～2014 年相对于 1980～2002 年，丰水期和退水期洞庭湖呈现更显著的偏枯趋势，尤其是退水期，各湖区水位出现大幅下降($P<0.001$)，西洞庭湖下降幅度 0.82 m，南洞庭湖与东洞庭湖降幅超过 1 m(分别 –1.69 m、–1.55 m)。

进一步对两湖退水期蓄水量变化进行分析，结果表明鄱阳湖与洞庭湖退水期蓄水量在 2003 年后呈现显著下降的态势(图 3.34)。1980～2002 年退水期鄱阳湖的平均蓄水量达到 45.07 亿 m³，2003 年之后，退水期平均蓄水量仅为 15.98 亿 m³，较三峡前下降了 65%；1980～2002 年洞庭湖退水期平均蓄水量为 32.38 亿 m³，三峡水库运行后，退水期平均蓄水量仅为 18.09 亿 m³，较三峡前下降了 44%。

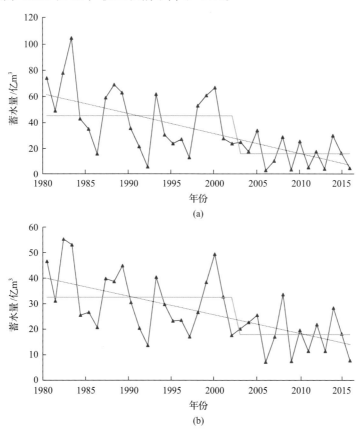

图 3.34　鄱阳湖(a)与洞庭湖(b)1980～2015 年退水期蓄水量变化特征

3.3.2　长江与流域来水变化对两湖蓄水量的影响

湖泊蓄水量拟合结果表明，两湖年平均蓄水量，以及年内涨、丰、退三个时期的平均蓄水量受流域来水和长江共同影响，而枯水期只受流域的影响，与长江来水量无关。

根据模型拟合系数 a 和 b 可以计算流域与长江对两湖蓄水量的作用贡献率（表3.10）。

表3.10　流域和长江对两湖蓄水量的作用贡献率　　　　　　（单位：%）

时段	鄱阳湖		洞庭湖	
	流域五河	长江	流域四水	长江
年	21	79	39	61
涨	51	49	61	39
丰	27	73	43	57
退	8	92	27	73
枯	100	0	100	0

结果表明，两湖受流域来水和长江来水的双重影响，并存在显著的季节变化特征。从年尺度来看，长江对两湖年平均蓄水量的影响大于流域的影响；长江对鄱阳湖的影响强于洞庭湖，对鄱阳湖水情的影响贡献率达79%，对洞庭湖水情的影响贡献率为61%。从季尺度来看，枯水期—涨水期—丰水期—退水期，长江对湖泊蓄水量的影响逐渐增强；枯水期主要受流域来水的影响，长江来水不足以影响湖泊蓄水量状况；涨水期，流域的影响高于长江的影响，五河来水对鄱阳湖蓄水量的影响占51%，四水来水对洞庭湖蓄水量的影响占61%；丰水期和退水期，长江的影响占主导，丰水期长江对鄱阳湖和洞庭湖蓄水量影响贡献率分别为73%和57%，退水期对鄱阳湖的影响贡献率高达92%，对洞庭湖的贡献达73%。总体上，长江对鄱阳湖的影响强于对洞庭湖的影响。

1. 流域五河与长江来水对鄱阳湖水量影响

鄱阳湖与长江之间存在着复杂的水文和水动力交互作用，从而决定着湖泊独特的水量变化和水位波动。从统计的长期水文变化特征来看，大多数年份里，鄱阳湖年平均水位的变化受长江水情影响较大，在某些年份里也可能受流域来水量多少控制（Ye et al.，2014）。近10多年来鄱阳湖总体水位偏低，主要是受长江流域气候变化大背景的影响，而对于湖泊枯水提前、秋季水位异常低枯现象，则更多是受三峡工程蓄水排空作用的控制，湖区采砂等导致的湖盆下降也在一定程度上加剧了湖泊的极端低水位（图3.35）。

鄱阳湖水位主要受五河来流影响和长江干流顶托影响，关于两者的作用权重问题一直以来都有不少争议，但没有统一结论。为了解析五河和长江来水对湖泊水位的贡献，选取2006年作为鄱阳湖历史罕见的水位特枯年作为背景加以分析。从水动力机制角度出发，通过情景设计开展模拟分析，定量评价长江干流和流域五河对鄱阳湖空间水位的贡献（Yao et al.，2016）。水动力模拟发现（图3.36），与2000～2010年多年平均水位相比，典型枯水年2006年的水位要整体偏低，9月、10月尤为明显，低5～6 m，而在上半年，偏低趋势不甚明显，只在2月、3月有1 m左右的降幅；6月之前，流域五河条件相同的情景（情景2与4，情景3与5）水位过程曲线比较接近，上游的康山站甚至完全重合；7月之后，长江干流条件相同的情景（情景2与3，情景4与5），水位

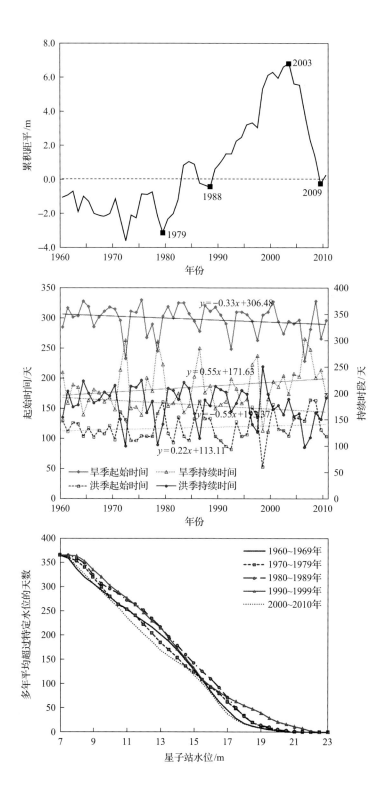

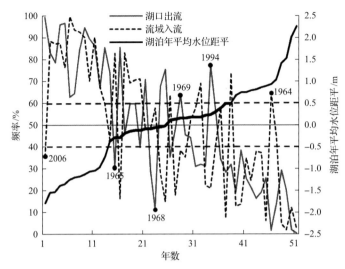

图 3.35　鄱阳湖长时期水位变化与影响因素分析（Ye et al., 2014）

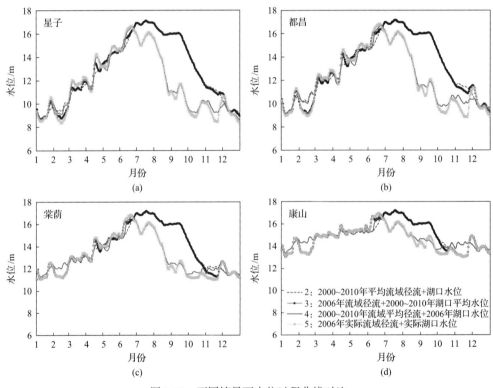

图 3.36　不同情景下水位过程曲线对比

过程曲线比较接近，近湖口的星子站最为接近。由此得出，9 月、10 月的水位大幅下降主要是由长江来水减少引起的，而 2 月、3 月的水位下降则主要是由流域五河入湖径流减少引起的。

　　从长时段序列数据集出发，采用 BPNN 神经网络模型开展了敏感性分析，测试鄱阳湖空间不同站点水位对流域五河来水和长江干流来水的综合响应，并定量区分了五河和长江对湖泊水位的影响与贡献比重(图 3.37)。敏感性分析结果表明，长江径流变化总体上对湖泊水位的影响是极其敏感的，尤其是对湖泊下游水位站点，如湖口和星子水位(Li Y et al., 2015)。湖泊水位同样对流域赣江入湖径流比较敏感，其对湖泊水位的影响要明显大于其他河流来水。上述分析表明，从水位变化的长时间尺度来看，尽管流域五河来水是鄱阳湖的主要水源，不同的河流因入湖流量不同所带来的水位影响也是不同的，但长江径流情势变化似乎对湖泊水位起着极为显著的作用。

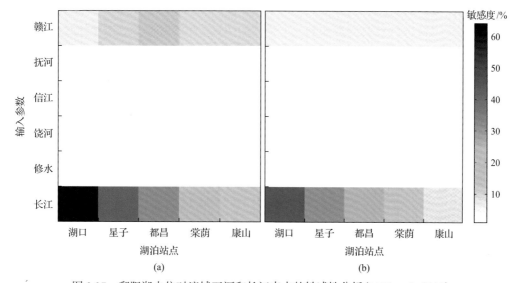

图 3.37　鄱阳湖水位对流域五河和长江来水的敏感性分析(Li Y et al., 2015)

进一步分析长江与流域五河来水变化对鄱阳湖洪水期水位的影响作用，基于 MIKE 21 模型，以 1996 年为典型年，通过不同情景模拟定量确定长江与五河来水对鄱阳湖高洪水位的影响。其中 S0 情景输入 1996 年实测流域五河流量与长江干流流量；S1、S2、S3 保持长江干流流量不变，分别增加 10%、20% 与 30%流域五河流量；S4、S5、S6 保持流域五河流量不变，分别增加 10%、20% 与 30%长江干流流量。

情景模拟发现，五河入流变化对鄱阳湖 4～5 月水位的影响最大，平均为 0.15～0.4 m，而对 7～8 月水位影响仅 0.1～0.2 m；长江来水变化对鄱阳湖 7～8 月水位的影响最大，平均为 0.75～2.6 m，而对 4～5 月水位影响为 0.1～0.5 m(图 3.38、图 3.39)。另外发现，在 4～5 月，长江来水变化与五河入湖水量变化对鄱阳湖平均水位的影响量基本接近，不同情景下的影响量在 0.15～0.4 m，但自 6 月以后，长江的影响(0.6～2.6 m)远大于五河(0.1～0.25 m)的影响程度(Li X et al., 2016)。

2. 长江与流域来水变化对洞庭湖水量的影响

涨水季节，洞庭湖主要入湖来水为四水来水，三口分流相对较小；此间，四水流量达到最高而三口分流不断增加，湖泊水位随入湖流量的增加同步抬升。与 1981～2002 年相比，2003 年后，涨水季节的四水流量大幅下降，三口流量变化不明显；此时湖泊出流城陵矶流量也有所减小，而长江流量表现为增加(除螺山流量)，城陵矶与螺山流量比出现下降，表明在城陵矶出流处的江湖交汇处，长江对洞庭湖产生了一定的顶托作用。长江对湖泊的顶托作用将使湖泊水位产生抬升，而涨水季节洞庭湖水位表现为下降；由此可以推断，2003 年后涨水季节洞庭湖水位下降主要受流域来水减少影响（表 3.11）。

东洞庭湖水位主要受湖泊出流处的江湖交互作用影响，其次受四水来水和三口分流影响；2003 年后涨水季节东洞庭湖水位下降 0.26 m，说明该季节长江虽对湖泊产生了顶托作用，但作用不明显。南洞庭湖水位主要受四水来水影响，其次受三口分流变化及长江对湖泊的顶托/拉空作用影响；涨水季节南洞庭湖水位下降 0.48 m，下降幅度超过东洞庭湖，这也是其更大程度受四水来水减小影响的结果。西洞庭湖水位主要受四水中沅江、澧水来水影响和三口分流影响；涨水季节西洞庭湖水位下降 0.20 m，这是因为其主要受三口分流减小影响，而三口分流减小对湖泊水位影响程度有限。

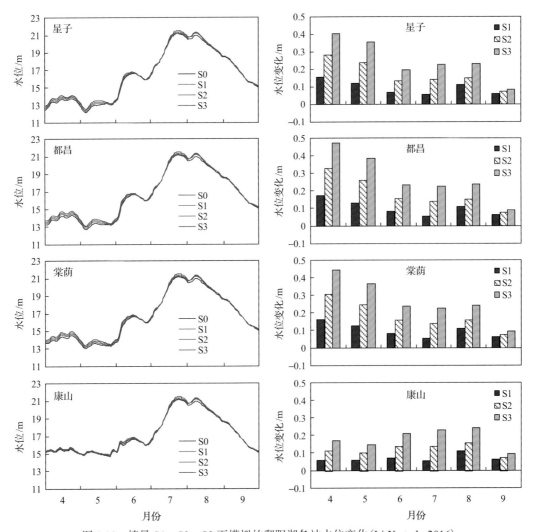

图 3.38 情景 S1、S2、S3 下模拟的鄱阳湖各站水位变化(Li X et al., 2016)

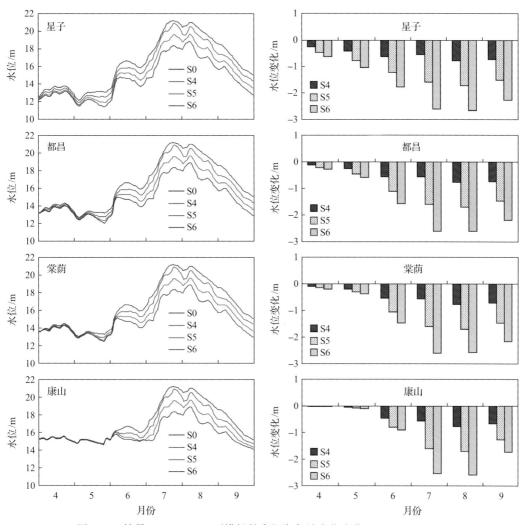

图 3.39　情景 S4、S5、S6 下模拟的鄱阳湖各站水位变化(Li X et al., 2016)

　　丰水季节，洞庭湖三口、四水来水流量相当。其间，四水保持较大流量而三口分流量达到最大，湖泊对长江来水产生蓄水调节。7~8 月城陵矶流量大幅下降而水位保持平稳下降，长江在洞庭湖出流处对湖泊存在顶托作用。2003 年后丰水季节四水、三口流量均显著下降，且三口流量下降幅度超过四水；此时，城陵矶流量亦显著下降，而长江流量也出现了显著减小现象，城陵矶与螺山流量比减小，可能说明长江对洞庭湖的顶托作用加强。四水、三口流量下降将导致湖泊水位下降，而长江对湖泊顶托作用加强将抬高湖泊水位，丰水季节洞庭湖水位表现为显著下降；由此可以推断，2003 年后丰水季节洞庭湖水位变化主要受四水来水和三口分流变化影响(表 3.11)。东洞庭湖丰水季节水位下降 0.68 m，受流域来水减少和荆江三口分流减小共同作用影响，长江对湖泊顶托虽有加强，但其对水位的抬升未能抵消湖泊来水减少对水位的拉低作用，7 月长江对洞庭湖的顶托作用略有增强。南洞庭湖丰水季节水位下降 0.75 m，下降幅度超过东洞庭湖，说明了长江对湖泊顶托作用对南洞庭湖的影响减弱。西洞庭湖丰水季节水位下降 0.73 m，与南洞庭湖水位下降幅度接近，表明丰水季节四水来水和三口分流对湖泊水位作用相当。

退水季节，10月四水来水与三口分流相当，三口分流略小，11月三口入湖比例大幅下降。其间，四水流量达到全年最低，而三口分流量快速减小，湖泊水位随入湖流量减少而下降。2003年后退水季节四水流量大幅下降而三口分流显著下降，三口流量下降幅度超过四水；此时，城陵矶流量亦显著下降，而长江流量也表现出显著下降，城陵矶与螺山流量比减小，表明长江对洞庭湖产生拉空作用。四水、三口流量减少叠加长江对洞庭湖的拉空，三者共同作用导致2003年后洞庭湖退水季节水位显著下降（表3.11），退水季节为水位下降幅度最大的季节。东洞庭湖退水季节水位下降1.61 m，是长江对洞庭湖拉空作用叠加四水、三口流量减小共同造成的。南洞庭湖退水季节水位下降1.21 m，下降幅度小于东洞庭湖。西洞庭湖退水季节水位下降0.76 m，下降幅度最小，其水位变化主要受四水流量和三口分流量减小影响。

枯水季节，四水来水为洞庭湖主要来水，三口分流几乎可以忽略不计。其间，四水流量有所增加，三口平均流量达到最低，湖泊对长江产生补水作用。2003年后，枯水季节的四水流量大幅下降；此时城陵矶出流也大幅下降，而长江流量表现出显著增加，城陵矶螺山流量比下降，表明长江对洞庭湖产生顶托作用。2003年后枯水季节洞庭湖水位表现为下降，由此可以推断，枯水季节湖泊水位下降主要受流域来水减少影响（表3.11）。东洞庭湖枯水季节水位下降0.20 m，长江对湖泊虽产生顶托作用但未能抵消四水来水减少造成的水位降低。南洞庭湖枯水季节水位下降0.62 m，主要受四水来水减少影响。西洞庭湖枯水季节水位下降0.20 m，此时三口分流很小，体现了四水中沅江、澧水对其水位的影响。

表 3.11　流域与长江在各季节对洞庭湖水位变化的影响（2003～2014年与1981～2002年相比）

季节	湖区	湖泊水位/m	四水来水	荆江三口分流	长江来水(监利)	长江对洞庭湖作用
涨	东洞庭湖	↓0.26	↓5.2%	变化不明显	↑4.8%	顶托
	南洞庭湖	↓0.48	√			
	西洞庭湖	↓0.20	√			
丰	东洞庭湖	↓0.68	↓15.5%	↓27.4	↓10.0%	**↑顶托**
	南洞庭湖	↓0.75	√	√		√
	西洞庭湖	↓0.73	√	√		
退	东洞庭湖	↓1.61	↓24.1%	↓52.6%	↓18.4%	拉空
	南洞庭湖	↓1.21	√	√		
	西洞庭湖	↓0.76	√	√		
枯	东洞庭湖	↓0.20	↓12.5%	忽略不计	↑19.1%	顶托
	南洞庭湖	↓0.62	√			
	西洞庭湖	↓0.20	√			

注：↓表示下降或减弱，↑表示上升或加强，√表示有影响，加粗表示2003年前后发生了显著性变化。

第4章 三峡水库蓄水运行背景下
江湖关系变化趋势

4.1 江湖一体水动力-泥沙数学模型

4.1.1 模 型 原 理

为揭示三峡水库蓄水运用对长江中游江湖关系演变的影响及导致的江湖水文情势变化，研究开发了适合长江中游复杂水系水情模拟的长江中游江湖耦合水动力及泥沙输运模型。该江湖一体化模型由零维调蓄水面、一维河网、二维湖泊水动力及其之间的耦合计算模块构成，模型范围覆盖了宜昌-大通干流段、洞庭湖、鄱阳湖两大通江湖泊以及相互联系的河网。模型通过输入上游各支入口流量过程即可驱动运行，获取长江中游大型江湖水系统水文水动力时空变化过程、悬移质泥沙分布和河湖地形变化。

1. 控制方程

1) 水量控制方程

(1) 零维调蓄方程。对河、湖周边的小型调蓄水面而言，其水体主要起调蓄作用，和河湖进行水量交换，其动量交换可以忽略。根据水量平衡原理，即流入区域的净水量等于区域内的蓄量增量来模化这类水文单元：

$$A(z)\frac{\partial Z}{\partial t} = \sum Q \tag{4-1}$$

式中，A 为面积；Z 为水位；t 为时间；Q 为流量。

(2) 一维非恒定流方程。洪水泛滥的中下游平原地区的较大的江河水系，由于江河长期演化形成了复杂多变的河道过流断面(图4.1)。这些天然河道在长期的演化中形成了在低水位时主槽过流、高水位时滩地和主槽共同行洪的典型过流特征。为了能够真实地模拟预测这些河道的水流，必须扩展当前模型对复式河道非恒定流的模拟能力(赖锡军等，2005)。为此，基于二维非恒定流方程组，导出了河道一维水流的全断面积分形式的控制方程，即

$$\frac{\partial \sum_{k} V_k}{\partial t} + Q_E - Q_B = Q_L \frac{\partial\left[\overline{Q}\sum_{k}(\phi_k \Delta x_k)\right]}{\partial t} + \beta\frac{Q^2}{A}\bigg|_B^E = M_L - g(Z_E - Z_B)\overline{A} - g\overline{A}\frac{Q|Q|}{K^2}\Delta x_e$$

$$+ \sum_{k}\frac{\overline{\tau_{xx}}}{\rho}(A_{kE} - A_{kB}) \tag{4-2}$$

式中，全断面的总流量模数 $K = \sum K_k$；K_k 为流道 k 的流量模数；J_k 为水力坡降；等效河

段长 $\Delta x_{\mathrm{e}} = \left[\sum \left(\dfrac{K_k}{K\sqrt{\Delta x_k}} \right) \right]^{-2}$；$\phi_k = \dfrac{Q_k}{Q}$ 为各流道的流量分布系数；β 为全断面动量校正系

数；$\overline{S}_f = \dfrac{g\sum\limits_{k}\left(\overline{A}_k \overline{S}_{fk} \Delta x_k \right)}{g\overline{A}\Delta x_{\mathrm{e}}} = \dfrac{\overline{Q}|\overline{Q}|}{\overline{K}^2}$ 为阻力坡降项；侧向入流 $Q_{\mathrm{L}} = -\sum\limits_{k}\left(\overline{q}_k \Delta x_k \right)$，侧向动量

交换 $M_{\mathrm{L}} = -\sum\limits_{k}\left(\overline{M}_k \Delta x_k \right)$。

　　该控制方程具有原始圣维南方程的相似形式，考虑了河道主槽和边滩的不同过流能力和过流路径，将这些影响因素进行了综合，可利用全断面模型的模式计算，而不增加计算代价。由于紊动应力的复杂性，在计算中忽略了该项。

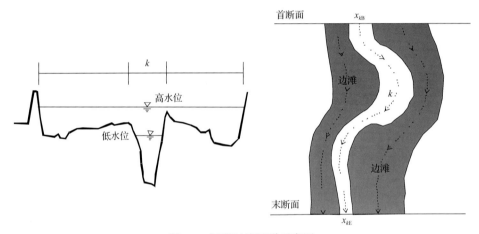

图 4.1　河段过流通道示意图

　　(3)水深平均的二维流动的基本方程。为解决非平底坡引起的静水计算不和谐问题，采用以下守恒形式的二维浅水方程组：

$$\frac{\partial \boldsymbol{U}}{\partial t} + \nabla \cdot \boldsymbol{F}(\boldsymbol{U}) = \boldsymbol{S} \tag{4-3}$$

式中，$\boldsymbol{U} = \begin{pmatrix} \xi \\ hu \\ hv \end{pmatrix}$；$\boldsymbol{F}_x = \begin{pmatrix} hu \\ hu^2 + \dfrac{g}{2}(\xi^2 + 2\xi h_{\mathrm{s}}) \\ huv \end{pmatrix}$；$\boldsymbol{F}_y = \begin{pmatrix} hv \\ huv \\ hv^2 + \dfrac{g}{2}(\xi^2 + 2\xi h_{\mathrm{s}}) \end{pmatrix}$。

$$\boldsymbol{S} = \begin{pmatrix} 0 \\ -g\xi S_{0x} - ghS_{fx} + \nabla^2 \varepsilon hu + c_{\mathrm{w}}\dfrac{\rho_{\mathrm{a}}}{\rho^2}\omega^2 \sin\alpha + fvh \\ -g\xi S_{0y} - ghS_{fy} + \nabla^2 \varepsilon hv + c_{\mathrm{w}}\dfrac{\rho_{\mathrm{a}}}{\rho^2}\omega^2 \cos\alpha - fuh \end{pmatrix}$$

式中，F_x 为 x 向通量向量；F_y 为 y 向通量向量；S 为源项向量；ξ 为自由面高度；h 为水深；$h_s = h - \xi$ 为基准面至床底的深度；u、v 分别为 x 和 y 向水深平均的流速分量；g 为重力加速度；$S_{0x} = \dfrac{\partial z_b}{\partial x}$，为 x 向的水底底坡；$S_{0y} = \dfrac{\partial z_b}{\partial y}$，为 y 向的水底底坡；$S_{fx} = \dfrac{\rho n^2 u \sqrt{u^2 + v^2}}{h^{4/3}}$，为 x 向的摩阻底坡（n 为糙率）；$S_{fy} = \dfrac{\rho n^2 v \sqrt{u^2 + v^2}}{h^{4/3}}$，为 y 向的摩阻底坡；c_w 为风的阻力系数；ρ_a 为空气的密度；ω 为风速；α 为风速与 y 轴的夹角。

该形式以自由面高度 ξ 代替水深 h 作为因变量，能解决高程急剧变化带来的计算失稳。

2）泥沙控制方程

长江中游干流及洞庭湖和鄱阳湖水域泥沙以黏性细颗粒泥沙为主，主要以悬移质形式输移。因此，在模拟计算中不考虑推移质的运动。

A. 悬沙一维输运方程

$$\frac{\partial A\phi_i}{\partial t} + \frac{\partial \beta_s UA\phi_i}{\partial x} = B\alpha\omega_i\beta_i(p_i^*\phi^* - \phi_i) \tag{4-4}$$

式中，ϕ^* 为非均匀沙的总挟沙能力；p_i^* 为挟沙能力级配；β_s 为校正系数；α 为饱和恢复系数；ω_i 为第 i 粒径组的泥沙沉速；系数 β_i 按下式计算：$\beta_i = \begin{cases} 1 & \phi_i \geqslant \phi_i^* \\ p_{bi} & \phi_i < \phi_i^* \end{cases}$。

总挟沙能力按张瑞谨公式计算，即 $\phi^* = K\left(\dfrac{U^3}{gh\omega}\right)^m$

式中，ω 为非均匀沙的代表沉速，挟沙力级配 p_i^* 为 $p_i^* = \left(\dfrac{p_i}{\omega_i}\right)^r \Big/ \sum\left(\dfrac{p_i}{\omega_i}\right)^r$；$r$ 为考虑略去状态概率影响引进的校正系数。根据相关研究，当应用于水库淤积时，$r=0.9\sim1.0$。

B. 悬沙二维输运方程

二维悬移质泥沙输运方程为

$$\frac{\partial h\varphi_i}{\partial t} + \frac{\partial hu\varphi_i}{\partial x} + \frac{\partial hv\varphi_i}{\partial y} = \alpha\omega_i(p_i^*\phi^* - \phi_i) \tag{4-5}$$

式中的相关参数含义同一维悬沙输移方程。

C. 河床变形方程及级配调整

河床的变形方程为

$$\gamma_0\frac{\partial \eta}{\partial t} = \alpha\omega(\phi - \phi^*) \tag{4-6}$$

式中，η 为河床冲淤变化厚度；γ_0 为床沙干容重。

2. 数值求解

首先分别对一、二维水流基本方程进行数值离散，建立河网一维水量模型和二维水动力模型，然后利用模型耦合技术实现一、二维模型的准确衔接。

1）河网水沙数值模型

采用四点加权 Preissmann 隐格式离散（汪德爟，1989）。线性化后的方程组归化合并后形成节点水位为未知数的方程组来求解，最后，基于求出的节点水位倒推计算出河道各断面的水位和流量。其中水位方程组的大型稀疏矩阵应用预条件最小化残差算法（PGMRES）求解（陈扬等，2003）。

2）二维水沙数值模型

本书应用非结构网格有限体积法求解二维浅水方程。界面通量采用具有空间高分辨率的 HLLC 格式近似计算。由于采用显格式进行时间离散，为保证数值计算的稳定性，需满足 CFL 条件，即

$$\text{CFL} = \Delta t \max\left(\frac{\sqrt{u^2 + v^2} + c}{d_{\text{LR}}}\right) \leqslant 1 \tag{4-7}$$

3）模型耦合技术

对于在大系统的非恒定水动力模拟，不同模型接口的准确衔接是计算成功的关键要素之一。利用重叠-投影法，在一、二维水域公共边界点的连接处建立了一维、二维耦合的整体模型（图 4.2）。设定一、二维计算的耦合区，在其内进行一、二维精确解的投影，准确实现模型的连接。

可以选用不同的方式实现，如水位耦合和流量耦合。但是在实际计算中，一、二维连接点处的水力要素和几何要素的对接必须协调一致（Lai et al.，2013）。

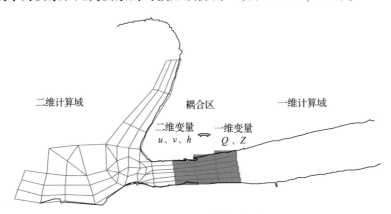

图 4.2　一、二维模型耦合

3. 动边界处理

洪水演进时，河流漫滩、湖泊洲滩等通常随水情变化漫、露交替进行。动态处理这类运动边界，是洪水动力学模型的关键点之一(Lai et al., 2013)。根据有限体积法，用干湿判别法计算动边界，即以水深为判别标准设定单元界面的类型，并运用相应的方法计算跨界面的法向通量，以保证水量平衡。在每一时间步判断单元界面两侧单元的水深 h_L、h_R，当 h_L 和 h_R 均为 0，则通量为零；当 h_L 和 h_R 有一为零，则结合两侧单元的底高程，交界面类型可能为固壁边界、跌水、漫流等形态的边界，根据不同类型可选择瞬时溃坝解析解、堰流公式等方式估算通量；当 h_L 和 h_R 均不为零时，则按正常的方法估算通量。开发模型时，设定某一水深限值 ε(本书中取为 0.001 m)，以此来判断单元的干湿情况。如果相邻单元的水深均小于 ε，则认为该单元为干单元，不进行计算。

同样地，河网内部河道也随着水流涨落会出现断流情况，如不处理，计算将不能进行。判断首、尾节点水位是否高于首、尾断面的底高程，若皆不满足，则就将该河段计算冻结，退出河网节点计算；否则按正常河网计算，但是，若出现负水深，则应冻结该河段重新计算。

4.1.2　模型理论与试验算例验证

1. 溃坝试验验证

选取 WES 的溃坝试验报告中的资料作为模拟算例。试验水槽长 122 m，宽 1.22 m，底坡为 0.005，糙率为 0.009。水槽中部 61.0 m 处设置一高为 0.305 m 的河坝，上游初始水位为 0.61 m，下游为干河床。计算网格数纵向为 160，横向为 11。时间步长设为 0.01 s，水深限值 ε 取 0.001 m。计算得到了 t=5 s、10 s 的纵向水面线，如图 4.3 所示，模型准确地模拟了库区退水过程和干河床上的演进过程，计算结果和试验一致。该算例体现了模型不仅具有高分辨捕捉间断波的优良数值性能，而且能够合理地模拟干湿边界的变化。适合用于长江中游及两湖的水动力模拟(Lai et al., 2013)。

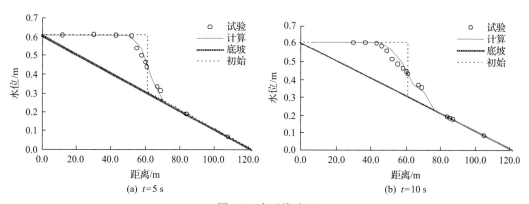

(a) t=5 s　　　　　　　　　　　(b) t=10 s

图 4.3　水面线验证

2. 一、二维耦合验证

设计一夹角为 60°的分叉河道，一侧以二维模型计算；另一侧以一、二维耦合模型计算。计算的水面线以及测点 A 和 B 的水位过程比较见图 4.4。可以看出，过程线基本吻合。但是略有差异，这是由于一、二维模型中糙率参数计算表达式和数值格式的不一致所引起的(Lai et al., 2013)。

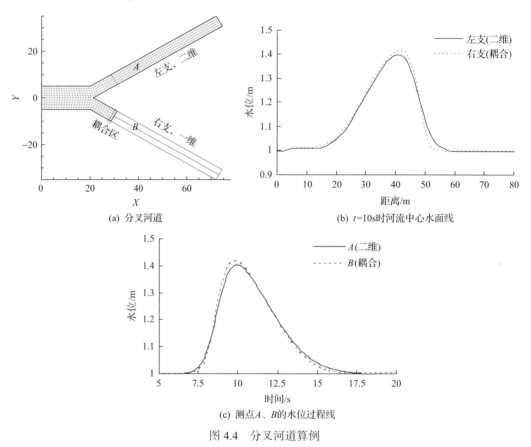

(a) 分叉河道   (b) t=10s时河流中心水面线

(c) 测点A、B的水位过程线

图 4.4 分叉河道算例

3. 沟渠冲淤变化验证

泥沙模型的验证算例为 Delft 水力学实验室一个沟渠冲淤变化的水槽实验(Van Rijin, 1984)。该试验水槽长 30 m，宽 0.5 m，深 0.7 m。水槽终端设置了不同坡度的沟渠，本书计算的是 1∶10 坡度的沟渠。平均流速和水深分别为 0.51 m/s 和 0.39 m。底床由可被水流卷起的细颗粒沙组成，其中值粒径为 0.16 mm。泥沙颗粒沉速为 0.013 m/s(15℃)。实验过程中，上游维持平衡输沙条件。平衡条件下，悬浮泥沙的单宽输沙率为 0.03 kg/(m·s)，底沙输沙率为 0.01 kg/(m·s)。分别采用一维泥沙模型和二维泥沙模型进行了沟渠的冲淤变化计算。一、二维泥沙模型计算的空间步长在凹槽以下均为 0.25 m。挟沙能力公式采用张瑞瑾(1963)计算。计算和实测的沟渠地形比较如图 4.5 所示。将结果与 Van Rijin(1984)的计算结果一起做比较，可以看出，本书的一维和二维泥沙模型计算结果在

$t = 7.5$ h 时，与实测值吻合非常好，尤其是在冲刷区域，模型有很好的表现。在 $t = 15$ h 时，模拟的沟槽略有偏高，但是全局模拟效果较好。

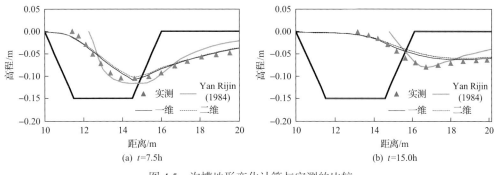

(a) $t = 7.5$h　　　　　　　　　　(b) $t = 15.0$h

图 4.5　沟槽地形变化计算与实测的比较

4.1.3　长江中游江湖河一体化模型构建

1. 建模区域

对长江中游纵横交织的江、河、湖水系进行了梳理、概化(诸如河流网络拓扑数据生成、断面划分、二维湖面网格生成与优化等)，将湖泊、河网水系形成一个有机联合的整体进行水力模拟计算。模型研究区域涵盖了宜昌至大通段长江中游主要江河湖水系，包括鄱阳湖和洞庭湖两个大型通江湖泊，长江干流宜昌至螺山段，湘江湘潭至湖区、资水桃江至湖区、沅水桃源至湖区、澧水津市至湖区等四水河尾闾和三口分流河道，汉江仙桃至汉口段，以及鄱阳湖五河和长江各主要支流清江、沮漳河、东荆河、府河、澴水、倒水、巴河、浠水、蕲水、皖河等的入流。它能够模拟湖泊深水洪道的过流以及河道主槽和边滩的不同过流特征，可预测上游不同来水对长江中游河湖相互作用的影响。

1)江河水系

河道长宽比很大，采用一维模型计算。长江干流宜昌至大通段、三口分流河道(如松滋河、虎渡河、藕池河等)、洞庭湖四水尾闾水系和长江主干支流汉江仙桃至汉口段概化成 60 个节点，70 条河段，492 个断面。断面分布不等距，各断面间间距为 0.6～8 km。

2)洞庭湖区

洞庭湖整个湖区，包括澧水津市站至城陵矶口的澧水洪道、西洞庭湖、南洞庭、东洞庭，运用二维模型计算。其中长江与东洞庭湖交汇的区域也概化成二维计算区域，这是由于交汇区水流非常复杂，尤其在洪水期，常会形成江湖窜流等现象，为反映洞庭湖和长江的实际蓄泄关系，在计算中把它并入二维模块计算，动态地模拟洞庭湖和荆江交汇的泄水能力。此外，为了能对一些重点圩垸开展退田还湖的评估计算，将共双茶垸等也概化成二维计算区域。

整个洞庭湖区的二维计算网格共计 9958 个单元，10 676 节点。网格为大小不一的四边形和三角形混合网格，各单元格步长从 20 m 至 1.5 km。它是基于 DEM 地形资料进行适应性地剖分得到的，以便能细致刻画深水洪道，更好地拟合自然条件下的洞庭湖水下地形特征，从而准确地评估模拟高/低水位时不同流态特征和湖体动态调蓄量的能力。

3）鄱阳湖区

鄱阳湖区与洞庭湖一样，概化成二维平面网格单元，运用二维模型计算。全湖以四边形为主的混合网格共计 9630 个单元、9958 节点。网格步长也是 0.5～1.5 km。

4）上游来水汇流

鄱阳湖五河来水量和区间清江、沮漳河、东荆河、府河、溾水、倒水、巴河、浠水、蕲水、皖河等主要支流的来水量直接按照一维旁侧入流和二维模型流量边界代入计算。

2. 糙率参数

参照以往的长江中下游洪水演算经验以及相关研究成果确定。根据主槽和边滩的不同过流能力，设定主槽区和边滩区的不同分区流道的糙率值。同时考虑到长江及三口四水河道洪水水位涨落幅度大，糙率随水深会发生较大的变化，本模型可按不同分层水深给定相应的变化的糙率值。

二维单元计算糙率确定也较为困难。对于不同水位湖区洪道和过流深槽的糙率给定常数值显然是不合理的，因此，设置了沿水深变化的糙率，其变化按 $n = n_0^{-1/6}$ 公式计算，其中 n_0 为水深 1 m 条件下的基础糙率值。

4.1.4　水动力模型率定与验证

选取两场极端水情事件，即 1998 年全流域特大洪水和 2006 年特枯水情进行了长江中游江湖耦合模型的率定和验证工作（Lai et al., 2013）。

湖区二维单元计算糙率公式中，$n_0 = 0.021$。河网部分取值如下：长江干流河段的主河槽低水位 n 在 0.022～0.026 取值；高水位 n 在 0.018～0.022，河漫滩 n 值随水深在 0.025～0.05 变化。四水和三口分流河道的主河槽糙率 n 取值在 0.02～0.03；河漫滩糙率取值同长江。

长江干流、洞庭湖、鄱阳湖和三口分流河道的 1998 年模拟验证结果如图 4.6 所示。

此次验证分析对比了研究区域内 40 多个水文、水位站点的计算和实际洪水过程。总的来看，模型能准确模拟各区块的洪水起落过程、捕捉洪峰水位和流量，河网流量分配准确，江湖蓄泄关系合理，为开展江湖治理提供了强有力的科学研究工具。

但是，验证计算表明，在一些时段计算和实测也有一定的出入，其原因是多方面的，主要有：①资料不完善，在计算 1998 年特大洪水时，因资料所限，没有全面掌握洪水漫溢情况，此外，只收集到主要支流的汇流如清江、汉江等，没有完全掌握沿江的侧流汇入，这些方面可以通过收集资料加以克服；②网格地形分辨率不够，地形是水动力学计算最为重要参数之一，所采用的计算网格仍相对较粗，还不能真实地反映实际的湖区地形，通过细化网格可以获得理想的计算精度，这也在作者的后续研究中得到证实；③初始条件设定不够合理，因为观测资料所限，不可能获得全面的初始计算条件，只能依靠人为设定进行计算；④地形资料不匹配，鉴于此，为了提高水动力学模型计算精度，需要进一步提高模型基础资料的收集工作；同时，研究数据同化技术和洪水计算模型的结合，充分利用各类观测资料，提高模型计算和预测的精度。

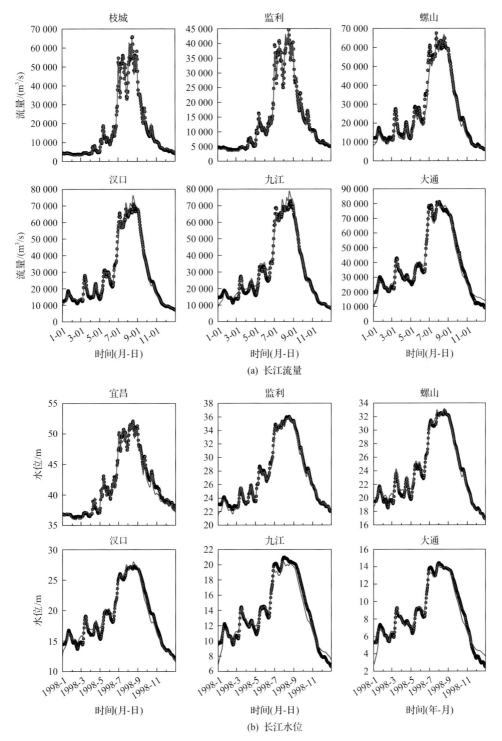

(a) 长江流量

(b) 长江水位

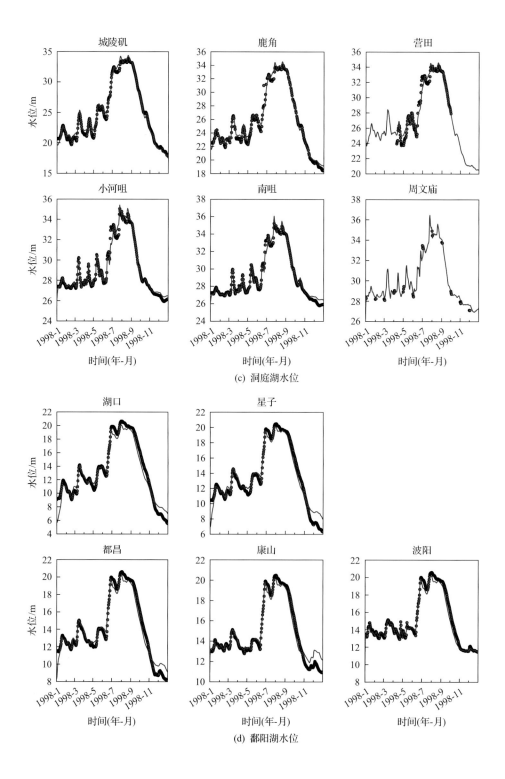

(c) 洞庭湖水位

(d) 鄱阳湖水位

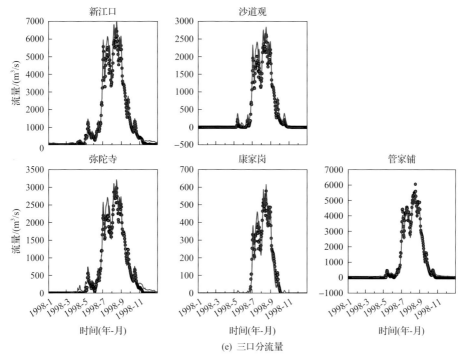

(e) 三口分流量

图 4.6　各代表站水文过程模拟验证结果（Lai et al., 2013）

4.1.5　泥沙输移模拟验证

以 1998 年的水沙过程进行了泥沙输运模型的验证。采用非均匀沙分组模拟悬沙输移过程，共分为 5 组，各组沙的分界粒径分别为 0.031 mm、0.062 mm、0.125 mm、0.25 mm 和 0.5 mm。一维和二维挟沙能力公式的系数 m 取 0.92。K 的取值通过数值率定确定，一维模型取 0.0025，二维泥沙模型取 0.004。饱和恢复系数湖泊内部取 0.25，河道取为 1.0。床沙根据实测资料分河段、分湖泊确定。

长江中下游江湖水系主要控制站点模拟结果如图 4.7、图 4.8 所示。可以看出，计算与实测的悬沙浓度有很好的对应关系。这也说明模型可模拟长江中游大型江湖水系统内的悬沙输移过程。

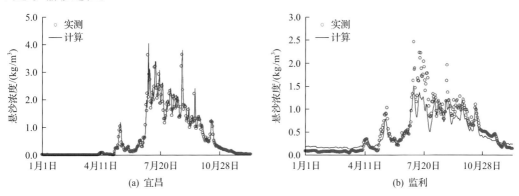

(a) 宜昌　　　　　　　　　　　　　　(b) 监利

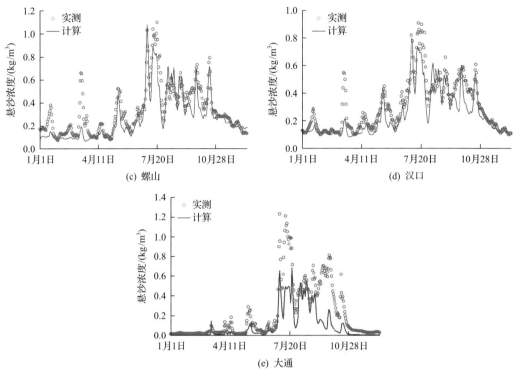

图 4.7　长江干流主要控制站悬沙计算与实测比较

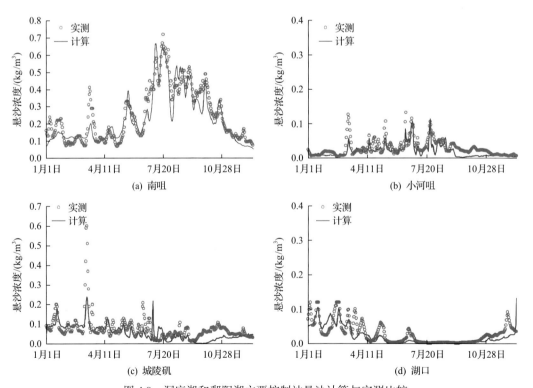

图 4.8　洞庭湖和鄱阳湖主要控制站悬沙计算与实测比较

4.2　洞庭湖江湖关系变化趋势

4.2.1　三峡工程运行对洞庭湖水情的影响机制

1. 三峡蓄水引起的洞庭湖水位变化

三峡蓄水引起的洞庭湖湖区各主要控制站点的水位降低量值统计见表 4.1。结果显示，三峡蓄水对洞庭湖水位的影响具有明显的空间异质性。东洞庭湖所受影响最大，南洞庭湖东部和西洞庭湖北部次之，西洞庭湖南部最小，呈现"北高南低，东强西弱"的基本格局。洞庭湖东部自北部的城陵矶到南部的湘阴水文站，影响逐渐递减。在蓄水影响时间段内，城陵矶、鹿角、营田、湘阴水位站点平均的水位降低值分别为 1.32 m、1.16 m、0.99 m 和 0.77 m；西洞庭湖北部的石龟山和小河咀分别降低 0.55 m 和 0.32 m；西洞庭湖西南部的小河咀和周文庙站则分别降低 0.18 m 和 0.09 m，显著小于其他站点；南部的资水尾间沙头站水位降低 0.12 m，影响也较小。图 4.9 为 10 月 13 日洞庭湖全湖的水位降低量值分布，它很好地反映这一空间格局特征(赖锡军等，2012a)。

表 4.1　洞庭湖各站水位和流量变化统计

站点	水位削减			流量变化		
	平均值/m	最大值/m	最大值发生日期	平均值/(m³/s)	最大值/(m³/s)	最大值发生日期
宜昌	1.16	3.72	10 月 10 日	2786	10200	10 月 10 日
城陵矶	1.32	2.73	10 月 13 日	466	1948 (−836)	10 月 19 日 (9 月 24 日)
鹿角	1.16	2.33	10 月 14 日	—	—	—
营田	0.99	2.03	10 月 16 日	—	—	—
湘阴	0.77	1.74	10 月 17 日	—	—	—
沙头	0.12	0.37	10 月 17 日	—	—	—
石龟山	0.55	2.00	10 月 14 日	68	323	10 月 14 日
南咀	0.32	1.14	10 月 14 日	420	1565	10 月 14 日
小河咀	0.18	0.57	10 月 16 日	5	100 (−126)	10 月 21 日 (10 月 13 日)
周文庙	0.09	0.32	10 月 16 日	—	—	—

注：表中流量变化数值正数表示流量减少，负数表示流量增加；城陵矶站和小河咀流量变化增减波动明显，最大增幅和减幅分别列于表中。

从水位变化的空间格局不难发现，与长江距离越近、水力联系越紧密的水域受长江的影响越显著。东洞庭湖和南洞庭湖的东部有洪道相连，水流贯通，因此长江干流水位快速消落可以较快地传播至南部的湖区。西洞庭湖北部因承接长江三口来水影响较大，南洞庭湖大部和西洞庭湖则因洲滩发育较好，水力连通性不是很好，使其受三峡蓄水的影响要小于其他湖区(图4.9)。

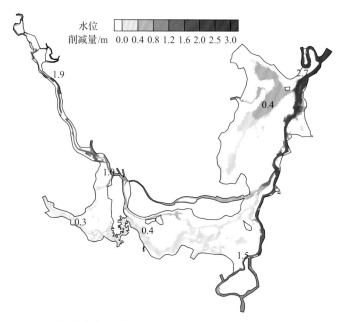

图 4.9　洞庭湖水位削减空间格局(10 月 13 日)(赖锡军等，2012a)

2. 三峡蓄水引起的洲滩湿地淹水历时变化

洞庭湖水位降低使得洲滩湿地水文格局发生一系列变化。最为直接的是洲滩湿地出露时间增长，改变湿地水文周期。本书以淹水历时为指标，说明三峡蓄水对洞庭湖湿地的影响范围和程度。洞庭湖湿地和蓄水引起的淹水历时变化的空间格局如图4.10所示。可以看出，各湖区水体较为独立，东洞庭湖水域较大，也较为完整。2006年汛末蓄水影响主要集中在开敞水域周边，如东洞庭湖、南洞庭湖的横岭湖和主要洪道的两侧洲滩；而东洞庭湖的漉湖等相对独立的水体没有在计算中得到体现。

根据淹没天数变化的不同量级，对湖泊面积的变化进行了统计(表4.2)。在蓄水时段内，减少淹没天数大于15天的约100 km²，主要分布在东洞庭湖的开敞湖面；减少淹没天数10~15天主要位于东、南洞庭湖，面积为81 km²；而5~10天和小于5天的分别为106 km²和72 km²，这些区域主要位于湖泊洪道两侧的条带状洲滩(图4.10)。

表 4.2　洞庭湖淹水历时变化区域面积统计

减少淹没天数	>15 天	10~15 天	5~10 天	<5 天
变化区域面积/km²	100	81	106	72
位置	东洞庭湖	东洞庭湖和南洞庭湖	洪道两侧(全湖)	洪道两侧(全湖)

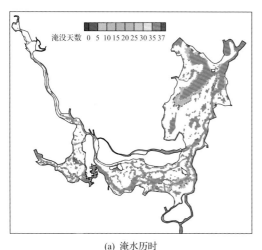 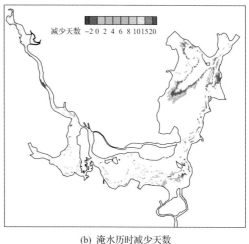

(a) 淹水历时　　　　　　　　　　　　(b) 淹水历时减少天数

图 4.10　洞庭湖淹水历时及其空间格局变化

3. 三峡蓄水对湖泊出流的影响

　　洞庭湖各湖区出流流量对蓄水的响应各不相同。其中城陵矶流量有增有减，最大流量增幅为 836 m³/s，最大减幅为 1948 m³/s，蓄水时段内平均降低了 466 m³/s。西洞庭湖北部的南咀流量在整个蓄水过程中流量一直比三峡未蓄水情景时要少，流量最大减少了 1565 m³/s，平均减少了 420 m³/s。小河咀流量平均下降 5 m³/s，但是有两个明显的流量增加峰值，最大增加量为 126 m³/s(图 4.11)。

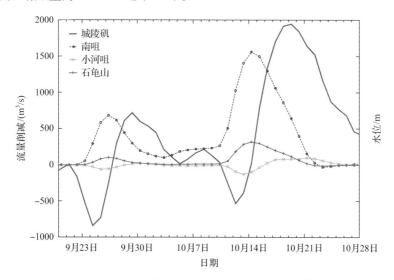

图 4.11　洞庭湖主要站点流量减少量值过程线

　　城陵矶是洞庭湖与长江的汇流口。城陵矶出口流量过程在三峡的影响下，既有减少也有增加。对应三峡工程每拦截一次洪峰，城陵矶出口流量都形成一个明显的流量先增加后减少的过程，而不是简单的出口流量增加或是减少。在蓄水期间，流量经历了两次明显的先增后减的规律性波动。对第二次流量波动，流量增加和减少峰现时间分别为 10 月

12 日和 10 月 19 日。

西洞庭湖北部出口南咀和松澧虎洪道石龟山流量过程对三峡蓄水的响应基本一致，只是石龟山减少的量值偏小。三峡截流流量和南咀（石龟山）流量减少量值的过程线峰型一致，只是相位滞后，其最大影响峰值出现日期为 10 月 14 日。

对位于西洞庭南部出口的小河咀，其流量降低值过程线与北部出口的南咀完全不同，但是和城陵矶出口流量变化特征较为相似，流量出现规律性的先增后减的波动。小河咀流量降低值过程线有两个明显的谷值，即有明显的流量增加，其峰现日期分别为 9 月 25 日和 10 月 13 日，早于南咀流量降低峰现日期 1 天。

4. 三峡蓄水对湖泊水位降低的作用机制

图 4.12 为水位削减的量值时间过程线。有两个较为明显的峰值，和三峡拦蓄了上游两次较大洪峰一致。第二次拦截的洪峰流量高达 1 万多米^3/秒，洞庭湖水位也因此失去了此次洪峰补水的机会。水位持续保持较低水平，使得洞庭湖水位与未蓄水条件相比差距达到了最大，其中城陵矶站于 10 月 13 日达到了最大的 2.73 m。鹿角、营田和湘阴也于随后的 14 日、16 日和 17 日达到最大值。西洞庭湖北部承接长江来水，受影响较快，石龟山和南咀站均于 14 日达到了最大值。而西洞庭湖的北部影响则有明显滞后，小河咀和周文庙均于 16 日才达到最大。

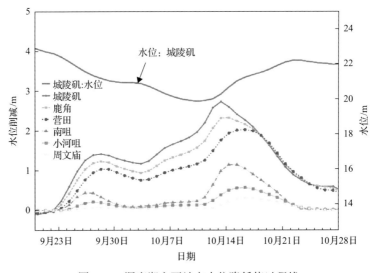

图 4.12　洞庭湖主要站点水位降低值过程线

首先考察西洞庭湖北部湖区，从南咀和石龟山的水位和流量所受的影响来看，水位和流量的峰现时间同步，说明该区域湖泊水位的降低直接来自于来水量的减少。这也和我们通常认识的西洞庭湖北部的洪道主要起着接纳、输送长江三口来水是一致的。为此，可以断定西洞庭湖北部湖区主要体现了三峡蓄水减少来水的影响，即蓄水使干流水位降低，三口分流量较蓄水期减少。

西洞庭湖南部湖区的水位与出流量的变化，则体现了三峡蓄水对湖泊水情影响的另一个方面。从小河咀水位和流量的变化过程发现，对应于三峡的蓄水过程，湖泊出流量先增后减，湖泊水位则持续减小，水位所受影响缓慢递增，直至达到一个峰值；其峰值出现日期要迟于流量增加最大的日期，而与流量变化为零的日期一致。这说明出口流量的增加加速了湖泊水位的下降。在枯水期，西洞庭湖洲滩多数出露(尤其是 2006 年夏季枯水使湖泊底水位较低)，南部目平湖和沅水洪道与北部的松澧虎洪道水体主要通过窄小的洪道沟通，水力连通性不好，南部形成了较为独立的水体。长江三口来水只有很少一部分经窄小渠道向南流入南部湖区。小河咀和南咀出流与赤山岛东侧洪道处汇合，汇流后可能直接进入东南湖或者经由北部的赤磊洪道直达东部。南咀受蓄水截流的影响较早，来水减少使水位的提前消落，出口水位的下降，使南部出流洪道水力坡降增大。以 10 月 13 日为例，在蓄水条件下，南咀比小河咀高出 0.08 m，而未蓄水的条件下则高达 0.68 m。大水力坡降促使出口流量加大，加速湖水位下降。经过一段时间调整后，湖水容积减少，水力关系趋稳，流量逐步回调，反而比未蓄水情景要略有减少。西洞庭湖南部水情变化表明，三峡蓄水可通过出口处水位的快速下降，拉抬水力坡降，加大湖泊泄流量，从而降低湖泊水位。西洞庭湖南部水位的降低正好体现了三峡蓄水对湖泊水情的这一影响机制。

城陵矶出口流量反映的则是两种机制的综合作用。它既体现了湖口水力坡降提升增加湖泊泄量、加快湖泊排水的作用，又体现了三峡蓄水减少对湖泊补水的作用。洞庭湖通过三口河道接纳长江来水，经河湖调蓄后，在城陵矶处汇入长江。长江三口来水经由河网传输至洞庭湖需要经历较长的历程。在本次蓄水的水力条件下，三峡蓄水使得长江三口来水的减少在城陵矶出口体现出来需要经历 4～6 天，而经由荆江干流传播至洞庭湖仅需 2～3 天。干流水位的快速消落使得洞庭湖出口水力坡降在三口来水还没影响到东洞庭湖时快速加大，洞庭湖出流流量增加。之后，在三口河道来水减少和湖水快速排空的作用下，流量又随之下降。南咀反映了长江来水的主要变化，我们对比城陵矶和南咀出口流量的在蓄水影响期间的平均减少量，可以发现城陵矶仅略高于南咀。如果增加直接入东洞庭湖的藕池东支来水量的减少(藕池分流共减少 76 m³/s)，水量变化基本吻合。

综上所述，在洞庭湖和长江即时的水动力交互作用下，三峡蓄水使城陵矶出口流量变化呈有规律的增减变化，湖泊水位提前消落。它对洞庭湖水位的影响通过两种机制起作用：一是长江干流的水位快速下降使湖泊出流口水力坡降变大，洞庭湖出流流量增加，湖泊水位下降；二是长江三口分流减少使得湖区水量补给变少，湖泊水位下降。

4.2.2　三峡工程运行对洞庭湖水量交换的影响

洞庭湖吞吐长江，除了湖泊出流在城陵矶与长江交汇外，还接纳长江三口分流的来水。三峡工程运行引起长江的水量变化不仅对长江三口分流产生影响，而且影响洞庭湖在城陵矶的出流。

丰、平、枯三个典型水文年三峡工程运行对长江三口分流的影响量如表 4.3 所示。由于三峡工程对长江水量的调节作用，三口分流量全年明显减少，丰、平、枯三个典型年分别下降 170 亿 m³、72 亿 m³、65 亿 m³。汛期调洪和汛末蓄水引起的变化强度最大；汛期调洪运行时段，丰水年对三口分流量改变最大、枯水年最小。枯季补水因为三口分流量小，总体影响不大。

表 4.3　各典型年不同时段长江三口分流量变化统计　　　　　（单位：m^3/s）

项目	丰水年	平水年	枯水年
全年	−539	−229	−207
汛前预泄(5 月 10 日～6 月 20 日)	43	1187	555
汛期调洪(7～9 月)	−1435	−134	−327
汛末蓄水(10～11 月)	−1096	−1386	−1232
枯季补水(1～4 月)	162	193	117

　　由于三峡工程对长江水量的调节作用，造成洞庭湖与长江的顶托关系发生变化，从而改变洞庭湖的出流过程。统计丰、平、枯三个典型水文年三峡工程运行对洞庭湖出流的影响量的模拟结果(表 4.4)，可以看出，受三峡影响，洞庭湖全年出湖流量总体减少。汛期调洪和汛末蓄水引起的洞庭湖出流变化强度最大。汛期调洪运行时段，丰水年对洞庭湖出流改变最大、枯水年最小。枯季补水对丰水年影响不大，而在平水年和枯水年，补水作用显现。典型平水年和枯水年，洞庭湖 1～4 月进入长江水量分别减少 1.2 亿 m^3 和 1 亿 m^3，对提高枯水期湖泊水量有很好的正面效益。汛末蓄水时段，洞庭湖出流量明显减少与三口分流来水减少相当；在该时段，长江对洞庭湖的补水作用明显减弱，将造成洞庭湖汛末湖泊水量较正常无三峡调节减少。

表 4.4　各典型年不同时段洞庭湖出流量变化统计　　　　　（单位：m^3/s）

项目	丰水年	平水年	枯水年
全年	−365	−814	−656
汛前预泄(5 月 10 日～6 月 20 日)	11	−602	−898
汛期调洪(7～9 月)	−1127	−1101	−788
汛末蓄水(10～11 月)	−594	−1386	−1123
枯季补水(1～4 月)	35	−354	−284

　　从洞庭湖出流变化过程来看(图 4.13～图 4.15)，三峡工程运行对洞庭湖出流量影响较大的时段主要集中在 4～11 月。对江湖水量交换影响的强度根据实际水情而变化，可高达 4000～5000 m^3/s 的量级；最明显的影响主要在汛期调洪时段。

4.2.3　三峡工程运行对洞庭湖泥沙交换的影响

　　由于三峡工程运行改变了洞庭湖与长江的顶托关系，洞庭湖在城陵矶口与长江的泥沙通量交换也随着发生变化。基于江湖水量交换模拟数据，计算了丰、平、枯三个典型水文年条件下鄱阳湖出流挟沙能力，如图 4.16～图 4.18 所示。洞庭湖因为来水和顶托的共同作用，出流挟沙能力的变化相对更为复杂。顶托影响的规律性不是很明显。然而，总体上，我们可以看出，三峡运行对平水年型和枯水年型的出流挟沙能力改变要大于丰水年型。在平、枯水年型中，洞庭湖出流挟沙能力全年平均值分别下降 18% 和 21%。冬春季节，三峡运行补水减少出流的挟沙能力；汛前预泄增大下泄流量，降低了出流挟

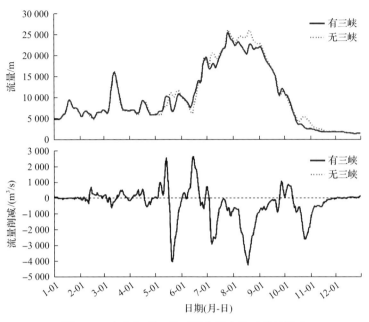

图 4.13　丰水年型三峡对洞庭湖出流过程的影响

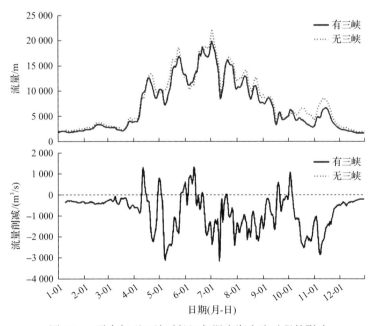

图 4.14　平水年型三峡对长江与洞庭湖出流过程的影响

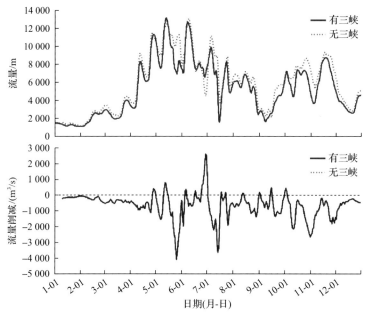

图 4.15　枯水年型三峡对长江与洞庭湖出流过程的影响

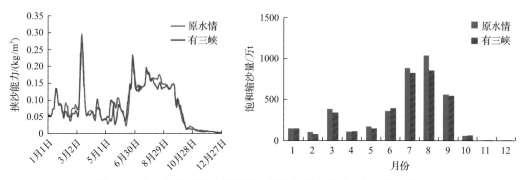

图 4.16　丰水年型三峡对洞庭湖出流挟沙能力和饱和输沙量的影响

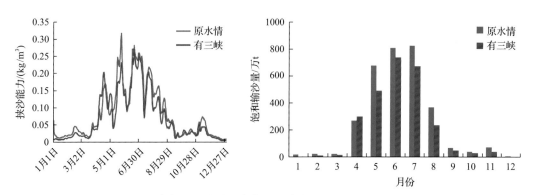

图 4.17　平水年型三峡对洞庭湖出流挟沙能力和饱和输沙量的影响

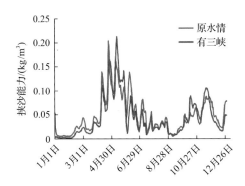
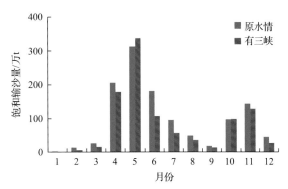

图 4.18　枯水年型三峡对洞庭湖出流挟沙能力和饱和输沙量的影响

沙能力；汛期调洪时段，变化不定；汛末蓄水，虽然三口来水减少，但是湖泊出流的挟沙能力总体有所上升。

湖泊的饱和输沙量在水量交换变化及挟沙能力变化的基础上，也有所调整，总体来看，除个别月份，输沙量都有所减少，减幅不大。从全年来看，不同年型条件下，其饱和输沙量均有小幅下降，对应丰、平、枯三个典型水文年，下降比例分别为 15%、19% 和 7%。

4.3　鄱阳湖江湖关系变化趋势

4.3.1　三峡工程对鄱阳湖水情的影响机制

选取 2006 年三峡工程 156 m 蓄水过程开展三峡水库调节对鄱阳湖水情影响机制分析。

1. 三峡蓄水引起的鄱阳湖水位变化

2006 年水情条件下，因三峡蓄水引起的鄱阳湖湖区水位变化如图 4.19 所示，受长江水情影响，和长江距离越近、联系越紧密的水域受到影响越显著，鄱阳湖由北(湖口)向南(康山、波阳)水位降低值逐级递减。北部与长江交汇的湖口水文站水位最大变幅为 1.91 m，平均降低约 0.94 m。湖泊水位代表站星子和都昌水位站的水位最大降幅分别为 1.55 m 和 1.12 m，平均降低约 0.74 m 和 0.50 m。而南部湖区的康山和波阳站则只有小幅变化，可以忽略。图 4.19 展示了 10 月 15 日鄱阳湖全湖因三峡蓄水引起的水位降低值分布。

从水位变化的时间过程来看，湖区水位降低呈现了单峰型，而不是三峡蓄水的双峰形状，体现了湖泊对水流的调蓄作用。这可以从流量

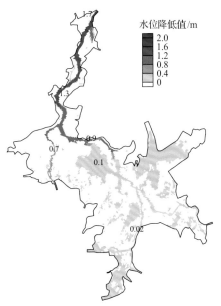

图 4.19　鄱阳湖水位降低量值分布
（10 月 15 日）（赖锡军等，2012b）

变化过程可以看出，第一次洪峰拦蓄使出口流量一直比不蓄水情景要高，从而使得水位一直持续降低，并与第二次拦蓄洪峰的影响叠加在一起(图 4.20)。

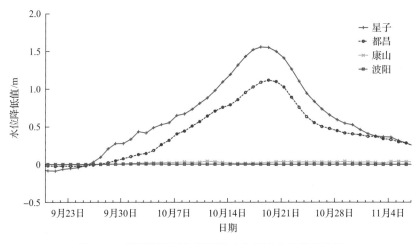

图 4.20　鄱阳湖湖区各主要站点水位减少量值过程线

2. 三峡蓄水引起的鄱阳湖湿地淹水历时变化

三峡蓄水使湖泊水位消落，洲滩出露提前。为了说明三峡蓄水对洲滩湿地水文的影响，以湖泊湿地淹水历时为水文指标，对 2006 年蓄水时段内的湿地淹没周期进行了统计分析。鄱阳湖湿地淹水天数和减少天数等值线如图 4.21 所示。在蓄水期间，鄱阳湖众多洲滩已经出露，蚌湖、大湖池等已形成了各自较为独立的封闭水域，有的也只是通过小型水渠进行水量交换。因此，外湖对这些碟型洼地的淹水历时影响很小，计算中没

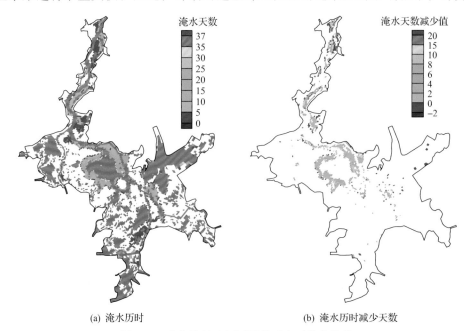

(a) 淹水历时　　　　　　　　　　　(b) 淹水历时减少天数

图 4.21　鄱阳湖淹水历时及其减少天数等值线

有得到体现。我们根据淹没天数变化的不同量级进行了统计计算,结果显示:减少淹没天数大于 15 天的约 24 km²,主要分布于鄱阳湖入江水道;减少淹没天数 10~15 天主要位于鄱阳湖的入江水道和开敞的大湖面,面积为 32 km²;而 5~10 天和小于 5 天的分别为 59 km² 和 154 km²,这些区域主要位于开敞的大湖面(表 4.5)。

表 4.5　鄱阳湖淹水历时变化区域及其面积统计

减少淹没天数	>15 天	10~15 天	5~10 天	<5 天
变化区域面积/km²	24	32	59	154
位置	入江水道	入江水道和大湖面	大湖面	大湖面

3. 三峡蓄水对鄱阳湖水情变化的作用机制

在三峡工程蓄水影响下,长江来水量减少,受此影响,鄱阳湖湖口水情发生了明显的变化。根据水位的变化过程(图 4.22),影响湖口时间滞后三峡蓄水 6~7 天,从 9 月 27 日开始影响鄱阳湖湖口,直至蓄水结束后的 10 天,即 11 月 7 日,蓄水影响基本结束(水位与不蓄水相比小于 0.2 m)。在此过程中,鄱阳湖的出流量(湖口)有增有减,平均约增加 12 m³/s(表 4.6)。对应三峡蓄水的两次拦蓄洪峰过程,鄱阳湖出流量呈现了两次先升后降的明显波动。第二次拦蓄较大的水量对鄱阳湖影响较大,波动较为剧烈,其流量的最大增加量和减少量分别为 261 m³/s 和 250 m³/s。在波动之后,流量开始缓慢恢复,蓄水影响逐渐消失。

出口流量的增加使得湖泊水位提前消落,这是三峡蓄水对鄱阳湖水位影响的作用机制。出口流量的增加来自于出流水力坡降的变化。以星子和湖口水位落差为例,10 月 15 日落差为 0.84 m,而不蓄水的情景仅有 0.44 m,蓄水后落差明显增大。三峡蓄水使得长江干流水位快速消落,出湖口处水力坡降增大,出流量增加,从而加速湖泊水位下跌,湖水位下降和湖水量的减少又反过来促使出口流量逐渐减少,甚至使出口流量比不蓄水情景还要低。

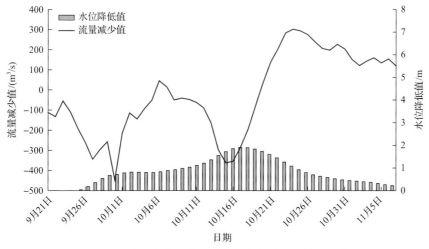

图 4.22　鄱阳湖出口湖口流量与水位减少量值过程线

表 4.6　鄱阳湖各站水位和流量变化统计

站点	水位削减			流量变化		
	平均值/m	最大值/m	最大值发生日期	平均值/(m³/s)	最大值/(m³/s)	最大值发生日期
宜昌	1.16	3.72	10 月 1 日	2786	10200	10 月 1 日
湖口	0.94	1.91	10 月 17 日	−12	−445 (302)	9 月 30 日 (10 月 24 日)
星子	0.74	1.56	10 月 18 日	—	—	—
都昌	0.50	1.12	10 月 19 日	—	—	—
康山	0.03	0.04	10 月 11 日	—	—	—
波阳	0.00	0.00	—	—	—	—

　　注：宜昌站数据统计时间为 9 月 21 日至 10 月 27 日；鄱阳湖各站数据统计时间为 9 月 27 日至 11 月 7 日。表中流量变化数值正数表示流量减少，负数表示流量增加；湖口站流量变化有增有减，最大增幅和减幅分别列于表中。

4.3.2　三峡工程运行对鄱阳湖水量交换的影响

　　三峡工程运行后，改变长江的水量过程，进而影响鄱阳湖水情，造成鄱阳湖与长江水量交换关系发生变化。但是，目前还没有相关的研究案例分析三峡工程运行引起的江湖水量交换的变化。

　　基于丰、平、枯三个典型水文年的水情数据，模拟计算了三峡工程按照正常调度规则运行引起的水量变化对长江与鄱阳湖水量交换的影响。图 4.23～图 4.25 分别给出了在丰水年、平水年及枯水年型，有三峡工程运行与无三峡工程运行的水量交换过程对比。可以看出，受三峡水库调节的影响，鄱阳湖与长江的水量交换呈现规律性的增减波动变化，年内的水量交换平均接近于零。概括来说，三峡工程运行对鄱阳湖与长江水量的交换有尺度效应。从较长时间尺度来看，一年或者一次调节过程，若不考虑江湖的非线性，其影响量值为零。而如果将尺度缩短到单次调节作用内来看，其对江湖水量交换的影响量值很大。对应减泄过程，湖泊出流会先有一个明显的波动，先是明显上升，而后下降至比原湖泊出流更低；在一次完整的调节过程之中，长江与鄱阳湖水量交换量接近于零。对增泄过程，则正好相反。

　　根据三峡水库调度规则，统计得到不同的时段三峡工程运行对长江与鄱阳湖水量交换的影响，如表 4.7 所示。可以发现，全年来看，长江与鄱阳湖全年水量交换量很小，接近于零。对鄱阳湖影响最大的是汛前预泄时段(统计时间)，总体使湖泊进入长江的水

表 4.7　各典型年不同时段长江与鄱阳湖水量交换量变化统计　　　　　（单位：m³/s）

项目	丰水年	平水年	枯水年
全年	0.8	14.6	−3.6
汛前预泄(5 月 10 日～6 月 20 日)	−205.6	−456.4	−228.3
汛期调洪(7～9 月)	7.7	−11.5	87.2
汛末蓄水(10～11 月)	−0.5	61.3	−17.7
枯季补水(1～4 月)	0.1	50.9	43.3

量减少,下泄能力减弱。这个对于由鄱阳湖流域五河来水造成的洪峰可能会有一定影响。

从长江与鄱阳湖水量交换过程(图 4.23～图 4.25)来看,对江湖水量影响较大的时段也主要集中在 4～10 月。对江湖水量交换影响的强度根据实际水情而变化,最明显的影响在汛期调洪时段。

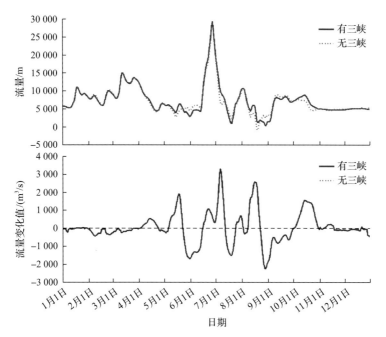

图 4.23　丰水年型三峡对长江与鄱阳湖水量交换过程的影响

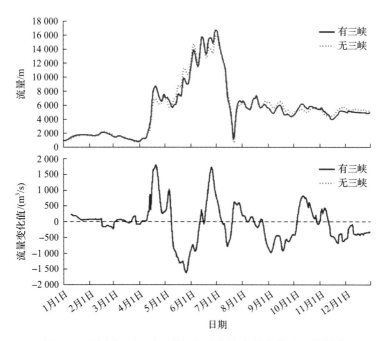

图 4.24　平水年型三峡对长江与鄱阳湖水量交换过程的影响

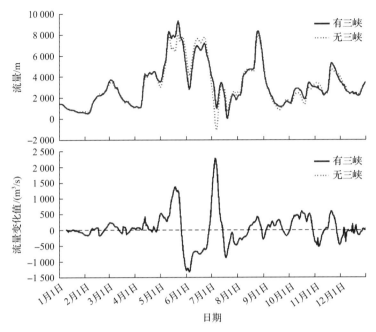

图 4.25　枯水年型三峡对长江与鄱阳湖水量交换过程的影响

4.3.3　三峡工程运行对鄱阳湖泥沙交换的影响

除了部分江水倒灌带来的沙量,鄱阳湖主要向长江输送四水流域来沙。输送沙量的多少和流域来沙有关外,还和湖泊水动力有关。三峡工程调节影响通过改变湖泊水动力特征影响鄱阳湖的江湖水沙交换。由于流域来水来沙变化大,为了使三峡工程调节对江湖水沙交换的影响的结果更具一般性,这里选择鄱阳湖出流挟沙能力来分析三峡工程的影响。

基于江湖水量交换模拟数据,计算了丰、平、枯三个典型水文年条件下鄱阳湖出流挟沙能力(图 4.26～图 4.28)。三峡运行对枯水年型条件下的鄱阳湖出流挟沙能力影响较大,对丰水年型影响微小。从年内变化过程来看,由于三峡工程汛前的预泄和春季的补枯加大水量的下泄,不同的年型条件下,鄱阳湖的挟沙能力均有所减弱。而在 10 月由于三峡蓄水,干流水量减少加速了湖泊水体的下泄,增大的动力条件使得出流挟沙能力略有升高。

鄱阳湖出流的饱和输沙量逐月分布如图 4.26～图 4.28 所示。1972 年枯水年型条件下,饱和输沙量有明显的下降,年度减少比例为 53%;平水年型条件下,饱和输沙量略有减少,约为 8%;而在丰水年型,饱和输沙量则略有升高约 1%。可以看出,三峡调节对水沙交换的影响因水情的不同变化非常明显。

尽管挟沙能力略有变化,但是从鄱阳湖历年的出湖泥沙浓度可以看出,多数时期,尤其在流域来水来沙较大的丰水期,鄱阳湖出流泥沙含量并不能达到饱和值。出湖沙量主要和上游来沙有关。因此,可以认为,在枯水条件下,三峡运行可能减少鄱阳湖泥沙的输出;而在丰水条件下,三峡运行对鄱阳湖沙输出的影响并不明显。

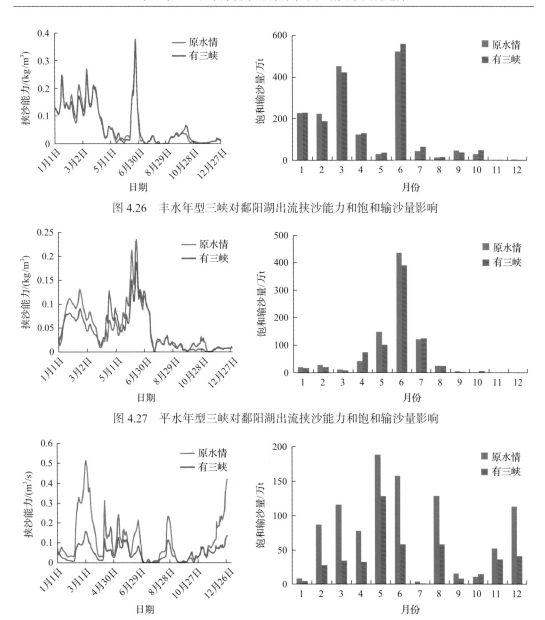

图 4.26　丰水年型三峡对鄱阳湖出流挟沙能力和饱和输沙量影响

图 4.27　平水年型三峡对鄱阳湖出流挟沙能力和饱和输沙量影响

图 4.28　枯水年型三峡对鄱阳湖出流挟沙能力和饱和输沙量影响

第5章 江湖关系变化对两湖水文情势的影响

5.1 两湖水文水动力变化

5.1.1 洞庭湖水文水动力变化

1. 洞庭湖湖泊水位变化

洞庭湖流域4月进入雨汛期，随入湖流量增大，湖泊水位不断上涨，7月长江进入主汛期，由于江湖洪水顶托，湖泊水位继续壅高并长期维持高水位，年内最高水位一般出现在7~8月，9月以后受长江退水影响，湖区水位逐渐下降，年内最低水位一般出现在1月前后(图5.1)。湖泊水位的上涨速度主要由洞庭湖流域来水情况决定，洪峰水位的高低和洪水消退的快慢则主要受长江洪水的制约。

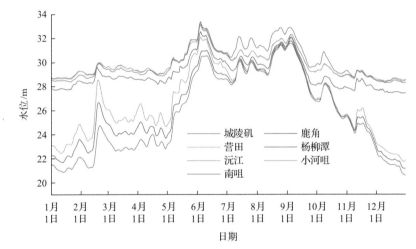

图 5.1　典型平水年(2005年)洞庭湖水位过程

洞庭湖水位年内变幅巨大，湖内各站平均水位变幅在5.36~12.73 m(1960~2014年)，呈现由洞庭湖出口城陵矶向上游逐渐减小与由西洞庭湖入口南咀向下游逐渐减少并存的情形。一般地，河流入湖后由于坡降变缓、过水断面增大，水位变幅逐渐减小，但是湖泊出口长江水位比洞庭湖水位变化剧烈，在长江的顶托或拉空作用下，出口城陵矶的水位变幅加大，这一作用随湖泊上游距湖口距离的增加而衰减。南洞庭湖距湖泊出口较远，加之主要承纳西洞庭湖来水，本身入流较小，致使年内水位变化最为平缓。

洞庭湖汛期受长江顶托，上下游水位落差较小，南咀-城陵矶多年平均最小落差1.34 m。枯季落差增大，南咀-城陵矶多年平均最大落差8.44 m，由于湖盆地形的原因，枯水期湖泊上下游水面有跌落现象，其主要表现在南洞庭湖的万子湖和东洞庭湖之间(表5.1)。

表 5.1　洞庭湖水位特征值（1960～2014 年）

水文站	平均水位/m	最高水位/m	发生时间（年.月.日）	最低水位/m	发生时间（年.月.日）	平均变幅
南咀	30.11	37.62	1996.7.21	27.11	1983.12.31	6.31
小河咀	30.00	37.57	1996.7.21	27.81	1992.12.09	5.86
沅江	29.97	37.09	1996.7.21	27.90	1992.12.24	5.36
杨柳潭	29.06	36.67	1996.7.21	26.48	1992.12.24	5.85
营田	26.65	36.54	1996.7.22	20.99	2004.02.01	11.13
鹿角	25.77	36.14	1998.8.20	18.98	1961.02.04	11.73
城陵矶	24.90	35.94	1998.8.20	17.27	1960.02.16	12.73

　　2000 年前洞庭湖水位一直呈波动上升趋势，以湖区各站的年最高水位多年变化最为明显，洞庭湖城陵矶站上升率为 0.069 m/a，在 1998 年达到历史最高的 35.94 m，杨柳潭站上升率为 0.062 m/a，南咀站上升率为 0.045 m/a；年平均水位城陵矶站、杨柳潭站呈现上升趋势，南咀站变化不显著（表 5.2）。

表 5.2　洞庭湖水位 2003 年前后变化　　　　　　　　　　　　　　　（单位：m）

水文站	1960～2002 年			2003～2014 年		
	平均水位	最高水位	最低水位	平均水位	最高水位	最低水位
南咀	30.20	37.62	27.11	29.78	36.27	27.79
杨柳潭	29.12	36.67	26.48	28.87	34.34	27.03
城陵矶	24.89	35.94	17.27	24.93	33.59	19.32

　　2000 年后特别是 2003 年后，湖水位上升趋势发生逆转，城陵矶平均水位与 20 世纪 90 年代相比下降 0.54 m，最高水位下降幅度更大，平均降幅达 1.81 m。2003 年后的洪水年份如 2010 年、2012 年的最高水位分别为 33.28 m 和 33.38 m，与 90 年代水平相差甚大，而枯水年份 2011 年的最高水位仅为 29.38 m，仅次于历史上最低的 1972 年。但洞庭湖各站的最低水位呈现出不同的变化特征，南咀、杨柳潭的最低水位多年来没有明显的趋势性变化，年际间的差异很小，2003 年后各站的最低水位均未创出历史新低。而城陵矶的最低水位多年来持续上升，2003 年后仍然维持之前的上升趋势。2003 年后洞庭湖水情变化的另一个现象是 10 月的水位大幅下降，与前期比较，水位平均降低 2.05 m，降幅最大的 2009 年，达到 4.71 m（图 5.2）。

2. 洞庭湖湖泊水位落差变化

　　湖内水位落差变化反映了湖泊水动力变化，1960 年以来，主汛期南咀-城陵矶的水面比降有下降趋势，监利-城陵矶水面比降则有增加趋势，反映出荆江裁弯后下荆江流速增大，而洞庭湖的平均流速有所减少。三峡水库汛后蓄水导致下泄流量减少，降低了干流水位，从而对洞庭湖形成了拉空效应，如近年 10 月的南咀-城陵矶水面比降明显增加，洞庭湖平均流速加快（图 5.3）。

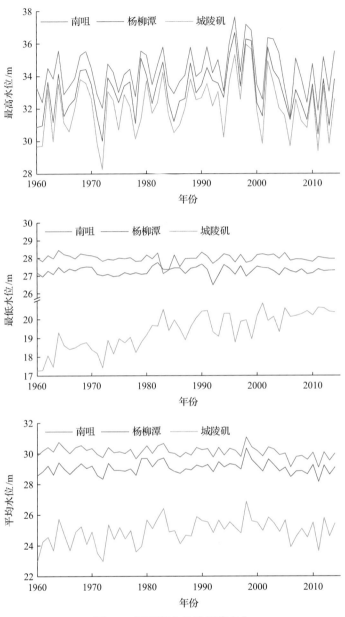

图 5.2 洞庭湖水位特征值变化

近年来东洞庭湖的水面落差在低水位时减小明显，即在湖泊出口城陵矶相同的水位条件下，湖内水位比之前有所降低，这对洞庭湖的枯水水情带来不利影响(图 5.4)。

3. 洞庭湖流速变化

洞庭湖湖体流速空间上呈现主洪道＞南洞庭湖滩区＞西洞庭湖滩区＞东洞庭湖滩区的分布特征。时间上呈现泄水期＞蓄水期＞汛期＞枯水期的分布特征。

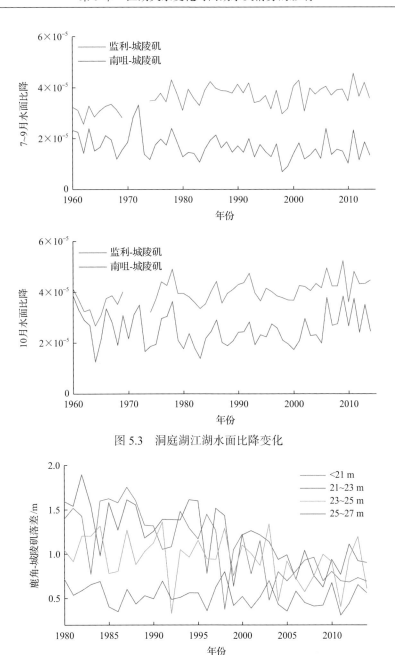

图 5.3　洞庭湖江湖水面比降变化

图 5.4　鹿角-城陵矶水位落差变化

受三峡工程运行影响，洞庭湖枯水期平均流速由 0.224 m/s 增至 0.237 m/s，增加5.79%。从空间上看，枯水期三峡补水作用对西洞庭湖的南咀、草尾及东洞庭湖的岳阳、鹿角流速影响较大，南洞庭湖几乎不受影响，空间上变幅随各站点空间分布位置不同而有所差异。由于汛期三峡的拦洪削峰作用及蓄水期的蓄水作用，加速了洞庭湖的出流，其中东洞庭湖岳阳、鹿角及主洪道的营田流速增幅最明显，汛期和蓄水期增幅范围分别为 1.56%～14.04%、4.04%～16.34%。蓄水期由于长江三口来水的减少，西洞庭湖南咀、小河咀、草尾流速降幅明显，分别降低 11.32%、3.95%、12.25%（图 5.5）。

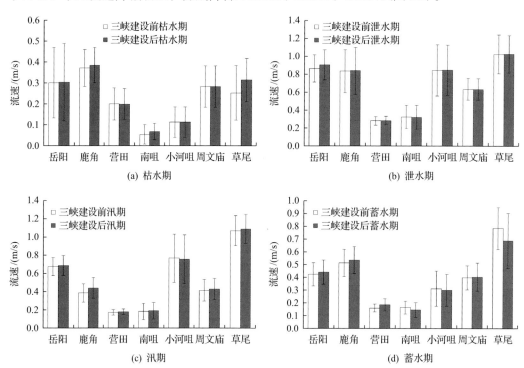

图 5.5 三峡运行对洞庭湖不同水文季节典型站点流速变化影响

总体上，三峡工程运行后，与长江入流、出流水力联系紧密的西洞庭湖湖区及东洞庭湖湖区水动力条件受影响最为显著。

5.1.2 鄱阳湖水文水动力变化

1. 鄱阳湖湖泊水位变化

从近 60 年（1953~2014 年）水位变化的总体趋势来看，鄱阳湖年平均水位均呈下降趋势，鄱阳湖空间各站点水位变化具有一致性，湖口、星子、都昌和康山年平均水位变化斜率分别为-0.0049、-0.0088、-0.0132 和-0.0023（图 5.6）。从年平均水位、年最高水位

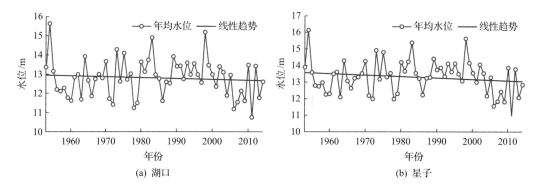

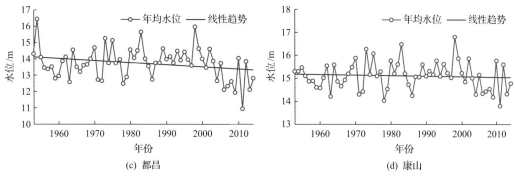

图 5.6　1953～2014 年鄱阳湖水位年际变化特征

和年最低水位的统计分析来看，鄱阳湖水位变化表现出如下特征。

（1）鄱阳湖空间四个站点的年平均水位在 1953～1970 年呈下降趋势，特别是在 1960 年左右，年平均水位的下降达到了 95%显著性水平。1970～1980 年的近 10 年间，年平均水位的 UF 线在零值附近上下波动，表明此时段水位呈不稳定波动变化。在 1980～2008 年，年平均水位呈现上升趋势，而近 5 年（2009～2014 年）的平均水位总体上呈下降趋势，但下降趋势并不显著。

（2）四个站点的年最高水位在 1953～1970 年呈下降趋势，在 1970～2014 年的最高水位总体呈上升趋势，且上升趋势显著。

（3）在 1953～2014 年康山年最低水位整体上呈下降趋势，而湖口、星子和都昌水位在 1953～1970 年呈下降趋势，却在 1971～2005 年呈上升趋势，且上升趋势达到显著性水平。在 2006～2014 年，年最低水位变化呈下降趋势，但下降趋势并不显著（图 5.7）。

总体来说，近 60 年来鄱阳湖年最高水位、年最低水位均呈长期的增加趋势，而年平均水位呈下降趋势。湖泊水位的变化具有明显的阶段性特征：1960～1979 年总体上属湖泊水位的长期下降阶段，自 1980 年以来，湖泊水位进入明显的抬升阶段，特别是 1988～2003 年湖泊水位的上升趋势十分突出，2003 年以后湖泊水位急剧下降，水体萎缩严重。

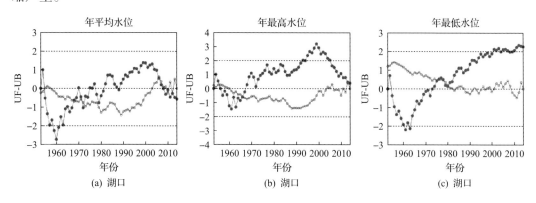

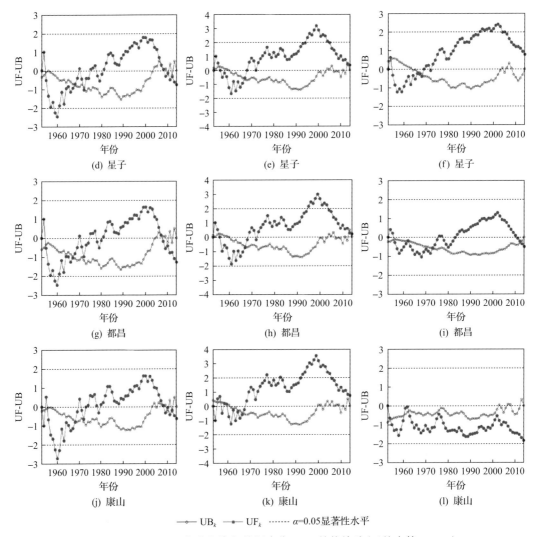

图 5.7 1953~2014 年鄱阳湖年特征水位 M-K 趋势检验(王然丰等，2017)

2. 鄱阳湖湖泊水位落差变化

鄱阳湖水位在年内的空间分布格局上差异显著(图 5.8)，低水位季节的 1 月(月平均水位约 7 m)，只有湖泊主河道有着少量的水，大部分区域水深较浅，下游主河道洲滩区域基本呈现出露状态，尤以湖区中西部区域的出露较为明显。低水位季节的空间水位梯度极其显著，水位总体呈南高北低、东高西低的分布趋势。低水位时期的空间水位总体分布格局呈湖区南部水位(邻近抚河与信江入湖河口的湖泊上游高地区域)＞湖区东部湖湾区水位(邻近修水入湖河口处)＞湖区中下游水位(基本处于中游都昌与下游星子站之间)＞湖区最下游水位(湖口水道区)，这种具有区域性的水位空间格局可能更多的由湖盆地形决定，其主要发生在每年的 1~5 月。

进入 6 月后，东西方向上的空间水位梯度几乎消失，但南北方向上的水位梯度仍然存在，该时期湖区中上游大部分区域水位(都昌以上)几乎保持一致，该时期的水位空间分布格局呈湖区中上游水位(都昌站以上广大湖域)＞湖区下游水位(都昌站至湖口之间)。

全湖区水位相对较高的 7～8 月(月平均水位可达 18 m)，整个湖泊保持着较高的水位，且整个湖区水面近似呈水平状，该时期的空间水位梯度不管是南北还是东西方向上，几乎不明显。

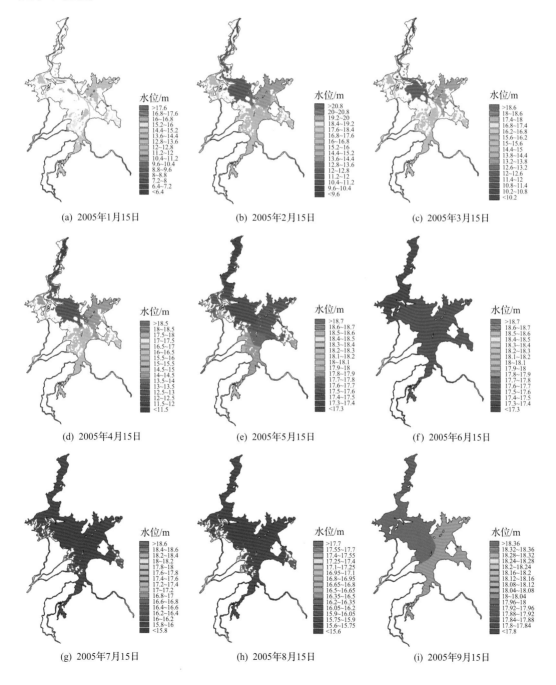

(a) 2005年1月15日　　　　　(b) 2005年2月15日　　　　　(c) 2005年3月15日

(d) 2005年4月15日　　　　　(e) 2005年5月15日　　　　　(f) 2005年6月15日

(g) 2005年7月15日　　　　　(h) 2005年8月15日　　　　　(i) 2005年9月15日

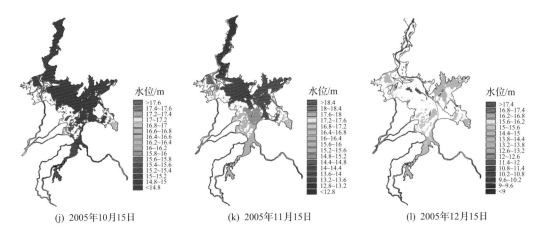

(j) 2005年10月15日　　　　(k) 2005年11月15日　　　　(l) 2005年12月15日

图 5.8　鄱阳湖空间水位分布的水动力模拟结果

9～10 月以后，湖区空间水位梯度便再次呈现出来，南北方向上的水位梯度十分明显。该时期的水位空间分布格局呈湖区上游水位(湖区东南部)＞湖区中下游水位(棠荫站以下广大湖域)，但 10 月的空间水位格局与 6 月呈现高度的相似性，因湖水加速排泄至长江，导致该时期湖泊水位整体偏低。

11～12 月为湖泊水位下降幅度最大的季节，主要是因为长江干流水位偏低导致湖泊蓄量锐减，该时期的空间水位分布格局基本与 1～5 月相似。

总之，鄱阳湖低水位季节呈现空间显著的水位差异及水位梯度，该时期的湖水位具有明显的区域性分布特征，而高水位季节的大湖面特征使其空间水位梯度近乎消失(张奇，2018)。

3. 鄱阳湖湖泊水动力变化

总体而言，鄱阳湖季节性的流速场特征归纳如下：①从上游至下游，主河道的流速均明显大于洲滩流速；②低水位时期，流速场特征较为复杂，流速空间差异显著，总体趋势是下游流速要大于上游流速；③高水位时期流速空间梯度差异不是很大，整个湖区中部流速基本均一，但湖口水道区的流速较湖区中部相对较大。其次，流域五河入湖河口的流速也相对较大；④东西方向上，流速从主河道至湖泊岸线呈递减趋势。南北方向上，湖区北部的流速要略大于湖区中部和南部区(图 5.9)。

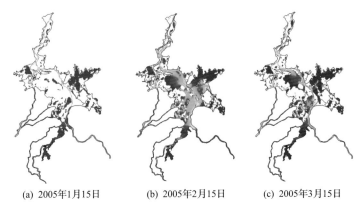

(a) 2005年1月15日　　　　(b) 2005年2月15日　　　　(c) 2005年3月15日

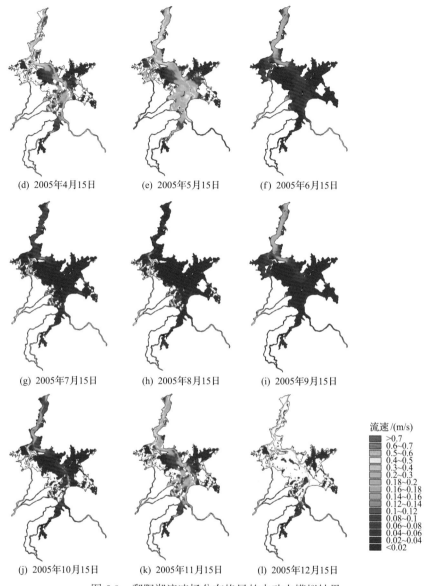

(d) 2005年4月15日   (e) 2005年5月15日   (f) 2005年6月15日

(g) 2005年7月15日   (h) 2005年8月15日   (i) 2005年9月15日

流速 /(m/s)
>0.7
0.6~0.7
0.5~0.6
0.4~0.5
0.3~0.4
0.2~0.3
0.18~0.2
0.16~0.18
0.14~0.16
0.12~0.14
0.1~0.12
0.08~0.1
0.06~0.08
0.04~0.06
0.02~0.04
<0.02

(j) 2005年10月15日   (k) 2005年11月15日   (l) 2005年12月15日

图 5.9 鄱阳湖流速场分布格局的水动力模拟结果

为了进一步解析鄱阳湖复杂的流速场特征，特选取典型时段的鄱阳湖二维流速场模拟结果(图 5.10)。①枯水期：大部分的水流限制在湖泊主河道中且主河道的流速模拟结果可达 0.5 m/s，湖泊其他区域的流速基本小于 0.02 m/s，甚至远离主河道的滩地流速为零，此时大面积湖区洲滩出露。该时期，水流流向自南向北，与主河道走向基本一致并指向北部湖口方向，大部分水流沿着湖区主河道向下游长江排泄，鄱阳湖主要呈现其"河流"特性。②上涨期：湖区最大模拟流速主要出现在主河道的下游地区，流速可达 0.7 m/s。此外，大部分水流沿着主河道从上游至下游湖口方向流动，但河道附近的平坦区域流速较为复杂且呈现高度的非稳定性，水流流向复杂多变。不难发现，主河道北部接近入江水道的流速明显大于湖区中部和南部，入江水道附近的滩地流速也明显大于湖区中部与南部的滩地流速。③洪水期：同枯水期与水位上涨期的流速比较而言，整个湖区流速明显降低，此时的鄱阳湖主要呈现其"湖泊"特性。该时期湖区流速模拟结果基本小于 0.1 m/s，流速空间梯度主要表现为湖口通道处及五河河口处流速相对较大（可达 0.7 m/s 或更大），湖泊中游地区流速次之（约 0.1 m/s），而湖区上游大部分区域流速最小（小于 0.02 m/s）。④退水期：主要特点是主河道流速相对较快。从年内流速均值而言，流速的变化范围为0～0.7 m/s，但湖泊下游主河道地区（入江通道）的最大流速可达 1.3 m/s（Li et al., 2014）。

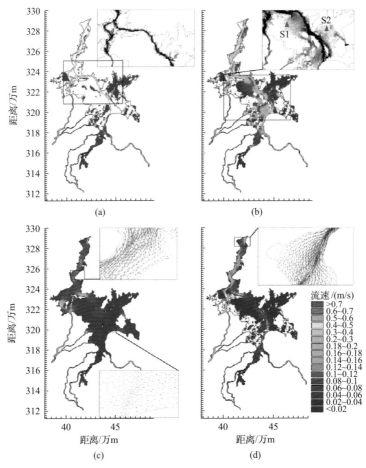

图 5.10　鄱阳湖典型水位期流速场模拟结果（Li et al., 2014）

5.2　两湖水情对江湖关系变化的响应

5.2.1　洞庭湖水文情势对江湖关系变化的响应

1. 洞庭湖水情时空格局变化对三峡水库运行的响应

基于长江中游耦合模型 CHAM-Yangtze 获取洞庭湖入口和出口水动力边界条件。根据三峡的调度运行方式，确定三峡水库下泄流量过程和模拟时段。利用二维浅水水动力模型计算了三峡水库运行对洞庭湖区水情的影响。

为了评估高、低水位时湖体动态调蓄量的能力，依据洞庭湖水下地形特征，在 DEM 地形资料基础上对计算网格进行了地形的自适应剖分，细致刻画了主要深水洪道。采用 1998 年洪水过程进行模型调校，以逐日湖区各水文站水位及出湖流量作为比对，显示模型在整个洪水过程中的整体模拟结果较好，尤其是洪峰段及退水段与实测值的吻合很好，可以较好地满足本项研究的应用。

从入汛初期水面分布可以看出，东洞庭湖湖面相对较为完整，大体上被上下飘尾、武岗洲、柴下洲分割成东西两大块。南洞庭湖水面主要由东南湖、万子湖、团林湖、横岭湖等构成，各个相对独立的水面则通过一些洪道相连。同样，从图 5.11 上可以看出，西洞庭湖相对较为完整的水域为大连湖和目平湖；沅水洪道在坡头分叉，在入汛初期中低水位时，沅水主要经过大连湖南侧狭窄的洪道进入西洞庭湖；七里湖(洲滩高程普遍高于 32.0 m，1985 黄海)因淤积严重，已逐步演化成澧水洪道，只有在高水时，水面才能淹没洲滩，覆盖整个湖区。

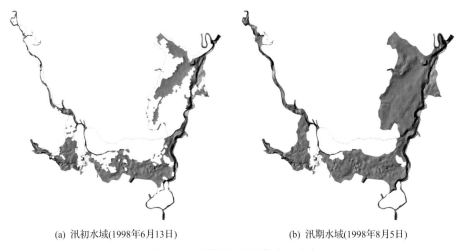

(a) 汛初水域(1998年6月13日)　　　　　　(b) 汛期水域(1998年8月5日)

图 5.11　不同时段洞庭湖水面分布

三峡汛末蓄水的 10 月、枯季补水运行的 2 月洞庭湖水位变化量分布如图 5.12 所示。总体来看，三峡运行对洞庭湖的影响主要集中于东洞庭湖，其他湖区相对较小。三峡下泄流量的变化引起了洞庭湖入流的变化以及出口处长江顶托能力的变化。在枯水期，长江下泄水量较天然条件要大，流量稳定，洞庭湖城陵矶出口附近长江顶托能力增强，该邻近水域的水位有所上升。从流场变化来看，长江流速增大，洞庭湖出流流速减少，其流速变化的矢量场如图 5.13 所示。其中，三峡对洞庭湖水位影响最显著的是在汛末蓄水期。10 月平均水位变化显示，整个东洞庭湖水域的水位变化明显，流场也发生显著变化。长江流速下降，洞庭湖出流方向流速增加，湘江洪道一侧流速降低明显，但是洞庭湖大水面及洲滩月平均流速则下降。

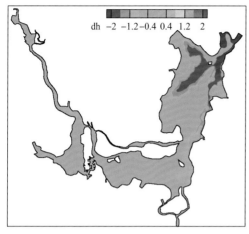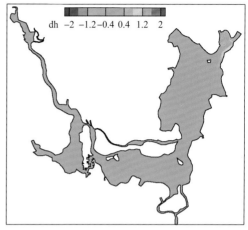

(a) 10月平均水位变化　　　　　　　　　　　(b) 2月平均水位变化分布

图 5.12　三峡引起的洞庭湖水位变化分布

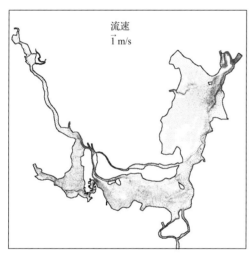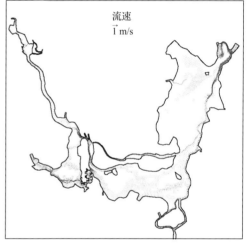

(a) 10月洞庭湖及其出口流场变化　　　　　　(b) 2月洞庭湖及其出口流场变化

图 5.13　三峡引起的洞庭湖流速变化矢量场

　　模拟结果显示，在汛期，东洞庭湖湖区流速分布趋于均一，除深泓和湖泊的出入口较高外，湖区绝大部分地区湖流速度小于 0.15 m/s。其中东洞庭湖流速分布呈现以下特征：东部高西部低；深泓高，洲滩围成的湖区低；君山西北侧湖区湖流基本不受三口和四水的洪水动力影响，流速微小，其动力场的主要驱动力为外界风场和华容河等来流。南洞庭湖被洲滩分割成东南湖、万子湖、团林湖、横岭湖等几个主要湖区，它们之间通过较小的洪道相互联结而成。西洞庭湖来水在进入南洞庭湖后，水面迅速展宽，流速也相应递减，大部分湖面流速小于0.2 m/s，在湖区形成比较稳定的东西向流动，湖流在南洞庭湖西南侧东南湖一带水域及各小湖区连接处较大，在东南湖、万子湖北部洲滩及横岭湖较小。西洞庭受长江三口分流、沅水和澧水共同制约，湖流运动异常复杂。各股水流汇合于西洞庭湖，互为顶托干扰，致使湖区流态错综复杂，流向变幻不定，湖流大致呈南北大、中间小的格局。

2. 典型年三峡水库运行对洞庭湖水情的影响

在以上江湖耦合模型模拟基础上，对典型枯、丰水年三峡蓄水运行期间对洞庭湖水情影响进行了评估（图 5.14、图 5.15）。

1）枯水年份

三峡水库秋季蓄水进一步降低了荆江三口的分流量；与没有三峡蓄水情况下的三口分流情况相比，三峡水库蓄水过程使三口分流量下降了 30%～50%；三峡水库蓄水对洞庭湖出口城陵矶和南咀的水位影响则分别占到同期水位降幅的 30% 和 14.5%。空间上，三峡水库蓄水对湖区水位影响以与长江干流联系紧密的城陵矶、南咀等更为显著（表 5.3）。由于受区间入流和地形等因素影响，湖区流量过程变化及其组合关系较为复杂，但对湖区水位影响的模式规律较为相似，影响程度由强到弱依次为：城陵矶、鹿角、营田、南咀和小河咀。

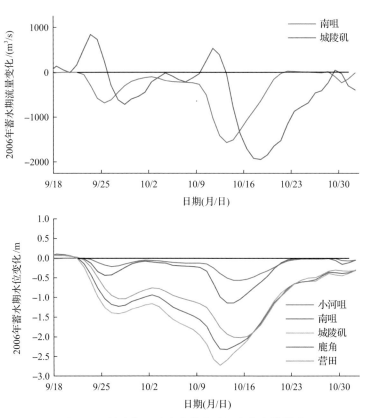

图 5.14　枯水年三峡水库蓄水对洞庭湖水情影响

2）丰水年份

三峡水库蓄水对三口分流量影响更为明显，代表三口分流变化的南咀站径流减少量已经接近城陵矶径流减少总量，体现了丰水年三峡蓄水对三口分流和西南洞庭湖入湖径

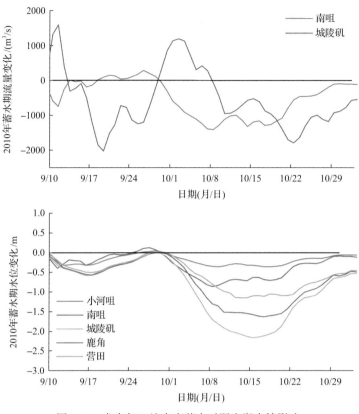

图 5.15　丰水年三峡水库蓄水对洞庭湖水情影响

流的影响程度。同时，受洞庭湖区调蓄和区间入流等影响，城陵矶流量过程对三峡蓄水过程的响应在一定时间段内出现一定程度的滞后。湖区不同站点水位变化模式与枯水年份基本相似，三峡水库蓄水对全湖各处水位的影响程度比枯水年更大。城陵矶、鹿角、营田、南咀等水位响应均更为显著。从丰枯年份对比可以看出，三峡水库秋季蓄水在丰枯年份均对湖区产生明显影响。其中，在枯水年城陵矶水位程度影响更为明显，丰水年份则对南咀水位的影响明显提升，体现了不同水情年份三峡水库蓄水对洞庭湖区不同区域水情的影响特征。

表 5.3　2006 年和 2010 年三峡蓄水运行期间对洞庭湖水位影响　　　　　　　（单位：m）

水文站	2006 年	2010 年
城陵矶	1.36	1.12
南咀	0.33	0.40

　　三峡水库调度具有调节汛期洪峰的功能，通过对汛期洪峰的调蓄可以缓解长江干流和通江湖泊的汛期洪水压力。

　　从丰水年水库调度运行对洪水影响可以看出，三峡水库调度显著降低了全湖的洪峰水位，湖区主要水位控制站洪峰水位降幅均接近 1.0 m（图 5.16）。水库调度同时也抬升了洪峰退水段的水位，该作用对洞庭湖出口城陵矶和鹿角的影响最为明显。

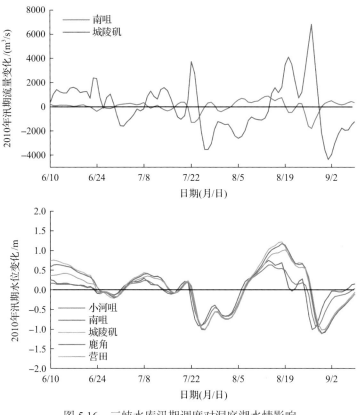

图 5.16　三峡水库汛期调度对洞庭湖水情影响

5.2.2　鄱阳湖水文情势对江湖关系变化的响应

1. 鄱阳湖水位时空格局变化对江湖关系变化的响应

为了定量模拟分析三峡工程 2003~2008 年运行对坝下长江干流、长江和鄱阳湖关系和鄱阳湖水位的影响，运用统计学模型 GAMs 开展了一系列统计分析和模拟计算(Zhang et al., 2014)，得到的主要结论如下：①三峡工程显著改变了坝下长江干流的径流过程，特别是，2003~2008 年运行期间大约 5%下泄水量损失了，可能是由于水库渗流和其他未知过程(图 5.17)；②三峡工程对鄱阳湖水位的涨落有一定的影响，由于三峡工程蓄水引起的长江水位下降对鄱阳湖的排空作用明显，加剧了枯水期鄱阳湖的低水位和干旱程度(图 5.18)。

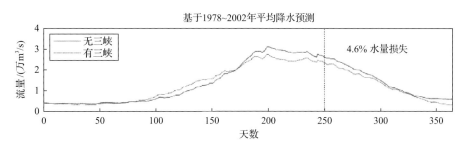

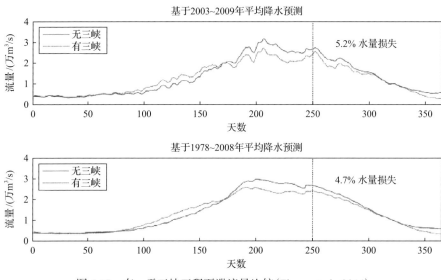

图 5.17　有、无三峡工程下泄流量比较(Zhang et al., 2014)

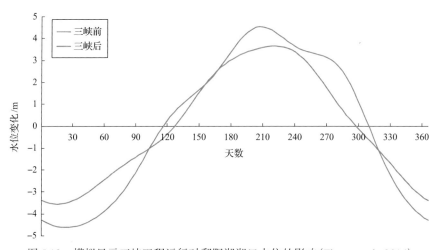

图 5.18　模拟显示三峡工程运行对鄱阳湖湖口水位的影响(Zhang et al., 2014)

　　为揭示三峡水库运行对鄱阳湖水位空间变化的影响,采用多年平均的 1956～2002 年与 2003～2014 年长江干流水位分别作为江湖关系变化前后水动力模型的下游控制边界,比较江湖关系变化对鄱阳湖水位时空格局的影响,由于资料的局限性,模型计算和比较两个水文序列下水动力条件变化时未考虑湖盆地形变化的影响。

　　三峡汛末蓄水的 10 月鄱阳湖水位空间变化如图 5.19 所示,可以看出,三峡运行对鄱阳湖的影响主要集中于北部湖区,最南部其影响能达到棠荫附近。三峡下泄流量的变化引起鄱阳湖出口处顶托能力减弱,退水加快,以 2012 年 10 月 15 日为例,无三峡情景下鄱阳湖全湖平均水位、面积分别为 14.97 m 与 2172.2 km^2,而江湖关系变化情景下鄱阳湖全湖平均水位与面积分别为 13.8 m 与 1561.1 km^2。

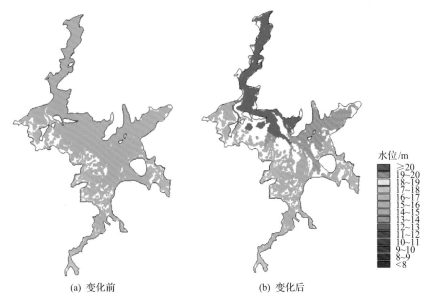

(a) 变化前　　　　　　　　　　　　(b) 变化后

图 5.19　江湖关系变化前后鄱阳湖水位空间格局变化(2012 年 10 月 15 日)

2. 典型年三峡水库运行对鄱阳湖水情的影响

在以上模型构建的基础上,进一步选取典型丰水年(1998 年)、平水年(2012 年)与枯水年(2006 年)作为典型水文年进行计算。

1) 丰水年

图 5.20 显示了典型丰水年三峡水库运行前后鄱阳湖星子水位的年内波动变化。总体而言,无三峡情景下星子平均水位为 14.65 m,而有三峡情景下平均水位为 14.01 m,下降幅度较大的时段主要集中于 8~11 月,长江干流来水变化引起的湖口水位变化对湖泊的枯水期和涨水期的水位影响有限。此外,尽管在情景模拟中将长江干流多年平均水位作为模型出流的边界条件,模拟结果显示,1~4 月星子水位显著高于湖口边界条件,而

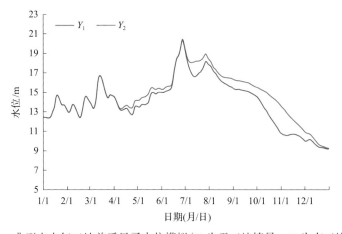

图 5.20　典型丰水年三峡前后星子水位模拟(Y_1 为无三峡情景;Y_2 为有三峡情景)

与实际 1998 年星子水位过程比较接近。这充分说明了鄱阳湖枯水期和涨水期的水位更大程度上取决于流域来水量的多寡，而长江干流水位变化对丰水期和退水期的影响较大。就丰水期而言，两种情景下湖泊最高水位变化不大，有三峡情景在达到极高值 20.22 m 后急剧下降至 16.67 m，无三峡情景下则下降至 18.13 m。此外，就退水期而言，无三峡情景下 8～11 月平均水位为 14.98 m，而有三峡情景平均水位相比无三峡情景下降 1.3 m，其中最大降幅为 2.95 m。

2）平水年

图 5.21 显示了三峡前后两种模拟情景下星子水位的年内波动变化。总体而言，平水年两种情景下星子站平均水位分别为 13.84 m 与 13.23 m，与典型丰水年情景模拟类似，三峡运行后星子水位在 7～11 月明显低于三峡运行前。就枯水期与涨水期而言，星子水位在三峡运行前后两种情景下相差不大，1～6 月湖泊水位过程线与实际观测水位过程更加接近，因此该时期的湖泊水位更大程度上受到流域五河来水变化的影响，然而长江干流水位变化对湖泊枯水期和涨水期水位的影响不大，尤其是枯水期。就丰水期而言，无三峡情景在 7 月 1 日以后缓慢上升达到年内最高值 18.41 m，而有三峡情景下星子水位自 7 月 1 日则呈现急剧下降后缓慢上升的态势，丰水期两种情景下最高水位差值达 1.6 m，这充分说明了三峡水库运行后的十几年来鄱阳湖呈现出高水不高的态势。就湖泊退水期而言，有三峡情景下星子水位从 9 月下旬开始剧烈下降，9～10 月平均水位仅为 13.75 m，而无三峡情景同期平均水位为 15.3 m，两种情景下最大降幅高达 2.99 m，这充分说明了三峡运行后鄱阳湖呈现出退水加快，枯水期提前的态势。

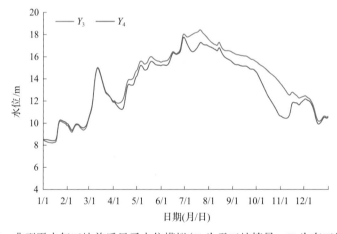

图 5.21　典型平水年三峡前后星子水位模拟（Y_3 为无三峡情景；Y_4 为有三峡情景）

3）枯水年

总体而言，有无三峡水库两种情景下鄱阳湖星子站平均水位分别为 13.32 m 与 12.64 m，且表现为在丰水期和退水期明显低于三峡运行前（图 5.22）。就枯水期与涨水期而言，两种模拟情景下星子站水位与实际观测水位比较一致，明显低于典型丰水年和平水年模拟结果。该结果进一步证明了在典型丰、平、枯水文年内，湖泊枯水期和涨水期水位更大程度上受到五河来水量多寡的影响，而长江干流水位边界对该段时期水位波动的影响程度有限。就丰水期而言，由于在模拟时采用了 1956～2002 年与 2003～2014 年湖口多年平均水位过程，导致在枯水年模拟时星子水位过程与实际水位过程相差较大，抬升比较明显，这也一定程度上说明较高的长江水位会阻碍湖泊出流，导致湖泊水位抬升。三峡水库运行前后两种情景下星子丰水期平均水位分别为 17.94 m 与 16.80 m，高水位下降明显。就退水期而言，两种情景下星子水位变化与典型丰水年和平水年的模拟结果相似，三峡运行后星子水位在 9 月下旬至 10 月下降明显，平均水位下降幅度达 1.83 m，最大降幅高达 3.03 m。

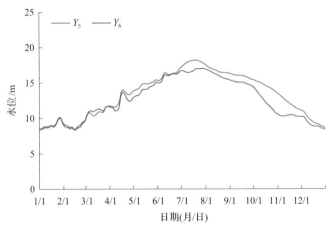

图 5.22　典型枯水年三峡前后星子水位模拟(Y_5 为无三峡情景；Y_6 为有三峡情景)

3. 鄱阳湖与长江交互作用频率对江湖关系变化的响应

江湖关系改变对鄱阳湖水文情势的影响，因不同水文季节差异较大，从 1957～2008 年的长江和鄱阳湖流域作用的日累计次数季节特征来看(图 5.23)，长江对鄱阳湖作用主要发生在 7～9 月，而鄱阳湖流域对湖泊作用主要在 4～6 月(Hu et al., 2012)。1957～2008 年

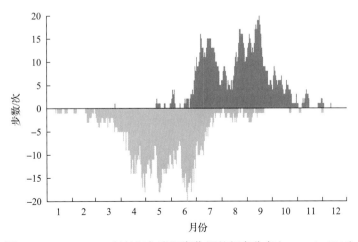

图 5.23　1957～2008 年长江与鄱阳湖作用的频率分布(Hu et al., 2012)

4～6月鄱阳湖流域作用总频数共为1117次，而长江作用频数仅为66次。与4～6月的频率形式相反，7～9月长江作用总频数为1030次，而鄱阳湖流域作用的频数为226次。10月至次年3月的长江和鄱阳湖流域的作用都明显减弱，但是相对而言，10月的长江作用强于鄱阳湖流域作用，而12月至次年3月的鄱阳湖流域作用强于长江作用。

2003年三峡水库运行后，水库通过调节长江中下游流量直接影响江湖关系和鄱阳湖的水位，这些影响叠加在气候变化的影响上使得江湖关系更加复杂。相对于1957～2008年的平水年(1961年、1963年、1980年、1985年、1991年和1994年)平均，2004～2008年4～6月长江中游降水量减少了8.1%。虽然该季节是三峡水库的汛前腾空期，但汉口站流量仍然减少了7.3%，与此同时，长江作用频率减少了20%。同期鄱阳湖流域平均降水量与平水年同期平均降水量接近，但是五河入湖径流量减少了4.8%。

2004～2008年7～9月与平水年同期的长江中游平均降水量大致相同，但汉口流量减少了10.8%，造成这种变化的重要原因之一是9月三峡水库蓄水。但此变化对长江作用频率影响不大，因为7～9月虽然长江对鄱阳湖作用强度有所减弱，但频数总体并未减少。同期鄱阳湖流域降水量减少，五河入湖径流量减少了21%，使得鄱阳湖流域作用频率大幅度减少，变化率为–84%(表5.4)。

表5.4　降水量、径流量和江湖相互作用频率相对于平水年的变化

时间	变量	平水年	2004～2008年	变化率/%
4～6月	长江中游降水量/mm	492	452	–8.1
	汉口站流量/(m³/s)	23 595	21 861	–7.3
	鄱阳湖流域降水量/mm	659	665	0.9
	五河流量总和/(m³/s)	6 355	6 050	–4.8
	长江作用频率/(次/a)	2.5	2	–20
	鄱阳湖作用频率/(次/a)	22.2	21	–5.4
7～9月	长江中游降水量/mm	409	410	0.2
	汉口站流量/(m³/s)	38 242	34 112	–10.8
	鄱阳湖流域降水量/mm	371	354	–4.6
	五河流量总和/(m³/s)	3 362	2 655	–21
	长江作用频率/(次/a)	19.7	19.8	0.5
	鄱阳湖作用频率/(次/a)	5	0.8	–84
10月	长江中游降水量/mm	77	54	–29.9
	汉口站流量/(m³/s)	25 786	20 364	–21
	鄱阳湖流域降水量/mm	44	38	–13.6
	五河流量总和/(m³/s)	1 458	1 129	–22.6
	长江作用频率/(次/a)	2	0.2	–90
	鄱阳湖作用频率/(次/a)	0	0	0

2004～2008年10月长江中游平均降水量减少，加之该季节三峡水库较大幅度的蓄水，汉口站径流量锐减，幅度在20%以上。长江作用频率也明显减弱，减少了90%，比

长江作用最弱的 20 世纪 90 年代的强度还要小。同时，鄱阳湖流域降水量和五河入湖流量也分别比平水年减少了 14%和 23%，但是鄱阳湖作用频率未有明显变化（表 5.4）。在长江作用频率大幅度减少的情况下，鄱阳湖作用频率一般会有所增大，但是由于五河入湖流量也在减少，这种相互抵消作用使得鄱阳湖作用频率变化不大。相对于 4～6 月和 7～9 月而言，10 月的降水量变化明显增大（长江中游和鄱阳湖流域降水量分别减少 29.9%和 13.6%），加上 10 月的大幅度的水库蓄水，使得长江作用频率明显减少。

　　长江作用集中发生在 7～9 月，鄱阳湖作用集中在 4～6 月。三峡工程运行之后，总的来说，4～6 月以放水为主。三峡放水造成的中游长江流量的增加可导致 4～6 月长江作用增强，但分析结果指出，2004～2008 年 4～6 月长江和鄱阳湖作用的频率均略低于平水年同期的频率。7～9 月三峡少量蓄水，减少长江流量，但 2004～2008 年 7～9 月长江作用与平水年的同期作用频率相同或略高（表 5.4），鄱阳湖作用频率显著减少（–84%、表 5.4）。进入 10 月后，三峡水库大量蓄水（为全年最大的蓄水月），长江作用频率减少幅度最大。2004～2008 年 10 月长江流量以及长江与鄱阳湖相互作用的变化与三峡水库蓄水影响相一致，而在 4～6 月则并未表现出三峡水库放水的影响。同时，三峡水库运行改变了坝下长江干流流量年内变化，这种影响随着与大坝距离的增加而衰减。与三峡前相比，三峡水库运行后，长江干流 1～6 月流量有所增加，而 9～11 月流量减小。特别是，三峡水库 10 月的集中蓄水，使长江流量减小 30%。这种影响在近坝区的宜昌最为显著，而在远坝区的大通最为微弱，表现为宜昌流量受到显著影响的天数为大通天数的 5 倍（图 5.24）。

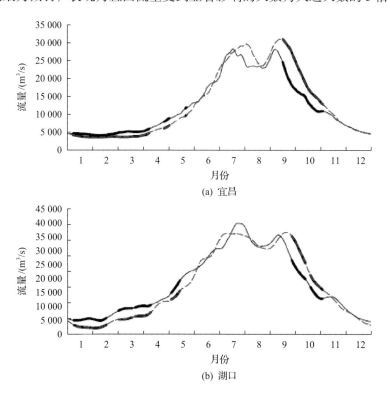

(a) 宜昌

(b) 湖口

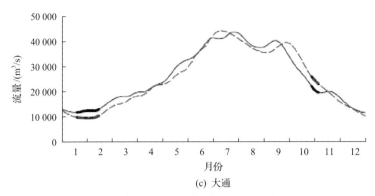

图 5.24　三峡工程蓄水前后干流不同站点流量过程对比（Hu et al., 2012）

5.3　两湖极端干旱事件与江湖关系

5.3.1　两湖水文干旱变化特征

一方面，鄱阳湖和洞庭湖分别地处长江南岸的上下游，具有相似的地理纬度、相近的气候特征和植被覆盖，因此两者的自然地理条件具有很大的相似性；另一方面，受湖盆地形及长江顶托作用等因素影响，两湖水情在时间和空间上存在着差异性。同时，两湖湖面分布及变化快慢，都将直接影响湖泊生态系统的结构与功能，以及湖泊的水资源和水环境。

1. 湖泊水文干旱与表征

湖泊干旱与湖泊萎缩在现象上表现出相近的变化特征，但在概念上截然不同，需要加以严格区分。相对湖泊萎缩而言，湖泊干旱属于一种短期现象，在干旱少水的现象发生后，经过湖泊水量的补给，湖泊可以恢复到原来的状态。对于湖泊萎缩而言，一般属于长期变化过程，意味着湖泊水量难以再恢复到原来的状态。另外，湖泊干旱与季节性枯水等概念需要加以区分，后者为季节性现象，每年都会出现，但干旱并非如此。虽然近十多年来两湖都表现出明显的萎缩趋势，但从干旱的角度来看，两湖的干旱特征既有一致性，也存在差异性。

进入 21 世纪以来，伴随着鄱阳湖和洞庭湖水域面积的减小，两湖地区也频繁发生水文干旱，主要表现为：在一定的季节范围内，河道径流过少、河湖水位过低或水域面积极度萎缩以及人畜用水困难等，造成了巨大的社会经济损失。如何量化和识别湖区干旱事件及演变过程，目前国际上这方面的研究还十分欠缺，为此参照 WMO 推荐的标准化降水指数（standardized precipitation index, SPI）及物理内涵与假设条件，提出了湖泊干旱概念及标准化湖泊水位指数（standardized lake-stage index, SLI）（Liu and Wu, 2016）。在 Gamma 分布检验的基础上，利用 SLI 指数来量化湖泊干旱的起止时间，划分湖泊干旱强度等级。

2. 两湖水文干旱变化

基于两湖地区的水文资料，建立了鄱阳湖（星子站）和洞庭湖（城陵矶-七里山站）的 SLI 指数（Liu and Wu，2016），得到了 1953～2014 年湖泊的干湿交替变化过程及特征（图 5.25）。在这期间，洞庭湖区发生干旱事件 41 次，鄱阳湖区发生干旱事件 39 次。相比较而言，两湖干湿变化存在明显的一致性（$R^2 = 0.63$），但也存在差异性。例如，洞庭湖在 20 世纪 50 年代发生的干旱较为严重，与鄱阳湖相比，干旱强度较大而且持续时间普遍较长。进入 21 世纪以来，鄱阳湖干旱事件的强度比洞庭湖更为剧烈，而且干旱事件的持续时间普遍较长，表现出截然不同的变化特征。

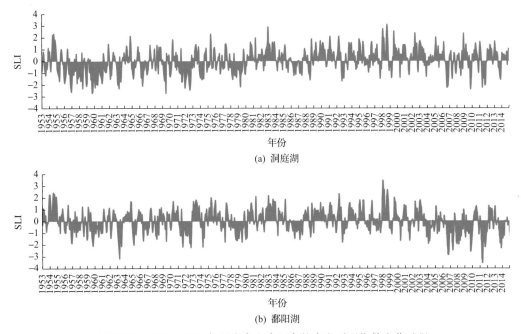

图 5.25　1953～2014 年洞庭湖和鄱阳湖的水文干湿指数变化过程

根据标准化湖泊水位指数 SLI，分析了两湖干旱事件的年代频率变化（图 5.26）。20 世纪 50～60 年代，洞庭湖干旱发生的频率比 21 世纪以来发生的更为频繁，而且 1980 年之前的洞庭湖干旱比鄱阳湖更为频繁。1980 年之后，两湖干旱事件的频数下降，进入 21 世纪以来达到 60 年代的一个峰值，但洞庭湖干旱事件不如鄱阳湖频繁。运用小波分析等方法，分析了近五十年来湖泊干湿变化的周期性和趋势性。结果表明，SLI 指数存在一个 6 年主周期、一个 20 年次周期和一个强度较弱 2 年次周期。当前所处的水文干旱阶段大约始于 2003 年，本次干旱时段基本结束，之后进入湿润时段。最近两年，长江流域雨量偏多，两湖流域的降水量和径流量同样出现偏多的情况，也直接印证了这个推测。

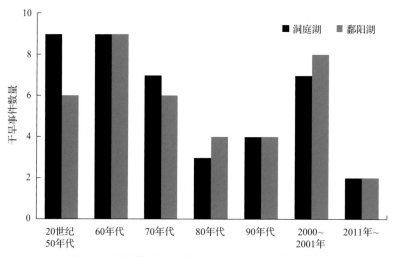

图 5.26　洞庭湖和鄱阳湖区干旱事件的年代际分布

根据 SLI 指数,可以将湖泊干旱分为中等干旱(moderate drought,−1.0>SLI>−1.5)、严重干旱(severe drought,−1.5>SLI>−2.0)、极端干旱(extreme drought,−2.0>SLI)三个等级(Liu and Wu,2016)。对于洞庭湖而言,20 世纪 50 年代的干旱事件总数及极端干旱事件最多,60 年代干旱事件总数虽多但中度干旱事件占了多数(图 5.27)。2000~2009 年干旱事件数量上不如 50 年代和 60 年代。对于鄱阳湖而言,60 年代干旱事件为数最多。2000~2009 年干旱事件数目略少一些,但极端干旱和严重干旱事件数量没有减少,与洞庭湖相比,无论在数量上和强度上都有所加强(图 5.28)。值得注意的是,2011~2014 年发生的两次干旱事件皆属于极端干旱事件。

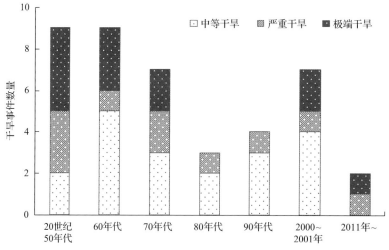

图 5.27　洞庭湖不同等级干旱事件的年代际分布

从干旱持续时间、干旱发生频率、干旱强度和干旱程度等四个方面,评估了近十年来鄱阳湖干旱的变化特征。结果表明,2001~2010 年发生了 9 次干旱事件,其中中等干旱 4 次、严重干旱 2 次、极端干旱 3 次。相比 1961~2010 年而言,近十年来干旱持续时间拉长，发生频率加多，干旱强度增强，干旱程度加大。在这些指标中，干旱强度增强的统计意义显著(F 检验，$p=0.0254$)；中等干旱和极端干旱次数增加明显(图 5.29)。

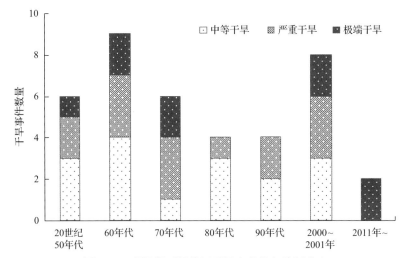

图 5.28　鄱阳湖不同等级干旱事件的年代际分布

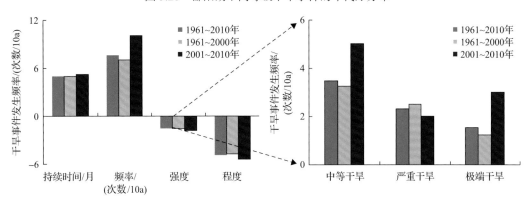

图 5.29　1961~2010 年鄱阳湖干旱的变化特征

5.3.2　两湖近年来枯季干旱水情及成因

1. 两湖枯季干旱水情变化与对比

表 5.5 给出了 2001~2010 年鄱阳湖干旱事件发生的起止时间、持续时间、干旱强度、干旱程度以及干旱等级。其中，干旱强度指标对应着干旱发生概率。例如，2001 年 6 月~2001 年 11 月干旱事件的强度为–1.64，对应概率 0.0505，意味着 20 个月一遇，也就是说两年一遇干旱事件。干旱强度指标的绝对值越大，干旱就越剧烈，其中 2006 年 7 月~2007 年 7 月干旱事件的强度最大，干旱强度值为–3.03，达到 70 年一遇。另外，干旱持续时间越长，干旱程度也会随之增加，持续时间最长的也是 2006 年 7 月~2007 年 7 月事件，长达 13 个月；干旱程度指标的绝对值也最高。

表 5.5　2001～2010 年发生的鄱阳湖干旱事件及其干旱特征与三峡调蓄所致风险强度变化

序号	干旱起止时间	持续时间/月	干旱强度（发生概率）	干旱程度	干旱分级	三峡蓄水所致风险强度变化
1	2001 年 6 月～2001 年 11 月	6	−1.64 (0.0505)	−4.33	严重	
2	2003 年 11 月～2004 年 8 月	10	−1.96 (0.0250)	−10.23	严重	
3	2005 年 4 月～2005 年 5 月	2	−1.03 (0.1515)	−1.39	中等	
4	2006 年 7 月～2007 年 7 月	13	−3.03 (0.0012)	−20.22	极端	−2.70
5	2007 年 10 月～2008 年 8 月	11	−2.01 (0.0222)	−13.21	极端	
6	2009 年 1 月～2009 年 2 月	2	−1.39 (0.0823)	−2.47	中等	
7	2009 年 4 月～2009 年 7 月	4	−1.14 (0.1271)	−3.11	中等	
8	2009 年 9 月～2010 年 1 月	5	−2.66 (0.0039)	−7.90	极端	−1.81
9	2010 年 10 月～2010 年 12 月	3	−1.21 (0.1131)	−1.56	中等	
	平均水平	7.3±3.8	−1.79±0.70	−7.16±6.41		

　　因此，从各个干旱指标来看，2006 年 7 月～2007 年 7 月干旱事件都可列为这十年间发生的鄱阳湖干旱事件之首。另外，在这些干旱事件中三峡水库每年 9～10 月蓄水运行也会产生一定的影响，如 2006 年 7 月～2007 年 7 月干旱事件和 2009 年 09 月～2010 年 1 月干旱事件。运用 CHAM-Yangtze 模型的模拟结果，在前一次干旱事件中，三峡蓄水将干旱强度从−2.70 增强到−3.03，也就是说将 24 年一遇的干旱事件增强为 70 年一遇。在后一次干旱事件中，2～3 年一遇增强为 21 年一遇。同时也应该注意到，这两次干旱的起始时间与三峡蓄水时间并非一致，因此三峡蓄水并未触发干旱事件，但改变了湖泊干旱发生的风险强度。所以说，鄱阳湖干旱事件频发现象与三峡蓄水无关，但若遭遇干旱事件，则增加了单个事件的干旱强度。

　　表 5.6 给出了 2001～2010 年洞庭湖干旱事件发生的起止时间、持续时间、干旱强度、干旱程度以及干旱等级。其中，2006 年 5 月～2006 年 11 月干旱事件的强度为−2.26，对应概率 0.0119，意味着 84 个月一遇，即七年一遇；前后持续时间为 7 个月，属于极端干旱事件。2009 年 9 月～2009 年 12 月干旱事件的强度最大，干旱强度值为−2.37，9～10 年一遇；持续时间 4 个月，相对较短。

表 5.6　2001～2010 年发生的洞庭湖干旱事件及其干旱特征

序号	干旱起止时间	持续时间/月	干旱强度（发生概率）	干旱程度	干旱分级
1	2001 年 7 月～2001 年 8 月	2	−1.15 (0.1251)	−2.13	中等
2	2003 年 10 月～2004 年 2 月	5	−1.34 (0.0901)	−2.09	中等
3	2006 年 5 月～2006 年 11 月	7	−2.26 (0.0119)	−9.13	极端
4	2007 年 10 月～2007 年 12 月	3	−1.08 (0.1401)	−2.45	中等
5	2008 年 5 月～2008 年 7 月	3	−1.26 (0.1038)	−2.26	中等
6	2009 年 9 月～2009 年 12 月	4	−2.37 (0.0089)	−5.35	极端

与鄱阳湖干旱相比，洞庭湖干旱事件次数相对较少，在干旱强度、持续时间、干旱程度上也相对较轻；干旱事件的起止时间与鄱阳湖存在差异性。由此可见，虽然鄱阳湖与洞庭湖同处长江南岸，具有相似的地理纬度和气候条件，都受到长江作用的影响，但诸次干旱事件的发生时段与干旱强度都不尽相同。

2. 两湖枯季干旱水情变化成因

从湖泊水量平衡的角度来看，造成干旱频发的主要原因既与湖区和流域的水分来源有关，也与出湖径流量的变化有关，每次干旱事件的成因不尽相同（表 5.7）。就鄱阳湖而言，若以湖区为封闭性水文单元，湖区降水减少对干旱的贡献为 23%，湖区蒸散增加对干旱的贡献为 8%，出湖径流增加对干旱的贡献为 24%，入湖径流减少对干旱的贡献为 45%。其中，入湖径流的减少主要取决于流域降水和流域蒸散量的增加（表 5.7）。流域降水量减少对入湖径流减少的贡献为 82%，而蒸散量增加对入湖径流减少的贡献为 18%。在整个流域尺度上看，流域降水减少对干旱的贡献为 62%，而流域蒸散增加对干旱的贡献为 14%。可见，流域降水亏缺仍然是鄱阳湖最基本的致旱因素，流域蒸散量的增加起到一定的增强作用；出湖径流的影响比较复杂，在多数情况下它的致旱作用程度一般会次于流域降水作用。由于长江顶托作用强弱变化影响出湖径流，调节流域的水分收支平衡，既可强化也可减轻湖区水文干旱的程度。

表 5.7　鄱阳湖湖区降水减少、蒸散增加、入湖径流减少和出湖径流增加对鄱阳湖干旱事件的
贡献率，以及流域降水减少和蒸散增加对入湖径流减少的贡献率　　　　（单位：%）

湖区干旱事件	湖区水分收支变化（100%）			流域水分收支变化（100%）		
	降水	蒸散	入湖	出湖	降水	蒸散
2001 年 6 月~2001 年 11 月	23	13	20	44	61	39
2003 年 11 月~2004 年 8 月	12	4	59	25	84	16
2005 年 4 月~2005 年 5 月	19	3	41	38	98	2
2006 年 7 月~2007 年 7 月	68	57	-125	99	112	-12
2007 年 10 月~2008 年 8 月	25	14	32	29	75	25
2009 年 1 月~2009 年 2 月	17	3	41	40	93	7
2009 年 4 月~2009 年 7 月	11	7	60	22	73	27
2009 年 9 月~2010 年 1 月	34	14	36	16	73	27
2010 年 9 月~2010 年 12 月	1	13	24	62	56	44

从长期来看，干旱事件具有统计特征。对于单独干旱事件而言，干旱事件具有特定的物理过程。不同干旱事件的时空变化过程及其主导因素也不尽相同，因此有必要剖析典型干旱事件的过程，探讨其形成机制，从而为制订有效的防旱抗旱措施及干旱的早期预警等提供科学依据。根据标准化水位指数 SLI，进入 21 世纪以来 2006 年和 2011 年极端干旱事件强度最大且历时最长，而且这两次干旱事件期间三峡水库蓄水引起很大的争

议，同时这两次事件对于两湖地区的社会经济影响也十分广泛和严重。因此，有必要剖析两次事件的发生发展过程，揭示其成因机制，以科学的态度和严谨的答案平息有关争议。

1) 洞庭湖典型干旱事件与成因

从时间上看，洞庭湖 2006 年干旱事件始于当年 5 月，结束于 11 月，历时 7 个月；最大干旱强度为–2.26，相当于 7 年一遇，列为极端干旱等级(图 5.30)。2011 年干旱事件始于 4 月，结束于 12 月，历时 9 个月，比 2006 年干旱事件持续时间要长；最大干旱强度为–2.27，相当于 7~8 年一遇，同样列为极端干旱等级。两次干旱事件的强度相当，而后者(–10.62)比前者(–9.13)的干旱程度相对要强一些。两次干旱事件都经历 9~10 月，这一时段为三峡水库蓄水时间。

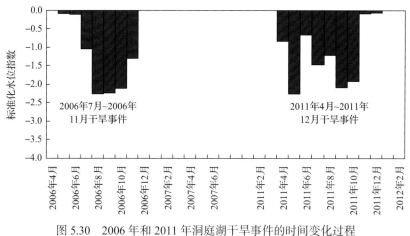

图 5.30　2006 年和 2011 年洞庭湖干旱事件的时间变化过程

从空间上看，2006 年洞庭湖全年水面淹没总体上表现为洪水期(6~10 月)汪洋一片，枯水期(11 月至次年 5 月)仅存几条带状水域的季节性变化特征(图 5.31)。其中，东洞庭湖水面淹没范围最大，其次为南洞庭湖和西洞庭湖。从水面淹没范围的逐月空间变化来看，1~3 月水面淹没范围主要集中在洞庭湖"三口四水"以及其他河流入湖的水道和河道中，这些水域为常年积水区。4 月开始，随着"四水"流域进入雨季，河水上涨，水面淹没范围由河道中心向四周不断扩展。到 7 月，洞庭湖 3 个区域几乎全部被水淹没，水面淹没范围达到最大。8 月水面淹没范围迅速减小，减小范围主要集中在东洞庭湖外围和南洞庭湖的北边。9 月后，随着湖区来水进一步减少，水面淹没范围也不断减小，尤其在东洞庭湖比较明显，西东洞庭湖水面减小最不显著。总的来说，在洞庭湖涨水阶段，水面淹没范围扩大的趋势在各个区域表现不同，东洞庭湖主要表现为由湖心向外逐渐扩大，南洞庭湖表现为由北向南延伸，而西洞庭湖则表现为由目平湖向其西南部逐渐扩大。退水阶段的水面范围变化方向与涨水阶段的正好相反。水面淹没范围的空间变化主要发生在东洞庭湖和南洞庭湖，西洞庭湖的变化较小(吉红霞等，2016)。

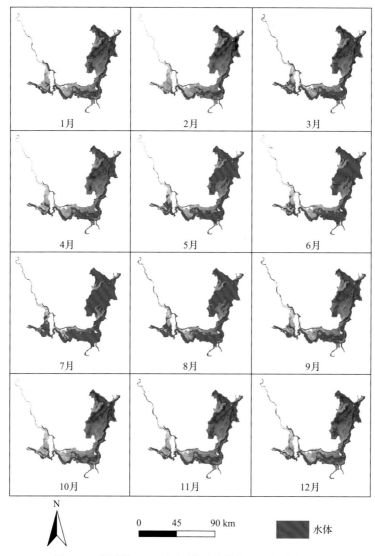

图 5.31 洞庭湖 2006 年极端干旱事件的空间演化过程

2011 年洞庭湖全年水面淹没范围变化趋势与 2006 年大体一致，但又存在一定的差异(图 5.32)。4~5 月进入雨季，洞庭湖区水面范围并未像往年一样开始向外扩展变大。6 月由于强降雨过程的来临，水面淹没范围急剧变大，尤其是在东洞庭湖和南洞庭湖，形成了旱涝急转的局面。7 月水面范围除在东、南洞庭湖继续扩大外，西、东洞庭湖水面也开始向外延伸，8 月整个洞庭湖湖区几乎全部被水淹没，水面淹没范围达到最大，这一点与 2006 年的情况有所不同。9 月后由于出湖水量大于入湖水量，水面淹没范围开始向涨水方向相反的方向逐渐缩小，直到只剩下常年积水区的水域。从全年情况来看，除 6~8 月的淹没范围较大外，其他月份的水面淹没范围都比较小，表明 2011 年全年的干旱比较严重。

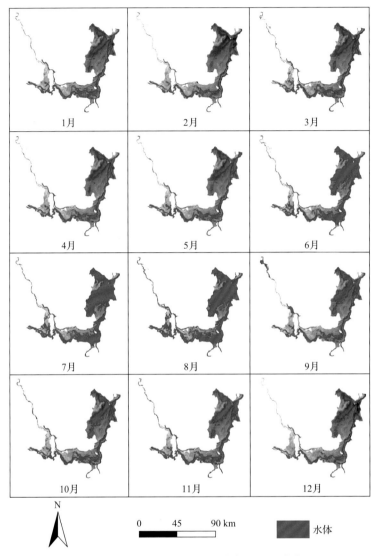

图 5.32 洞庭湖 2011 年极端干旱事件的空间演化过程

从湖区降水量来看，2006 年全年总降水量约为 1409 mm，比多年平均(1987~2011 年)降水量略高约 5 mm，因此 2006 年不属于降水稀少年份。从径流来看，洞庭湖全年入湖和出湖流量均低于多年平均水平(图 5.33)。8~11 月，洞庭湖湘、资、沅、澧"四水"和松滋、太平、藕池"三口"分泄入湖的长江入湖水量，以及直接入湖的汨罗江和新墙河等总水量比历史同期偏少 23%。其中，"三口"持续长时间断流，入湖径流量仅比多年同期均值偏少 75%，导致城陵矶出湖径流比历年同期减少约 52%，加上上游三峡水库蓄水引起的长江水位偏低，导致湖泊水量减少，成为典型的水文干旱事件，而非由气象要素主导(图 5.34)。

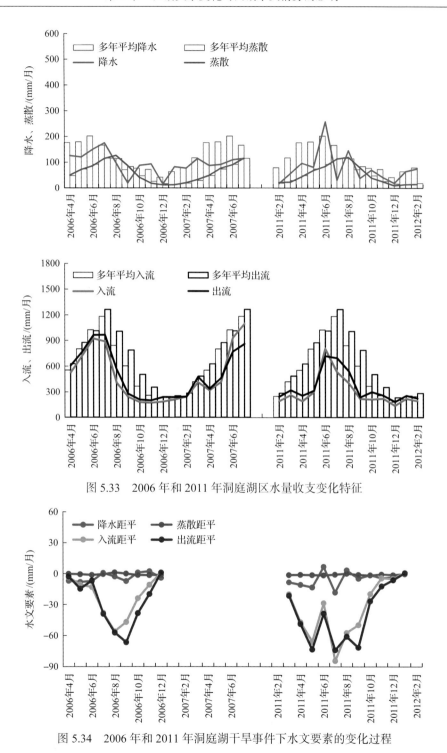

图 5.33　2006 年和 2011 年洞庭湖区水量收支变化特征

图 5.34　2006 年和 2011 年洞庭湖干旱事件下水文要素的变化过程

　　2011 年洞庭湖流域全年降水量约为 993 mm，比多年平均降水偏低约 29%。除了 6 月、10 月偏多外，其余各月降水量偏少，尤其是 4~5 月降水量偏少 50% 以上，7 月降水量低于多年平均水平 72%。由于降水偏少，湖区径流量也相应减少。上半年至 5 月末，

"四水"主要控制站来水量较多年同期均值偏少约 50%，为中华人民共和国成立历年同期最小。其中，湘、资、沅、澧"四水"各控制站较历年同期分别偏少 49%、43%、50%、69%。"三口"入湖水量不及历年同期均值的一半。除 6 月入湖径流量较接近多年平均水平外，其他几个月的入湖总径流量比多年平均水平减少了 47%。加上长江水位偏低因素的影响，导致出湖径流量比多年平均出湖径流量减少了 47%。总的来说，2011 年干旱属于由流域气象要素和长江水位偏低共同引起的水文气象干旱事件。

2) 鄱阳湖典型干旱事件与成因

从时间上看，鄱阳湖 2006 年干旱事件始于 7 月，结束于次年 7 月，历时 13 个月；最大干旱强度为–3.03，相当于 70 年一遇，列为极端干旱等级(图 5.35)。2011 年干旱事件始于 2 月，结束于次年 2 月，历时 13 个月，比 2006 年干旱事件相比，起止时间不同但持续时间相同；最大干旱强度为–3.52，超过百年一遇，属于极端干旱等级。在干旱程度上，两次干旱事件的干旱程度值分别为–20.22、–19.33。由于两次干旱事件都超过一年，经历每年 9～10 月的三峡水库蓄水时段。对比两次极端干旱事件可见，2006 年事件似乎由三个连续的次级干旱事件组成，而 2011 年事件相对连续，其中每年 9～10 月的干旱强度都出现峰值。

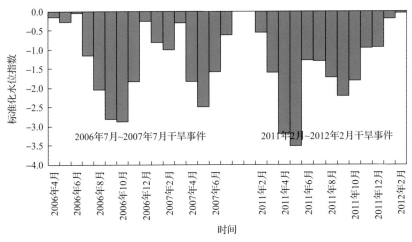

图 5.35　2006 年和 2011 年鄱阳湖干旱事件的时间变化过程

从空间上看，2006 年干旱事件始于 7 月，正值夏季；而后进入明显的水量不足阶段，表现为秋、冬季退水提前，使得水面分布在这一阶段急剧减少(图 5.36)，并且在空间上表现为北部通江水体区的湖面缩减更为严重，平均淹没频率较 2011 年低 13.48%，显示出本次干旱事件与长江水位变化之间存在更为显著的关系，干旱事件的主体发生在 2006 年秋冬季。之后，干旱强度有所减轻。2007 年 4 月，湖泊干旱特征再次表现得十分明显，但这时干旱的空间特征同时出现在通江水域及环湖周边，预示着流域的来水补给明显不足。

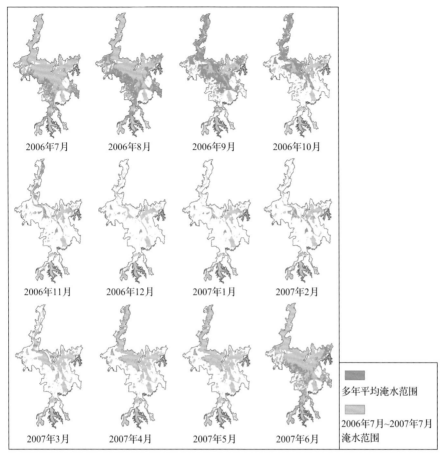

图 5.36 鄱阳湖 2006 年和 2007 年极端干旱事件的空间演化过程

2011 年干旱事件始于冬季(2 月)。在湖区水面的空间格局上,除了人工湖汊以及通江水体区以外,其他区域在全年也表现出严重的水体干枯现象,尤其以春夏季节更为明显,大约 70%的水面在 7 月之前就已经消失,且以修水-赣江西支三角洲最为突出,平均淹没频率不足 10%,秋冬季湖泊型通江水体区退水速率最大(图 5.37)。6~7 月出现若干次暴雨,旱情有所减缓,即旱涝急转现象。然而 8 月起,再次呈现出明显的干旱特征。从水位的空间分布格局来看,从北到南,无论是丰水期还是枯水期,全湖平均水位在空间上均表现为较大的梯度,最高水位梯度达 30 cm/km,并且其梯度最大值随季节变化而发生迁移。

在两次干旱事件中,鄱阳湖干旱虽然比洞庭湖更为剧烈,但干旱的成因基本类似(图 5.38、图 5.39)。就 2006 年干旱事件而言,流域降水比多年平均水平(1960~2014 年)略高,同期入湖水量高于多年平均水平,而同期出湖水量也高于多年平均水平。因此,2006 年属于水文要素导致的干旱事件。相比 2011 年而言,2011 年上半年流域降水严重匮缺,而下半年也没有出现更多的补给,同期入湖水量严重低于多年平均水平,加上三峡水库蓄水导致更低的长江水位和更多的出湖径流。根据模拟估算,三峡水库蓄水导致 2006 年、2011 年同期的出湖径流增加为 11.3%、36.0%(Liu and Wu, 2016; Liu Y et al., 2016)。因此,2011 年属于水文气象两种因素叠加所导致的极端干旱事件。

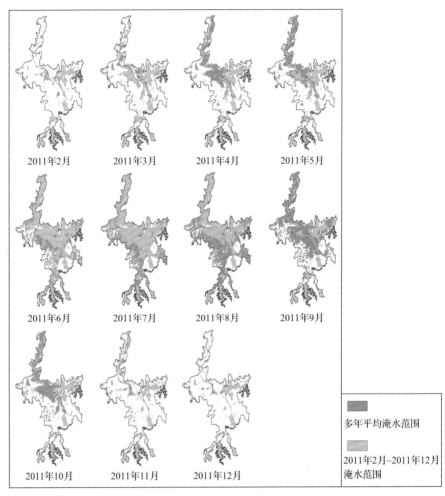

图 5.37 鄱阳湖 2011 年极端干旱事件的空间演化过程

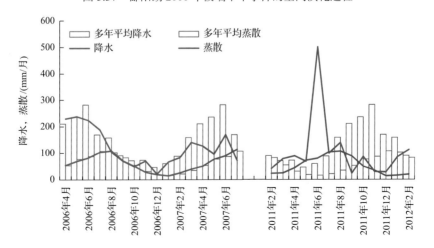

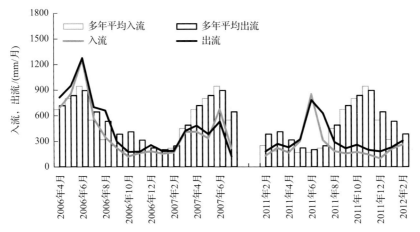

图 5.38　2006 年、2007 年、2011 年和 2012 年鄱阳湖区水量收支变化特征

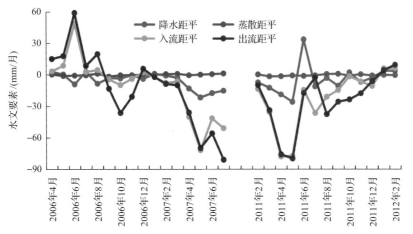

图 5.39　2006 年、2007 年、2011 年和 2012 年鄱阳湖干旱事件下水文要素的变化过程

5.4　两湖洪水演变与江湖关系

5.4.1　洞庭湖历史洪水演变与成因

1. 洞庭湖历史洪水演变

1) 洞庭湖洪水来源

洞庭湖径流来源北有松滋、藕池、太平三口分流，南、西有湘、资、沅、澧四水，内有圩垸区间径流。洞庭湖洪水来源不同、特征各异，大体上可分为三个主要类型：①四水型，四水洪水很大同期长江洪水不大，一般发生较早，往往造成流域性洪灾；②长江型，长江洪水很大而同期四水洪水不大；③长江、四水遭遇组合型。其中，长江、四水洪水遭遇是洞庭湖区发生大洪水的决定因素。

三口之水分自长江，其特性与长江近似。长江至宜昌以下，洪峰不高但流量大，往往前峰未落后峰又起，重叠复峰连续出现，洪水历时常达 30～60 天。相对于三口洪水特性来说，四水洪水总的特性是洪峰高瘦，历时不长，量亦不大。这是因为山区的洪水波传播速度快、历时短，水位过程线成陡涨的尖峰状。洪水涨落一般历时 10 天左右。实际发生的长江与四水洪水遭遇组合无论是峰型还是时长都较为复杂。

2) 洞庭湖洪水发生时间

由于三口、四水每年洪水过程不大一致，故整个湖区汛期常达半年之久(5～10 月)。其中，三口洪水发生时间与长江中游相同，洪峰多发生于 7 月上旬至 8 月上旬。四水中，湘江洪水发于 4 月下旬至 6 月，资、沅二水多发于 5 月上旬至 7 月上旬，澧水则多发于 6 月下旬至 7 月下旬。四水组合最大入湖流量多发生在 5～7 月。洞庭湖洪水则多发于 7 月，从城陵矶最高水位出现的时间来看，1960～2014 年的 55 年中 7 月出现的有 35 年。

湖区洪水遭遇可分为洪峰遭遇和洪水过程遭遇两种情况。若三口、四水洪峰同日出现，即为洪峰遭遇。所谓过程遭遇，对三口洪水来说，指 15 天洪水有 7 天以上重叠者；对四水洪水来说，指 7 天洪水有 3 天以上重叠者；三口、四水洪水过程遭遇指三口与四水 15 天洪水有 7 天重叠者。受地形和天气等条件影响，资、沅洪水遭遇的概率最大，其次是湘、资洪水遭遇。湘、资与澧水洪水遭遇的可能性则较小。由于湘、沅二水控制面积占四水总面积的 80%，故湘、沅洪水遭遇对洞庭湖区洪水影响较大。三口分流受制于荆江，荆江洪水大，三口分流多，荆江洪水小，三口分流少，三口分流与荆江来水同步性相当好，因此三口洪水遭遇频率达 88%。在三口与四水洪水遭遇方面，由于四水主汛期在 5～7 月，三口主汛期在 7～8 月，所以江湖洪水遭遇多发生在 7 月。城陵矶因其地理位置特殊，其洪水多发于 6 月上旬至 8 月上旬，江湖洪水在此处遭遇的可能性也最大。澧水因更靠近长江，比资、湘、沅水同长江洪峰相遇的可能性大。

3) 洞庭湖洪水演变

1960～2000 年洞庭湖洪峰水位呈波动上升趋势，洪水的发生频率亦同步增加，以城陵矶超警戒水位(32.50 m)计共有 26 年发生了洪水，20 世纪 60～80 年代各有 4 年发生洪水，90 年代最为严重，有 8 年发生洪水，2000 年后洪水形势好转，仅有 6 年发生洪水(图 5.40)。

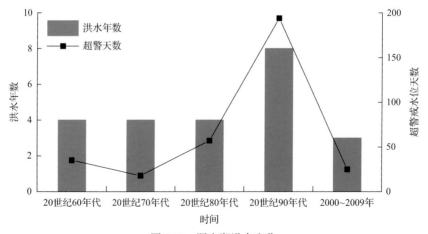

图 5.40　洞庭湖洪水变化

同时，2000 年后洪峰水位明显回落并处于较低阶段，城陵矶多年平均洪峰水位由 2000 年前的 32.20 m 下降到 2003 年后的 31.66 m。

2. 洞庭湖洪水成因

洞庭湖洪水变化是气候变化及江湖关系变化综合作用的结果。近几十年来，由于洞庭湖大规模围垦、下荆江裁弯、葛洲坝运行及三峡工程建成运用，致使江湖关系出现剧烈调整，引发江湖之间的一系列连锁反应，改变了江湖水文、水动力特征。城陵矶及以下河段淤积造成的城陵矶-螺山河段水位的趋势性增高，洞庭湖淤积、围垦造成的湖泊调蓄能力减弱，三口分流变化造成的长江对洞庭湖顶托加强，这些均对洞庭湖洪水加剧起到了显著的作用。

1) 气候变化

洪水位的抬升首先是由于洪峰流量的增加。长江宜昌站、汉口站的长序列最大洪峰流量及最高洪水位变化显示，1890～2000 年汉口最大洪峰流量为上升期，年均增加 131.8 m³/s，与此对应汉口最高洪水位也逐步升高，年均升高 0.015 m。一方面，汉口洪峰流量与最高洪水位变化的一致性表明洪峰流量对江湖洪水的作用；另一方面，宜昌最大洪峰流量在 1980～1990 年之前一直无明显的变化趋势，之后则略有下降，又表明与长江上游洪峰流量相比，支流汇入、河湖调蓄、河道冲淤等因素在中游洪水的演变中起着更为重要的作用(图 5.41)。

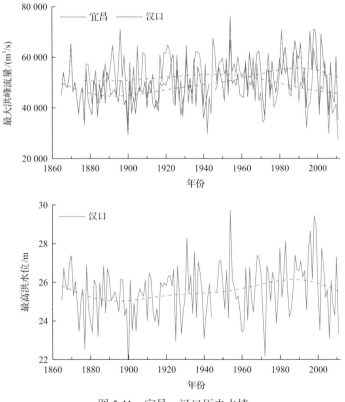

图 5.41 宜昌、汉口历史水情

气候变化方面，降水是湖区特大洪涝灾害根本驱动因素。影响洞庭湖流域的降水天气特征主要为西太平洋副热带高压及其引起的季风强弱变化。从历史洪水过程来看，大洪水多发生在厄尔尼诺事件次年。1960 年以来的厄尔尼诺年为：1963 年、1965 年、1969 年、1979 年、1982～1983 年、1986 年、1987 年、1991～1992 年、1993 年、1994～1995 年、1996～1998 年。同期，湖区发生特大洪涝灾害的年份有 1964 年、1966 年、1969 年、1970 年、1973 年、1977 年、1980 年、1983 年、1988 年、1991 年、1993 年、1995 年、1996 年、1998 年、1999 年。两者对应分析可知，湖区特大洪涝灾害 80%发生在厄尔尼诺次年。西太平洋副热带高压的强弱和进退是影响湖南季风降水的关键因素，在特大洪涝年汛期，位于 110°～120°E 的西太平洋副高脊线位置都稳定处于 19°～24°N。在厄尔尼诺次年湖区出现洪涝，与 500 hPa 上副高在强度和位置方面发生较的变化有利于汛期降水量的增加，因为它不仅为降水提供了充沛的水汽来源，而且使雨带的移速减慢，降水强度加大，为产生特大暴雨和连续暴雨提供了必要的条件。

在 2000 年之前，除去 1998 年等个别年份，长江上游夏季降水量呈下降趋势，但洞庭湖流域夏季降水量则呈上升趋势。与降水量变化相应，宜昌夏季径流量呈下降趋势，洞庭湖流域夏季径流量呈上升趋势，正是由于洞庭湖流域夏季径流量的增加，螺山夏季径流量呈上升趋势，这在 20 世纪 90 年代表现得尤为明显(图 5.42、图 5.43)。

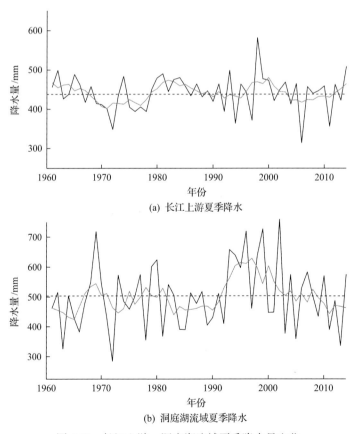

(a) 长江上游夏季降水

(b) 洞庭湖流域夏季降水

图 5.42　长江上游、洞庭湖流域夏季降水量变化

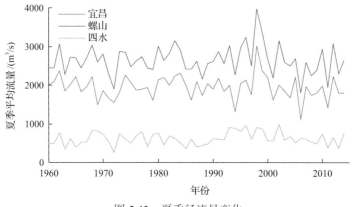

图 5.43　夏季径流量变化

2) 河湖变化

江湖高洪水位抬升也受到河湖变化的影响，这种影响主要表现为水位流量关系的改变。对比 1980 年前后螺山站洪峰水位流量关系，可以发现有明显的变化，同流量情况下水位明显升高，这也是洞庭湖洪峰水位升高的重要原因(图 5.44)。

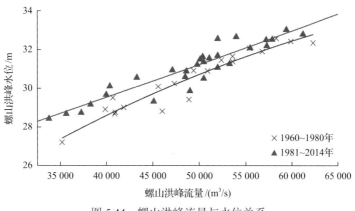

图 5.44　螺山洪峰流量与水位关系

3) 人类活动影响

与鄱阳湖不同的是，由于洞庭湖流域的来水量占长江干流螺山站的比例较大，因此，即使在高洪期湖泊的上下游水位也存在一定的落差(一般在 1~3 m)，致使全湖的洪水严重程度表现出一定的空间差异。湖泊上下游洪水位的落差大小首先因洪水类型而异，一般地，四水型洪水落差较大，长江型洪水落差较小。其次，落差大小也受到其他一些因素的影响，从南咀、城陵矶洪峰水位落差的多年变化看，大致可分为两个阶段，1973 年之前平均落差为 2.09 m，1973 年之后平均落差为 1.69 m，减少 0.40 m。这表明由于荆江裁弯导致三口分流大幅下降，而入湖径流量的减少则引起湖泊上下游水位落差的减小(图 5.45)。

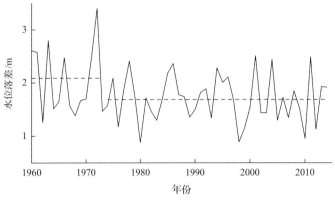

图 5.45　南咀-城陵矶洪峰水位落差变化

长江上游、洞庭湖流域来水对洞庭湖洪水的影响存在两种情形：①对于洞庭湖出口城陵矶站(东洞庭湖)而言，由于其洪水位高低取决于江湖合成流量的大小，因此，长江上游、洞庭湖流域来水增减对洪水影响的效应是相同的。但由于夏季四水径流量只占螺山径流量的 25%左右，故对于径流量增加同等比例的情形而言，长江来水的影响显然要远大于洞庭湖流域来水的影响。②对于湖泊上游(西、南洞庭湖)而言，长江上游、洞庭湖流域来水的组合差异也对洪水位具有很大的影响，表现为：城陵矶洪水位越高则湖泊上下游水位落差越小；洞庭湖流域来水在江湖合成流量中的占比越大则湖泊上下游水位落差越大(图 5.46)。

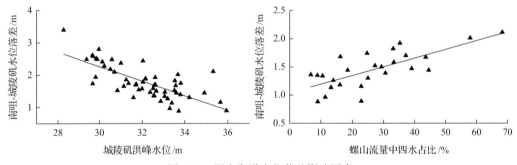

图 5.46　洞庭湖洪水位落差影响因素

三峡工程蓄水运用后，由于其对上游洪水的调蓄作用，以及清水下泄后对中下游干流河道冲刷，荆江入湖的三口口门水位降低、水量减少、入湖泥沙大幅减少，湖泊淤积减缓，形成新的江湖关系格局，洞庭湖的洪水形势得到较大改善。就目前来看，三峡水库汛期调度对洞庭湖洪水的影响非常显著。从水动力模拟结果可以看出(2010 年)，三峡水库调度显著降低了洪峰时期全湖水位，湖区主要水位控制站水位降幅最大值均接近1.0 m。但在降低洪峰水位的同时，水库调度也提升了退水段的水位，该效应在东洞庭湖最为明显，如调度期间城陵矶水位高于 32.5 m 的天数由 15 天增加到 17 天，高于 30.0 m的天数由 56 天增加到 59 天。

5.4.2　鄱阳湖历史洪水演变与成因

1. 鄱阳湖历史洪水演变

1) 鄱阳湖高洪水位年内分布特征

鄱阳湖最高水位一般出现在 7 月，而达最高水位时，鄱阳湖各处水位基本一致，整个湖面呈一水平面。由鄱阳湖不同水位(19.0 m、20.0 m、21.0 m)在年内洪水期的出现频率(图 5.47)可看出，19 m 作为警戒水位，自 6 月下旬其以上水位出现频率迅速增加，至 7 月中下旬达到最大，并在 8 月初快速下降并一直持续到汛期结束。而 20 m 以上水位发生频率比 19 m 小很多，最大值亦出现在 7 月中旬，但需要指出的是，8 月底至 9 月初 20 m 以上水位出现的频率也较高，需引起足够重视。21 m 以上水位出现的频率分布与 20 m 类似，但频率进一步降低(Li X et al., 2015)。

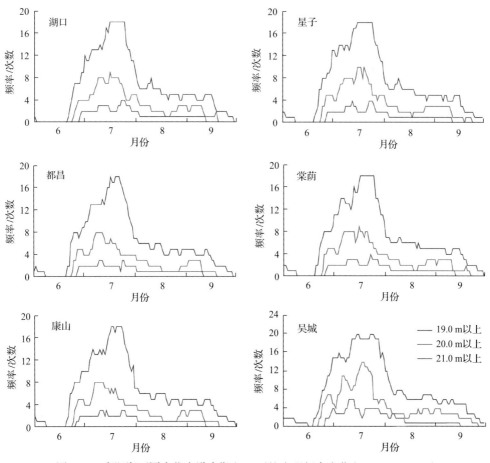

图 5.47　鄱阳湖不同水位在洪水期(6～9 月)出现频率变化(Li X et al., 2015)

2) 鄱阳湖洪水特征年际变化

鄱阳湖年最高水位整体呈上升趋势，M-K 统计量为 1.49，但 2000 年以后呈较明显的下降趋势，最高水位逐年降低。突变检验发现最高水位在1965年左右发生突变，之前呈微弱下降趋势，1965年之后则呈明显上升趋势，尤其是在20世纪90年代，其上升趋势更是达到了0.05的显著性水平(图5.48)。而最高水位出现时间虽有较大的波动，但整体仍呈上升趋势，M-K统计量为1.56，表明鄱阳湖最高水位出现时间有后延趋势，不过在1965～1977年及1989～2000年这两个时段，鄱阳湖最高水位出现时间都较早(图5.49)。突变检验发现鄱阳湖最高水位在2000年左右出现突变，其前后两个时段变化趋势存在一定的差别(Li and Zhang, 2015)。

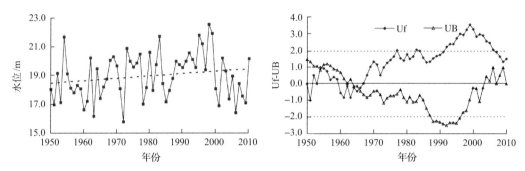

图5.48 鄱阳湖年最高水位年际变化及M-K检验(Li and Zhang, 2015)

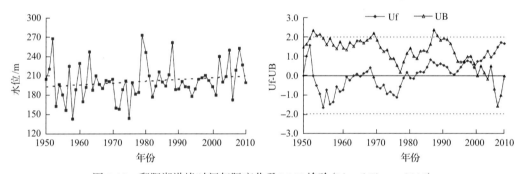

图5.49 鄱阳湖洪峰时间年际变化及M-K检验(Li and Zhang, 2015)

高洪水位持续时间是洪水危害程度的一个重要指标，分析了鄱阳湖19 m、20 m以及21 m以上水位持续的天数(图5.50、图5.51)，发现1954年是鄱阳湖高洪水位持续时间最长的一年。之后，不同级别的洪水持续天数则由少逐渐变多，呈上升趋势，至20世纪

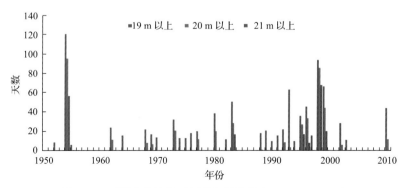

图5.50 不同水位持续时间的年际变化(Li X et al., 2015)

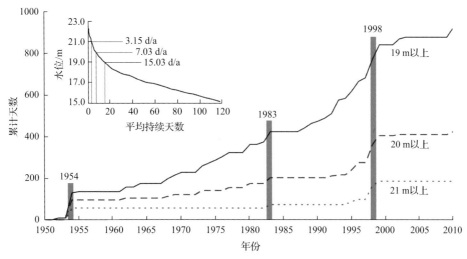

图 5.51　不同水位持续时间的累积变化(Li X et al., 2015)

90 年代达到最大值,尤其是 21 m 以上水位持续的时间主要集中在 1990～1999 年,而 2000 年以后鄱阳湖高洪水位的持续天数明显减少(Li X et al., 2015)。

同时,从综合反映最高洪水位与洪水持续时间的洪水危害系数来看(图 5.52),自 20 世纪 50 年代以来,呈明显的波动上升趋势,在 90 年代末达到最大值,其中 1998 年洪水的危害系数甚至超过了 1954 年大洪水,达到历史之最。自 2000 年以后,随着年最高水位的下降以及高洪水位持续时间的缩短,鄱阳湖洪水的危害程度减至较低的水平(Li X et al., 2015)。

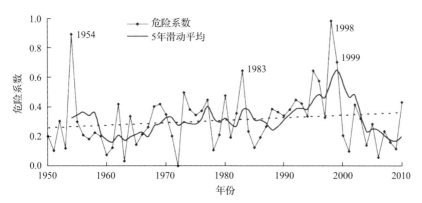

图 5.52　鄱阳湖洪水危害系数变化过程(Li X et al., 2015)

3) 鄱阳湖洪水特征年代际变化

以 10 年平均水位来看,20 世纪 90 年代较其他年代偏高 0.18～0.69 m,7 月偏高近 2 m,表明 90 年代平均水位居近 60 年来之首,自 60～90 年代,鄱阳湖平均水位呈稳定抬升态势,而 2000 年以后,则由于区域降水减少,五河入湖水量大幅减少,再加上长江干流水位偏低,进一步加速了鄱阳湖的出流,使鄱阳湖水位出现较大幅度的下降(图 5.53)。同时,不同年代的水位-持续天数关系曲线表明,在高水位阶段,相同水位所对应的持续时

间以 20 世纪 90 年代为最长, 50 年代、70 年代和 80 年代基本持平, 而 60 年代和 2000~
2009 年的高洪水位持续时间最短(图 5.54)(Li X et al., 2015)。

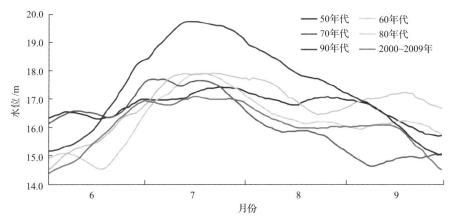

图 5.53　鄱阳湖丰水期不同年代平均水位变化(Li X et al., 2015)

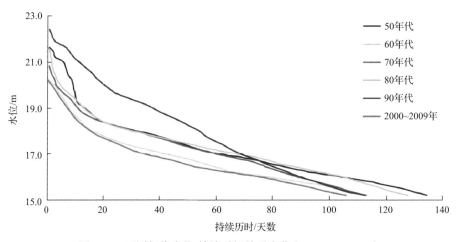

图 5.54　不同年代水位-持续时间关系变化(Li X et al., 2015)

另外, 从年最高水位来看, 20 世纪 90 年代比其他年代平均偏高 1.51~2.23 m, 说明
90 年代年最高水位的抬升幅度远较平均水位大得多, 是 90 年代大洪水增多, 高水位持
续时间加长的客观反映。在 50 年代以来出现最高水位超过 20 m 的较大洪水中, 其中有
6 次出现在 90 年代, 占 46%, 在最高水位超过 21 m 的 6 次大洪水中, 4 次出现在 90 年
代, 占 67%, 表明 90 年代是 50 年代以来水情最恶劣的 10 年(图 5.55)(Li X et al., 2015)。

2. 鄱阳湖洪水成因

鄱阳湖洪水主要与长江中上游及五河流域的极端降水、长江中下游段干流的过水能
力、鄱阳湖淤积、围垦、采砂等方面的因素有关。

1)长江上游来水及鄱阳湖流域降水的影响

长江来水的大小与五河入湖流量的多少是决定鄱阳湖洪水发生与否以及程度的主要

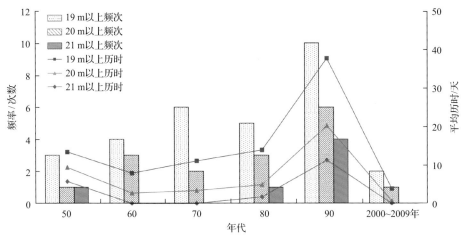

图 5.55　鄱阳湖不同程度洪水发生的频次及历时变化(Li X et al., 2015)

因素。长江流域汛期降水存在明显的年代际变化，长江流域降水在 20 世纪 50 年代末有显著的减少，在 60 年代末至 70 年代初略有回升，从 70 年代初至 80 年代末，降水量维持在一个较低的水平上，在 90 年代降水量显著增多，伴随降水的变化，长江干流的流量也呈波动增加趋势，而长江流量的增加明显抬高湖口的水位，阻挡鄱阳湖的出流(图 5.56、图 5.57)(Li and Zhang, 2015)。

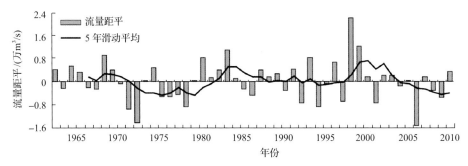

图 5.56　长江汉口站径流量距平年际变化(Li and Zhang, 2015)

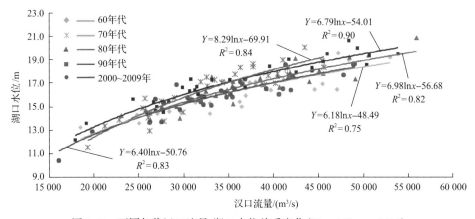

图 5.57　不同年代汉口流量-湖口水位关系变化(Li and Zhang, 2015)

同时，鄱阳湖流域 1990 年前平均降水量呈现振荡状态，并无明显趋势，但是在 1990年发生突变后，呈现明显上升趋势，1991~2003 年平均降水量比 1961~1990 年平均降水量高出 167.19 mm，夏季降水量和夏季暴雨频率均在 1992 年发生突变式的增加，1991~2003 年的夏季平均暴雨量、平均降水量分别比 1961~1990 年的夏季平均暴雨量、平均降水量高出约 107.81 mm、156.48 mm。20 世纪 90 年代平均暴雨日数比 1961~1999 年平均暴雨日数多 1.59 天。与此对应，鄱阳湖流域五河的入湖水量也在 90 年代达到最大(图 5.58)(Li and Zhang, 2015)。

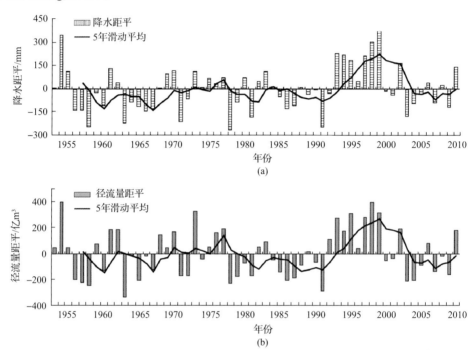

图 5.58　鄱阳湖流域降水和五河入湖水量距平年际变化(Li and Zhang, 2015)

2)长江中下游过水能力的变化

自 20 世纪 50~80 年代，除大通站冲淤平衡外，螺山、汉口两站的断面均呈淤积减小状态，两站同流量水位在低、中水均有不同程度的抬高，同水位流量则相应有所减少，高水位变化相对较小。在同水位条件下，大通水文站 90 年代流量要小于 50 年代，湖口水位与八里江流量关系也有明显的左移现象。这种水位-流量关系的变化，表明长江中游同水位下的泄流能力呈长期的下降趋势，必然造成湖口附近长江段水位壅高，对鄱阳湖出流的顶托作用加强(图 5.59)。

3)人类活动的影响

近 60 年来鄱阳湖区大规模围垦主要集中在 20 世纪 60~70 年代，80 年代以后的围垦较少，截至 1998 年，鄱阳湖区因围垦而减小湖面积达 850 km² 以上，容积减少约 70 亿 m³(图 5.60；Li and Zhang, 2015)。在 1998 年长江流域特大洪灾后，鄱阳湖区开始实行"平垸行洪，退田还湖"，到 2005 年，鄱阳湖面积基本恢复到 1954 年水平，湖泊容积也增大到 320 亿 m³ 左右。另外，60～70 年代流域五河入湖泥沙大量增加，并淤积在湖盆，也对鄱阳湖容积的减少起到重要作用(图 5.61)。

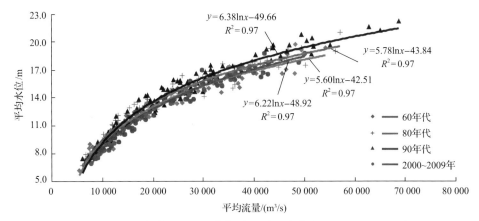

图 5.59　不同年代长江干流水位-流量关系变化(Li and Zhang, 2015)

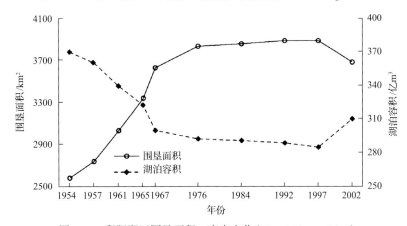

图 5.60　鄱阳湖区围垦面积、库容变化(Li and Zhang, 2015)

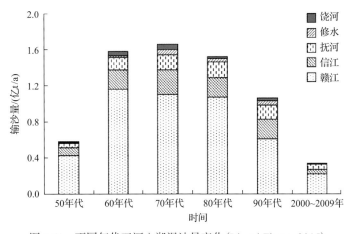

图 5.61　不同年代五河入湖泥沙量变化(Li and Zhang, 2015)

　　随着湖泊容积的减小，在同样的流域来水情况下，20 世纪 90 年代湖泊水位要高于60 年代，并随流域入湖水量的增大而增大。然而，2000 年以后，由于湖泊容积的增大，鄱阳湖水位和流域来水过程关系迅速发生变化，在同样的流域来水情况下，2000 年以后的湖泊水位远低于 90 年代水平，甚至略低于 60 年代水平(图 5.62)。

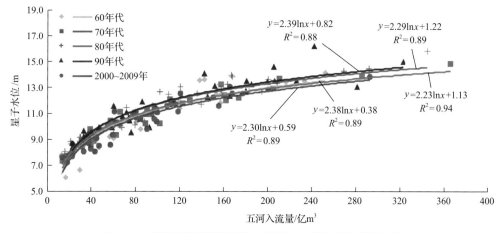

图 5.62　不同时期鄱阳湖水位与流域来水量关系曲线的变化

　　总体而言，湖区围垦、圩堤建设、入湖泥沙增加(水土流失)等使鄱阳湖容积在 20世纪 90 年代减小至历史最小；2000 年后，人类活动的影响比历史时期更剧烈；2000～2009 年，退田还湖、采砂、入湖泥沙减少等使鄱阳湖容积增大，增强了对洪水的调蓄能力。同时，三峡工程对长江干流洪峰过程的削减，对鄱阳湖区域的防洪也起到了重要的作用。

第6章 江湖关系变化对两湖水环境的影响

近年来，两湖水面减小、湿地萎缩、生物量下降等水生态环境问题日益突出。同时，引起枯水期水环境容量变小，水体自净能力下降，水质恶化。最终导致湖泊生态系统健康状况呈下降趋势，水环境问题日益突出，工程性缺水严重及通航能力明显下降等问题。产生这一问题的原因：一方面与流域经济社会发展导致的用水量及入湖污染负荷增加有关；另一方面也与江湖关系变化引起的两湖水文情势改变密切相关。全面、准确地认知近年来江湖关系变化特征及其对两湖水环境影响，不仅是揭示"河湖"与"江湖"关系变化在水环境与水文过程等方面影响机制的重要基础，而且是解决当前两湖水环境保护问题的关键步骤。本章立足于近年来鄱阳湖、洞庭湖与长江江湖关系变化，试图通过两湖水环境演变特征及江湖关系变化影响因素分析，实验模拟水动力变化对两湖氮磷输移转化的影响，建立水动力模型剖析江湖关系变化对两湖水环境容量和水华发生风险的影响，以期揭示江湖关系变化对两湖水环境的影响机制。

6.1 两湖水环境变化与影响因素

洞庭湖和鄱阳湖是长江中下游的过水型和吞吐型大型湖泊，其水环境、富营养状态和藻类变化趋势受流域面源污染、水文水动力条件、湖区水生生物等多种因素影响。近年来两湖年平均水环境质量有恶化趋势，局部水域暴发大面积水华。本书从洞庭湖、鄱阳湖近年来水体及沉积物中主要污染物氮磷的总体变化趋势、季节性变化趋势、空间分布特征、两湖的富营养化及藻类变化趋势入手，定性分析两湖水体中氮磷的来源、输移规律及影响因素，同时分析两湖的富营养化水平、水华暴发的影响因素。

6.1.1 洞庭湖水环境变化

1. 洞庭湖水环境质量变化

洞庭湖是长江出三峡进入中下游平原后的第一个通江大湖，为典型的过水吞吐型湖泊，近年来，随经济发展与流域水利工程建设，湖体氮磷等营养元素污染有加重趋势，局部水域出现轻度富营养化(黄代中等，2013)。

1991~2015 年，洞庭湖的水质从以Ⅳ类为主降为以Ⅴ类为主(林日彭等，2018)，主要污染物为总氮(TN)和总磷(TP)。其中，TN 含量总体上呈现显著上升的趋势(图 6.1)，1997~2008 年 TN 的浓度相对平稳，为 1.0~1.5 mg/L；从 2009 年起，浓度逐年提高，截止到 2011 年上升到 2.0 mg/L。TP 浓度波动较大(图 6.1)，1997~2002 年，TP 急速上升至峰值 0.18 mg/L，而后下降后趋于平稳；2002~2007 年，TP 缓慢上升至 0.13 mg/L后，开始缓慢下降；2007 年后又急速上升，到 2008 年到达 0.15 mg/L；之后开始缓慢下降，到 2011 年下降到 0.08 mg/L。研究表明，过量施用的农田化肥是洞庭湖水体中 TN 的增加最直接的影响因素。2003 年三峡工程运行以来入湖泥沙的大幅降低，使得洞庭湖颗粒态磷(PP)降低，但溶解态磷(DTP)有增加趋势(Wang and Liang, 2016；Tian et al., 2017)。

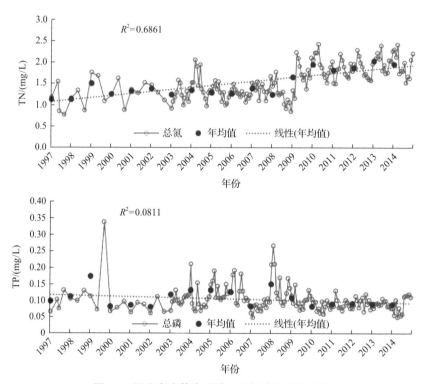

图 6.1　洞庭湖水体中总磷、总氮浓度变化趋势

不同水情下，洞庭湖 TN、TP 含量总体表现为枯水期＞平水期＞丰水期(1996～2014年)。枯水期洞庭湖的水环境容量较小自净能力弱；丰水期洞庭湖水环境容量较大，水生植物生长旺盛，消耗氮磷营养盐，是洞庭湖 TN、TP 枯水期较高、丰水期较低的原因(张光贵等，2016；王岩等，2014)。

在空间分布上，洞庭湖 TN 总体表现为东洞庭湖＞南洞庭湖＞西洞庭湖，TP 总体表现为西洞庭湖＞东洞庭湖＞南洞庭湖(张光贵等，2016)。东洞庭湖水体 TN、TP 较高的原因和其入湖农业面源污染物较多、湿地候鸟代谢产生有机氮长期累计、水流流速慢等因素有关。

2. 洞庭湖沉积物质量变化

2009 年，洞庭湖表层沉积物 TN 含量为 371.0～1470.2 mg/kg；2012 年洞庭湖沉积物的 TN 浓度为 558.08～2846.51 mg/kg，TP 浓度为 357.74～998.25 mg/kg；2015 年 TP 浓度为 520～890 mg/kg(王伟等，2010；王岩等，2014)。洞庭湖表层沉积物中的 TN、TP 含量总体呈现上升趋势。

不同水情下，洞庭湖表层沉积物中 TN、TP 含量表现为丰水期＞枯水期。洞庭湖四水流经区域水土流失严重，丰水期洞庭湖流域大量农田化肥会随着降水冲刷的颗粒物，进入地表径流进入四水或直接进入湖泊中；而随着降雨量增加，湖水水位增高，以及出湖口的长江顶托作用，洞庭湖水流流速降低，携带大量氮磷的颗粒会逐渐沉积，由此导致丰水期洞庭湖沉积物中的营养盐含量升高。

由图 6.2 可知，在空间分布上，洞庭湖表层沉积物中 TN、TP 总体呈由东向西逐渐递减的趋势，东洞庭湖及入湖尾闾区沉积物的 TN、TP 含量较高。东洞庭湖农业资源丰富，农业面源污染较重；且有大片自然湿地，生物代谢产生有机污染物；此外，东洞庭湖断面拓宽，流速减慢，同时受长江水流顶托影响，携带营养盐的颗粒物大量沉积，进一步导致东洞庭湖 TN、TP 含量增加[①]。

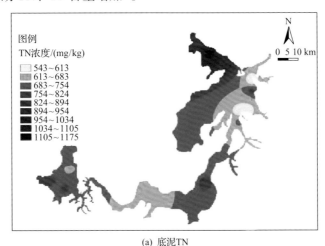

(a) 底泥TN

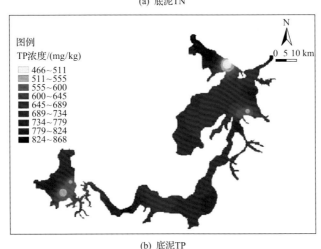

(b) 底泥TP

图 6.2　洞庭湖底泥中氮磷空间分布特征

3. 洞庭湖富营养化、藻类变化趋势

从洞庭湖水质的监测数据可以得出，洞庭湖富营养化指数（$\sum$TLI）总体呈上升趋势

---

① 高宇璐. 2016. 洞庭湖沉积物有效磷的高分辨率分布与释放特征研究. 北京：中国科学院大学。

(1986~2015 年)，2008 年之后基本维持在 50 左右(熊剑等，2016；黄代中等，2013)。2003 年以来，东洞庭湖∑TLI 均高于西洞庭湖、南洞庭湖；并且水质数据显示，2008~2010 年、2012 年、2015 年东洞庭湖已达到轻度富营养水平(∑TLI＞50)(黄代中等，2013；王岩等，2014；钟振宇和陈灿，2011)。对洞庭湖营养状况演变成因及趋势进行的分析显示(熊剑等，2016)：1986~2002 年，洞庭湖多次暴发洪水(1988 年、1996 年、1998 年、1999 年)，洪水期间洞庭湖的∑TLI 接近富营养水平，其他时段洞庭湖的∑TLI 总体维持在中营养水平，洪水期间地表径流携带大量悬浮颗粒物(泥沙)，泥沙吸附大量农业面源污染物进入洞庭湖后释放进入水体，是 TN、TP 及∑TLI 升高的原因。2003~2015 年洞庭湖∑TLI 呈波动上升趋势，该时段洞庭湖流域工业污染、农业面源污染及湖内沉积物释放增加，以及三峡工程运行和严重干旱导致的来水量减少是富营养化加剧的原因(黄代中等，2013；王岩等，2014；钟振宇和陈灿，2011)。

富营养化加剧的同时，洞庭湖中浮游植物数量呈增加的趋势(1991~2011 年)(图 6.3)。藻类监测数据显示，洞庭湖中藻类以硅藻门分布较广，数量相对较多；湖中的优势藻类由舟形藻(1986~2007 年)转变为小环藻(2008~2015 年)；并且近年来洞庭湖中的硅藻(中-富营养型代表种)比例下降，蓝藻(富营养型代表种)比例迅速上升，藻类演变呈现从中营养型向富营养型转变的趋势[①]。不同时段洞庭湖藻类的分布及优势功能群有所差异(汪星等，2016)，水温、水位、最低水位及 NH$_4$-N 是影响洞庭湖水体营养等级及藻类分布的主要环境因子(汪星等，2012)。卫星遥感数据显示，2008 年以来洞庭湖丰水期已开始暴发水华，水华多发生在东洞庭湖。其中，2008 年东洞庭湖水华面积为 10 km^2，藻类密度指数达 118 万~485 万/L，ρ(Chla) 为 11.47~33.85 mg/m^3。而 2013 年东洞庭湖水华面积增至 400 km^2 左右，Chla 浓度为 411 mg/m^3，优势种为微囊藻(张维等，2014)。

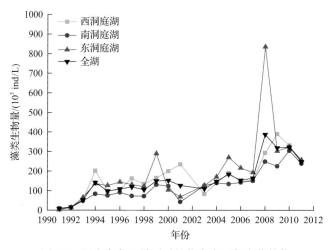

图 6.3　洞庭湖各区域浮游植物密度历年变化趋势

---

① 谭芬芳. 2016. 变化环境下洞庭湖水沙演变特征检测与归因分析. 长沙：湖南师范大学。

6.1.2　鄱阳湖水环境变化

1. 鄱阳湖水环境质量变化

鄱阳湖是我国最大的淡水湖,近年来,鄱阳湖生态系统发生了较大变化(鄢帮有等,2010;胡振鹏,2009),生态环境问题日益突出(胡遥云和欧阳青,2010;涂业苟等,2009),其中,水文情势变化、水质下降、富营养化趋势加剧是鄱阳湖主要生态环境问题之一。

20 世纪 80 年代至 2018 年鄱阳湖水质数据趋势分析表明,80 年代以来鄱阳湖 TN、TP、COD_{Mn} 与 NH_4-N 浓度均呈现出显著上升的态势($p<0.05$)(图 6.4),鄱阳湖 TN、TP 分别以 0.05 mg/L、0.0012 mg/L 的增长速率逐年显著增加,至 2018 年营养盐水平已经远超湖泊富营养化的限值(总氮 1.5 mg/L,总磷 0.1 mg/L),已接近蓝藻频发的太湖 2007 年的营养水平。此外,突变点检验结果表明 TN 的系统性突变发生在 2005 年($p<0.01$),而 TP 的系统性突变发生于 2009 年,然而 TP 浓度从 2003 年开始呈现显著上升的态势。作为浮游植物生长最关键要素之一的营养条件,鄱阳湖 TN 与 TP 浓度在突变发生后分别增加了 81.9% 与 60%。根据我国地表水环境质量标准,鄱阳湖 TN 与 TP 平均水质等级已由突变发生前的Ⅲ类与Ⅳ类转变为突变发生后的Ⅴ类与Ⅴ类。

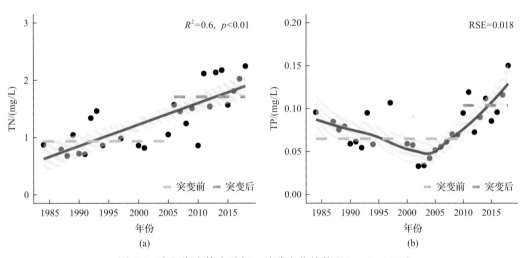

图 6.4　鄱阳湖水体中总氮、总磷变化趋势(Li et al., 2020)

鄱阳湖水体年内波动变化大,季节性水质差异较大。总体来讲,一年之中,丰水期水质较好,枯水期最差。鄱阳湖水文特征,在不同水情下,湖体水量、水深和水域面积等差异明显,湖泊水质也存在较大差别。枯水期水质明显差于丰水期,丰水期Ⅰ、Ⅱ类水多年平均所占比例比非枯水期高 15%。丰水期水质主要受降水量与农业面源污染负荷的影响,枯水期水质则主要取决于入湖水量和城镇及工业污染负荷的大小。同时,丰水期由于湖泊水量较大,水体中污染物分布较为均匀,绝大部分水域水质处于Ⅱ类,枯水期湖泊水量较小,水体中污染物分布不均匀,区域分布差异较大,除个别水域水质在Ⅳ和Ⅴ外,大部分水域仍能满足Ⅱ～Ⅲ类水质标准。

鄱阳湖水质空间分布特征与人类活动、"五河"来水及流域独特的生态水文过程密切相关。2010 年鄱阳湖 COD_{Mn} 在南矶山、康山、梅溪嘴、三山和鞋山南等湖区为 IV 类，其余湖区均为 II～III 类。TN 和 TP 均在"五河"尾闾区及湖心污染较重。由于受到赣江南支和信江来水的影响，TN 在入湖口为 V 类，但出湖口 TN 能稳定在 II～III 类，修河、抚河及饶河尾闾区均为 IV 类。由于受到信江磷肥工业的影响，TP 在信江和抚河入湖口的康山区均为 V 类，并且由南向北水质向好，出湖口稳定在 II～III 类。有研究表明，"五河"输入是鄱阳湖入湖污染负荷的主要来源，其占污染负荷总量的 80%左右。因此，源于"五河"来水的工、农业污染是鄱阳湖水质南北分布差异的主要原因。另外，由于北部湖区直接入湖污染负荷较少，同时受到其独特的吞吐流、混合流场影响和湖泊对污染物的稀释作用以及鄱阳湖湿地的自净功能，鄱阳湖水污染程度呈现出以南部入湖尾闾区（滞留区）向北部开阔湖区降低的趋势（马广文等，2015）。

2. 鄱阳湖沉积物质量变化

1987 年鄱阳湖全湖表层沉积物中 TN、TP 含量平均值分别为 1700 mg/kg 和 580 mg/kg；1992～2003 年鄱阳湖沉积物中 TN、TP 增加较为明显，TN、TP 平均值分别从 690 mg/kg 和 210 mg/kg 增加至 1770 mg/kg 以及 500 mg/kg，并于 2006～2012 年维持在一定水平。

不同水情下，鄱阳湖不同湖区沉积物中 TN 和 TP 浓度在枯水期和丰水期存在明显差异。鄱阳湖北部湖区沉积物中 TN 和 TP 浓度在丰水期显著高于枯水期。尽管湖心区也表现出相似的规律，但丰水期比枯水期的增幅明显低于北部湖区。南部尾闾区沉积物中 TP 浓度在丰水期和枯水期差异相对较小，并且枯水期沉积物中 TN 浓度高于丰水期。因此，丰水期"五河"来水量的增加显著提高了湖心及北部湖区沉积物中有机质和营养盐浓度，尤其北部湖区增加较明显。

鄱阳湖沉积物 TN、TP 空间分布不均匀，湖口及湖心含量变化较大。鄱阳湖表层沉积物中 TN 和 TP 浓度空间分布规律相似（图 6.5）。由图 6.5 可见，沉积物中 TN、TP 浓度入湖河流尾闾较高，且由南向北至长江入湖口呈降低趋势。沉积物中 TN、TP 浓度最高值出现在信江、抚河及赣江尾闾。总体来讲，鄱阳湖营养盐浓度表现为南部湖区高于北部湖区，湖湾高于湖心，"五河"尾闾高于长江入湖口。其中，所有采样点沉积物中 TN 浓度为 867.082～1292.784 mg/L，平均浓度为 1107.375 mg/L；而且 TP 平均浓度为 709.162 mg/L。鄱阳湖沉积物中氮磷营养元素区域性分布差异的原因可能在于：首先，源于"五河"来水的工农业污染是鄱阳湖沉积物中氮磷营养水平较高及其区域性分布差异的主要原因；其次，农业面源污染也是影响沉积物中氮磷分布的重要因素；最后，磷矿生产废水的直接排放也是信江下游及其尾闾区沉积物中 TP 浓度较高的主要原因。

3. 鄱阳湖营养状态、藻类变化趋势

近 30 年来鄱阳湖富营养化指数（∑TLI）呈上升趋势，目前鄱阳湖处于中营养，已十分接近富营养，局部湖区部分时段处于轻度富营养化，偶有水华发生。农业面源、工业污染源和城镇生活污染负荷逐年增加，与鄱阳湖水质总体下降趋势相符，是导致鄱阳湖

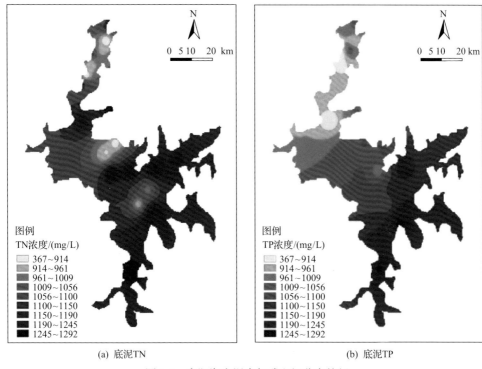

(a) 底泥TN　　　　　　　　　　　　　(b) 底泥TP

图 6.5　鄱阳湖底泥中氮磷空间分布特征

水质下降及富营养化的主要原因；此外，不合理的人类活动对湿地生态系统造成较大的破坏，极大降低了水体的自净能力，加重了鄱阳湖的水污染程度和富营养化。鄱阳湖水体在不同季节，容易发生富营养化的水域具有显著差别。枯水期，主要富营养化区域集中在中部大湖区(都昌水域)，其富营养化风险较高，北部通江湖区仅在北部长江口具有一定的富营养风险。这与枯水期水体流速较快，而"五河"入湖口的污染物输入较少有关。丰水期，主要富营养化区域集中在都昌附近水域，而北部通江区富营养化风险明显下降，这是由于水位升高导致水面扩大，水体容量急剧增加对污染物产生了稀释作用；丰水期，湖泊总体富营养化水平不高，仅在赣江主支入湖口(吴城)附近水域的富营养化风险略高。由于湖面扩大，水流变缓，导致"五河"入湖口水域的富营养化风险均明显提高。

　　鄱阳湖中的浮游植物种类呈下降趋势，由 1993 年以前的 153 种降到了 2012 年的 101种；绿藻种属个数逐渐降低，而蓝藻种属个数增加；硅藻的生物量由 41.21%下降到了27.59%，下降速度较快；而蓝藻和甲藻生物量显著增加。鄱阳湖浮游植物与水位变化趋势基本一致，随着鄱阳湖水位的下降，浮游植物数量也逐渐下降。不同藻类在不同月份生物量有所不同，蓝藻、绿藻和裸藻生物量高水位期明显大于低水位期。鄱阳湖全年浮游植物空间分布特征明显，高水位及低水位期浮游植物生物量均为湖体北部区最低，中部区次之，南部区最高。相关性分析表明，鄱阳湖水位变化期浮游藻类生物量与 T 呈显著正相关，与 pH、总悬浮颗粒物(SS)、TN、TP 及 DO 呈负相关，与 SS 呈显著负相关。鄱阳湖浮游植物生物量从湖体北部区向南部区呈增长趋势，SS 从北部区到南部区呈降低趋势，两者变化趋势相反，再次说明 SS 含量与浮游植物生物量呈负相关关系，鄱阳湖浮游植物生物量会随着 SS 浓度的增加而降低。从湖流角度观察，鄱阳湖湖口水道狭窄，流速最大，湖体中部及尾闾区属于滞留区，湖水流动缓慢，所以给水华产生提供了一定的条件。鄱阳湖水体富营养化及水华发生的生态因子是水体流速及水体流速引起的水体颗粒物浓度及透明度变化，悬浮物对藻类的遮光及絮凝作用，对浮游植物的生长将产生重要影响(Cao et al., 2016; 王艺兵等，2015)。

6.1.3 两湖水环境变化与富营养化影响因素

1. 两湖水环境变化影响因素分析

通江湖泊来水组成复杂，区域 N、P 营养来源受入湖河流背景浓度及周边污染源输入的影响，由于来源不同，其补充又与湖泊环境有关，因此时空上存在差异。两湖主要的水环境问题主要包括：水质下降、枯水期水质较差和局部水质较差三个方面。

研究表明，洞庭湖水体 TN 浓度与洞庭湖区的化肥施用量有较强的正相关关系($r \geqslant 0.811$，图 6.6)，而农作物单产的增速远小于化肥的增速，由此可见过量施用的农田化肥没有被有效利用而流失进入水体，逐渐成为洞庭湖水体污染和富营养化的主要来源，是湖泊水体中 TN 增加最直接的影响因素；畜禽数量、工业废水排放量、生活污水排放量与洞庭湖 TN 浓度相关性不大，不是影响湖区 TN 浓度的直接影响因素(郑丙辉等，2008)。洞庭湖 TP 主要以泥沙结合的颗粒态为主(80%以上)，入湖的大量泥沙是洞庭湖水体中总磷的主要来源之一。2003 年三峡工程运行以来，入湖泥沙的大幅降低，是 PP、TP 降低的主要原因。但洞庭湖区的 DTP 有增加趋势，TP 的组成结构由 PP 为主逐渐转变为以 DTP 为主(Wang and Liang, 2016；Tian et al., 2017)。枯水期洞庭湖的水环境容量较小自净能力弱，入湖径流主要为水质较差的四水来水，是枯水期洞庭湖 TN、TP 较高的原因(张光贵等，2016)。丰水期洞庭湖水环境容量较大，水生植物生长旺盛，消耗氮

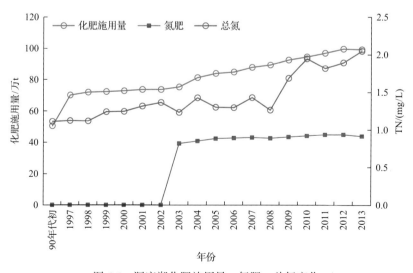

图 6.6　洞庭湖化肥施用量、氮肥、总氮变化

磷营养盐，是丰水期洞庭湖 TN、TP 较低的原因(王岩等，2014)。东洞庭湖水体 TN、TP 较高的原因：①东洞庭湖农业资源丰富，入湖污染物较多；②东洞庭湖西北部有大片自然湿地，生物种类繁多，每年有大量候鸟迁徙，生物代谢产生的有机氮长期累积(王岩等，2014)；③由于洞庭湖的入湖径流均在东洞庭湖汇集后从出湖口进入长江，而东洞庭湖断面较宽，长江水流对出湖水流有顶托作用，使东洞庭湖的流速减慢，随径流入湖的泥沙大量淤积，泥沙携带的氮磷等污染物在东洞庭湖中累积，而沉积物中的氮磷作为内源向上覆水中释放(王岩等，2014；王雯雯等，2013；Liang et al.，2016；Wang et al.，2018)，使东洞庭湖中 TN、TP 较高。三口来沙量占入湖沙量的 81%(谭芳芬，2016)，从西洞庭湖汇入洞庭湖的三口来水携带的大量泥沙是西洞庭湖 TP 较高的原因(王婷等，2018)。

有研究表明，源于"五河"来水的工农业污染是鄱阳湖沉积物中氮磷营养水平较高及其区域性分布差异的主要原因。根据 1956～2005 年泥沙资料统计，多年平均悬移质入湖沙量 1689 万 t，其中"五河"入湖沙量占 85.8%(马逸麟等，2003)。丰水期"五河"来水携带的污染物随悬浮泥沙由南至北逐渐沉积，从而导致丰水期沉积物中 TN 和 TP 浓度由南至北增幅降低的趋势。另外，鄱阳湖地区丰水期正值晚稻插秧季节，农田大量施用有机氮肥和化肥，地表径流所导致的面源污染负荷增加。丰水期污染物随地表径流进入湖体，从而促进了泥沙的扰动，而采砂业则加重了原本聚集在南部尾闾区泥沙的再悬浮，并随湖流向北部湖区迁移(张子林和黄立章，2008)。枯水期"五河"来水减少，北部湖区污染物不断由长江中上游来水稀释，从而导致北部湖区沉积物中有机质及营养盐浓度降低。因此，"五河"来水和面源污染负荷的季节变化是导致沉积物中 TN 和 TP 浓度在枯水期和丰水期差异显著的主要原因。此外近年来，受入江水道采砂、三峡工程蓄水等因素影响，鄱阳湖枯水出现了时间提前、水位偏低、持续时间延长等现象和趋势，使得鄱阳湖水域面积明显缩小，水体的纳污能力和环境承载力降低，水质下降明显。

两湖沉积物中的 TN、TP 含量均呈现升高的趋势。洞庭湖沉积物 TN、TP 含量高于鄱阳湖。鄱阳湖沉积物 TN 含量低于太湖，高于巢湖；TP 水平和太湖接近。两湖与上游来水以及长江之间有复杂的水沙交换，大量泥沙随径流进入湖体，随泥沙进入湖体的流域农业面源污染是两湖水体中氮磷含量升高的主要原因。而泥沙随径流进入湖体后，尾闾区断面增大，水流流速降低，大量氮磷随着泥沙沉降，不断富集于两湖底质，底质已经成为两湖水体氮磷的潜在污染源。

2. 两湖富营养化影响因素分析

近 30 年来，洞庭湖的富营养化水平均呈现上升趋势，而氮磷形态组成也发生了很大变化。从氮磷形态组成的历史演变看，结合以往文献中所提到的 2001～2006 年洞庭湖氮营养盐以溶解态为主(＞82%)(王崇瑞等，2013)、1994～1996 年洞庭湖 TDP/TP＜20%(杨汉等，1999)和 2001 年 TDP/TP 平均为 35.6%的研究结果(欧伏平等，2001)。三峡工程 2003 年蓄水前后洞庭湖的磷营养盐形态组成发生了大的变化，由以颗粒态磷为主转变为以溶解态为主，而氮营养盐形态组成基本未变。三峡蓄水后，长江向大坝下游输送的颗粒物比蓄水前减少了 60%(Yang et al.，2005)，同时，水库对河流泥沙淤粗排细的调控方式，改变了向下游输送颗粒物的组成特性，使得长江干流(包括长江"三口")输送的磷物质通量及形态结构产生变化，并进一步影响洞庭湖湖体中的磷素组成。伴随着洞庭湖入湖水量减少、水流变缓，有利于水体中颗粒态磷沉降并存储于沉积物，进一步降低水体中颗粒态磷所占的比例。研究发现，洞庭湖枯水期 TDN/TN、TDP/TP 高于丰水期，而丰水期颗粒态 N、P 含量高于枯水期，此特征可能与浮游植物生长有关。一般水体中浮游植物生长直接利用的营养盐为溶解态无机氮(DIN)、溶解态无机磷(DIP)(曹承进等，2008)。8 月是浮游植物生长和繁殖旺盛时期，西、南、东洞庭湖 Chla 平均含量明显高于 1 月枯水期，藻类生长繁殖吸收了水体中大量的 TDP、TDN 并集聚形成植物体内固定形式的颗粒态 N、P(郑丙辉等，2009)。典范对应分析(canonical correspondence analysis，CCA)表明，近 10 年来洞庭湖藻类分布和营养状态变化主要受到了洞庭湖水温、水位及氨氮浓度变化的影响(图 6.7)。

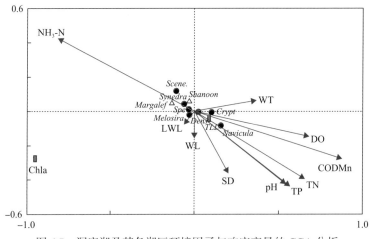

图 6.7　洞庭湖及其各湖区环境因子与响应变量的 CCA 分析

"五河"输入是鄱阳湖入湖污染负荷的主要来源，其占污染负荷总量的 80%左右，因此，源于"五河"来水的工农业污染是氮磷营养水平较高及其区域性分布差异的主要原因。同时随着农业的快速发展，鄱阳湖流域的农业面源污染也对湖区沉积物有机质和营养盐水平产生了较大影响。鄱阳湖流域山地面积较大(山地面积占流域总面积的89%)、坡度陡长(赣南坡度大于 16°的山地面积达到 75%)、径流速度大，其特殊的地貌极易造成水土的流失(师哲等，2008)。据统计，鄱阳湖流域平均土壤侵蚀总量达 1.66 亿 t，相当于流失土壤 5 万 hm^2。而 0～20 cm 耕作层土壤中肥料丰富(Franzluebbers，2002)，极易随地表径流进入鄱阳湖，从而使氮磷营养盐在湖湾内聚集。因此，农业面源污染也是影响沉积物中氮磷分布的重要因素。除此之外，信江上游的朝阳磷矿石是华东地区的第一大磷矿，其 Ca(H$_2$PO$_4$)$_2$ 年生产量达到 10 万～15 万 t(胡振鹏，2009)。因此，磷矿生产废水的直接排放也是信江下游及其尾闾区沉积物中 TP 浓度较高的主要原因。Pearson相关性分析表明，鄱阳湖水位变化期浮游藻类生物量与水温(T)呈显著正相关，与 pH、SS、TN、TP 及 DO 呈负相关，与 SS 呈显著负相关(图 6.8)。

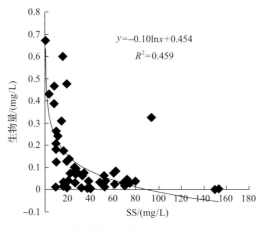

图 6.8　鄱阳湖浮游植物生物量与 SS 关系

两湖的富营养化水平均呈现上升趋势，局部湖区部分时段已达到轻度富营养水平，藻类演变呈现从中营养型向富营养型转变的趋势。随地表径流进入湖区的面源污染增加是两湖富营养化水平升高的主要原因；而三峡工程运行、气候变化等因素影响两湖水文水动力条件，进而在一定程度上影响其富营养化水平。目前两湖尚未发生大规模的水华，与水体流动较快、换水周期短和泥沙含量大等原因有直接关系。洞庭湖的水华主要发生在丰水期的东洞庭湖，鄱阳湖的水华发生区域主要在中部和南部尾闾区。水华发生区域湖水流动缓慢、水体颗粒物浓度较低、透明度较高为两湖水华产生提供了条件。

6.2　江湖关系变化对两湖氮磷输移转化的影响

洞庭湖、鄱阳湖和长江之间有密切复杂的江湖关系，长江中游三峡工程等水利工程的建立，影响长江水量、水位、流速等水文水动力条件，势必影响两湖的水位、流速、颗粒物浓度等，进而影响洞庭湖、鄱阳湖主要污染物氮磷的输移，并对两湖水华的发生风险产生一定影响。

6.2.1　模拟实验方法

实验所用沉积物和水样采集于洞庭湖城陵矶(29°26′32.3″N，113°8′4.9″E)，沉积物平均含水率为 44.68%，容重为 1.74 g/cm³，沉积物为用抓斗式采样器采集的沉积物表层样品 100 kg，将其装入清洁的聚乙烯储物箱中低温保存并即日带回；上覆水用塑料水箱采集 150 L 带回。带回的沉积物混合后均匀铺于实验设备的环形水槽，泥厚约 6 cm。沉积物铺好后，用虹吸管沿槽壁向水槽内缓缓注入采集的水样至上覆水高度为 10 cm。待铺设的沉积物和水样静置两天，使底泥逐渐恢复层理结构后进行模拟实验。模拟实验进行前先采集背景水样。

环形水槽材质为有机玻璃，水槽上、下盘各由一台无级调速电机带动。水槽由于存在曲率，下盘运动会使水流产生沿半径向外的离心力，相反地，下盘会使水流产生沿半径向里的离心力。上下盘运动使水流所产生的离心力大小与上下盘转速有关，可通过调节上下盘各自的转速，使离心力相互抵消，以达到均匀稳定的流场。该装置通过改变上盘高度以及上下盘转速，来实现上覆水水位和流速的变化。

主要实验内容包括变化水位模拟实验和变化流速模拟实验，水位分别设定 10 cm、15 cm、20 cm、25 cm，每一水位均保持水流作用 60 min，然后采集水样并进行分析；流速实验从零流速即静置开始，按 0、0.1 m/s、0.15 m/s、0.2 m/s、0.25 m/s 和 0.3 m/s 逐步加速，每一流速均保持水流作用 60 min，然后采集水样并进行分析。

每次采样分别为距离水槽底面以上 3.5 cm、6 cm 和 17 cm 三种位置，其中 3.5 cm 处样品代表沉积物孔隙水样品，6 cm 处水样代表沉积物-水界面处样品，17 cm 处水样代表上覆水样品。由于实验容器容积的限制，为保持一定的水量，在实验进行期间，每次采完水样，立即向水槽缓缓补充入等量的去离子水，由于扰动充分混合并使沉积物-水界面的物质交换达到平衡。

TP 和溶解性总磷(DTP)的测定为碱性过硫酸钾消解后钼锑抗分光光度法，SRP 的测定为水样用 GF/C 膜过滤后使用酶标法，SS 为水样过 GF/C 滤膜时的残留固体物质(105℃烘干后的质量)，沉积物容重测定为环刀法，pH 测定采用 PB-21 型精密酸度计。数据处理在 Rstudio(Server v0.98.1091)软件中进行。

待沉积物和水样静置两天恢复结构层理之后，分别在距水槽底面 3.5 cm、6 cm 和 17 cm 的高度采集孔隙水水样、沉积物-水界面处水样和上覆水水样各 2 个平行样，在模拟实验进行前对样品进行分析(表 6.1)。三个取样点所测得的 TP 浓度都远远高于 0.02 mg/L，其中沉积物-水界面处 TP 浓度约均为上覆水和孔隙水 TP 浓度的四倍。SRP 和 DTP 在三类取样点的浓度基本相同。洞庭湖湖口区域磷污染相当严重，磷污染源主要为生活污水。洞庭湖湖口区域磷在沉积物和上覆水中的浓度比较高，湖泊沉积物中内源磷具有较高的潜在释放危险。

表 6.1　洞庭湖孔隙水、沉积物-水界面和上覆水水样的本底值

取样点	pH	悬浮物(SS) /(mg/L)	总磷(TP) /(mg/L)	溶解反应磷(SRP) /(mg/L)	溶解性总磷(DTP) /(mg/L)
17 cm(上覆水)	7.89	52.35	0.099	0.3083	0.0356
6 cm(沉积物-水界面)	7.83	—	0.419	0.3076	0.0279
3.5 cm(孔隙水)	8.01	—	0.170	0.3078	—

—代表未测。

6.2.2　水位和流速变化对沉积物氮输移转化的影响

1. 水位变化对洞庭湖沉积物氮释放的影响

随着水位的升高，上覆水和沉积物-水界面 TN 浓度变化趋势一致，均随着水位增加先降低后升高；而空隙水中的 TN 浓度在水位为 10～15 cm 先降低，之后呈现出与上覆水和沉积物-水界面处 TN 浓度相反的变化趋势(图 6.9)。上覆水、沉积物-水界面和孔隙水中 TN 浓度的变化范围分别为 1.32～5.71 mg/L、1.32～6.65 mg/L 和 4.60～7.55 mg/L。

从三者的浓度变化趋势来看，20 cm 为 TN 浓度的最适扰动水位。在水位为 20 cm 时，上覆水和沉积物-水界面处 TN 浓度最小，而孔隙水中 TN 浓度达到最大值。在整个模拟实验过程中，孔隙水中的 TN 浓度一直高于沉积物-水界面处和上覆水中的 TN 浓度，表明沉积物作为"源"在起作用，在有外界扰动因素存在或者湖泊生态系统环境因素发生改变时，沉积物中的氮将发生内源释放，造成水体中氮浓度的改变(童亚莉等，2016)。

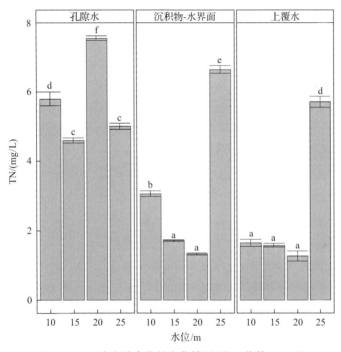

图 6.9　TN 浓度随水位的变化情况(童亚莉等，2016)

如图 6.10(a)所示，随着水位的升高，上覆水和沉积物-水界面处的 NH_4^+-N 浓度基本保持不变，分别在 0.31～0.46 mg/L 和 0.2～0.42 mg/L 小范围间波动。而孔隙水的 NH_4^+-N 浓度随着水位的增大却发生明显的波动，呈下降的变化趋势，从 3.52 mg/L 下降到 2.25 mg/L。

同样地，如图 6.10(b)所示，NO_3-N 与 NH_4^+-N 的变化规律相似。上覆水和沉积物-水界面处的 NO_3-N 浓度基本保持不变，分别在 1.73～2.01 mg/L 和 1.92～2.00 mg/L 小范围波动。而孔隙水中 NO_3-N 浓度变化趋势却与 NH_4^+-N 相反，呈升高的趋势，从 0.73 mg/L 增加到 1.35 mg/L(童亚莉等，2016)。

2. 流速变化对洞庭湖沉积物氮释放的影响

流速变化对 SS 浓度的影响：在实验模拟流速范围内，水体中 SS 浓度随着流速的升高而逐渐增大。流速的变化对 SS 的影响可以分为两个阶段，低流速扰动阶段——0～0.20 m/s 和高流速扰动阶段——0.20～0.3 m/s。低流速扰动阶段时，SS 浓度增加不明显，SS 从 53 mg/L 增至 117.5 mg/L，而高流速扰动阶段 SS 从 117.5 mg/L 突增至 5377.5 mg/L，约 46 倍，此时上覆水体已经明显浑浊，可以看到大量的颗粒物离开沉积物表面在湖流

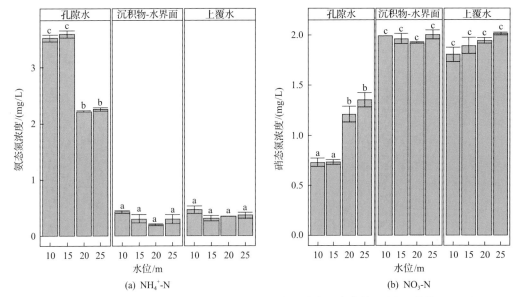

图 6.10　氨态氮(NH_4^+-N)、硝态氮(NO_3-N)浓度随水位的变化情况(童亚莉等，2016)

的作用下悬浮在水体中。同样地，利用泥沙起动公式来计算洞庭湖沉积物起动流速和起动切应力。实验中水深 h 控制在 15 cm 高度，沉积物摩阻流速为 2.28 m/s，起动切应力为 0.586 N/m^2，起动流速为 2.7 m/s。该理论结果显示当上覆水流速大于 2.7 m/s 时，沉积物将发生普遍的悬浮，这也与实验中的观察结果一致，0.3 m/s 时上覆水 SS 浓度突增，沉积物大量悬浮，水体明显浑浊。

流速变化对 TN 浓度的影响：从整体变化趋势来看，上覆水和沉积物-水界面处 TN 浓度随着流速的增大而增大，当流速增大到 0.3 m/s 时上覆水和沉积物-水界面处 TN 浓度相同；而孔隙水中 TN 浓度却随着流速的增大而降低，在实验模拟流速范围内随着流速的增大却发生不规则变化(图 6.11)。上覆水中 TN 浓度从 1.24 mg/L 增大到 3.23 mg/L，约为初始浓度的 3 倍；沉积物-水界面处 TN 浓度从 1.48 mg/L 增大到 3.22 mg/L，也约为初始浓度的 2 倍；孔隙水中 TN 浓度从 8.37 mg/L 降低到 4.83 mg/L，约为初始浓度的 0.5 倍。在整个模拟实验中，孔隙水中 TN 浓度一直高于上覆水和沉积物-水界面处 TN 浓度，表明沉积物以"源"在起作用，这与上覆水水位变化的模拟实验中得到的结论一致。

流速变化对 NH_4^+-N 和 NO_3-N 浓度的影响：如图 6.12 所示，随着流速的升高，上覆水和沉积物-水界面处 NH_4^+-N、NO_3-N 浓度随着流速的升高变化趋势不大，这与上覆水水位变化模拟实验得到的实验结果相似。NH_4^+-N 在上覆水和沉积物-水界面处的浓度变化范围分别为 0.27～0.65 mg/L 和 0.20～0.36 mg/L。NO_3-N 在上覆水和沉积物-水界面处的浓度变化范围分别为 1.89～2.02 mg/L 和 1.92～2.04 mg/L。孔隙水中 NH_4^+-N、NO_3-N 两者在模拟流速范围内发生不规则变化。NH_4^+-N 浓度的变化范围为 1.75～3.72 mg/L，NO_3-N 的变化范围为 0.69～1.35 mg/L(童亚莉等，2016)。

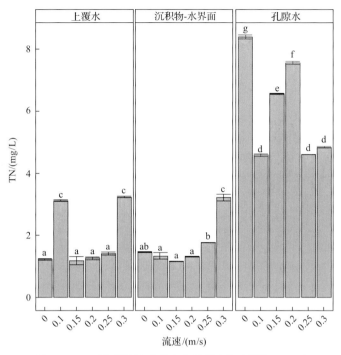

图 6.11　TN 浓度随流速的变化情况（童亚莉等，2016）

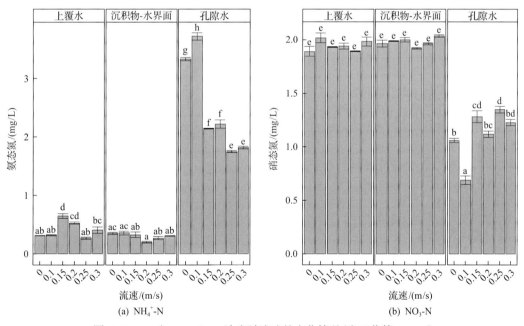

(a) NH$_4^+$-N

(b) NO$_3$-N

图 6.12　NH$_4^+$-N、NO$_3$-N 浓度随流速的变化情况（童亚莉等，2016）

3. 水位和流速变化对氮在沉积物-水中输移转化的影响

设定上覆水水位为 20 cm，水体流速从 0~0.5 m/s 逐渐增大，上覆水、界面和孔隙水中 TN 浓度随流速的变化如图 6.13 所示，与 TP 的变化规律一致。孔隙水中的浓度一致高于上覆水和界面，沉积物作为"源"在起作用。当流速从 0 m/s 增大到 0.1 m/s 时，上覆水中 TN 的浓度升高，沉积物-水界面的 TN 浓度降低，孔隙水中的 TN 浓度略有升高，此时沉积物中的氮释放进入孔隙水中，界面处的氮随着沉积物的再悬浮释放进入上覆水体中，从而界面处的 TN 浓度迅速减小。随着流速的进一步增大，沉积物中的氮继续释放进入孔隙水中，孔隙水中的氮也开始释放到界面，进而释放到上覆水中。当流速达到 0.4 m/s 时，孔隙水、上覆水和界面的 TN 浓度均开始减小，说明沉积物中的氮释放已经达到最大值，上覆水体中过大的流速使得沉积物中较大颗粒释放进入上覆水中，此时上覆水中 TN 浓度的降低可能与颗粒物粒级有关，已有研究表明，颗粒物粒径由大到小，其可转化态氮含量逐渐增加，具体影响机制还有待进一步的实验验证。

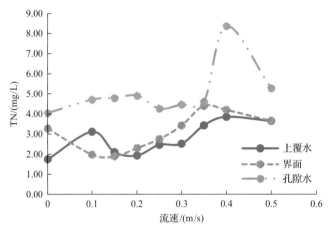

图 6.13　上覆水、界面和孔隙水 TN 随流速的变化情况

　　上覆水体的水动力条件的改变会改变沉积物氮的释放，随着流速的增大，沉积物氮释放增强，但是当达到沉积物氮释放的最大强度时(此时上覆水流速为 0.4 m/s)，沉积物氮的释放减弱，沉积物再悬浮释放的颗粒物粒级与上覆水体中 TN 浓度有关。

　　根据图 6.14、图 6.15，氨氮和硝态氮的变化规律与 TN 没有相关性，可以得出以下结论：①氨氮和硝态氮的变化规律相反，随着上覆水体水动力条件的改变，可能引起了氨氮和硝态氮之间的转化；②孔隙水中的氨氮远远大于上覆水和界面的氨氮浓度，而孔隙水中的硝态氮浓度却远远低于上覆水和界面的硝态氮浓度；③随着上覆水体水动力条件的改变，氨氮和硝态氮的浓度变化不大，说明水动力因素对氨氮和硝态氮的迁移影响不明显。

　　研究认为浅水湖泊沉积物氮循环主要发生在其表层 2 cm 内，一般为可溶性 NO_3^- 浓度和 NH_4^+ 浓度变化相反，这与实验中上覆水和界面处的氨氮、硝态氮变化情况一致。孔隙水中的氨氮远远大于上覆水和界面的氨氮浓度，沉积物发挥其"源"的作用；上覆水中的硝态氮浓度远远高于孔隙水中的硝态氮浓度，沉积物发挥其"汇"的作用。沉积物有机质含量与粒度组成特征是影响其氮释放的最主要因素，一般认为，对于有机质丰富的沉积物而言，有机质含量对其氮的释放起主导作用，而对于有机质含量相对贫瘠的沉积物，其黏粒含量对其氮的释放起主导作用。长江中下游湖泊由于市政排水、工业废水等人为因素，沉积物中积累了大量的有机质，可能阻塞黏土矿物表面和氮交换的吸附点位，因此，沉积物中的有机质可能是控制鄱阳湖氮释放的主导因素。沉积物颗粒大小不一，较大颗粒及时在强烈的环境变化时也不易破碎而使氮溶出，只有颗粒外层的氮或湖水中自生小颗粒氮才能真正参与循环。

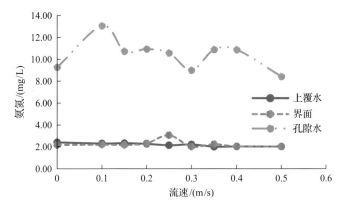

图 6.14 上覆水、界面和孔隙水氨氮随流速的变化情况

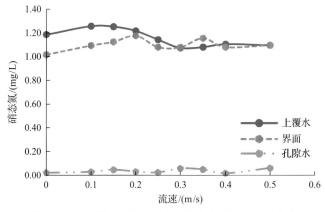

图 6.15 上覆水、界面和沉积物硝态氮随流速的变化

由于鄱阳湖生态系统结构的复杂性，致使氮在其界面间的吸附释放等过程受到多种因素的综合作用，因此上覆水、界面和孔隙水中的氨氮、硝态氮浓度并不是呈现简单的升高、降低的变化趋势。

6.2.3 水位和流速变化对沉积物磷输移转化的影响

1. 水位/流速变化对悬浮物(SS)浓度和 pH 的影响

湖流的相互作用会对湖底产生切应力，当湖流产生的切应力大于临界切应力时，湖底沉积物发生悬浮，而悬浮深度的大小取决于扰动强度。湖底临界切应力大小与沉积物颗粒粒径、形状、密度及黏性等诸多因素有关。在不同的垂直深度上，由于生物作用、粒径组成、化学成分及其他物理因素的变化，能产生悬浮的临界切应力的大小也不相同。本模拟实验中，低扰动强度即较低水位(10～20 cm)和流速(0～0.2 m/s)时，由于临界切应力相对较大，此扰动强度的范围所产生的对湖底的切应力小于临界切应力，只能看到泥面附近有一层很薄的稀释层发生悬扬，较轻较细的颗粒物受力发生不明显的悬浮，此时沉积物属于"将动未动"状态；随着扰动强度的增大，即当水位达到 25 cm，流速增大到 0.3 m/s 时，湖流产生的切应力明显大于临界切应力，可以看到沉积物呈散粒状在泥面上滚动并开始悬浮，泥面旋涡不断掀起淤泥，平滑的泥面受到较大破坏，水体完全浑浊，沉积物进入"普遍动"的状态。对洞庭湖沉积物而言，存在最适扰动水位 20 cm，此时水位的影响所造成的 SS 浓度最低。从总体来讲，随着扰动强度的增大，沉积物表层经历了从"将动未动"状态到"少量动"状态，最后进入"普遍动"状态，沉积物大量悬浮。这与李一平等(2004)在环形水槽中模拟了太湖沉积物的不同起动状态相同。

洞庭湖沉积物、水样采于 3 月初，此时沉积物的环境温度略高于上覆水体的温度，由于沉积物和水样的呈弱碱性，随着温度的升高 pH 会增大，导致孔隙水中的 pH 均大于沉积物-水界面处和上覆水中的 pH。当水位为 10~20 cm 时，孔隙水 pH 大于 8，呈碱性。pH 的变化，能够影响 Fe-P 和 Al-P 等结合态磷，导致铁、铝、锰等元素对磷的结合或释放。金相灿等(2004)研究得出高 pH 能够促进 NaOH-P 的释放，而低 pH 则能够促进 HCl-P 的释放。在本实验中，由于孔隙水呈碱性，NaOH-P 被释放出来。高 pH 条件下，磷的释放以离子交换的形式为主，pH 升高时，氢氧根大量存在，沉积物胶体中阴离子相互竞争吸附，使得沉积物中的磷被释放出来。同样地，与变化水位的模拟实验结果相似，由于沉积物孔隙水中 pH 偏高，呈碱性，NaOH-P 通过离子交换作用，结合态磷被释放到沉积物-水界面和上覆水中。

2. 水位/流速变化对总磷(TP)浓度的影响

在低扰动强度即水位为 10~20 cm 和流速为 0~0.15 m/s 时，上覆水和沉积物-水界面处的 TP 浓度均随着上覆水对沉积物扰动强度的增大而降低。水体中的 TP 浓度主要包括溶解性磷和颗粒态磷，由于在低扰动强度下，并没有引起湖泊沉积物的"普遍动"状态，沉积物只有少部分微小的颗粒物进入上覆水中，一方面，由于沉积物再悬浮释放进入上覆水中的磷较少；另一方面，进入上覆水体中的颗粒物粒级较低，这部分细小的颗粒物可以吸附水体中的溶解态磷，从而导致在低扰动强度时上覆水以及沉积物-水界面处 TP 浓度的降低。随后，扰动强度增大，沉积物进入"普遍动"状态，上覆水对沉积物的侵蚀强度越高，大量粒级较大的颗粒物悬浮进入上覆水中，并且悬浮颗粒物中无机颗粒物比例较高，同时伴随着孔隙水与上覆水之间的交换，溶解态磷从孔隙水释放进入上覆水，在这两种方式的作用下，上覆水和沉积物-水界面处 TP 浓度出现明显的上升，上覆水中的 TP 浓度开始接近沉积物-水界面处的 TP 浓度。而孔隙水中的 TP 浓度的变化规律并不明显，孔隙水中 TP 浓度的降低是由于孔隙水与上覆水之间的交换导致溶解态磷的释放，而 TP 浓度的增大则是由于沉积物部分中颗粒物上所吸附的磷被解吸进入孔隙水中。

3. 水位/流速变化对溶解性总磷(DTP)和溶解反应磷(SRP)浓度的影响

由于浅水湖泊极易受到水动力作用的影响，扰动增强了磷在沉积物-上覆水之间的交换，又同时存在磷释放和沉降的动态平衡过程，DTP 和 SRP 并没有呈现出持续的升高或降低，变化规律并没有 TP 浓度那么明显，这与高永霞等(2007)进行的模拟实验结果相似，也与彭进平等(2003)在环形水槽中水动力对湖泊水体磷变化试验研究的结果类似。在扰动初期，孔隙水中磷浓度明显高于上覆水中磷的浓度，表明在模拟实验进行中，上覆水中增加的磷浓度来源于孔隙水及沉积物的释放。水动力扰动并没有引起沉积物简单的释放或者是水体中磷的吸附，两者同时存在形成水体中磷的动态平衡。随着扰动强度的增大，上覆水体富氧，水体中的铁、锰等元素被氧化，形成吸附能力较强的形态，再次与水体中的溶解性磷结合，并且沉降到沉积物中，限制水体中 DTP 和 SRP 浓度的进一步升高。同时，在扰动初期，进入上覆水体中的沉积物颗粒物也在进行着不断的破碎、混合和分选等过程，导致水体中颗粒物的粒径逐渐变细，颗粒物粒度越细，比表面积越大，颗粒物对磷的吸附能力越强，也会导致 SRP 浓度的降低(高永霞等，2007；孙小静等，2005；彭进平等，2003)。

4. 水位和流速变化对磷在沉积物-水中转化输移的影响

设定上覆水水位为 20 cm，水体流速从 0～0.5 m/s 逐渐增大，上覆水、界面和孔隙水中 TP 浓度随流速的变化如图 6.16 所示。孔隙水中的浓度一致低于上覆水，沉积物作为"汇"在起作用。当流速从 0 m/s 增大到 0.1 m/s 时，上覆水中 TP 的浓度迅速升高，沉积物-水界面的 TP 浓度迅速降低，孔隙水中的 TP 浓度升高，表明此时沉积物中的磷释放进入孔隙水中，界面处的磷随着沉积物的再悬浮释放进入上覆水体中，从而界面处的磷浓度迅速减小。随着流速的进一步增大，沉积物中的磷继续释放进入孔隙水中，孔隙水中的磷也开始释放到界面，进而释放到上覆水中。当流速达到 0.4 m/s 时，孔隙水、上覆水和界面的磷浓度均开始减小，说明沉积物中的磷释放已经达到最大值，上覆水体中过大的流速使得沉积物颗粒大量释放进入上覆水中，大量的沉积物颗粒吸附水体中的溶解性磷，导致界面和上覆水中的磷浓度减小。

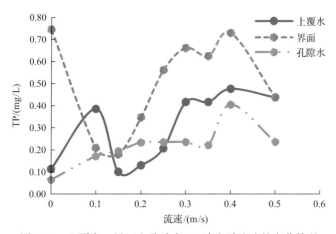

图 6.16　上覆水、界面和孔隙水 TP 浓度随流速的变化情况

表明上覆水体的水动力条件的改变会改变沉积物磷的释放,随着流速的增大,沉积物磷释放增强,但是当达到沉积物磷释放的最大强度时(此时上覆水流速为0.4 m/s),沉积物磷的释放减弱,大量悬浮的沉积物颗粒物开始吸附水体中的溶解性磷,导致水体中磷浓度的减小。

如图6.17、图6.18所示,可得出以下结论:①界面和孔隙水的SRP浓度变化规律一致,SRP与DTP的浓度变化一致,与TP的浓度变化相反,随着上覆水体水动力条件的改变,水环境物化条件也发生了相应的变化,导致TP和SRP、DTP之间发生了转化;②上覆水和界面SRP、DTP的浓度变化与pH有关,随着pH的升高,SRP、DTP的浓度呈下降趋势,此时沉积物的磷释放也较低,同样呈下降趋势。

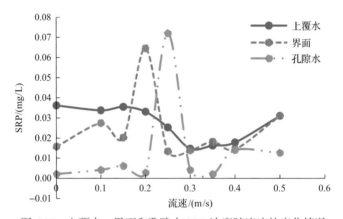

图6.17 上覆水、界面和孔隙水SRP浓度随流速的变化情况

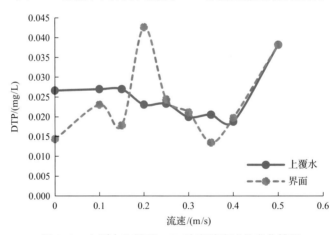

图6.18 上覆水和界面DTP浓度随流速的变化情况

已有研究表明,pH是影响湖泊沉积物磷释放的重要因素,在酸性和碱性条件下,均有助于沉积物磷释放;在碱性条件下,促进NaOH-P的释放,而在酸性条件下,促进HCl-P的释放。pH变化到底如何影响湖泊沉积物磷释放,主要是受其磷形态的影响,及随无机磷组成中NaOH-P和HCl-P含量的不同而存在差异。pH对沉积物磷释放的影响主要是影响其Fe、Al、Ca等元素与磷的结合。若NaOH-P含量高,pH增加会导致磷释放量的大

幅度增加，若 HCl-P 含量较高，则 pH 下降会导致磷释放量的大幅度增加。从本实验的结果可以看出，沉积物释放的无机磷中 HCl-P 含量较高。

6.2.4　水位和流速对两湖沉积物-水界面氮磷迁移、转化的影响

随着水体水位的升高，水体中 TP、TN 浓度均呈增大的趋势，TP、TN 浓度变化与 pH 没有明显的关系。上覆水中 DTP 和 SRP 两者浓度的变化规律一致，随水位变化先增大后减小。DTP、SRP 浓度的变化与 pH 有明显的相关性，沉积物释放的无机磷中 HCl-P 含量较高。水体中氨氮和硝态氮浓度的变化呈现相反的变化规律。

随着水体流速从 0～0.5 m/s 逐渐增大，从整体变化趋势看，水体中 TP、TN 浓度随着流速的增大而增大。水体中 TP 增大到约为初始浓度的 4 倍，TN 浓度增大到约为初始浓度的 2 倍。DTP、SRP 两者浓度变化规律一致，SRP、DTP 存在最适扰动速率，分别为 0.3 m/s 和 0.4 m/s。氨氮和硝态氮的浓度随着流速的增大反而逐渐降低，但是变化不明显。

随着水位的升高，沉积物-水界面处 TP 浓度随水位的升高而增大，TN 浓度的变化存在最适扰动水位。DTP、SRP 两者浓度变化规律一致，随水位变化先减小后增大，SRP、DTP 存在最适水位 15 cm。氨氮、硝态氮的变化规律与上覆水氨氮、硝氮的变化规律一致，并且界面处和上覆水中氨氮、硝氮数值差别不大。

随着水体流速从 0～0.5 m/s 逐渐增大，从整体变化趋势来看，水体中 TN 浓度随着流速的增大而增大，TP 浓度变化不明显，DTP、SRP 两者浓度变化规律一致，与界面处 pH 相关性不大，SRP、DTP 存在最适扰动速率 0.2 m/s，与上覆水中 SRP、DTP 浓度的变化规律相反。氨氮和硝态氮的浓度两者整体上随流速的变化不大。

随着水位的升高，孔隙水中 TP 浓度随水位的升高变化不大，TN 浓度随水位的变化存在最适扰动水位 15 cm。孔隙水中的 TP 浓度低于沉积物-水界面处 TP 浓度，而孔隙水中的 TN 浓度略高于沉积物-水界面处 TN 浓度并且一直远高于上覆水中的 TN 浓度，沉积物作为氮的"源"磷的"汇"在起作用。从整体上看，孔隙水中 SRP 的浓度变化不大。氨氮和硝态氮浓度变化呈现相反的变化规律，两者浓度均在 15 cm 处发生突变，存在最大释放水位。沉积物孔隙水中的氨氮浓度远远高于上覆水和界面的氨氮浓度，而硝态氮的浓度却远低于上覆水和界面的硝态氮浓度。

随着水体流速从 0～0.5 m/s 逐渐增大，从整体变化趋势来看，孔隙水中 TP 浓度呈现不规则变化，TN 浓度随着流速的增大并没有太大的变化。孔隙水中 SRP 浓度变化存在最适扰动流速 0.25 m/s，SRP 的变化与沉积物-水界面处 SRP 浓度的变化规律相似，与上覆水 SRP 的变化规律相反。氨氮和硝态氮浓度变化规律相反，随着流速的增大氨氮的浓度呈下降的趋势，硝态氮呈升高的趋势。

水体的水动力条件的变化会改变沉积物氮磷的释放情况，随着流速的增大，沉积物氮、磷释放增强，但是当达到沉积物氮、磷释放的最大强度时（水体流速为 0.4 m/s），沉积物氮、磷的释放减弱，大量悬浮的沉积物颗粒物开始吸附水体中的溶解性磷，沉积物再悬浮释放的颗粒物粒级以及沉积物中的有机质含量与上覆水体中 TN 浓度有关。

6.3　江湖关系变化对两湖水环境容量的影响

湖泊水环境容量是湖泊水体所能容纳的污染负荷或自身调节净化并保持生态平衡的能力，湖泊污染负荷不变的情况下，湖泊的水质和富营养化风险受水环境容量直接影响。湖泊的水环境容量变化，受气候变化等自然条件和人类活动影响，特别是三峡工程等大型水利工程的建设运行显著改变其下游湖泊的水环境容量。

6.3.1　模　拟　方　法

1. 水动力-水质模型构建

通过开展研究区域基础数据和资料的调研、调查，对目前河流湖泊水动力、水质及富营养化模拟的主流模型进行对比分析，采用丹麦水利研究所（Danish Hydraulic Institute, DHI）开发研制的 MIKE 21 模型构建洞庭湖、鄱阳湖二维水动力-水质模型。

洞庭湖水动力-水质模型计算区域范围为 114 km×113 km，计算网格根据洞庭湖 1∶10 000 水下地形构建。洞庭湖以吞吐流为主，水面宽广，水深较浅，水流交换频繁，垂向掺混均匀，因而水动力特征在水平方向上的变化明显高于垂直方向上的变化，故不设垂向分层处理。模型的上边界为湘江、资水、沅江、澧水"四水"及长江松滋口、太平口、藕池口"三口"的逐日流量和逐月水质，下边界为出口城陵矶的逐日水位和逐月水质。洞庭湖年内水位变幅差异大，具有动态变化的水陆边界，因此，在洲滩干湿交替界面采用水深干湿动态边界判断技术（干水深 0.01 m，湿水深 0.1 m）。由于洞庭湖湖面宽广，降水量与蒸发量大致相抵，模型中未考虑湖面受纳降水量及蒸发量的影响。风场：模型计算区域采用均匀风场，风速采用洞庭湖多年平均值 2.88 m/s，风向采用最高频率风向 NNE。洞庭湖地形复杂，高程变幅大，因此需要利用不同的糙率系数来表征主槽或滩区的阻尼作用。选取 2009～2010 年作为率定验证期对模型参数进行率定，经率定后，洞庭湖洪道和主槽糙率在 0.02～0.03，滩区糙率在 0.03～0.04，涡黏系数采用 Smagorinsky 公式计算，C_s 取值为 0.28。

鄱阳湖计算区域为 98 km×124.25 km，计算网格尺寸 250 m×250 m，水下地形采用江西省水利厅提供的鄱阳湖 1∶10 000 水下地形资料（2010 年）。水动力边界条件采用水位及流量边界条件。水位控制边界控制点在湖口，采用实测水位值；流量边界采用鄱阳湖主要河流的实测天然流量过程加入湖污染排放流量。水质计算初始条件采用实测水质浓度，边界条件为 2012 年主要入湖河流污染物负荷，包括：主要入湖河流污染负荷通量、湖区非点源污染负荷、湖区点源污染负荷等。计算区域采用均匀风场，风向风速采用多年平均值，风速为 2.6～3.8 m/s，风向分别为 NNW、NE、N、SE、S。

需要指出的是，两湖湖盆近年来形态变化较大，为准确的模拟两湖水动力学、水质特征，应尽快进行水下地形的重新测量和复核工作，以便对模型及其计算结果进行验证。

2. 水环境容量模拟方法

根据水动力、水质特性，考虑到洞庭湖、鄱阳湖是一个面积较大的浅水湖泊，其湖区蒸发量与降水量大致相等、进出水量相近，总磷、总氮等营养物的浓度随时间的变化率是输入、输出在湖泊内沉积的该营养物质量的函数，因此营养物质容量计算采用沃伦威德尔(Vollenwelder)模型，其平衡方程为

$$V\frac{\mathrm{d}C}{\mathrm{d}t} = W_s - K_1 C_i V - Q C_i \tag{6-1}$$

当时间足够长，湖内营养物质达到平衡时，则上式可变为

$$W_s = C_s(K_1 V + Q) \tag{6-2}$$

式中，V 为湖泊容积，单位为 m^3；C 为污染物浓度，单位为 mg/L；C_i 为河流入湖污染物浓度，单位为 mg/L；Q 为入湖泊流量，单位为 m^3/a；K_1 为自净系数，单位为/d；W_s 为水环境容量，单位为 t/a；C_s 为水质标准(目标值)，单位为 mg/L。

6.3.2　三峡工程运行对两湖水环境容量的影响

1. 三峡工程调度方式

三峡工程按照满足防洪、发电、航运和排沙的综合要求，进行水库调度。每年 5 月末至 6 月初，为腾出防洪库容，坝前水位降至汛期防洪限制水位 145 m。汛期 6～9 月，水库一般维持此低水位运行，水库下泄流量与天然情况相同。在遇到大洪水时，根据下游防洪需要，水库拦洪蓄水，库水位抬高，洪峰过后，仍降至 145 m 运行。汛末 10 月，水库蓄水，下泄流量有所减少，水位逐步升高至 175 m，12 月至次年 4 月，水电站按电网调峰要求运行，水库尽量维持在较高水位。4 月末以前水位最低高程不低于 155 m，以保证发电水头和上游航道必要的航深。每年 5 月开始进一步降低库水位。

按照上述运行模式，三峡工程调度运行期可划分为 4 种特征时期，分别为：泄水期、汛期、蓄水期和枯水期，如图 6.19 所示。

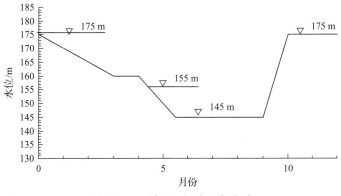

图 6.19　三峡工程调度运行方式

2. 三峡工程运行对洞庭湖水环境容量的影响

　　枯水年和平水年三峡建设运行前后洞庭湖总氮、总磷的水环境容量计算对比结果如图 6.20～图 6.23 所示。

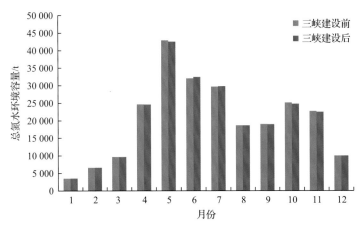

图 6.20　三峡运行前后洞庭湖总氮水环境容量比较（枯水年）

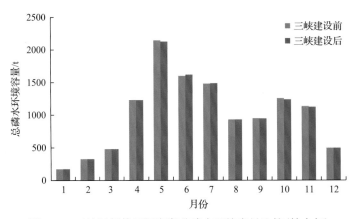

图 6.21　三峡运行前后洞庭湖总磷水环境容量比较（枯水年）

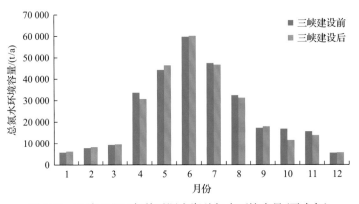

图 6.22　三峡工程运行前后洞庭湖总氮水环境容量（平水年）

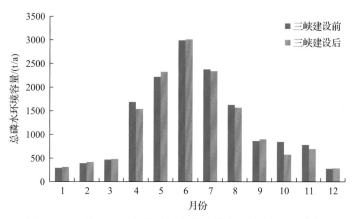

图 6.23　三峡工程运行前后洞庭湖总磷水环境容量(平水年)

枯水年三峡建设运行前，总氮、总磷水环境容量分别为 244 483 t/a、12 224 t/a，其中枯水期较小，平水期、丰水期相对较大，主要是因为枯水期湖区的流量小、水位低、蓄水量少，从而容纳污染物的能力较小。三峡工程建设运行后，总氮、总磷水环境容量分别为 244 402 t/a、12 202 t/a，其中洞庭湖枯水期(12 月至次年 3 月)由于湖区水位较高，湖容增幅较大，水环境容量有所增加，其中总氮、总磷平均增加 11 t/月、1 t/月，12 月增幅最大。泄水期 4～6 月中 4 月、5 月总氮、总磷平均降低 208 t/月、11 t/月，5 月降幅最大，6 月随着下泄水量的增加，水环境容量有所增加，总氮、总磷平均增加 403 t、20 t。汛期总氮、总磷平均增加 56 t/月、3 t/月。蓄水期，由于三峡蓄水，洞庭湖湖泊容积大幅减少，总氮、总磷水环境容量平均减少 195 t/月、10 t/月，10 月降幅最大。

平水年三峡建设运行前，总氮、总磷水环境容量分别为 296 829 t/a、14 841 t/a，其中枯水期较小，平水期、丰水期相对较大，主要是因为枯水期湖区的流量小、水位低、蓄水量少，从而容纳污染物的能力较小。三峡工程建设运行后，总氮、总磷水环境容量分别为 289 496 t/a、14 474 t/a，其中洞庭湖枯水期(12 月至次年 3 月)由于湖区水位较高，湖容增幅较大，水环境容量有所增加，其中总氮、总磷平均增加 332 t/月、17 t/月，12 月增幅最大。泄水期 4～6 月中 4 月总氮、总磷分别降低 2939 t、147 t，5～6 月随着下泄水量的增加，水环境容量有所增加，总氮、总磷平均增加 1276 t/月、64 t/月，5 月增幅最大。汛期由于三峡拦洪削峰作用，洞庭湖水环境容量有所减少，总氮、总磷平均减少 957 t/月、48 t/月。蓄水期，由于三峡蓄水，洞庭湖湖泊容积大幅减少，总氮、总磷水环境容量平均减少 2120 t/月、106 t/月，10 月降幅最大。

综上所述，三峡工程运行后，洞庭湖各污染物汛期、蓄水期水环境容量大幅降低，枯水期、泄水期水环境容量均有一定程度的增加，在外源不变的前提下，水位、湖容增幅越大，水环境容量增加值越大，短期内三峡增加下泄水量会使湖区的纳污能力增加(田泽斌等，2014)。

3. 三峡工程运行对鄱阳湖水环境容量的影响

三峡建设运行后，COD_{Mn}、总氮、总磷水环境容量的年总量减小了 5.19%～5.32%，减小幅度不大(图 6.24～图 6.26)。鄱阳湖枯水期(12 月至次年 3 月)由于湖区水位较高，湖容增幅较大，水环境容量有所增加，3 月增幅量最大。泄水期 4～6 月中 COD$_{Mn}$、总氮、总磷水环境容量均有不同幅度降低，其中 5 月降幅量最大。汛期及蓄水期，由于三峡工程汛期调度及汛末蓄水，鄱阳湖水环境容量有所减少，其中 7 月降幅量最大，COD$_{Mn}$、总氮、总磷分别减少 11.67 t/d、1.93 t/d、0.09 t/d；而 11 月降幅比例最大，COD$_{Mn}$、TN、TP 分别减小了 24%、23.98%、22.5%。

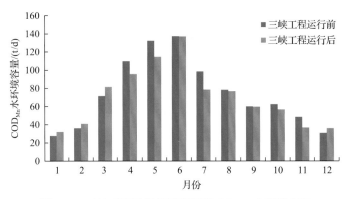

图 6.24　三峡工程运行前后鄱阳湖 COD$_{Mn}$ 水环境容量

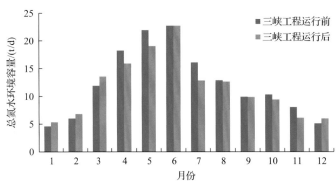

图 6.25　三峡工程运行前后鄱阳湖总氮水环境容量

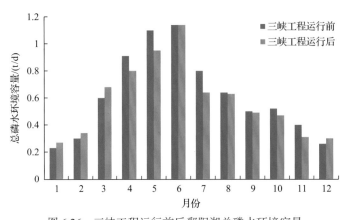

图 6.26　三峡工程运行前后鄱阳湖总磷水环境容量

因此，三峡工程运行后，鄱阳湖各污染物水环境容量的年总量减小幅度不大。枯水期水环境容量均有不同程度的增加，泄水期、汛期、蓄水期水环境容量有一定减小，但是受长江水体的拉空效应影响，迁移容量加大，自净容量减小，总体变化不大。11 月汛末蓄水，鄱阳湖各污染物水环境容量的减小比例最大，COD_{Mn}、TN、TP 分别减小了 24%、23.98%、22.5%。

6.4 江湖关系变化对两湖富营养化的影响

水华藻类生长的影响因素较多，如光照、营养盐浓度、透明度、温度、水动力等环境条件[1]。大量实测及实验研究表明，在营养盐浓度较高，满足藻类生长需求后，水文水动力条件是藻类生长的主要影响因素(张毅敏等，2007；梁培瑜等，2013)。洞庭湖和鄱阳湖的主要水华发生区域均为湖水流速缓慢区域，对洞庭湖和鄱阳湖水环境及富营养化影响因素的分析表明，两湖氮磷含量已满足藻类生长需求，但尚未发生大规模的水华，两湖与水体流动较快、换水周期段和泥沙含量大等原因有直接关系。三峡工程运行改变江湖水沙营养盐物质交换和水动力作用关系，影响两湖的水文情势，对不同湖区不同时段的流速产生影响，进而影响两湖富营养化区域和发生时段。本章以洞庭湖和鄱阳湖的水动力-水质模型为基础，模拟三峡工程运行对两湖的水位、流速、水质及富营养化易发生区域的影响。

6.4.1 三峡工程运行对两湖水质的影响

1. 三峡工程运行对洞庭湖水质的影响

洞庭湖 TN 浓度空间上呈现东洞庭湖＞南洞庭湖＞西洞庭湖的分布特征。时间上呈现枯水期＞泄水期＞汛期＞蓄水期的分布特征。洞庭湖 TP 浓度空间上呈现西洞庭湖＞东洞庭湖＞南洞庭湖的分布特征。时间上呈现汛期＞蓄水期＞枯水期＞泄水期的分布特征。不同时段下，三峡工程建设前后洞庭湖 TN、TP 浓度变化如图 6.27～图 6.30 所示。根据模拟结果可知，三峡工程运行后，洞庭湖 TN 浓度在枯水期、泄水期均有小幅降低，TP 浓度在枯水期、泄水期变幅不大，而 TN、TP 浓度在汛期、蓄水期均有不同程度的增加，水质有所恶化。总体上，洞庭湖 TN、TP 浓度仍维持较高水平。

对 TN 浓度模拟结果显示，三峡工程运行后枯水期洞庭湖各断面 TN 浓度降低 0.001～0.008 mg/L，其中城陵矶、岳阳、鹿角断面 TN 浓度降幅相对较大，分别由 2.369 mg/L、2.369 mg/L、2.368 mg/L 降至 2.361 mg/L、2.362 mg/L、2.361 mg/L，降幅分别为 0.32%、0.3%、0.28%。泄水期洞庭湖各断面 TN 浓度降低 0.009～0.012 mg/L，其中城陵矶、岳阳、扁山断面 TN 浓度降幅相对较大，分别由 2.252 mg/L、2.255 mg/L、2.256 mg/L 降至 2.239 mg/L、2.242 mg/L、2.244 mg/L，降幅分别为 0.55%、0.55%、0.51%。汛期洞庭湖各断面 TN 浓度增加 0.006～0.021 mg/L，其中小河咀、虞公庙、万子湖断面 TN 浓度增幅相对较大，分别由 1.894 mg/L、1.839 mg/L、1.886 mg/L 增至 1.912 mg/L、1.86 mg/L、

---

① 王建慧. 2012. 流速对藻类生长影响试验及应用研究. 北京：清华大学。

1.904 mg/L，增幅分别为 1.13%、1.13%、1%。蓄水期洞庭湖各断面 TN 浓度增加 0.001～
0.022 mg/L，其中小河咀、横岭湖、万子湖断面 TN 浓度增幅相对较大，分别由 1.558 mg/L、
1.589 mg/L、1.579 mg/L 增至 1.581 mg/L、1.605 mg/L、1.598 mg/L，增幅分别为 1.43%、
1.05%、1.22%。其余断面 TN 浓度变幅不明显。

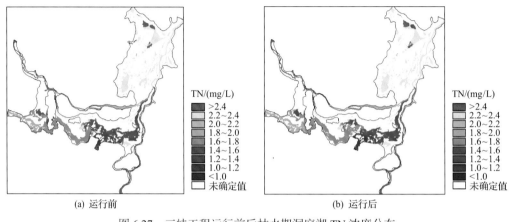

图 6.27　三峡工程运行前后枯水期洞庭湖 TN 浓度分布

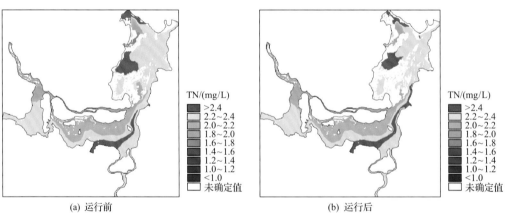

图 6.28　三峡工程运行前后泄水期洞庭湖 TN 浓度分布

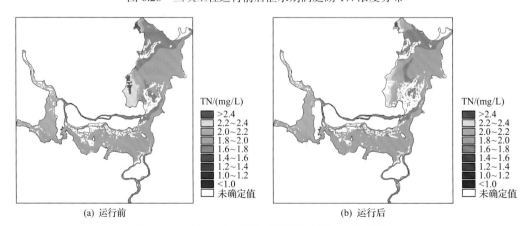

图 6.29　三峡工程运行前后汛期洞庭湖 TN 浓度分布

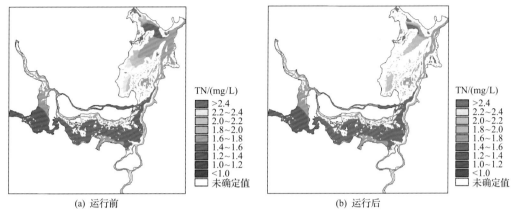

图 6.30　三峡工程运行前后蓄水期洞庭湖 TN 浓度分布

对 TP 浓度模拟结果显示(图 6.31～图 6.34)，三峡工程运行后枯水期、泄水期洞庭湖各断面 TP 浓度变幅不大，变幅范围分别为–0.01%～–0.28%、0.04%～1.25%。汛期洞庭湖各断面 TP 浓度增加 0.003～0.005 mg/L，其中小河咀、横岭湖、虞公庙断面 TP 浓度增幅相对较大，分别由 0.127 mg/L、0.114 mg/L、0.075 mg/L 增至 0.131 mg/L、0.117 mg/L、0.081 mg/L，增幅分别为 3.41%、3.41%、6.92%。蓄水期洞庭湖各断面 TP 浓度增加 0.004～

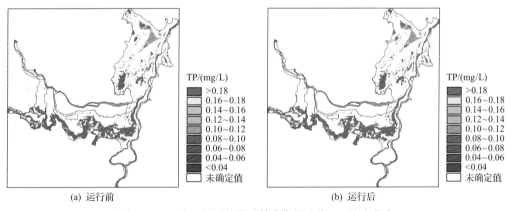

图 6.31　三峡工程运行前后枯水期洞庭湖 TP 浓度分布

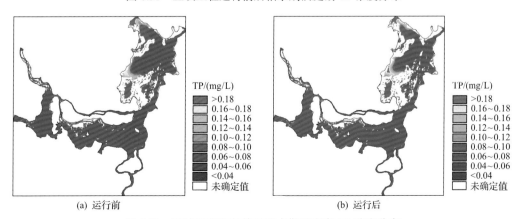

图 6.32　三峡工程运行前后泄水期洞庭湖 TP 浓度分布

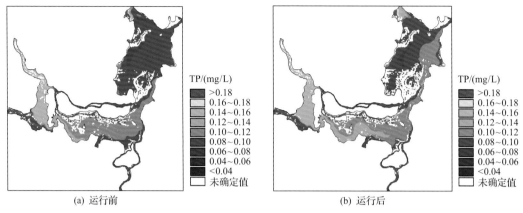

图 6.33　三峡工程运行前后汛期洞庭湖 TP 浓度分布

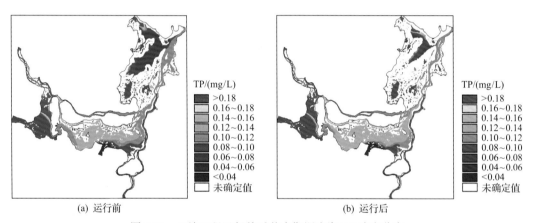

图 6.34　三峡工程运行前后蓄水期洞庭湖 TP 浓度分布

0.006 mg/L，其中小河咀、横岭湖、万子湖断面 TP 浓度增幅相对较大，分别由 0.099 mg/L、0.097 mg/L、0.101 mg/L 增至 0.105 mg/L、0.103 mg/L、0.106 mg/L，增幅分别为 5.51%、6.55%、5.35%。其余断面 TP 浓度变幅不明显。

汛期、蓄水期由于洞庭湖经三口来水减少，湖区水位有所降低，湖面面积及湖容有所减少，减弱了湖泊水体的稀释作用，使水体中营养盐浓度有所增加。枯水期由于三峡对下游的补水作用，湖区水位有所抬升，湖面面积及湖容有所增加，增大了水体的稀释作用。但从长期影响来看，洞庭湖水位的抬升会加大水体滞留时间，减缓水体的自净时间，从而加大湖区水体富营养化风险。

2. 三峡工程运行对鄱阳湖水质的影响

五河汛期时段，鄱阳湖流域来流量大，水域的面积变化不大，湖区流动基本由流域来水驱动；污染由上向下游扩散较为迅速，三峡工程运行对主湖区 TN、TP 含量基本无影响（图 6.35～图 6.37）。高水位时段，鄱阳湖湖区水量较大，三峡工程运行对湖区水质影响不大。退水期，三峡工程运行后鄱阳湖整个湖区流动有一定增加，但主要表现在水面面积和容量减小，湖区提前进入枯水期；湖区的 TN、TP 浓度有一定增加；南部区域的碟形湖的出现，TN、TP 浓度增加。三峡工程运行对鄱阳湖水质的主要影响时段为退水期，其次为五河汛期，最后是高水位的丰水期和枯水期；影响最大的月份为 11 月初；11 月 TN 浓度增加了 4.1%～7.8%，TP 增加了 4.8%～9.5%；丰水年三峡工程运行对鄱阳湖 TN、TP 浓度影响最小，平水年影响最大。

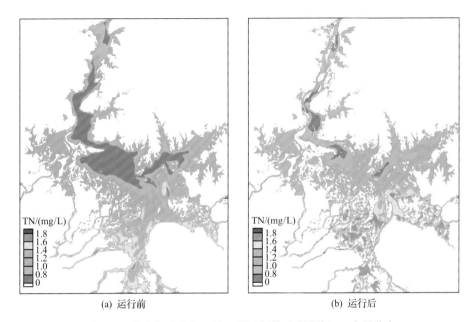

(a) 运行前　　　　　　　　　　　　　(b) 运行后

图 6.35　丰水年退水期三峡工程运行前后鄱阳湖 TN 含量分布

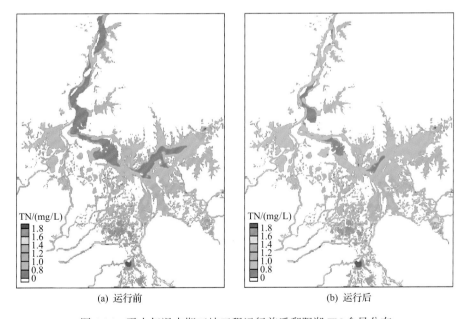

(a) 运行前　　　　　　　　　　　　　(b) 运行后

图 6.36　平水年退水期三峡工程运行前后鄱阳湖 TN 含量分布

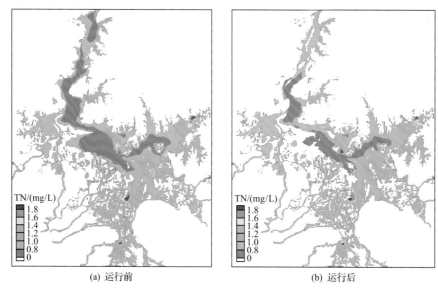

(a) 运行前 　　　　　　　　　　　　　　(b) 运行后

图 6.37 　枯水年退水期三峡工程运行前后鄱阳湖 TN 含量分布

6.4.2 　三峡工程运行对两湖富营养化的影响

1. 三峡工程运行对洞庭湖富营养化的影响

根据相关研究成果[①]，流速对水体富营养化具有很重要的影响作用。在营养盐充足，水温、光照适宜的前提下，当流速为 0.05～0.1 m/s 时，水体呈富营养状态；流速为 0.1～0.3 m/s 时，水体呈中营养状态；流速为 0.3～0.5 m/s 时，水体呈中-贫营养状态；流速为 0.5～2 m/s 时，水体呈贫营养状态。

如图 6.38～图 6.41 所示三峡工程建设以后，除东洞庭湖滩区外，其余区域枯水期、泄水期、汛期流速均有不同程度增加，但东洞庭湖滩区流速仍在 0.1 m/s（临界流速）以下，为敏感区域，富营养化水体面积分别为 614.85 km²、718.38 km²、1064.53 km²、662.55 km²，

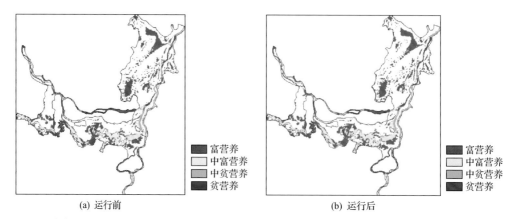

(a) 运行前 　　　　　　　　　　　　　　(b) 运行后

图 6.38 　三峡工程运行前后枯水期(12 月至次年 3 月)洞庭湖富营养化风险示意图

① 钟成华. 2004. 三峡库区水体富营养化研究. 成都：四川大学.

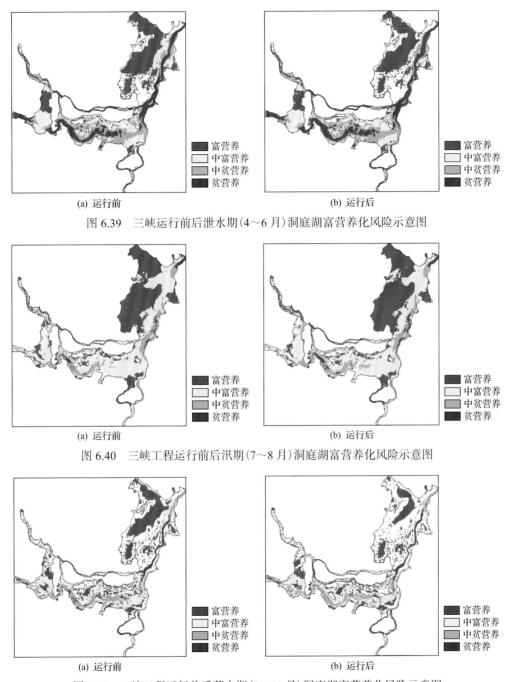

富营养
中富营养
中贫营养
贫营养

(a) 运行前　　　　　　　　　　　　　　　(b) 运行后

图 6.39　三峡运行前后泄水期(4~6 月)洞庭湖富营养化风险示意图

(a) 运行前　　　　　　　　　　　　　　　(b) 运行后

图 6.40　三峡工程运行前后汛期(7~8 月)洞庭湖富营养化风险示意图

(a) 运行前　　　　　　　　　　　　　　　(b) 运行后

图 6.41　三峡工程运行前后蓄水期(9~11 月)洞庭湖富营养化风险示意图

约 64.99%、33.41%、42.25%、47.37%为富营养水体。蓄水期湖区流速变缓,流速降低明显的东洞庭湖、南洞庭湖滩区富营养化风险将加大。总体上看,各个调度时期,富营养化水域面积均有减少,枯水期、泄水期、汛期、蓄水期分别减少 13.83 km^2、66.34 km^2、5.73 km^2、141.82 km^2,富营养化风险有所降低,但 10 月至次年 3 月仍为富营养化敏感时段。

三峡工程运行以后,洞庭湖富营养指数呈现汛期>枯水期>泄水期>蓄水期,富营养指数平均分别为 51.07、50.5、49.72、47.65(图 6.42~图 6.45)。其中枯水期、泄水期、汛期、蓄水期富营养指数变化范围为 47.82~51.62、48.83~50.74、48.38~53.67、44.66~

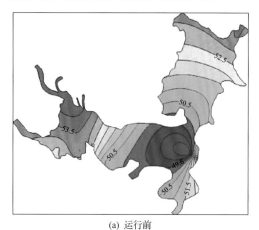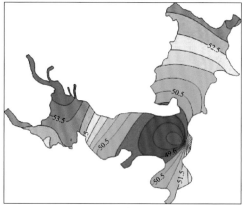

(a) 运行前　　　　　　　　　　　　　　　(b) 运行后

图 6.42　三峡工程运行前后枯水期(12 月至次年 3 月)洞庭湖富营养化风险示意图(富营养指数)

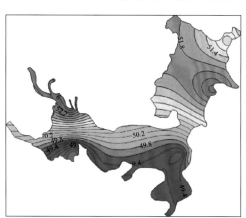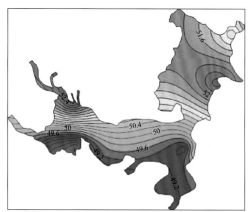

(a) 运行前　　　　　　　　　　　　　　　(b) 运行后

图 6.43　三峡工程运行前后泄水期(4~6 月)洞庭湖富营养化风险示意图(富营养指数)

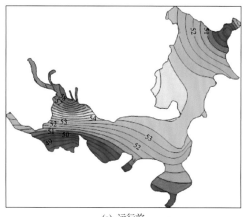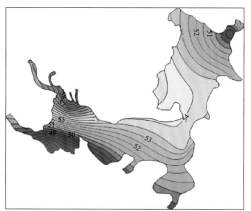

(a) 运行前　　　　　　　　　　　　　　　(b) 运行后

图 6.44　三峡工程运行前后汛期(7~8 月)洞庭湖富营养化风险示意图(富营养指数)

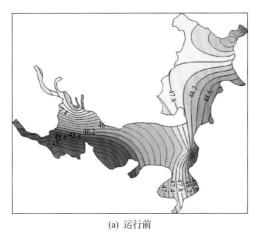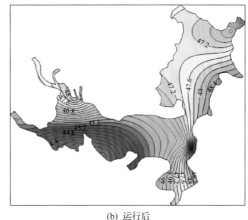

(a) 运行前   (b) 运行后

图 6.45 三峡工程运行前后蓄水期(9～11 月)洞庭湖富营养化风险示意图(富营养指数)

50.48。三峡工程运行以后，枯水期富营养指数有所增加，增幅范围分别为 0.00%～0.04%，泄水期、汛期、蓄水期富营养指数有所减少，减幅范围分别为 0.02%～0.09%、0.01%～0.1%、0.31%～1.89%。

三峡工程运行后，除东洞庭湖滩区外，枯水期、泄水期、汛期、蓄水期流速均有不同程度增加，但东洞庭湖滩区流速仍在 0.1 m/s(临界流速)以下，为敏感区域。以流速为限制因子并参考相关文献的富营养化阈值(0.1 m/s)划分来考量，枯水期、泄水期、汛期、蓄水期富营养化水体面积分别减少 13.83 km^2、66.34 km^2、5.73 km^2、141.82 km^2，富营养化风险有所降低，但 10 月至次年 3 月仍为富营养化敏感时段。

2. 三峡工程运行对鄱阳湖富营养化的影响

五河汛期，鄱阳湖流域来水较大，湖区流动性快，湖区有冲刷的趋势，水体中泥沙含量较高，水温随着气温开始升高。湖区的 TN 和 TP 浓度较高。模拟显示鄱阳湖局部区域的藻类生物量较高，如东部和南部，北部生物量则较低(图 6.46、图 6.47)。

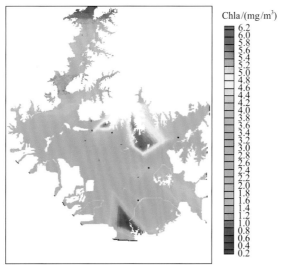

图 6.46 2012 年 5 月实测鄱阳藻类生物量

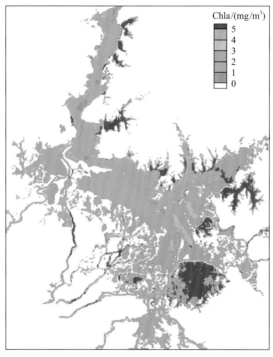

图 6.47   五河汛期模拟鄱阳湖藻类生物量

长江顶托期，水位较高，氮磷浓度都不大，但是流速很小，全湖富营养化状态较为均匀(图 6.48)。但由于水温高，$T > 30℃$，且持续时间长，全湖区流速很小，导致水体透明度升高，期间 TN 和 TP 的浓度虽然较低，但是也达到藻类生长的水平，因此模拟的鄱阳湖总体藻类生物量较大(图 6.49)。

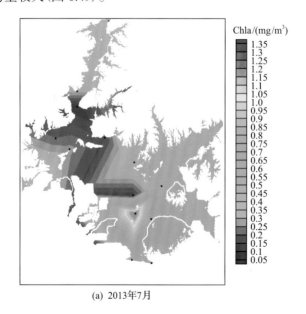

(a) 2013年7月

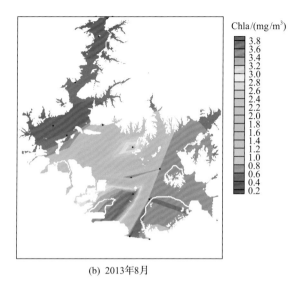

(b) 2013年8月

图 6.48　2013 年 7 月和 2013 年 8 月生物量实测鄱阳湖藻类

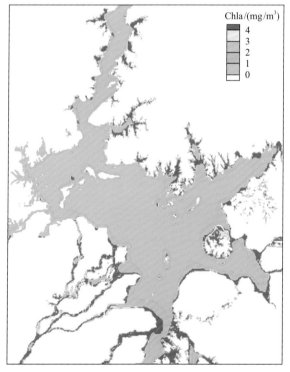

图 6.49　长江高水位顶托期模拟鄱阳湖藻类生物量

　　退水期流速由长江水位降低带动，在入江水道上流速略高。退水期的鄱阳湖水温也维持在 20℃以上，且维持时间较长。实测数据和模拟结果显示(图 6.50、图 6.51)，退水期鄱阳湖的南部和东部，藻类生物量较大，北部较小。

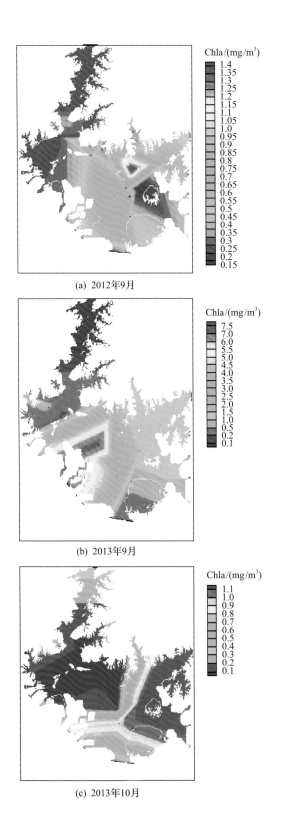

(a) 2012年9月

(b) 2013年9月

(c) 2013年10月

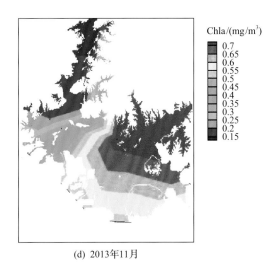

(d) 2013年11月

图 6.50　退水期实测鄱阳湖藻类生物量

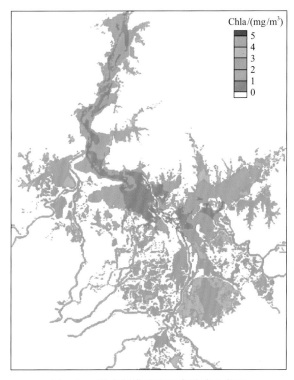

图 6.51　退水期模拟鄱阳湖藻类生物量

　　枯水期湖区流速较大，但湖汊流速较小。虽然水体的 TN 和 TP 浓度高，但是主要受水温的低温影响大部分区域藻类生物量不高(图 6.52)。模拟结果表明(图 6.53)，湖汊区域大部分水体脱离了主湖区，营养盐浓度较高，温度水平制约藻类的生长，水体局部区域的藻类生物量可能偏高。

　　三峡工程建设后，春季湖区的水文情势主要受流域来水控制，三峡工程的影响较小，影响区域在北部的通江水道区域，湖区富营养程度多受入湖的营养盐输入影响。夏季的高水位期鄱阳湖受长江调控影响下的富营养化程度不大；秋季受三峡工程蓄水影响，鄱阳湖水位下降迅速，主湖区水面和水量变小，主湖区 TN 和 TP 浓度略有上升，但流速加大，对主湖区富营养化程度影响不大，鄱阳湖湖区南部部分碟形湖脱离主湖区，易导致富营养化加重。

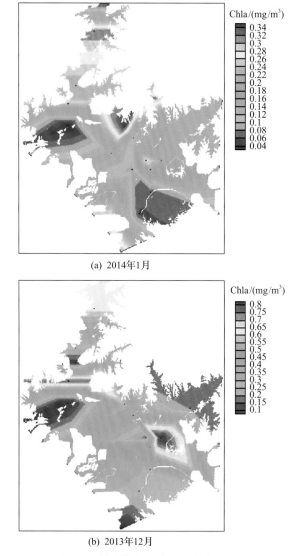

(a) 2014年1月

(b) 2013年12月

图 6.52　枯水期实测鄱阳湖藻类生物量

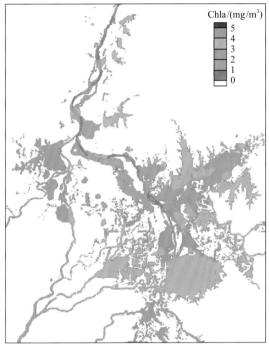

图 6.53　枯水期模拟鄱阳湖藻类生物量

6.4.3　江湖关系变化对两湖水华发生风险的影响

根据前文的研究，洞庭湖与鄱阳湖富营养化水平呈上升趋势，局部湖区部分时段已达到轻度富营养水平，藻类演变呈现从中营养型向富营养型转变的趋势，随地表径流汇入湖区的营养盐负荷增加是两湖富营养化升高的主要原因。然而两湖作为典型过水型湖泊，目前，两湖偶有发生的水华主要集中在丰水期的东洞庭湖与鄱阳湖中部和南部尾闾区，尚未有大规模的水华事件发生，与两湖水体流动较快、换水周期较短和泥沙含量较大等原因有直接关系。具体而言，两湖浮游植物生长在不同时期存在不同的主导限制因素，丰水期水温较高、流速缓慢、透明度较高，为浮游植物生长提供了适宜的生长条件，然而此时营养盐浓度往往由于水环境容量达到年内最高值而较低，营养盐，尤其是磷营养盐成为该段时期的主要限制因素；而枯水期由于湖泊水环境容量下降，营养盐浓度一般较高，然而此时水温较低、流速较大，透明度相对较低，物理环境成为该时期两湖浮游植物生长的主要限制因素。随着两湖湖区入湖污染物浓度的升高和湖区物理气象条件变化，叠加江湖关系变化导致的两湖水文情势变化，洞庭湖与鄱阳湖水华发生风险越来越大。

1. 洞庭湖水华发生风险变化

根据前文所述，洞庭湖 TN、TP 浓度总体上呈现上升的趋势，其中 TN 浓度呈现显著上升趋势，而 2003 年以来洞庭湖区溶解态磷有增加的趋势（Wang and Liang, 2016；Tian et al., 2017）。以 2003 年为分界，2003 年后的第二阶段 TN 与 TP 浓度平均值与第一阶段平均值相比分别增加了 0.26 倍与 0.37 倍（王艳分等，2018）。王艳分等（2018）对洞庭湖藻类水华演变特征分析结果表明，1991～2015 年平均浮游植物数量从 16.95×10^3 个/L 上升至 3320.25×10^3 个/L，Chla 浓度在 0.99～5.39 μg/L 波动，透明度在 0.33～0.55 m 波动。具体而言，第一阶段（1991～2002 年），洞庭湖浮游植物数量无明显增加，Chla 与 SD 浓度均波动上升；第二阶段（2003～2015 年），浮游植物数量呈上升趋势，并于 2012 年开始达到显著水平，Chla 浓度 2003～2010 年呈上升趋势，2011 年以来波动下降。洞庭湖水华除 2011 年为零星水华外，其他年份均出现局部性水华现象（图 6.54）。

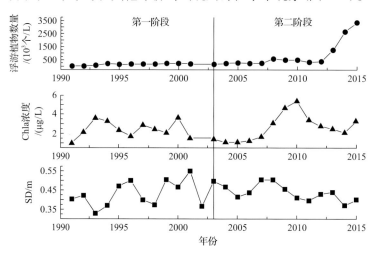

图 6.54　洞庭湖浮游植物数量、Chla 浓度与透明度年尺度变化（王艳分等，2018）

三峡工程运行以来，洞庭湖流域污染负荷输入的进一步增加及水文情势的变化是洞庭湖水环境演变的关键影响因素。其中江湖关系变化导致的水文情势变化可能在一定程度上加剧了洞庭湖水华发生风险。总体而言，三峡工程运行后，清水下泄导致洞庭湖入湖水量、沙量减少，导致水环境容量减少与透明度提高，为湖体浮游植物生长提供了有利条件。此外，模拟结果显示，除东洞庭湖外，洞庭湖其他区域流速均有不同程度增大。三峡工程运行，增大洞庭湖 12 月至次年 6 月的水环境容量，在一定程度上改善了洞庭湖水质。但洞庭湖湖体 TN、TP 浓度仍相对较高，已能够满足藻类生长的需求，水华发生的制约条件是水体透明度、温度和水流流速。三峡工程运行后，10～11 月受三峡工程蓄水影响，洞庭湖富营养化风险增大。流速较低的东洞庭湖湖滩区、蓄水期流速降低明显的南洞庭湖滩区水华发生的风险增大，为水华发生的敏感区域。

2. 鄱阳湖水华发生风险变化

根据前文所述，鄱阳湖水环境质量自 20 世纪 80 年代以来呈现显著恶化的态势，TN、TP 分别以 0.05 mg/L、0.0012 mg/L 的增长速率逐年显著增加。此外，研究表明鄱阳湖区物理环境近 40 年来也发生了深刻变化（Li et al.，2020）（图 6.55），具体表现为：湖区年日平均、日最高、日最低气温呈现显著上升的态势（R^2 分别为 0.64、0.51 与 0.68），为湖区藻类生长提供了适宜的温度环境；湖区年日平均、日最高风速则呈现显著下降的态势（R^2 分别为 0.9 与 0.93），风速作为影响湖泊水动力条件的重要因素之一，其大幅度减小将会导致流速减小，进而促进局部藻类水华长时间、大面积聚集，直接增大了大面积暴发藻类水华的风险。

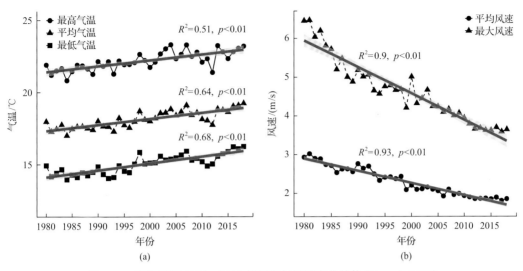

图 6.55　鄱阳湖区 1980～2018 年气温与风速变化趋势（Li et al., 2020）

叶绿素浓度是湖泊富营养化的关键响应指标。图 6.56 显示了鄱阳湖叶绿素 2008～2018 年季尺度变化。2008～2018 年鄱阳湖平均 Chla 浓度为 4.84 μg/L（SD=4.19 μg/L）。然而 Chla 季节差异较大，枯水期叶绿素浓度显著低于丰水期与退水期（$p < 0.01$）。Man-Kendall 趋势性检验表明，鄱阳湖丰水期 Chla 浓度以 0.88 μg/（L·a）的速率显著持续上升（$p < 0.05$），而其余季节并未发现显著的上升趋势。

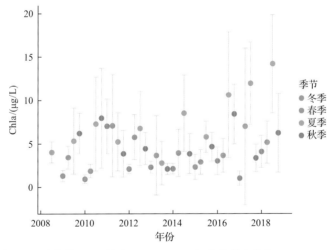

图 6.56　鄱阳湖 Chla 浓度 2008～2018 年季尺度变化（Li et al., 2020）

进一步对鄱阳湖叶绿素浓度影响因素进行分析，基于随机森林模拟的鄱阳湖不同湖区叶绿素浓度及其对环境变量的响应结果表明（图 6.57），对于北部通江水道湖区，水温、水位与溶解氧浓度是影响叶绿素浓度高低的关键指标，而透明度、水温与水位则是影响中部湖区叶绿素浓度的关键指标（图 6.58）。鄱阳湖作为典型的通江湖泊，在丰水期受到流域五河淶水和长江来水共同影响，水位达到最大值，湖泊水环境容量增大，同时流速达到年内最低值形成大片缓流水体，但藻类生长所需的营养盐浓度比较低；在枯水期，虽然营养盐浓度达到年内最高值，但由于水温较低，流速快（平均流速 0.46 m/s），藻类生长和富集所需的湖泊物理环境难以满足。因此，水文情势变化及其与营养盐浓度的协同关系是影响鄱阳湖叶绿素浓度变化的重要因素（Li B et al., 2017）。

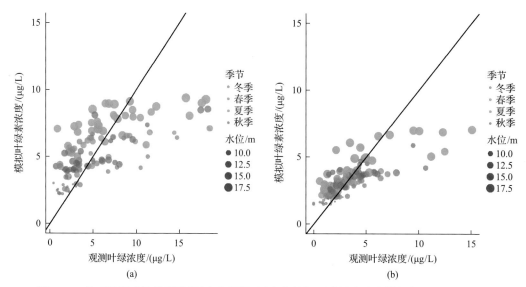

图 6.57　基于随机森林的鄱阳湖（a）中部湖区（b）北部湖区叶绿素浓度模拟（Li B et al., 2017）

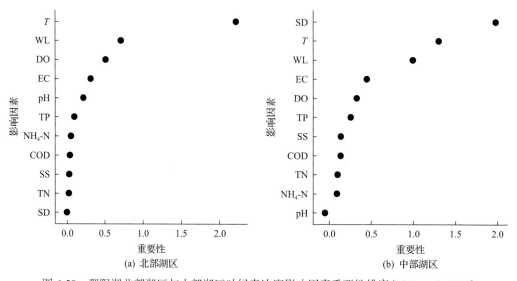

图 6.58　鄱阳湖北部湖区与中部湖区叶绿素浓度影响因素重要性排序（Li B et al., 2017）

随着鄱阳湖湖体营养盐浓度逐年上升，伴随湖区物理环境发生深刻变化，鄱阳湖水华发生风险越来越不容忽视，中科院鄱阳湖湖泊湿地观测研究站监测数据表明鄱阳湖丰水期营养盐浓度已有上升的迹象，2018 年丰水期鄱阳湖区 TN 与 TP 平均浓度分别为 1.86 mg/L 与 0.18 mg/L，已超过水华发生的营养条件限值（TN 为 1.5 mg/L，TP 为 0.15 mg/L）。江湖关系的变化导致鄱阳湖水文情势发生变化，进而将一定程度上加剧鄱阳湖水华发生风险。以星子站年平均水位为例，在 1980～2018 年呈现出以每年 0.036 m/a 的速率显著下降（$p<0.001$），而湖区降水则无明显的趋势性变化（图 6.59）。突变点检验结果表明，鄱阳湖平均水位系统性突变发生在 2003 年，2003 年后星子站平均水位下降了 1.2 m。相关研究认为该水位降低与长江对鄱阳湖顶托作用下降、拉空作用增强密切相关（Guo et al., 2012; Zhang et al., 2014）。此外，鄱阳湖水环境 TN 平均浓度系统性突变时间发生在与水位突变时间之后，而 TP 浓度也在水位发生突变后呈现显著上升的趋势（$p<0.05$），这一定程度上表明了三峡运行后水文情势的变化直接或间接影响了鄱阳湖水环境特征。相关分析进一步佐证了该论据，年平均水位与 TN 浓度均呈显著相关，相关系数为−0.56（$p<0.01$）。采用月尺度的营养盐数据序列分析同样可以看出，TP、NH$_4$-N 浓度较高值均发生于鄱阳湖水位较低的时期（图 6.60）。

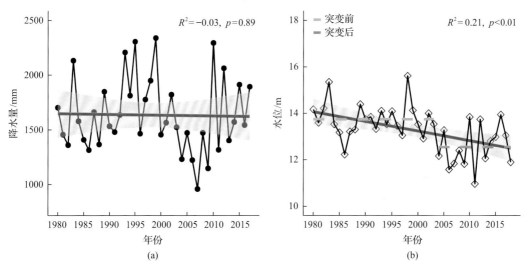

图 6.59　近 40 年来鄱阳湖区降水量与水位年际变化趋势及突变（Li et al., 2020）

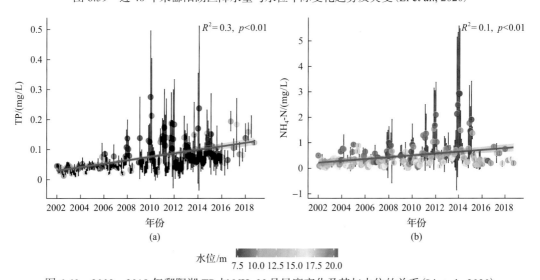

图 6.60　2002～2018 年鄱阳湖 TP 与 NH$_4$-N 月尺度变化及其与水位的关系（Li et al., 2020）

　　江湖关系变化下鄱阳湖总体呈现丰水期水位略有下降，枯水期提前且延长的态势。丰水期水位的下降将导致水环境容量下降，在同污染物入湖情景下湖体营养盐浓度将相应升高，进而加大水华发生风险。而枯水期的提前且延长，可能会使适宜的气象和水动力条件与较高的营养盐浓度相遇，增大水华发生的风险。三峡工程运行后，鄱阳湖 3~4 月，湖区的水文情势主要受流域来水控制，三峡工程的影响较小，影响区域在北部的通江水道区域，湖区富营养程度多受入湖的营养盐输入影响。10~11 月受三峡工程蓄水影响，鄱阳湖水位下降迅速，主湖区水面和水量变小，主湖区 TN 和 TP 浓度略有上升，水环境容量显著减小，但流速加大，对主湖区富营养化程度影响不大，然而鄱阳湖湖区南部部分碟形湖脱离主湖区，易导致富营养化风险增大。

第7章 江湖关系变化对两湖水生态的影响

7.1 两湖水生态系统结构及影响机制

7.1.1 通江湖泊水生态系统特征与结构

1. 浮游藻类群落结构

鄱阳湖浮游藻类有硅藻（Bacillariophyta）、隐藻（Cryptophyta）、绿藻（Chlorophyta）、蓝藻（Cyanophyta）、甲藻（Pyrrophyta）、裸藻（Euglenophyta）和金藻（Chrysophyta），硅藻为绝对优势门类，其生物量占总浮游藻类生物量的 68.3%；其次为隐藻（13%）和绿藻（8%），而蓝藻生物量比例仅占 4.6%（图 7.1）。各门类浮游藻类空间分布特征显著差异，其中北部通江区域浮游藻类生物量偏低，而都昌水域浮游藻类生物量较高。鄱阳湖浮游藻类主要属种有以微囊藻、鱼腥藻、浮游蓝丝藻、平裂藻和束丝藻为主的蓝藻，以实球藻、鼓藻、十字藻、纤维藻、空星藻、弓形藻、盘星藻、新月藻、栅藻、集星藻和空球藻为主的绿藻，以双菱藻、直链硅藻、舟形藻、布纹藻、星杆藻、针杆藻、小环藻和异极藻为主的硅藻，甲藻的主要优势属种是多甲藻，隐藻的优势属种是蓝隐藻，而锥囊藻是金藻的主要优势属种。

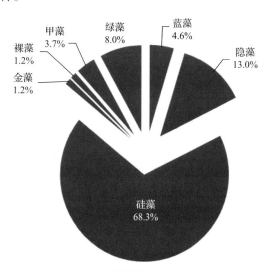

图 7.1 鄱阳湖浮游藻类主要组成

2012～2013 年丰水期洞庭湖浮游藻类总生物量变化范围为 2.01～36.95 mg/L，以硅藻（41%）、绿藻（7.3%）和蓝藻（23%）占优，其中蓝藻生物量为 0.18～11.41 mg/L，绿藻生物量为 0.01～5.14 mg/L,硅藻生物量为 0.18～20.64 mg/L,而甲藻生物量为 0～5.27 mg/L,裸藻和金藻生物量均小于 1 mg/L。洞庭湖浮游藻类主要属种包括颗粒直链硅藻、卵形隐藻、席藻、微囊藻、鱼腥藻和颤藻等,丰水期的优势种有颗粒直链硅藻、脆杆藻和双菱藻,枯水期的优势种除了颗粒直链硅藻、脆杆藻和双菱藻,还有潘多硅藻、小环藻、桥弯藻、布纹藻和美丽星杆藻等。

2. 浮游动物群落结构

鄱阳湖夏季丰度比例超过 10%的浮游甲壳动物优势类群为象鼻溞、基合溞、裸腹溞和哲水蚤,其余季节为桡足类无节幼体、象鼻溞、剑水蚤和哲水蚤(图 7.2)。除夏季外,枝角类均以象鼻溞占比最高,分别是冬季 95.45%、春季 87.31%和秋季 91.93%;夏季象鼻溞属的数量仅占全部枝角类的 30.28%,而基合溞、裸腹溞和秀体溞的比例分别为 49.96%、14.93%和 4.73%。洞庭湖夏季丰度超过 10%的浮游甲壳动物有桡足类无节幼体、桡足类幼体、象鼻溞和秀体溞。总丰度呈现夏、秋、春、冬季逐渐降低的趋势。洞庭湖夏季浮游甲壳动物的总丰度可达到 44.59 个/L,春季和秋季的平均丰度分别为 1.83 个/L 和 2.90 个/L,而冬季仅有 0.89 个/L。除哲水蚤外,其他浮游甲壳动物的数量均以夏季最高,冬季最低。剑水蚤、桡足类无节幼体和象鼻溞三者属于终年出现类,且由冬季到秋季其数量先升高后降低,在夏季达到峰值(图 7.3)。2012 年 8 月洞庭湖浮游甲壳动物平均丰度为 19.9 个/L,平均生物量为 0.5 mg/L。2013 年 1 月洞庭湖浮游甲壳动物平均丰度仅为 0.5 个/L,平均生物量为 0.014 mg/L。丰水期洞庭湖浮游甲壳动物总丰度是枯水期总丰度的 40 余倍,但丰、枯水期丰度差异并不显著(ANOVA: F=1.55,P=0.22)。

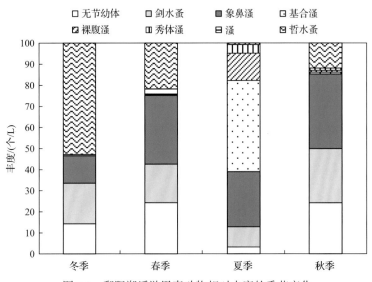

图 7.2 鄱阳湖浮游甲壳动物相对丰度的季节变化

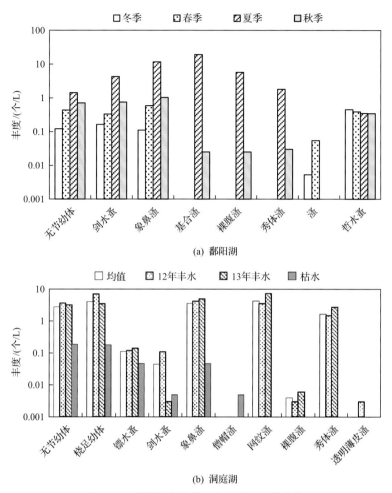

图 7.3 两湖浮游甲壳动物丰度的季节变化

3. 底栖动物群落结构

鄱阳湖底栖动物种类较为丰富，2012 年定量采样共鉴定出底栖动物 43 种，其中：软体动物 21 种，包括双壳类 14 种和螺类 7 种；水生昆虫 13 种，主要为摇蚊科幼虫；水栖寡毛类 3 种；钩虾等其他种类 6 种。由表 7.1 可知，鄱阳湖底栖动物密度和生物量被少

表 7.1 2012 年调查鄱阳湖底栖动物密度和生物量

种类	平均密度 /(个/m²)	相对密度[*] /%	平均生物量 /(g/m²)	相对生物量[*] /%	出现率[*]	优势度[*]
水栖寡毛类						
霍甫水丝蚓	6.33	2.69	0.012	0.01	7	18.89
苏氏尾鳃蚓	7.83	3.33	0.182	0.07	12	40.87
中华河蚓	4.50	1.91	0.004	<0.01	3	5.74

续表

种类	平均密度 /(个/m²)	相对密度* /%	平均生物量 /(g/m²)	相对生物量* /%	出现率*	优势度*
摇蚊科幼虫						
褐斑菱跗摇蚊	0.02	0.01	0.000	<0.01	1	0.01
花翅前突摇蚊	0.67	0.28	<0.001	<0.01	3	0.85
半折摇蚊	2.17	0.92	0.008	<0.01	3	2.77
梯形多足摇蚊	10.17	4.32	0.004	<0.01	5	21.62
凹铗隐摇蚊	1.67	0.71	0.003	<0.01	1	0.71
叶二叉摇蚊	1.83	0.78	0.001	<0.01	2	1.56
淡绿二叉摇蚊	0.33	0.14	0.001	<0.01	1	0.14
暗肩哈摇蚊	0.17	0.07	0.000	<0.01	1	0.07
李氏摇蚊	2.00	0.85	0.013	0.01	2	1.71
阿克西摇蚊属	1.33	0.57	0.001	<0.01	2	1.13
腹足类						
铜锈环棱螺	4.17	1.77	4.751	1.96	8	29.83
耳河螺	1.17	0.50	3.135	1.29	5	8.94
双龙骨河螺	0.33	0.14	0.688	0.28	3	1.28
长角涵螺	1.33	0.57	0.320	0.13	2	1.40
纹沼螺	0.17	0.07	0.021	0.01	1	0.08
大沼螺	4.17	1.77	1.936	0.80	6	15.42
方格短沟蜷	2.83	1.20	0.536	0.22	8	11.41
双壳类						
河蚬	89.00	37.84	100.68	41.48	15	1189.8
淡水壳菜	34.33	14.60	2.859	1.18	11	173.54
中国尖脊蚌	0.33	0.14	3.014	1.24	1	1.38
椭圆背角无齿蚌	0.17	0.07	0.250	0.10	2	0.35
圆背角无齿蚌	0.50	0.21	1.414	0.58	2	1.59
背角无齿蚌	0.33	0.14	0.907	0.37	3	1.55
扭蚌	1.50	0.64	29.558	12.18	2	25.63
鱼尾楔蚌	0.17	0.07	0.015	0.01	1	0.08
三角帆蚌	0.17	0.07	10.314	4.25	2	8.64
洞穴丽蚌	1.00	0.43	26.860	11.07	4	45.97
背瘤丽蚌	0.17	0.07	17.983	7.41	1	7.48
猪耳丽蚌	0.50	0.21	33.998	14.01	1	14.22
橄榄蛏蚌	0.33	0.14	0.457	0.19	2	0.66

续表

种类	平均密度 /(个/m²)	相对密度* /%	平均生物量 /(g/m²)	相对生物量* /%	出现率*	优势度*
圆顶珠蚌	0.17	0.07	2.505	1.03	1	1.10
其他						
钩虾	31.00	13.18	0.047	0.02	10	132.01
寡鳃齿吻沙蚕	18.17	7.72	0.090	0.04	13	100.90
低头石蚕	0.33	0.14	0.002	<0.01	2	0.28
毛翅目	0.17	0.07	0.002	<0.01	1	0.07
蜉蝣属	0.67	0.28	0.046	0.02	3	0.91
扁舌蛭	1.17	0.50	0.024	0.01	4	2.02
宽身舌蛭	1.33	0.57	0.018	0.01	1	0.57
舌蛭科	0.33	0.14	0.025	0.01	1	0.15
石蛭科	0.17	0.07	0.037	0.02	1	0.09

* 相对密度和相对生物量分别为某一物种占总密度和总生物量的百分比，出现频率为某物种在所有采样点中的出现次数，优势度指数=(相对密度+相对生物量)×出现频率。

数种类所主导。密度方面，双壳类的河蚬和淡水壳菜，其他类的钩虾和寡鳃齿吻沙蚕，以及摇蚊科幼虫的梯形多足摇蚊相对密度较高，分别占总密度的 37.84%、14.60%、13.18%、7.72%及4.32%。生物量方面，由于软体动物个体较大，河蚬、猪耳丽蚌、洞穴丽蚌、扭蚌在总生物量中占据优势，分别占总生物量的 41.48%、14.01%、11.07%和 12.18%(Cai et al., 2014)。

　　洞庭湖定量样品中共鉴定出底栖动物 46 种(表 7.2)，其中软体动物种类最多，共计 16 种，包括双壳类 7 种和螺类 9 种；摇蚊幼虫次之，共计 15 种；水栖寡毛类较少，共 2 种；钩虾等其他种类 13 种。总体而言，洞庭湖底栖动物种类较为丰富，与鄱阳湖相比物种数差异较小。洞庭湖底栖动物密度和生物量被少数种类所主导。密度方面，软体动物的淡水壳菜、大沼螺、铜锈环棱螺、河蚬和钩虾密度较高，均值分别为80.29 个/m²、38.0 个/m²、28.11 个/m²、26.07 个/m² 及 18.86 个/m²，分别占总密度的25.59%、12.11%、8.96%、8.31%及6.01%。生物量方面，软体动物个体较大，河蚬、大沼螺、铜锈环棱螺、背瘤丽蚌生物量较高，分别为48.71 g/m²、32.23 g/m²、31.10 g/m² 及 22.16 g/m²，分别占总生物量的24.18%、16.00%、15.44%和11.00%(Cai et al., 2017)。

表 7.2　2012～2013 年洞庭湖底栖动物密度和生物量

种类	平均密度 /(个/m²)	相对密度* /%	平均生物量 /(g/m²)	相对生物量* /%	出现率*	优势度*
水栖寡毛类						
霍甫水丝蚓	3.43	1.093	0.0017	0.001	3	3.28
苏氏尾鳃蚓	17.14	5.464	0.1328	0.066	10	55.30

续表

种类	平均密度 /(个/m²)	相对密度* /%	平均生物量 /(g/m²)	相对生物量* /%	出现率*	优势度*
摇蚊幼虫						
前突摇蚊属	1.14	0.364	0.0009	<0.001	3	1.09
半折摇蚊	0.29	0.091	0.0001	<0.001	1	0.09
梯形多足摇蚊	0.29	0.091	0.0001	<0.001	1	0.09
凹铗隐摇蚊	0.29	0.091	0.0001	<0.001	1	0.09
隐摇蚊属	2.29	0.728	0.0018	0.001	5	3.65
平滑环足摇蚊	0.57	0.182	0.0020	0.001	1	0.18
叶二叉摇蚊	<0.01	<0.001	<0.0001	<0.001	1	<0.01
Axarus sp.	6.29	2.003	0.0411	0.020	4	8.09
真开氏摇蚊	0.57	0.182	0.0020	0.001	1	0.18
Krenosmittia sp.	4.29	1.366	0.0270	0.013	3	4.14
沼摇蚊属	0.00	0.000	<0.0001	<0.001	1	<0.01
齿斑摇蚊属	2.00	0.637	0.0007	<0.001	1	0.64
异三突摇蚊	19.71	6.283	0.0629	0.031	1	6.31
笨毛突摇蚊	<0.00	<0.001	<0.0001	<0.001	1	<0.01
多巴小摇蚊	0.29	0.091	0.0003	<0.001	1	0.09
腹足类						
铜锈环棱螺	28.11	8.961	31.1014	15.437	18	439.16
长角涵螺	5.29	1.685	0.5315	0.264	7	13.64
纹沼螺	6.57	2.094	3.6770	1.825	2	7.84
大沼螺	38.00	12.111	32.2265	15.995	17	477.81
耳河螺	5.14	1.639	8.5999	4.269	8	47.26
双龙骨河螺	6.86	2.185	15.5747	7.730	5	49.58
湖北钉螺	3.43	1.093	0.1033	0.051	3	3.43
多瘤短沟蜷	1.14	0.364	0.5516	0.274	3	1.91
方格短沟蜷	12.57	4.007	12.3011	6.106	16	161.80
双壳类						
河蚬	26.07	8.309	48.7122	24.178	20	649.75
淡水壳菜	80.29	25.588	3.0803	1.529	10	271.17
棘裂脊蚌	0.29	0.091	0.5257	0.261	1	0.35
射线裂脊蚌	0.86	0.273	6.7995	3.375	2	7.30
圆顶珠蚌	1.14	0.364	14.7446	7.318	4	30.73

续表

种类	平均密度 /(个/m²)	相对密度* /%	平均生物量 /(g/m²)	相对生物量* /%	出现率*	优势度*
背瘤丽蚌	0.29	0.091	22.1612	11.000	1	11.09
椭圆背角无齿蚌	0.29	0.091	0.0222	0.011	1	0.10
其他						
钩虾	18.86	6.010	0.0339	0.017	7	42.19
中华齿米虾	0.86	0.273	0.0153	0.008	2	0.56
秀丽白虾	0.29	0.091	0.0519	0.026	1	0.12
新叶春蜓属	0.29	0.091	0.0204	0.010	1	0.10
硕春蜓属	0.57	0.182	0.0565	0.028	2	0.42
蛇纹春蜓属	0.57	0.182	0.1507	0.075	2	0.51
低头石蚕	5.14	1.639	0.0157	0.008	4	6.59
纹石蚕	0.57	0.182	0.0027	0.001	2	0.37
蜉蝣属	6.29	2.003	0.0890	0.044	7	14.33
蠓幼虫	2.29	0.728	0.0007	0.000	3	2.19
扁舌蛭	2.00	0.637	0.0114	0.006	4	2.57
宽身舌蛭	0.86	0.273	0.0016	0.001	2	0.55
舌蛭	0.29	0.091	0.0366	0.018	1	0.11

* 相对密度和相对生物量分别为某一物种占总密度和总生物量的百分比，出现频率为某物种在所有采样点中的出现次数，优势度指数=(相对密度+相对生物量)×出现频率。

4. 水域生态系统代表性生物类群

1)藻类

鄱阳湖从各藻门丰度组成比来看，以蓝藻为优势门，硅藻次之，而生物量组成比以硅藻占绝对优势，其次为隐藻和绿藻。从藻类空间分布格局来看，鄱阳湖西部湖区的硅藻丰度比和生物量比均显著高于其他湖区；蓝藻生物量比在西部湖区最低，而丰度比在北部湖区较高，虽然北部湖区蓝藻丰度比可达 71.5%，但由于蓝藻单细胞生物量小，故蓝藻生物量比在北部湖区仅占 12.3%；隐藻在全湖均有分布，其丰度比在各监测点之间无显著差别，但生物量比在鄱阳湖南部湖区和北部湖区略高；绿藻丰度比和生物量比空间变化趋势较一致，均表现为西部和南部湖区较高，北湖区较低。洞庭湖枯、丰水期浮游藻类群落均以硅藻占优，特别是枯水期，硅藻生物量比例显著高于其他门类，而颗粒直链硅藻是硅藻门中的优势属。枯、丰水期浮游藻类次优势门类分别为隐藻和蓝藻，隐藻门中的优势属为卵形隐藻。枯水期蓝藻生物量比例较低，小于 2%，而丰水期蓝藻总生物量增加，其生物量比例可达 20%，其优势属为席藻、微囊藻、鱼腥藻和颤藻（表 7.3、表 7.4）。

表 7.3　洞庭湖丰水期浮游藻类优势种

种类	拉丁名	中文名	比例/%
Bacillariophyta	*Aulacoseira granulata*	颗粒直链硅藻	32.1
	Fragilaria spp.	脆杆藻	3.1
	Surirella spp.	双菱藻	2.6
Cryptophyta	*Cryptomonas ovata*	卵形隐藻	12.1
Cyanophyta	*Phormidium* spp.	席藻	6.7
	Microcystis spp.	微囊藻	5.4
	Anabaena spp.	鱼腥藻	4.4
	Oscillatoria spp.	颤藻	3.2
Dinophyta	*Peridinium* spp.	多甲藻	4.8
	Ceratium hirundinella	飞燕角甲藻	4.6
Euglenophyta	*Euglena* spp.	裸藻	2.4
Chlorophyta	*Eudorina* spp.	空球藻	5.7
	Pandorina spp.	实球藻	3.3
总计			90.4

表 7.4　洞庭湖枯水期浮游藻类优势种

种类	拉丁名	中文名	比例/%
Bacillariophyta	*Aulacoseira granulata*	颗粒直链硅藻	67.1
	Surirella spp.	双菱藻	4.4
	Bacillaria paradoxa	潘多硅藻	4.4
	Cyclotella spp.	小环藻	2.8
	Fragilaria spp.	脆杆藻	2.5
	Cymbella spp.	桥弯藻	1.5
	Gyrosigma spp.	布纹藻	1.3
	Asterionella formosa	美丽星杆藻	1.1
Cryptophyta	*Cryptomonas ovata*	卵形隐藻	8.3
Cyanophyta	*Microcystis* spp.	微囊藻	1.8
总计			95.2

2)浮游甲壳类动物群落

鄱阳湖枝角类的数量，只在夏季高于桡足类，其余季节均以桡足类的数量占优势。冬季，桡足类密度是枝角类密度的 6.3 倍；而夏季恰恰相反，枝角类的密度是桡足类密度的 6.3 倍。春季和秋季，桡足类密度分别是枝角类的 1.7 倍和 1.6 倍。洞庭湖浮游甲壳动物总丰度以网纹溞、桡足幼体、象鼻溞、桡足类无节幼体和秀体溞等类群占优势，分别占总数的 26%、25%、22%、16%和 10%。丰水期的优势类群与总体优势类群一致，而枯水期则以桡足类无节幼体、桡足类幼体、象鼻溞和哲水蚤等占优势，分别占 40%、

38%、10%和10%。

3)底栖动物种类

鄱阳湖从 43 个物种在 15 个样点的出现频率来看，河蚬、淡水壳菜、钩虾、寡鳃齿吻沙蚕及苏氏尾鳃蚓共 5 个种类在是鄱阳湖最常见的种类，其在大部分采样点均能采集到。综合底栖动物的密度、生物量以及各物种的出现频率，利用优势度指数确定优势种类，结果表明鄱阳湖现阶段的底栖动物第一优势种为河蚬，优势度指数远高于其他种类。淡水壳菜、钩虾、寡鳃齿吻沙蚕、苏氏尾鳃蚓、铜锈环棱螺、梯形多足摇蚊等种类也是底栖动物的优势种(Cai et al., 2014)。洞庭湖从 46 个物种在 30 个样点的出现频率来看，河蚬、铜锈环棱螺、大沼螺、方格短沟蜷及苏氏尾鳃蚓共五个种类是洞庭湖最常见的种类，其在大部分采样点均能采集到。综合底栖动物的密度、生物量以及各物种的出现频率，利用优势度指数确定优势种类，结果表明，洞庭湖现阶段底栖动物第一优势种为河蚬，其次是大沼螺和铜锈环棱螺，方格短沟蜷、苏氏尾鳃蚓、双龙骨河螺及耳河螺等种类也是底栖动物的优势种(Cai et al., 2017)。

7.1.2　通江湖泊生态系统对水情变化的响应

1. 浮游藻类对水位变化的响应

鄱阳湖湖泊水文及理化因子特征在不同水位期显著不同。以鄱阳湖水位 14 m 界定高、低水位期，其中高水位期对应春末和夏季，水体温度较高，水流流速较缓，水体透明度较高，营养盐浓度较低，而低水位期对应秋末和冬季，水体温度较低，水流流速快，水体混浊，营养盐浓度高。高、低水位期鄱阳湖水环境特征不同(表 7.5)，浮游藻类各门类响应特征也有所区别。低水位期，低水温、高流速限制了浮游藻类门类中喜高水温、低流速种类的生长，因此硅藻生物量占优；高水位期，高水温、低流速有利于蓝藻的竞争优势，限制了硅藻类的生长。鄱阳湖高、低水位期的转换，物理因素(如水温、光照)、

表 7.5　鄱阳湖高、低水位期理化环境变量均值及标准偏差

项目	低水位	高水位	P 值
WL/m	11.6(1.8)	16.9(1.2)	<0.001
WT/℃	21.7(5.5)	27.5(2.8)	<0.001
SD/m	0.3(0.2)	0.4(0.2)	0.804
Cond/(μS/cm)	151.0(29.6)	101.8(18.2)	<0.001
NO_3-N/(mg/L)	1.15(0.38)	0.8(0.3)	<0.001
NO_2-N/(mg/L)	0.04(0.03)	0.03(0.02)	<0.001
NH_4-N/(mg/L)	0.21(0.13)	0.16(0.09)	0.002
PO_4-P/(mg/L)	0.02(0.01)	0.02(0.01)	0.009
TN/(mg/L)	2.39(1.18)	1.42(0.67)	<0.001
TP/(mg/L)	0.12(0.13)	0.09(0.07)	0.867
Chla/(μg/L)	4.54(7.63)	6.95(5.63)	0.001

水文因素（如流速）和化学因素（如营养盐）控制浮游藻类生长的主导作用也在此消彼长。鄱阳湖浮游藻类各门类生物量水位响应的具体阈值为，水位<10 m，硅藻生物量增加，其他藻类无响应；10 m<水位<14～15 m，蓝藻、硅藻生物量增加，绿藻生物量增加缓慢；水位>14～15 m，除隐藻生物量外，其他藻类生物量均显著减少（图 7.4）。如要改变鄱阳湖水情特征，如建坝控枯不控洪，浮游藻类可能的发展趋势有：3～8 月，保持与长江相通，硅藻可发展为优势门类；9～12 月，与长江阻隔，蓝藻将发展为优势门类（Liu et al.，2015）。

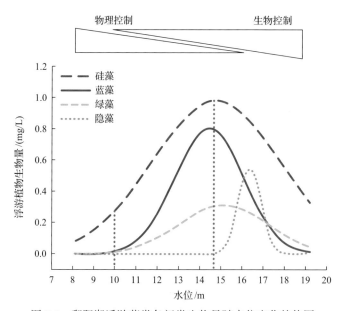

图 7.4　鄱阳湖浮游藻类各门类生物量随水位变化趋势图

　　鄱阳湖水华蓝藻主要分布区域是营养盐浓度相对较高且水流较缓的内湾及尾闾区。目前，康山圩、撮箕湖、南矶湿地、军山湖以及都昌区域均有蓝藻群体聚集出现，并且水华蓝藻在鄱阳湖中的分布面积及生物量逐年增加。2010 年都昌水域水华蓝藻生物量达到 0.15 mg/L，军山湖水华蓝藻生物量达到 0.6 mg/L。2012～2014 年位于东部和南部的撮箕湖、军山湖、南矶湿地、蚌湖以及主航道都昌水域的水华蓝藻均相对较高。鄱阳湖水华蓝藻季度变化趋势显示（图 7.5），春季撮箕湖、康山圩、军山湖和南矶湿地区域的蓝藻生物量较高，夏季蓝藻分布范围不仅包括军山湖、康山湖，在鄱阳湖主航道也有分布。秋季，水华蓝藻分布范围有所扩大，蚌湖、撮箕湖以及康山圩生物量均高于 1 mg/L。冬季枯水期，军山湖、康山圩以及撮箕湖周围水域蓝藻生物量均较高。然而，军山湖和康山圩已与鄱阳湖主湖区人为阻隔（如筑堤修坝等），因此这两个湖区不纳入鄱阳湖主湖区蓝藻源发地。总之，鄱阳湖主湖区中蓝藻最主要源发地为水流流速较缓、营养盐较高的东部撮箕湖；其次与赣江支流连通的南矶湿地，受人类活动影响严重的都昌水域也需关注（钱奎梅等，2016）。

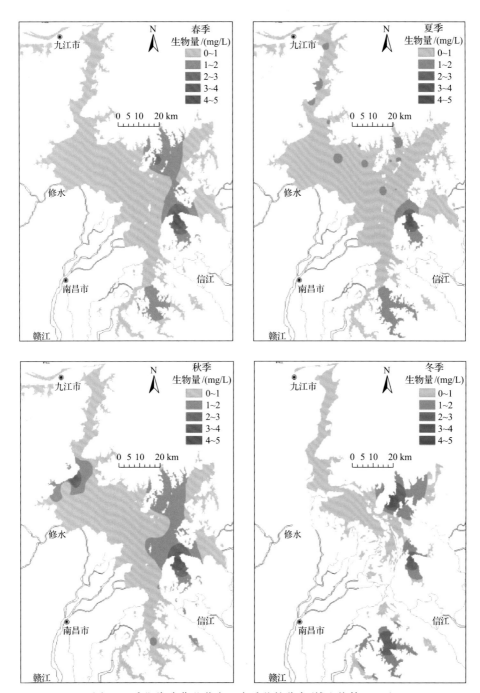

图 7.5　鄱阳湖水华蓝藻在四个季节的分布(钱奎梅等, 2016)

　　鄱阳湖主湖区浮游藻类叶绿素 a 浓度与其水位波动有显著的线性回归关系(图 7.6)，随着鄱阳湖水位增加，主湖区浮游藻类 Chla 浓度增加($p<0.01$)，具体表现为平水期和丰水期 Chla 浓度高于枯水期(图 7.7；Wu et al., 2014)。

　　水下光照条件是影响鄱阳湖浮游藻类的关键环境因子，而随着水位增加鄱阳湖水体透明度增加(图 7.8)，因此高水位时光照条件更有利于浮游藻类生长。由于鄱阳湖主湖区

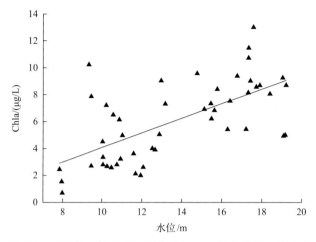

图 7.6　鄱阳湖主湖区浮游藻类 Chla 浓度与水位变化的关系

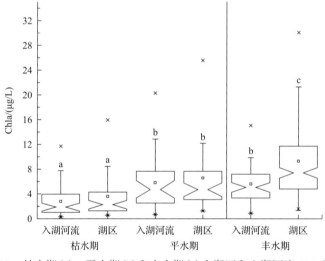

图 7.7　枯水期(a)、平水期(b)和丰水期(c)主湖区和入湖流 Chla 浓度

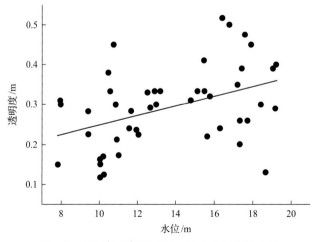

图 7.8　鄱阳湖主湖区透明度与水位变化的关系

和入湖河流营养盐浓度在枯水期、平水期和丰水期并无显著差异，因此研究不考虑其随水情变化对浮游藻类生长的影响。

鄱阳湖浮游藻类生物量(以 Chla 浓度表示)与水位关系显著正相关。具体表现为鄱阳湖水位上升，浮游藻类 Chla 浓度增加；水位回落，Chla 浓度减少。原因一，鄱阳湖不同水位期对应了不同季节，水位上升和高水位期，正值春末夏初之际，水温的增加有利于浮游藻类，特别是喜温耐高光强的种类生长，因此，Chla 浓度增加；水位回落和低水位期，对应秋冬季，此时水温较低，只有少数喜低温的藻类生长，Chla 浓度减少；原因二，高水位期，氮、磷营养盐浓度被稀释，特别是氮浓度的减少，从而促进了固氮藻类生长，Chla 浓度增加；另外，高水位期，氮、磷营养盐浓度的减少也是藻类生长大量利用的结果。原因三，高水位期，鄱阳湖水体透明度增加，有利于浮游藻类的光合作用，Chla 浓度增加。

2. 水生植被面积对水情变化的响应

蚌湖与撮箕湖为鄱阳湖最具代表性碟形洼地湖泊，也是人为干扰较少，水生植被最主要分布湖区。1989～2009 年，两个代表性碟形湖泊水生植被分布面积呈明显增加趋势，尤其在 2000 年后水生植被分布面积呈显著扩张态势，其中蚌湖水生植被面积从 1999 年 6.925 km^2 猛增至 2001 年 25 km^2，而撮箕湖在 2003 年仅为 9.9 km^2，2004 年增至 43 km^2，2009 年更扩张到 122 km^2。

两个湖泊水生植被分布面积受水位波动影响极为明显，与不同水位淹没天数显示了极好的线性关系(图 7.9、图 7.10)。其中蚌湖与不同特征水位淹没天数呈明显负直线相关，而撮箕湖水生植被分布面积则与不同特征水位淹没天数呈明显负指数相关。

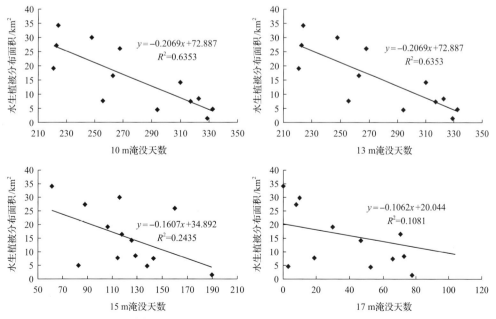

图 7.9　蚌湖水生植被分布对不同特征水位淹没天数变化的响应

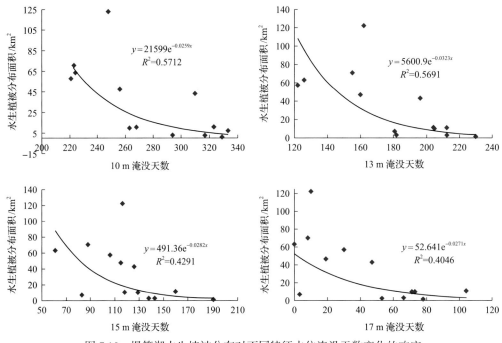

图 7.10 撮箕湖水生植被分布对不同特征水位淹没天数变化的响应

7.2 两湖浮游藻类群落结构对水情变化的响应

7.2.1 两湖浮游藻类群落结构时空变化特征

1. 鄱阳湖

通过原位定点监测，明确了鄱阳湖浮游藻类丰度和生物量空间变化规律（图 7.11）。

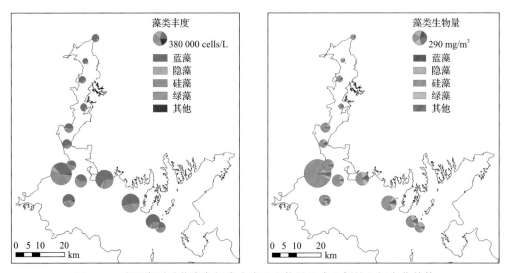

图 7.11 鄱阳湖浮游藻类各门类丰度和生物量组成比例的空间变化趋势

从空间变化趋势来看，鄱阳湖北部湖区的浮游藻类丰度和生物量均低，明显低于其他湖区。蚌湖口浮游藻类丰度和生物量均出现了最大值。蓝藻的最高值出现在都昌附近，丰度值为 41.4 万 cells/L，生物量为 0.026 mg/L，其次为南部周溪湖区附近，北部湖区的蓝藻丰度较低，最低值出现在鞋山附近，密度为 4.31 万 cells/L，生物量为 0.003 mg/L。隐藻门和硅藻门呈现出相似的分布规律，均是在蚌湖口最高，丰度为分别为 74.7 万 cells/L 和 35.7 万 cells/L，生物量为 0.098 mg/L 和 0.907 mg/L；其次都是南部湖区＞中部湖区＞北部湖区。绿藻门在都昌出现了峰值，丰度分别为 11.1 万 cells/L 和 11.3 万 cells/L，生物量分别为 0.045 mg/L 和 0.042 mg/L，南部和中西部湖区绿藻都较高，北部湖区最低，北部绿藻丰度平均为 4350 cells/L，生物量为 0.002 mg/L。

2. 洞庭湖

2012～2013 年丰水期洞庭湖浮游藻类总生物量变化范围为 2.01～36.95 mg/L（图 7.12），以硅藻、绿藻和蓝藻占优，其中蓝藻生物量为 0.18～11.41 mg/L，绿藻生物量为 0.01～5.14 mg/L，硅藻生物量为 0.18～20.64 mg/L，而甲藻生物量 0～5.27 mg/L，裸藻和金藻生物量均小于 1 mg/L。从湖区分布来看，东洞庭浮游藻类生物量明显高于南洞庭湖和西洞庭，东洞庭藻类生物量为 2.32～36.95 mg/L，南洞庭藻类生物量为 2.01～9.24 mg/L，西洞庭湖藻类生物量为 2.10～7.81 mg/L。枯水期藻类总生物量低于丰水期藻类总生物量（图 7.13），变化范围为 3.13～11.44 mg/L，以硅藻占绝对优势，其生物量为 2.13～9.49 mg/L，蓝藻生物量为 0.01～1.81 mg/L，隐藻生物量为 0.15～1.20 mg/L，其他门类生物量均小于 0.01 mg/L。

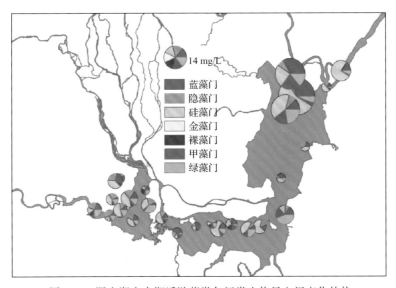

图 7.12　洞庭湖丰水期浮游藻类各门类生物量空间变化趋势

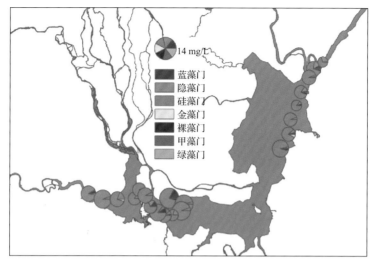

图 7.13 洞庭湖枯水期浮游藻类各门类生物量空间变化趋势

7.2.2 两湖浮游藻类生长影响因素及对水情变化的响应

1. 鄱阳湖

通过 2009～2012 年的夏季调查,研究浮游藻类生物量叶绿素 a 浓度在鄱阳湖丰水期的空间分布。同时,从全湖角度出发,寻找影响丰水期藻类生长的关键因素。在 2009～2012 年,鄱阳湖丰水期叶绿素 a 的平均浓度为 10.42 μg /L,其空间分布差异较为明显(图 7.14)。丰水期叶绿素 a 最高浓度可达 34.37 μg/L,出现在东部,而观测到的最低值出现在北部,靠近鄱阳湖与长江的连接处,仅为 2.11 μg/L。区域上,东部叶绿素 a 浓度的平

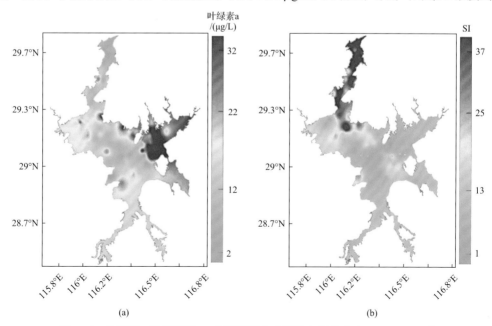

图 7.14 叶绿素 a 浓度以及 SI 在鄱阳湖丰水期的空间分布(Wu et al., 2014)

均值最高(14.99 μg/L)，且显著高于其他 3 个区域(图 7.15)；中部湖区次之，其同样显著高于北部($P<0.001$)以及南部($P=0.016$)；北部叶绿素 a 浓度的平均值最低，仅为 5.61 μg/L，与南部之间不存在显著差异($P=0.067$)(Wu et al., 2014)。

逐步线性回归和 Spearman 秩相关分析表明，SI 指数(shade index)是影响叶绿素 a 浓度空间分布的主要指标(图 7.16)；除了在东部湖区，营养盐对叶绿素 a 的空间变化解释量均较小。叶绿素 a 浓度与 SI 指数之间的关系呈现出区域性。叶绿素 a 浓度与 SI 指数呈相反的变化趋势，特别是在北部和南部。这在一定程度上反映了丰水期光限制浮游藻类生长的现象。此外，河流冲刷也会在一定程度上降低叶绿素 a 浓度。这也是造成北部和南部湖区之间的叶绿素 a 浓度不存在显著差异($P=0.067$)，但北部的 SI 指数显著高于南部($P<0.001$)的主要原因。然而，在东部，两者之间的关系变成了显著正相关，这可能是由于东部湖区营养盐浓度较高，促进了浮游藻类的生长，而较高的浮游藻类含量又进一步影响了水下光照条件。在中部湖区，未发现所观测的理化指标与叶绿素 a 浓度之间存在显著相关关系，这很可能是由于中部湖区强烈的人类活动以及较高的空间异质性所造成的(Wu et al., 2014)。

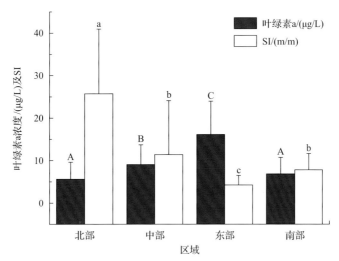

图 7.15　鄱阳湖四区域的叶绿素 a 浓度以及 SI 的平均值及误差；大写字母(A、B、C)和小写字母(a、b、c)用来区分叶绿素 a 和 SI，不同字母表示存在显著性差异(Wu et al., 2014)

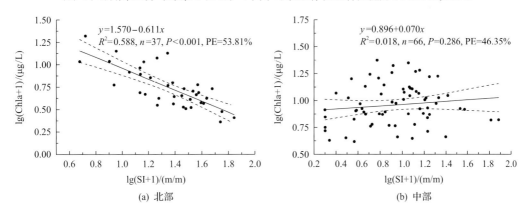

(a) 北部　　　　　　　　　　　　　(b) 中部

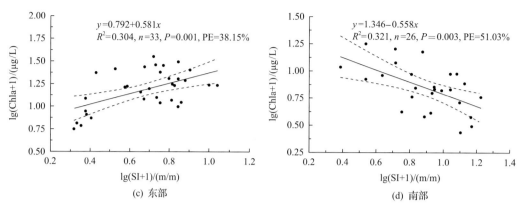

图 7.16　鄱阳湖丰水期四个区域中叶绿素 a 浓度与 SI 之间的关系；
虚线表示 95%置信区间（Wu et al., 2014）

2. 洞庭湖

洞庭湖枯、丰水期浮游藻类群落均以硅藻占优（图 7.17、图 7.18），特别是枯水期，硅藻生物量比例显著高于其他门类，而颗粒直链硅藻是硅藻门中的优势属。枯、丰水期浮游藻类次优势门类分别为隐藻和蓝藻，隐藻门中的优势属为卵形隐藻。枯水期蓝藻生物量比例较低（小于 2%），而丰水期蓝藻总生物量增加，其生物量比例可达 20%，优势属为席藻、微囊藻、鱼腥藻和颤藻（表 7.3、表 7.4）。浮游藻类在洞庭湖的生长除了受到水温等环境因素的影响，水位的变化也是一个重要的影响参数，随着水位下降，枯水期洞庭湖呈现河流状态，水流流速增加，与其他浮游藻类相比，硅藻更加适应这种较高水流流速的水体环境，因此，颗粒直链硅藻生物量比例从丰水期的 32.1%增加到枯水期的 67.1%，且硅藻种类增加，枯水期的硅藻优势种除了出现在丰水期颗粒直链硅藻、脆杆藻和双菱藻，还有潘多硅藻、小环藻、桥弯藻、布纹藻和美丽星杆藻。涨、退水期，因洞庭湖洪水脉冲作用，大量流域内营养盐和河流型硅藻被携带入湖，使湖泊主河道内浮游

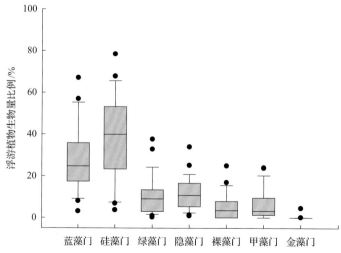

图 7.17　2012～2013 年洞庭湖丰水期浮游藻类各门类生物量比例

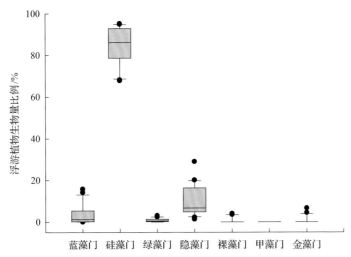

图 7.18 2012～2013 年洞庭湖枯水期浮游藻类各门类生物量比例

硅藻生物量增加，加之此阶段鄱阳湖底泥再悬浮，底栖类硅藻对总的硅藻生物量也产生了重要贡献。

3. 鄱阳湖与洞庭湖浮游藻类共异性

大型通江湖泊，鄱阳湖与洞庭湖主要浮游藻类优势门类是硅藻，两湖硅藻门的优势属均为直链硅藻。低水位枯水期，两湖浮游藻类以硅藻为绝对优势，而高水位丰水期，两湖蓝藻生物量显著增加，成为优势门类，其中鄱阳湖蓝藻主要优势种为鱼腥藻和微囊藻，洞庭湖蓝藻优势种以丝状种类为主，如席藻、颤藻等。与非通江湖泊不同，虽然两湖已呈现富营养化趋势，但是蓝藻生物量总体偏低，硅藻在大部分季节仍是优势种，这说明除了物理化学因素之外，水文水动力条件是影响两湖浮游藻类生长的一个重要因素。因此，人为改变两湖江湖关系，浮游藻类群落结构将发生演变。

7.2.3 江湖关系改变对浮游藻类群落结构与时空演变的影响

1. 水位变化对鄱阳湖浮游藻类群落结构影响

以水位 14 m 界定鄱阳湖高、低水位期。鄱阳湖水体水文及理化因子特征在不同水位期显著不同，具体表现为：高水位期，对应春末和夏季，水体温度较高，水流流速较缓，水体透明度较高，营养盐浓度较低；低水位期，对应秋末和冬季，水体温度较低，水流流速快，水体混浊，营养盐浓度高。低水位期的低水温、高流速有利于浮游藻类门类中硅藻类的生长，而高水位期的高水温、低流速有利于蓝藻类的竞争优势，限制了硅藻类的生长。因此，硅藻在低水位期占优，其生物量比例均值为 44.9%，最大比例为 86.8%，出现在 2012 年 6 月；蓝藻在高水位期占优，生物量比例均值为 30.0%，最大值为 92.6%，出现在 2013 年 8 月(图 7.19)。鄱阳湖绿藻的生长萌发或与蓝藻相伴，或稍早于蓝藻，而隐藻在涨水期和退水期形成优势(Liu et al., 2015)。

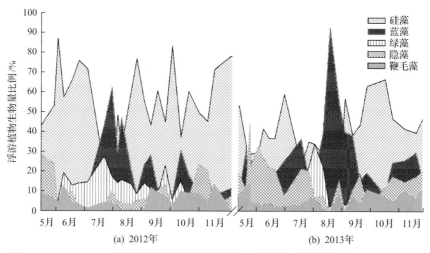

图 7.19　2012～2013 年鄱阳湖浮游藻类生物量比例-时间变化趋势(Liu et al., 2015)

随着鄱阳湖高、低水位期的过渡转换,控制浮游藻类生长的物理(如水温、光照)、水文(如流速)、化学(如营养盐)等因素的主导作用也在此消彼长。因此,鄱阳湖浮游藻类各门类生物量水位响应的具体阈值范围也存在差异。当鄱阳湖水位处于 10 m 以下时,硅藻生物量随着水位的上涨而增加,其他藻类无响应;当水位继续上涨,超过 10 m,但是低于 14～15 m 范围时,各门类生物量均表现出增长趋势,其中绿藻生物量增加较平缓,而蓝藻、硅藻生物量显著增加;当水位超过 14 ～15 m 范围后,除隐藻外,其他藻类生物量均显著减少(图 7.4)。

因此,人为改变鄱阳湖与长江的自然连通关系,如在鄱阳湖湖口建坝,鄱阳湖由南向北的流场方向不会发生变化,但是水流流速明显变缓,特别是枯水期冬天的水流流速急剧减小,水体交换时间变长。若对鄱阳湖大坝对湖区进行控枯不控洪,即涨水期 3～8 月,保持鄱阳湖与长江自然连通,低水位期 9～12 月和 1～2 月,使鄱阳湖与长江隔绝,由此浮游藻类群落结构会产生两种演变趋势。趋势一,涨水期,鄱阳湖流域周边营养盐和污染物质冲刷入湖,湖区将成为营养盐和污染物质的"汇",此时,湖区营养充足、水温适宜,可能促进鄱阳湖的优势种硅藻的大量生长繁殖;趋势二,鄱阳湖经过涨水期后,与长江隔绝,水流平缓,湖区充足的营养、夏秋季高水温条件,将促进蓝藻的大量繁殖,夏季东部湖湾原位生长的蓝藻随着水流方向堆积在湖口坝前,在鄱阳湖北部通江水道聚集,形成蓝藻大群体。

2. 鄱阳湖蓝藻动态变化及对水文要素改变的响应

鄱阳湖蓝藻主要分布区域是营养盐浓度相对较高且水流较缓的内湾及尾闾区(图 7.20)。春季撮箕湖、康山圩、军山湖和南矶湿地区域的蓝藻生物量较高,夏季蓝藻分布范围不仅包括军山湖、康山湖,在鄱阳湖主航道也有分布(钱奎梅等,2016)。秋季,蚌湖、撮箕湖以及康山圩生物量较高。冬季枯水期,军山湖、康山圩以及撮箕湖周围水域蓝藻生物量均较高(图 7.5)。

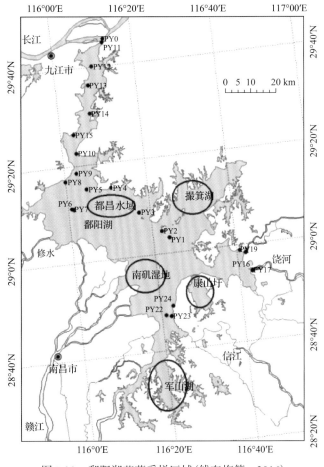

图 7.20　鄱阳湖蓝藻采样区域(钱奎梅等，2016)

2012～2014 年夏季 7 月，布设 80 多个采样点，覆盖鄱阳湖全湖，原位监测蓝藻动态变化趋势。通过面积插值分析(图 7.21)，2012～2014 年同期，鄱阳湖蓝藻聚集湖区年际差异显著，如 2012 年鄱阳湖蓝藻聚集湖区主要是在东部湖湾和都昌附近小湖权，2013 年蓝藻聚集湖区是在东部湖湾，其中星子、老爷庙、松门山及都昌附近也出现大量聚集，2014 年蓝藻聚集区在都昌及北部通江区，而东部湖湾蓝藻明显减少，仅在东部湖湾内汊还有少量聚集。由此可见，鄱阳湖的蓝藻在湖区的发展趋势与太湖显著不同，太湖蓝藻的发展趋势是蓝藻水华面积的逐年增加，以梅梁湾小面积的蓝藻水华逐步扩展到太湖 1/2 湖面面积甚至更大湖面。对比这两个湖泊，鄱阳湖的流动性引起了蓝藻在湖区内的水平迁移，故每年同期，鄱阳湖出现蓝藻聚集的湖区均不相同。从 MIKE21 模型模拟鄱阳湖夏季流场(图 7.22)来看，流场总体趋势是由南向北，由湖湾向湖面，最终流向北部通江湖区。因此，在无人为因素干扰的情况下，东部湖湾聚集的蓝藻随着流场最终会流出鄱阳湖，但由于东部湖湾水流流速较低，加之营养盐在此湖区的大量蓄积(渔业养殖投肥)，春末夏季，此湖区极易蓝藻生长繁殖。

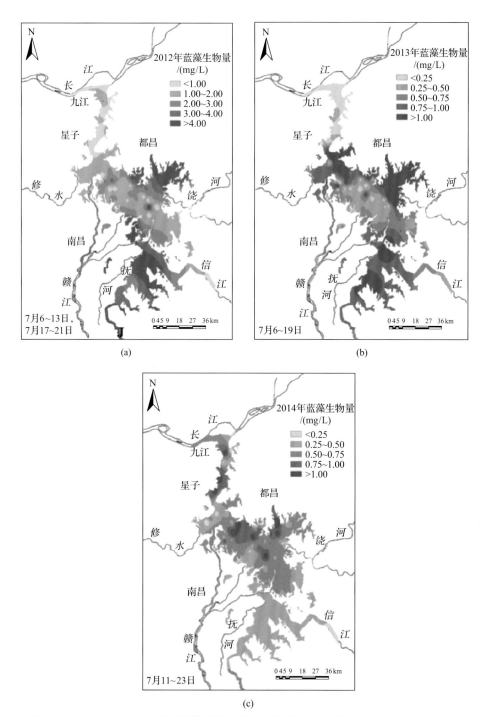

图 7.21 2012～2014 年 7 月鄱阳湖蓝藻生物量空间分布面积插值图 (Liu X et al., 2016)

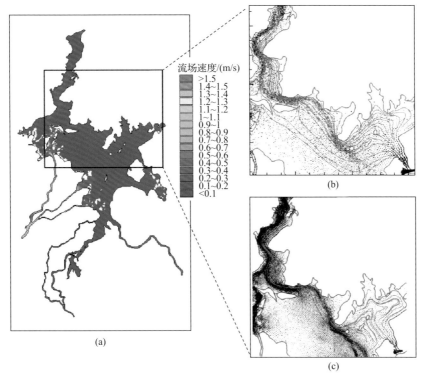

图 7.22　MIKE21 模型模拟鄱阳湖夏季流场趋势图(Liu X et al., 2016)

7.3　两湖浮游甲壳动物群落结构对水情变化的响应

7.3.1　两湖浮游甲壳动物群落结构时空分布特征

1. 时间变化规律

1) 鄱阳湖

鄱阳湖浮游甲壳动物总丰度两两季节之间差异显著，且依次呈现夏季高于秋季、春季和冬季的特征(ANOVA, $P<0.001$)。除哲水蚤外，其余浮游甲壳动物的数量均以夏季最高，冬季最低。剑水蚤、无节幼体和象鼻溞三者属于终年出现类，且由冬季到秋季其数量先升高后降低，在夏季达到峰值。

鄱阳湖浮游甲壳动物的生物量与密度的季度变化态势基本一致(Liu et al., 2019)。由于个体之间的大小差异，生物量的构成与密度的构成有巨大的不同。冬季，桡足类生物量占总生物量的 94%，其中哲水蚤占 70%，剑水蚤占 22%；春季这一比例变为 70%，其中哲水蚤 41%、剑水蚤 27%；秋季桡足类生物量占总生物量的 80%，其中哲水蚤 28%、剑水蚤 50%。然而夏季枝角类生物量超过桡足类生物量，其群落构成为剑水蚤 33%、象鼻溞 24%、基合溞 17%、裸腹溞 13% 和秀体溞 10%，其余均低于 10%(图 7.23)。

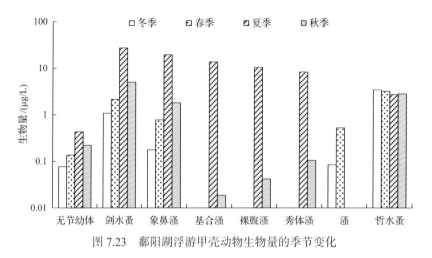

图 7.23　鄱阳湖浮游甲壳动物生物量的季节变化

除丰水期之外，鄱阳湖枝角类在不同年份之间发生了显著变化（图 7.24）。桡足类在枯水季节的相对比例呈现出逐年增长的趋势。调查期间，枝角类 1 月的相对丰度从 2009 年的 9% 增长到了 2013 年的 37%；4 月的比例从 2009 年的 40%，增长到了 2012 年的 58%，

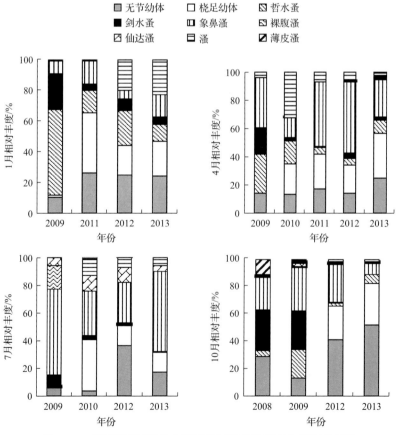

图 7.24　鄱阳湖不同年份之间浮游甲壳动物相对丰度演变规律

但随后降低到了2013年的32%。夏季，枝角类的比例从2009年的85%，逐渐降低到了2012年的48%，并随后又回升到了69%。

2) 洞庭湖

洞庭湖作为我国两个大型的通江湖泊之一，其水文水质状况受长江及流域降水的影响远高于一般非通江湖泊。由于湖泊与长江的连通性，洞庭湖类似于过水性洪道：水流速度快，水体滞留时间短，悬浮物浓度高，污染物不易聚集。这些河流性特征，决定了其浮游甲壳动物群落构成以桡足类无节体、桡足类幼体、象鼻溞等小型个体为优势类群。洞庭湖浮游甲壳动物数量丰、枯水期变化巨大，但在统计学意义上并不显著，这可能是由于样本量、数据的分布方式和异常值等引起的。事实证明，经正态化 $[Y=\log(X+1)]$ 处理后，丰枯水期的数量是呈极显著差异的（ANOVA，$F=14.3$，$P<0.01$）。丰、枯水期浮游甲壳动物数量的巨大变幅除了与温度等随季节变化的环境因子有关外，水文情势的改变也有重要影响。

枯水期洞庭湖湖区面积萎缩、漫滩裸露，水体主要覆盖在较深的航道和部分低洼湖区，其余部分则形成沼泽、湿地。此时洞庭湖主湖区从形态上讲与河流无异，不利于大型浮游动物增殖。丰水期，水位上涨、水体面积扩大、岸线曲折，除了航道之外，周边形成了很多缓流区，较适合浮游甲壳动物的生长与增殖。因此，洞庭湖丰水期浮游甲壳动物总丰度是枯水期的40余倍。再加上温度等条件的改善，导致丰、枯水期浮游甲壳动物数量相差较大。

2. 空间分布特征

湖相时，鄱阳湖优势种为象鼻溞、桡足类无节幼体、桡足类幼体、秀体溞和网纹溞，分别占总浮游甲壳动物丰度的35%、34%、16%、9%和6%。整个调查期内，象鼻溞都是鄱阳湖浮游甲壳动物绝对优势的种类。鄱阳湖北部湖区，桡足类超过总浮游甲壳动物的65%，而东部湖区则不到50%。桡足类中，无节幼体和桡足幼体占绝对优势，达总丰度的99%。在不同湖区，浮游甲壳动物的丰度之间具有显著的差异性（ANOVA，象鼻溞：$F=6.6$，$P<0.001$；桡足类无节幼体：$F=3.3$，$P=0.022$；桡足类幼体：$F=6.2$，$P<0.001$；秀体溞：$F=8.2$，$P<0.01$；网纹溞：$F=2.1$，$P=0.105$）。桡足类的最高值总出现在北部湖区，其次分别为东部湖区、南部湖区和西部湖区。而对枝角类而言，丰度最高值均出现在东部湖区。调查期间，浮游甲壳动物群落结构的年际变化并不显著（图7.25）。

鄱阳湖敞水区浮游甲壳动物总丰度及群落结构的空间分布（图7.26）表明，枯水期，敞水区浮游甲壳动物的总丰度在南北湖区并无显著差异，仅溞属在南部湖区较为丰富；同时，各个河口之间的点位也没有显著差异。在涨水季节，桡足类在北部湖区较为丰富，而成体桡足类在南部湖区的比例更高。丰水期，R5-R8点位的甲壳动物丰度较高，但R6在整个鄱阳湖的丰度最高；南部湖区的总丰度较北部湖区更高。在退水期，北部湖区总丰度高于南部湖区。总体而言，不论何种季节R5-R8的丰度总是显著高于R0、R1和R2。

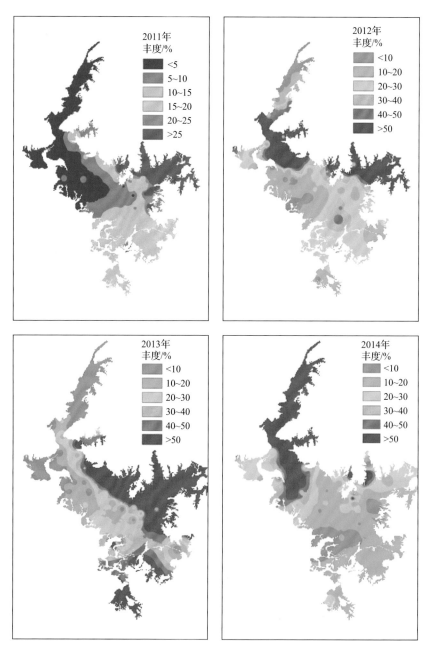

图 7.25 丰水期鄱阳湖浮游甲壳动物总丰度空间分布

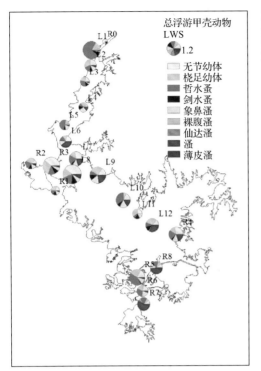
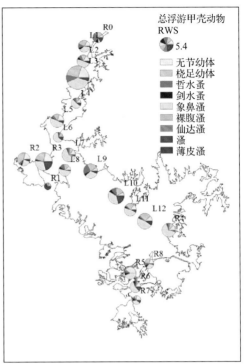
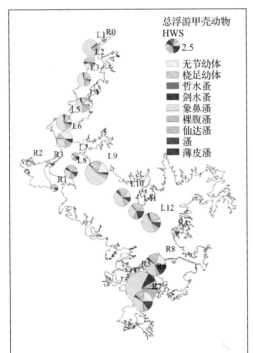
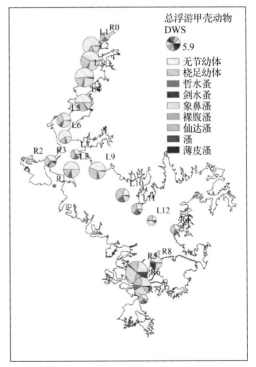

图 7.26　鄱阳湖敞水区浮游甲壳动物总丰度及群落结构的空间分布

LWS 代表低水位季节；RWS 代表涨水季节；HWS 代表高水位季节；DWS 代表退水季节

就洞庭湖甲壳动物群落空间组成而言，东洞庭丰度显著高于西洞庭和南洞庭(图7.27、图7.28)。丰度较高的样点主要出现在下游和湖湾水体滞留区；丰度较低的点则大都位于

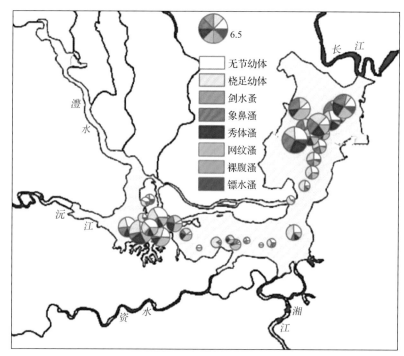

图 7.27　丰水期洞庭湖甲壳动物群落构成空间差异图

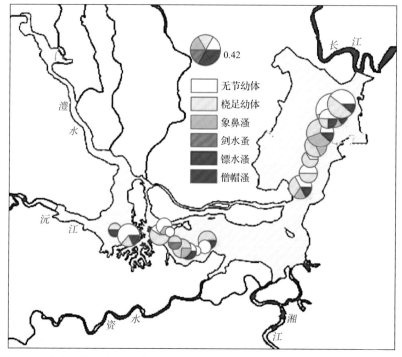

图 7.28　枯水季节洞庭湖甲壳动物群落构成空间差异图(此处数据经过对数转换)

河口或上游来水方向。若浮游甲壳动物的总丰度越低，则该点小型浮游甲壳动物如桡足类无节幼体、桡足类幼体和象鼻溞等类群所占的比例越高；相应的，总丰度较高的样点桡足类成体及大型枝角类的比例越高，但大型浮游甲壳动物的总比例皆低于 50%。

3. 洞庭湖和鄱阳湖浮游甲壳动物群落的共异性

两大湖泊浮游甲壳动物群落构成既有相似又有不同(图 7.29)。丰水期，鄱阳湖与洞庭湖甲壳动物主要由桡足类无节幼体、桡足幼体、象鼻溞、秀体溞和网纹溞组成。然而，相比洞庭湖，鄱阳湖丰水期的象鼻溞相对丰度高，网纹溞的比例较低。而枯水期洞庭湖丰度超过 5%的甲壳动物主要为桡足类无节幼体、桡足类幼体、哲水蚤和象鼻溞；鄱

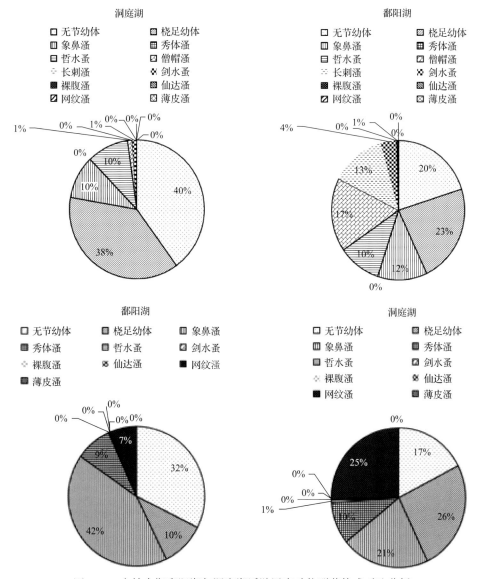

图 7.29　丰枯水期鄱阳湖与洞庭湖浮游甲壳动物群落构成对比分析

阳湖为桡足类无节幼体、桡足类幼体、哲水蚤、象鼻溞以及溞属的部分种类。此外，鄱阳湖枯水期浮游甲壳动物的均匀度、类群数量、枝角类相对丰度均高于洞庭湖。

鄱阳湖浮游甲壳动物的数量与生物量均高于洞庭湖(图 7.30)。丰水期鄱阳湖浮游甲

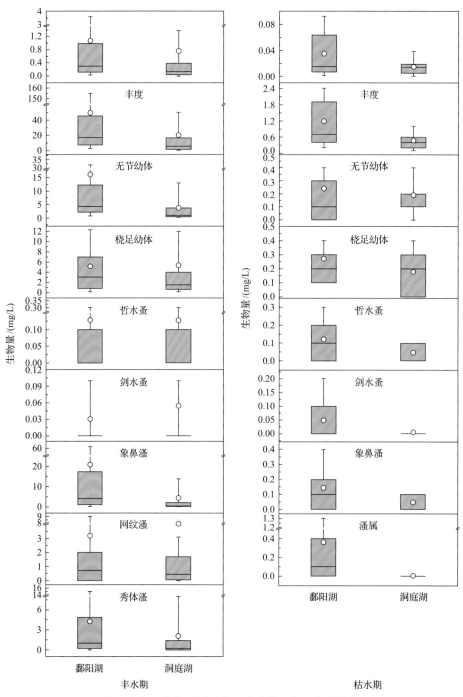

图 7.30　鄱阳湖与洞庭湖不同种类甲壳动物现存量在丰枯水季的对比

每个箱式图的盒子跨度为 25%～75%的数据，圆点表示平均值，而两端界限表示 90%的置信区间

壳动物丰度是洞庭湖的 2.4 倍，生物量是其 1.4 倍；枯水期，鄱阳湖浮游甲壳动物丰度是洞庭湖的 2.5 倍，生物量是其 2.4 倍。

鄱阳湖大部分种类浮游甲壳动物的数量均高于洞庭湖，包括平均值、最大值、四分位数等统计因子。丰水期两个湖泊甲壳动物的丰度差异显著，但生物量差异并不显著。

空间上浮游甲壳动物在两大湖泊的分布趋势较为类似，丰度低的样点大都位于河口或上游来水的方向；河口区、敞水区、沿岸区群落结构与现存量有显著差异。与洞庭湖相比，丰水期鄱阳湖浮游甲壳动物拥有更高的空间分布异质性。

7.3.2　两湖浮游甲壳动物时空分布的影响因素分析

图 7.31 表明两湖浮游动物群落丰度与水温、水位和叶绿素 a 呈现明显的正相关性，而营养盐(TN)对桡足类群落丰度存在显著的负相关性。一般认为，水文作用强的水体营养盐对浮游动物的影响是间接的，且作用较弱。此外，生境类型的多样性也与浮游动物群落构成有关。洞庭湖生境多样性减少，导致了浮游动物的多样性和丰度均有所降低。物质从低级到高级的传输受阻，这反过来会导致水柱中溶解性营养盐浓度升高和初级生产者生物量增加。丰水期，两湖水面广大，栖息地类型较为丰富，航道区域悬浮物浓度相对较高，其营养释放也高，但受流速、悬浮物浓度的限制，浮游动物生殖力下降；在缓流区、静水区，悬浮物浓度低，营养盐从沉积物中的释放少，浓度也低，而这种环境却有利于浮游动物的增殖。此外，缓流区大小和区位，大型水生植物有无与多少，底质

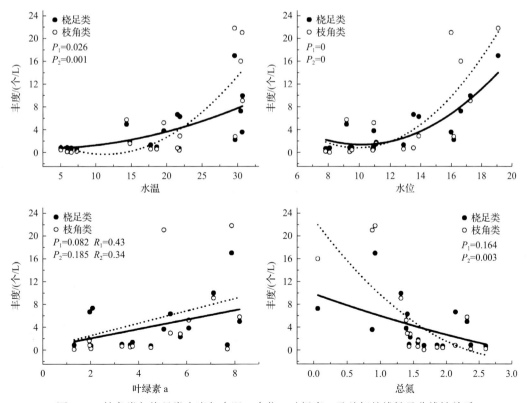

图 7.31　枝角类与桡足类丰度与水温、水位、叶绿素 a 及总氮的线性及非线性关系

类型和湖底地形等也是影响浮游动物生长的重要因素。因此在栖息地多样化的洪泛区湖泊，就表现为浮游动物与营养盐浓度负相关。而在枯水季节，如果栖息地类型变得单一，则浮游动物与营养盐一般又表现为正相关。总之，在具有多样栖息地类型的研究对象中，影响空间上不同点位之间浮游动物数量的因素是复杂多样的。除了常见的环境筛选的作用，还有水文强烈的扩散作用。因此相关分析中，两个变量或两组变量之间的简单相关性不能代表两者之间的因果关系。

丰水期温度与浮游甲壳动物总丰度存在显著正相关关系，而枯水期为负相关。此外，除鄱阳湖丰水期和洞庭湖枯水期外，温度与丰度均显著相关（表7.6）。叶绿素 a 与浮游动物丰度呈显著正相关，且除洞庭湖枯水期外，均达到显著水平。总氮与浮游动物在丰水期呈现显著负相关，在枯水期则表现为显著正相关。总磷在鄱阳湖丰水期和洞庭湖枯水期表现为正相关，其余时期均为负相关。

表 7.6　鄱阳湖（PY）、洞庭湖（DT）浮游甲壳动物总丰度与部分环境因子间的相关关系

项目		丰水期			枯水期		
		PY	DT	PY&DT	PY	DT	PY&DT
温度	相关系数	0.033	0.553**	0.253**	−0.532**	−0.371	−0.616**
	P	0.703	0.000	0.000	0.009	0.118	0
叶绿素 a	相关系数	0.176*	0.496**	0.276**	0.506*	0.167	0.362*
	P	0.041	0.000	0.000	0.014	0.494	0.018
总氮	相关系数	−0.383**	−0.406**	−0.461**	−0.249	0.557*	−0.116
	P	0.000	0.001	0.000	0.252	0.013	0.463
总磷	相关系数	0.049	−0.370**	−0.234**	−0.340	0.619**	−0.282
	P	0.571	0.003	0.001	0.113	0.005	0.071
	n	135	63	200	23	19	42

*$P<0.05$；**$P<0.01$。

鄱阳湖丰水期栖息地类型多样，其浮游动物生物亦呈多样化分布。受栖息地类型（物理、化学和生物因子）影响的因子与浮游动物数量之间不呈线性相关。而不受栖息地类型影响的因子（如水温）与浮游甲壳动物呈线性分布。具有栖息地类型多样性的鄱阳湖在同等营养等级下，浮游动物丰度的分布范围比洞庭湖更广。枯水期，两大湖泊的水面都缩小成一条窄窄的航道与长江连通，生境类型相对单一。此时，浮游甲壳动物丰度的空间分布范围也较窄。

7.3.3　江湖关系改变对两湖浮游甲壳动物群落结构与演变的影响

河相时，两湖水量小，水体营养盐的浓度相对较高，而此时正值冬季，温度低、浮游动物的生长受到限制；另外，此时的通江湖泊流速大、透明度低、固体悬浮物浓度高等条件也不利于浮游动物生长。相反，丰水期营养盐浓度虽为全年最低，但此时正值夏季，温度高，生物生长迅速；另外，此时的通江湖泊呈现宽水面的湖泊状态，沿岸区流速慢、透明度高等条件也使得此时的浮游动物丰度达到最高。因此，通江湖泊浮游甲壳动物与温度、叶绿素 a 及水位的变化呈现一致，而与营养盐的变化趋势相反。综合以上分析，温度对浮游甲壳动物丰度有重要的影响；浮游动物丰度与水体滞留时间呈正相关关系。

　　湖相时，水面较大，栖息地类型较为丰富。例如，航道区固体悬浮物浓度较高、流速快，虽不利于浮游动物滤食却可以降低捕食者对浮游动物的影响；而缓流区和静水区，固体悬浮物浓度低、流速缓慢，虽有利于浮游动物增殖，却同时易于受到捕食者攻击。因此，浮游动物总生物量、群落结构组成、大小等均随河湖转换呈现显著的空间分布差异。另外，缓流区位置（上游或下游）、大型水生植物生长及湖底地形等因素也影响栖息地类型和浮游动物生长的关键因子。因此，在栖息地多样化的通江湖泊，浮游动物与营养盐的相关性就表现出多样化的趋势，并明显与非通江湖泊不同。而冬季和枯水季栖息地类型变得单一，浮游动物与营养盐关系又发生了转变。总之，在具有多样性栖息地类型的通江湖泊中，影响浮游动物数量、空间分布和群落分布的因素是多样的。因此在相关分析中，求出的两个变量或两组变量之间的相关性可能是表象的，需要更进一步的调查和探索。

7.4　两湖底栖动物群落结构对水情变化的响应

7.4.1　两湖底栖动物时空格局

1. 鄱阳湖

　　从鄱阳湖底栖动物年均密度和生物量空间分布格局可以看出（图 7.32），密度和生物量空间分布具有一定的差异。密度方面，各采样点年均密度为 47.5～920 个/m²，低值出现在赣江入湖口和修水入湖口，可能是因为这两个监测点水流较急，底质主要为砂质，故底栖动物较少。生物量方面，年平均值为 28～428 g/m²（Cai et al.，2014）。总体而言，生物量空间变化相对较小，高值出现在棠荫监测点（294 g/m²）和都昌监测点（428 g/m²），低值出现在蚌湖口和深水区，分别为 44 g/m²、28 g/m²、34 g/m²，生物量空间差异的主要原因可能是底质的差异，棠荫和都昌监测点底质类型主要为淤泥+沙底，更适宜于软体动物的生长，而低值点位主要为淤泥底质，更适合于环节动物和摇蚊幼虫的生长，而不利于双壳类的滤食活动。

　　从不同类群底栖动物所占比例可以看出，密度方面，大部分点位密度为双壳类（主要是河蚬）所主导，为 24.27%～86.75%；摇蚊幼虫在蚌湖口优势度较高，主要是因为该点位于蚌湖出湖河道，底质为淤泥，富含有机质，有利于摇蚊幼虫的生长繁殖，寡鳃齿吻沙蚕在各点位也占据一定比例，该种属于河口海洋性种类，在鄱阳湖的广泛分布是因为鄱阳湖与长江连通。生物量方面，由于软体动物个体较大，双壳类在大部分点位占据绝对优势，所占比值为 46.41%～99.53%，螺类仅在少数点位占据一定比例，螺类较低的优势度是因为其摄食方式主要为刮食，通过刮食硬基质和水生植物上的附着生物或沉积物表层的有机碎屑，而鄱阳湖的底质条件不稳定、含沙量高，不利于其摄食（Cai et al.，2014）。

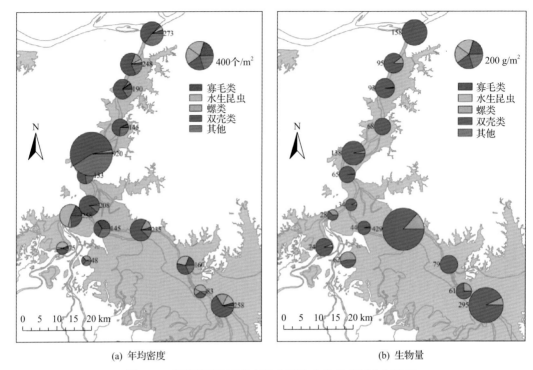

(a) 年均密度　　　　　　　　　　　　　　　　　(b) 生物量

图 7.32　鄱阳湖底栖动物年均密度和生物量空间分布格局

　　空间格局分析结果表明，鄱阳湖底栖动物资源空间具有异质性。从不同类群底栖动物在总现存量中所占的比例可以看出，由于软体动物个体较大，其双壳类在各采样点均占据较大比例。总体而言，现阶段鄱阳湖底栖动物资源主要为软体动物。鄱阳湖底栖动物密度和生物量年平均值分别为 225 个/m^2、74.65 g/m^2。各个季节中，密度较生物量空间变化更大，表现为各季节密度的变异系数高于生物量的变异系数。在各个季节中密度最高值与最低值的比值为 23～44，生物量最高值与最低值的比值为 190～2725。对不同季节底栖动物密度和生物量的对比分析结果表明，底栖动物总密度在不同季节间变化较小(图 7.33)。

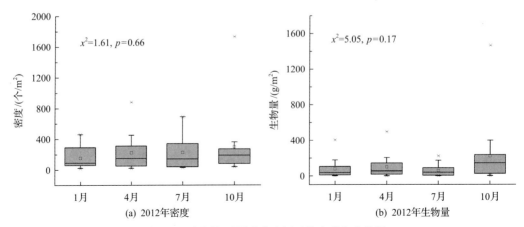

(a) 2012年密度　　　　　　　　　　　　　　　　(b) 2012年生物量

图 7.33　鄱阳湖不同季节底栖动物密度和生物量

2012 年鄱阳湖底栖动物主要类群密度和生物量的季节变化显示(图 7.34)，各类群的密度和生物量的季节变化较小。可以看出，寡毛类密度在 2012 年 10 月较其他月份略高，这主要是因为寡毛类多在秋冬季达到性成熟并进行繁殖。螺类和双壳类密度季节变化趋

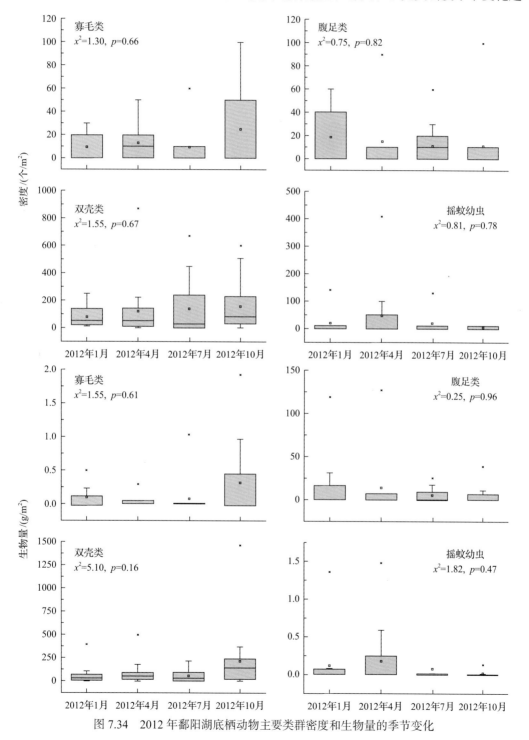

图 7.34　2012 年鄱阳湖底栖动物主要类群密度和生物量的季节变化

势不明显，这可能是因为软体动物生活史时间较长，一般能存活 2～3 年，一年的采样难以反映其季节变化趋势。水生昆虫未呈显著的季节变动，这主要是因为水生昆虫在鄱阳湖密度较低，因此其较低丰度难以反映真实的变化情况。

2. 洞庭湖

从洞庭湖 2012～2013 年底栖动物平均密度和生物量空间分布格局可以看出（图 7.35），密度和生物量空间分布具有一定的差异。密度方面，各采样点总密度为 10～1435 个/m²，高值出现在东洞庭和西洞庭的样点，密度高于 1000 个/m²，低值出现在东洞

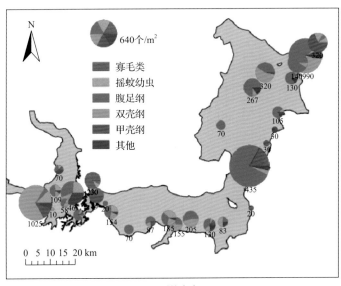

(a) 平均密度

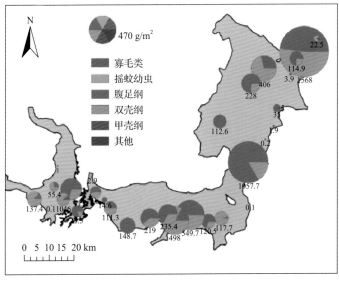

(b) 生物量

图 7.35　洞庭湖 2012～2013 年底栖动物平均密度和生物量空间分布格局

庭的入江水道和南洞庭的主河道，其原因可能是主河道水流较快，底质多为沙质，故密度较低。生物量方面，总生物量为 $0.076 \sim 1568$ g/m^2（Cai et al., 2017）。总体而言，生物量空间变化相对较小，高值出现与密度高值一致。

从不同类群底栖动物所占比例可以看出（图 7.36），密度方面，大部分点位密度为双壳类（主要是河蚬）和腹足类所主导，双壳类在各点占总密度的比例为 $0 \sim 100\%$，均值为 20.57%，腹足纲在各点占总密度的比例均值为 44.76%；寡毛类和摇蚊幼虫仅在部分点位占据优势，这些点位主要为淤泥底质点位，适宜耐污类群寡毛类和摇蚊幼虫的栖息。生物量方面，由于软体动物个体较大，腹足类和双壳类在大部分点位占据绝对优势，腹足类在各点占总密度的比例均值为 50.16%，双壳类所占比例均值为 37.33%，寡毛类和摇蚊幼虫所占比例较低（Cai et al., 2017）。季节分析结果显示，不同季节底栖动物密度和生物量不存在显著差异，表明底栖动物季节变化不明显，这可能是优势类群软体动物生活史时间较长，一年的采样难以反映其季节变化趋势。而摇蚊幼虫和寡毛类密度较低，难以反映真实的季节变化情况。

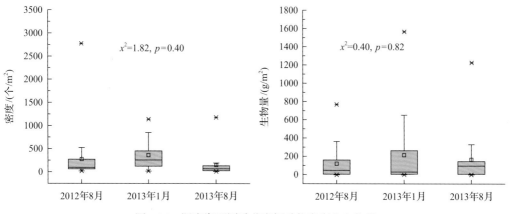

图 7.36　洞庭湖不同季节底栖动物密度和生物量

3. 洞庭湖和鄱阳湖底栖动物的共异性

鄱阳湖和洞庭湖分别采集到底栖动物 43 种和 46 种，物种数上差异不大（Cai et al., 2014）。物种累计曲线显示两个湖泊的曲线均未达到渐近线，表明本研究可能低估了两湖底栖动物的物种数（图 7.37），其原因可能是本书的样点主要位于常年淹水的主河道，而洞庭湖物种数略高于鄱阳湖，可能是因为洞庭湖夏季布设了更多样点，涵盖季节性淹没的洲滩，因此会采集到更多的物种。物种组成上，两个湖泊较为相似，双壳纲、腹足纲及摇蚊幼虫占据了物种数的绝大部分比例。非参数检验结果显示，现阶段底栖动物密度和生物量在鄱阳湖和洞庭湖间无显著差异，表明底栖动物现存量基本一致（图 7.38）。但密度和生物量的组成存在一定差异，鄱阳湖密度和生物量以双壳纲占据绝对优势，而洞庭湖则以腹足纲和双壳纲共同占据优势（图 7.39）。

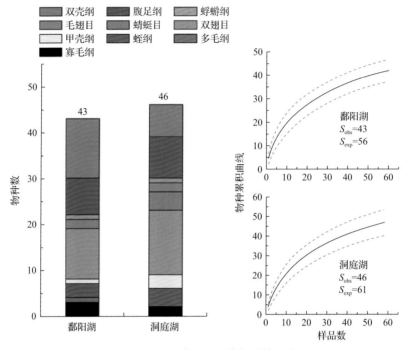

图 7.37　鄱阳湖和洞庭湖物种数差异

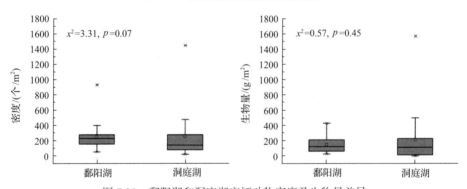

图 7.38　鄱阳湖和洞庭湖底栖动物密度及生物量差异

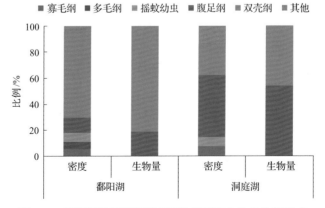

图 7.39　鄱阳湖和洞庭湖底栖动物密度和生物量比例组成

相似性分析（ANOSIM）显示鄱阳湖和洞庭湖底栖动物群落组成不相似性系数为79.1%，但未达到显著水平（$p=0.13$）。相似百分比分析显示河蚬、钩虾、铜锈环棱螺、寡鳃齿吻沙蚕、淡水壳菜、大沼螺、苏氏尾鳃蚓密度差异是引起鄱阳湖和洞庭湖底栖动物群落结构差异的主要种类，其中河蚬的贡献率最高，其在鄱阳湖的密度为 89.0 个/m^2，显著高于洞庭湖，而铜锈环棱螺密度则是鄱阳湖低于洞庭湖（表 7.7）。需要指出，寡鳃齿吻沙蚕未能在洞庭湖采集到，原因可能是该种属于河口海洋性种类，分布于长江中下游河段，其在长江两岸湖泊分布受到江湖连通的影响，相关研究亦表明寡鳃齿吻沙蚕的分布上线为鄱阳湖一带，未在洞庭湖分布则表明其扩散受到其他因素的限制。

表 7.7　鄱阳湖和洞庭湖相似百分比分析

种类	贡献率/%	累积贡献率/%	密度/（个/m^2）	
			鄱阳湖	洞庭湖
河蚬	23.48	23.48	89.0	26.1
钩虾	8.22	31.69	31.0	18.9
铜锈环棱螺	6.58	38.28	4.2	28.1
寡鳃齿吻沙蚕	6.46	44.74	18.2	0
淡水壳菜	6.16	50.90	34.3	80.1
大沼螺	5.37	56.27	4.2	38
苏氏尾鳃蚓	4.82	61.08	7.83	17.1

7.4.2　两湖底栖动物演变特征及驱动因素

根据鄱阳湖历史调查资料和近年的监测结果，对比分析发现底栖动物的总密度和生物量呈现降低的趋势，但这种趋势在不同生物类群间差异显著。其中软体动物降低趋势最为明显，从 1992 年 578 个/m^2 降低至 2012 年的 149 个/m^2，水生昆虫的密度也有降低的趋势，相比之下，环节动物的密度基本无显著变化，为 29～94 个/m^2（表 7.8）。水生昆虫密度降低与同期洞庭湖的研究结果类似，1991～2014 年洞庭湖水生昆虫物种数和密度呈现降低趋势，2009～2014 年，水生昆虫密度比例较低，其中 2009 年、2011 年、2012 年比例不足 13%，而此期间寡毛类密度在 22%～37%，上升幅度较大。东洞庭湖水生昆虫密度 2003～2012 年下降幅度大，较之前时段降幅达 39%。进一步分析不同年份底栖动物的类群组成，发现软体动物一直是鄱阳湖底栖动物的优势类群，占据总密度的 61.6%～79.3%，表明底栖动物门类组成方面未发生显著变化。这也与洞庭湖类似，1991～2012 年软体动物均是优势类群，软体动物和水生昆虫在各年份占总密度的比例保持在 80%左右。底栖动物中寡毛类是水质有机物污染的指示生物。相关研究认为颤蚓类的密度低于 100 个/m^2 时水体污染程度轻，2012～2014 年调查结果以及历史资料中寡毛类密度均低于 100 个/m^2，可认为鄱阳湖当前的水质较好（Cai et al., 2014）。

表 7.8　鄱阳湖底栖动物密度和生物量变化趋势

年份	软体动物		环节动物		水生昆虫		总量	
	密度/(个/m²)	生物量/(g/m²)	密度/(个/m²)	生物量/(g/m²)	密度/(个/m²)	生物量/(g/m²)	密度/(个/m²)	生物量/(g/m²)
1992	578	249	56	0.58	90	0.96	724	250
1998	342	149	94	0.4	106	1.15	555	151
2004	213	/	29	/	46	/	313	/
2008	172	244	38	0.3	12	1.26	223	246
2012	149	169	36	0.39	21	0.19	228	131
2013	187	85	24	0.63	12	0.21	220	87
2014	207	194	30	0.20	19	0.35	267	195

分析不同年代底栖动物的优势种发现,与 1992 年相比,底栖动物优势种发生了较大变化,1992 年底栖动物优势种种类较多,且包括较多的大型软体动物蚌类(表 7.9)。1998年与 2007 年和 2010～2014 年底栖动物优势种未发生明显变化。相关研究表明,近 20 年来由于环境变化及人类活动对鄱阳湖的干扰愈加频繁,底栖动物的资源状况发生了变化,尤其是淡水蚌类受威胁最为严重,许多种类已很难采到活体标本,如龙骨蛏蚌、巴氏丽蚌等。鄱阳湖大型底栖动物的密度在逐渐减少,特别是软体动物的密度大幅度下降。不同类群底栖动物对底质的喜好差异较大。一般而言,颤蚓类和摇蚊幼虫喜好栖居于淤泥底质中,而双壳类喜好砂质淤泥中。这种变化预示着鄱阳湖的环境变化改变了底栖动物的群落结构,其主要原因可能是因为鄱阳湖近年来大规模的采砂破坏了底栖动物的栖息环境,其对大个体软体动物蚌类危害可能更大,一方面采砂可能将蚌类直接取走;另一方面,蚌类生活史周期长,频繁的干扰不利于其完成整个生活史过程。研究发现高浓度无机悬浮颗粒物可能会显著降低蚌存活率,其主要原因是影响其滤食。相反,小个体软体动物、寡毛类、摇蚊幼虫对环境的适应能力更强,特别是寡毛类和摇蚊幼虫,喜好栖息于淤泥底质,采砂后留下的细颗粒沉积物更有利于其生长繁殖。研究发现颤蚓类喜生活在粒径小于 63 μm 的底质中,细颗粒沉积物的输入较粗颗粒沉积物对底栖动物危害更大,主要表现在影响软体动物的摄食率、生长率,并通过影响沉积物孔隙度进而降低溶氧含量和侵蚀深度,改变了表层沉积物的生物地球化学过程,并对底栖动物的生物扰动过程产生不利影响。

表 7.9　鄱阳湖底栖动物优势种组成变化

年份	优势种	文献
1992	河蚬、环棱螺、淡水壳菜、方格短沟蜷、萝卜螺、背瘤丽蚌、洞穴丽蚌、天津丽蚌、圆顶丽蚌、矛蚌、鱼尾楔蚌、扭蚌、背角无齿蚌、三角帆蚌、褶纹冠蚌、摇蚊幼虫和水丝蚓等	谢钦铭等(2000)
1998	河蚬、多鳃齿吻沙蚕、纹沼螺、长角涵螺、钩虾	Wang 等(1999)
2007	河蚬、多鳃齿吻沙蚕、环棱螺、苏氏尾鳃蚓、大沼螺、长角涵螺、方格短沟蜷	欧阳珊等(2009)
2010～2014	河蚬、多鳃齿吻沙蚕、淡水壳菜、钩虾、苏氏尾鳃蚓、环棱螺	本书

7.4.3　两湖底栖动物影响因素及对水文条件的响应

底栖动物与环境因子之间的关系非常复杂，一方面是影响底栖动物的因子众多，另一方面是不同类群底栖动物对同一环境因子的响应差异较大，加之在不同条件下环境因子的影响也随之变化。相关研究发现，通江湖泊水动力条件的时空差异极大，这会直接影响到底栖动物的栖息环境，流速大小直接关系到湖泊沉积物的粒径、有机质含量等理化因素，进而影响底栖动物群落结构。然后，目前通江湖泊底栖动物的研究主要集中于群落结构和资源，而关于湖泊水动力条件与底栖动物关系的研究薄弱。鉴于生物群落受到多个环境因子的影响，本节以鄱阳湖为例，应用排序分析研究底栖动物与环境因子的关系，

冗余分析(RDA)最终筛选出流速/水深比和 Chla 能够最大程度地解释底栖动物群落的变化，前两轴共解释了 25.2%的变异。从图 7.40 看出，样点 1～3、6、7 与流速/水深比正相关，说明这些样点流速较快而水深较浅，其对底质的扰动较强，其他点位水流扰动较弱。Chla 仅与样点 8 正相关，需要指出的是，该点位于蚌湖口，流速缓慢，有利于浮游藻类的生长和积聚，浮游藻类研究也表明水流条件对鄱阳湖浮游藻类的分布具有重要影响。该点的底栖动物也主要以耐污能力强的摇蚊幼虫为主。排除该点位后，可以判断水流的扰动是影响鄱阳湖底栖动物的关键因素。RDA 分析中大部分水体理化因子并未与底栖动物群落呈现显著的相关性，其原因可能是鄱阳湖现阶段水质较好，且空间差异相对较小，导致对底栖动物影响并不显著。此外，水质指标是一个瞬时值，特别在鄱阳湖这种换水周期很快的水体，其变动很大，因此仅仅四次采样可能不能完全反映各样点水质的长期状况(Cai et al., 2014)。在众多天然河流的研究中，国内外学者也发现，底栖

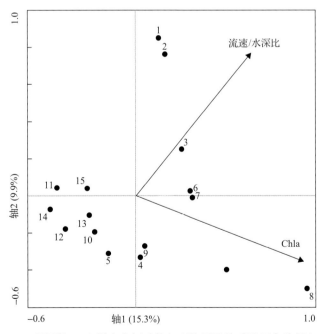

图 7.40　鄱阳湖 15 个样点底栖动物与环境因子关系的冗余分析(RDA)

动物与水质参数的关系并不是很密切，栖息地生境条件、流速和底质异质性是重要的影响因素。

野外调查发现，根据粒径的组成，鄱阳湖各采样点底质类型可以定性分为三个类型：沙底质、淤泥及淤泥+沙混合底质。底质类型方面，沙质点位主要位于棠荫水域、修水入湖口和赣江入湖口，这些点位在枯水期均靠近主要河流入湖口附近，流速较快。淤泥底质点位位于蚌湖口和深水区，蚌湖口流速缓慢，而深水区由于水深底层剪切力较弱，推测更有利于细颗粒物的沉积。其他点位则属于淤泥+沙混合底质(Cai et al., 2014)。

进一步分析不同底质中底栖动物群落的特征发现，淤泥+沙混合底质类型的密度显著高于沙底质，淤泥底质密度居于中间水平；淤泥+沙混合底质类型的生物量显著高于沙、淤泥底质(图 7.41)。双壳类的密度在淤泥+沙混合底质最高(166 个/m^2)，其次是淤泥底质(79 个/m^2)、沙底密度最低(21 个/m^2)。淤泥底质摇蚊幼虫密度显著高于其他两种类型底质(43 个/m^2)。众多研究发现底质类型是影响底栖动物空间分布的关键因素，一般而言，直接收集者(主要是寡毛类和摇蚊幼虫)在沙底中密度较低，其原因是这些区域一般流速较快，底质中有机质含量较低，可提供其摄食的食物资源有限，而淤泥底质的高有机质有利于其栖息繁殖。此外，细颗粒组分过多不利于滤食者(主要是双壳类)的摄食，这解释了淤泥中双壳类密度为何较低。多样性分析结果表明，物种数量从沙、淤泥、淤泥+沙呈增加趋势，Margalef 指数在淤泥+沙质显著高于沙、淤泥底质。Shannon-Wiener 和 Simpson 指数在不同底质间不具有显著差异(图 7.42)。总体而言，底栖动物的密度、生物量和多样性从沙、淤泥、淤泥+沙底质呈增加趋势(Cai et al., 2014)。多样性差异可

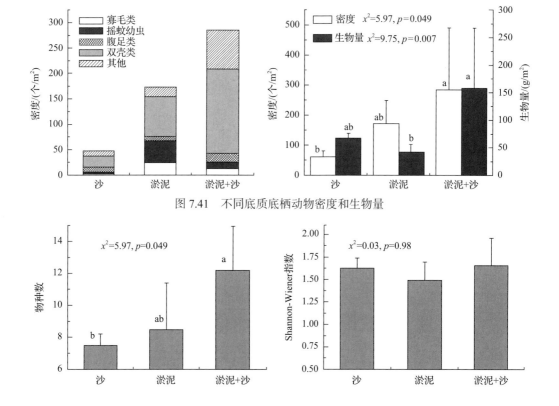

图 7.41 不同底质底栖动物密度和生物量

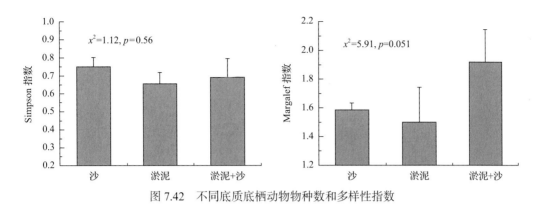

图 7.42　不同底质底栖动物物种数和多样性指数

能与水文条件特征有关，鄱阳湖沙质生境一般流速较高（样点 6、7＞0.3m/s），高流速在一定程度上限制了部分小型种类的定殖。而淤泥底质流速慢，但细颗粒沉积物不利于软体动物的栖息。相比之下，淤泥+沙混合底质能够提供多样的生境，即适合软体动物栖息，同时也有利于寡毛类和摇蚊幼虫，从而表现出最高的多样性。

第 8 章　江湖关系变化对两湖湿地生态的影响

8.1　洲滩湿地分布格局对江湖关系变化的响应

三峡工程运行后，长江中游江湖关系发生巨大改变，进而对两大通江湖泊洞庭湖与鄱阳湖的水文情势产生显著影响。具体来说，汛前三峡的补水作用对两湖的影响并不显著，湖水仍然以较大的流量排泄；而三峡汛期的拦蓄作用以及蓄水期间长江水位的降低对两湖存在明显拉空效应，导致两湖洪峰水位降低，且枯水期湖水大量流失，湖水位下降。对湿地植被而言，夏秋季节的低水位使得洲滩湿地水位波动幅度减小，同时，洲滩地下水位、土壤含水量等具有重要生态意义的水文要素也因江湖关系的改变而改变。在此影响下，两湖湿地生态系统的结构和功能在近年来出现了明显的演替趋势。

考虑群落外貌特征及生态型的一致性以及遥感解译的精度，洞庭湖湿地可划分为林地景观带、芦苇景观带、湖草景观带以及水域、泥滩景观带五种差异显著的景观类型；而鄱阳湖湿地则可划分为南荻-芦苇景观带、薹草-藕草景观带、稀疏草滩带以及水域、泥滩五种差异显著的景观类型。通过长时间序列遥感影像对两湖湿地典型景观类型变化趋势的分析，可揭示江湖关系变化对两湖湿地生态系统的结构和功能演替的影响。

8.1.1　洞庭湖湿地格局变化及对江湖关系变化的响应

1. 洞庭湖湿地景观格局动态变化分析

利用多时相 Landsat TM/ETM+影像对近 30 年来洞庭湖湿地植被景观类型变化进行了解译(图 8.1)。结果表明，1987~2016 年，洞庭湖湿地植被面积的多年平均值为 1669 km^2，典型植被面积在全湖尺度上呈波动增加趋势(图 8.2)。1987~2016 年在南洞庭湖和西洞庭湖，薹草群落面积呈现先增加后减少并在 2004 年以后趋于稳定，西洞庭湖其面积下降趋势更为明显，薹草群落面积变化基本维持在 20 km^2 以内[图 8.3(a)]。图 8.3(b)为洞庭湖各湖区芦苇群落分布面积统计，1987~2016 年，东洞庭湖芦苇群落分布面积较稳定，多年平均值为 434.27 km^2；西洞庭湖芦苇群落分布面积有弱减少趋势，2000 年前后，其芦苇群落面积分别为 216.30 km^2、184.97 km^2；而南洞庭湖其面积呈现微弱的上升，1987~1999 年、2001~2016 年其面积分别为 304.86 km^2 和 315.67 km^2。总体上各湖区芦苇景观面积在进入 2000 年后趋于稳定。近 30 年，洞庭湖各湖区林地面积快速增加，尤其是 2001 年以后，在 2008~2016 年，林地扩张趋于稳定。整个湖区，林地面积由 1987 年的 45 km^2 上升到 2016 年 313 km^2，面积比例由 1.77%上升为 7.24%，林地面积增加主要发生在地势较高的湖岸大堤附近，包括东洞庭湖的漉湖附近，南洞庭湖湘江、资水入湖三角洲、万子湖北胜洲，西洞庭湖王塔洲、牛屎洲、大连湖和目平湖洲滩。林地面积增加最快的区域为西洞庭湖，2016 年该湖区林地面积占比达 13.73%（周静等，2020）。

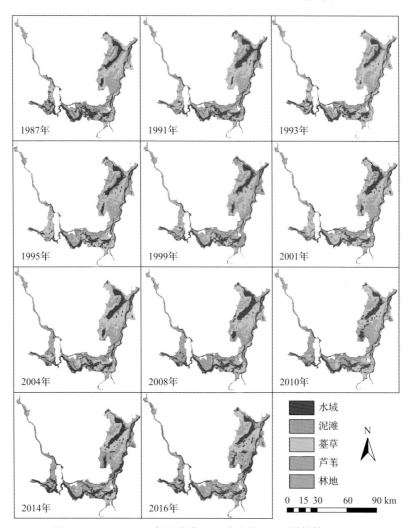

图 8.1　1987～2016 年洞庭湖湿地分类结果图（周静等，2020）

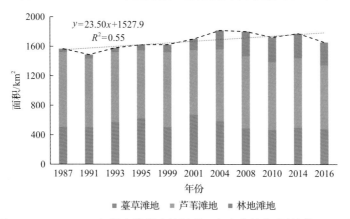

图 8.2　1987～2016 年洞庭湖湿地植被总面积变化趋势（周静等，2020）

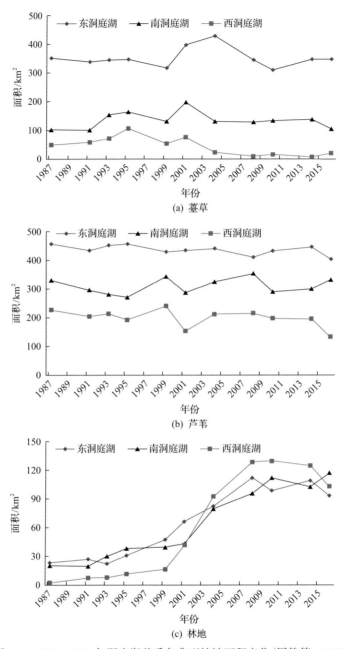

图 8.3 1987~2016 年洞庭湖秋季各典型植被面积变化(周静等，2020)

不同湿地类型分布面积的变化还体现在类型间分界高程的变化中,高斯假说(Gause's hypothesis)认为，在生态学研究中，不同物种由于存在竞争其生长、繁殖最适环境范围总是相互分离。在最适范围以下或以上，物种所表现出的生理生态特征指标都会随之下降(Palmer, 1994)。本书以 2016 年洞庭湖典型植被群落的高程分布特征为例进行分析，结果表明，洞庭湖东、南、西各湖区薹草群落与芦苇群落面积沿高程的分布趋势符合高斯分布(图 8.4)。洞庭湖湿地薹草群落和芦苇群落各自占据特定的生态位，同一湖区内，两种

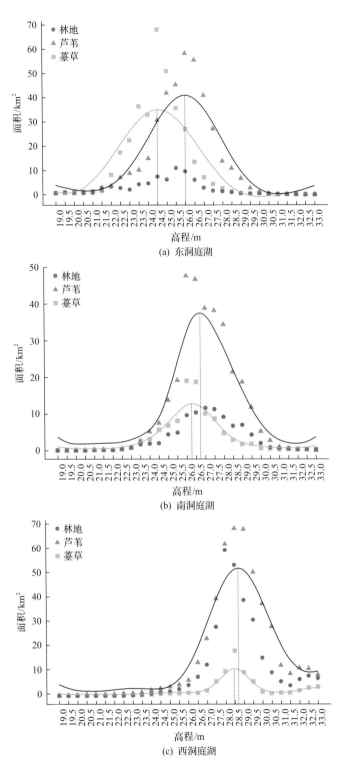

图 8.4　洞庭湖不同湖区湿地典型植被群落分布面积沿高程梯度的变化

植被群落分布高程均为芦苇群落大于薹草群落。另外，拟合峰形来看，薹草群落相对芦苇群落而言，幅宽相对较大，其生境范围更广阔，与野外调查结果一致。对于同一种植被群落在不同湖区的分布高程，则是西洞庭湖＞南洞庭湖＞东洞庭湖。薹草在东洞庭湖分布的最适高程范围为22.96～26.21 m，在24.66 m左右分布面积达到最大；在南洞庭湖的最大分布面积则出现在26.35 m，其生长的最适高程范围为24.56～27.91 m；而西洞庭湖为26.63～30.45 m，面积丰度最大的高程为28.47 m，比东洞庭湖高出近4 m。芦苇群落在东洞庭湖、南洞庭湖、西洞庭湖分布的最适高程范围分别为24.26～27.91 m、25.22～28.57 m、26.92～30.45 m，可以发现西洞庭湖芦苇群落的生长范围与薹草群落几乎重叠。多种环境因子综合作用下形成了湿地植被群落沿高程梯度的分布特征，但洞庭湖不同湖区的差异显然是由地形因素造成。

2. 洞庭湖湿地景观格局变化机制

通过洞庭湖湿地典型植被出露面积与湖泊多元水情变量(包括平均、最高、最低水位、水位变幅、淹水持续时间)的相关分析，揭示影响洞庭湖湿地草洲空间分布变化的主要环境因子，分析近年来洞庭湖洲滩湿地草洲景观格局变化的机制。结果表明，东洞庭湖薹草群落和芦苇群落分布面积与水位波动变量间的相关性较大，而南洞庭湖与西洞庭湖湿地植被面积与水位波动因子间的相关性不显著，原因可能是人类活动的干扰超出了湖泊水位波动对湿地植被分布的影响。

进一步揭示东洞庭湖湿地植被面积变化及其影响机制。结果表明，近30年来东洞庭湖湿地植被面积变化与全湖趋势较为一致，总面积有所增加，其中薹草群落面积呈减少趋势，而芦苇群落处于扩张趋势，洲滩湿地旱化导致的正向演替明显(表8.1)。另外，可以看出植被面积与当年水位情况密切相关。例如，2008年汛期较长，退水期平均水位仍有26 m，植物淹水时间过长影响其长势，植被总面积仅约757 km²。而2006年、2013年则是典型枯水年，洲滩出露时间延长，植被面积总体较高，且由于土壤湿度降低，湿生植被生长会受到一定影响，面积下降，2006年薹草面积仅为299.31 km²。

表 8.1　东洞庭湖典型湿地植被面积统计　　　(单位：km²)

植被类型	1987 年	1989 年	1991 年	1993 年	1995 年	1996 年	1999 年	2001 年	2003 年
薹草	352.63	398.38	339.48	345.55	348.03	355.66	318.17	398.46	383.91
芦苇	457.35	418.14	434.15	451.14	457.00	409.49	429.29	434.13	476.98
总计	809.98	816.51	773.63	796.70	805.03	765.15	747.45	832.59	860.88

植被类型	2004 年	2005 年	2006 年	2008 年	2010 年	2013 年	2014 年	2016 年
薹草	429.02	378.46	299.31	346.18	311.04	301.73	347.85	348.65
芦苇	440.70	471.78	514.21	410.85	432.58	504.08	446.45	403.99
总计	869.72	850.24	813.52	757.03	743.62	805.81	794.30	752.64

通过构建水情因子与东洞庭湖湿地植被面积之间的定量关系，揭示湿地植被分布随水位波动的变化规律。结果表明，东洞庭湖芦苇面积受水位波动的影响更为显著(R^2=0.70，

$p < 0.05$），影响湿地芦苇群落面积的关键水情因子为丰水期最高水位（F_{max}）、退水期平均水位（T_{mean}）与涨水期平均水位（R_{mean}），可见丰水季节与涨水季节偏枯的水情对芦苇群落的发育生长有促进作用。芦苇生长对水分的需求较小，只要土壤保持湿润即可，但汛期水位过高会不利于其生长，因此适度的土壤湿润有利于芦苇生长，而长期淹水则会起到反向作用。进一步分析关键水情变量与芦苇群落面积的关系，结果如图 8.5 所示，可知芦苇分布面积与丰水期最高水位以及退水期平均水位呈现线性关系，且 T_{mean} 影响较弱，剔除左上角的两个点，可以看出随着退水期平均水位的变动，芦苇群落的面积基本处于小幅度波动，维持在 350 km^2 左右。而涨水期平均水位对东洞庭湖湖芦苇群落的面积有一个较明显的阈值，即当 R_{mean} 达到 27 m 以后，其分布面积将呈减少趋势。反之，芦苇群落的生长将不会受到太大影响，且涨水期水位的适度偏高，对芦苇群落分布扩张有一定的促进作用。

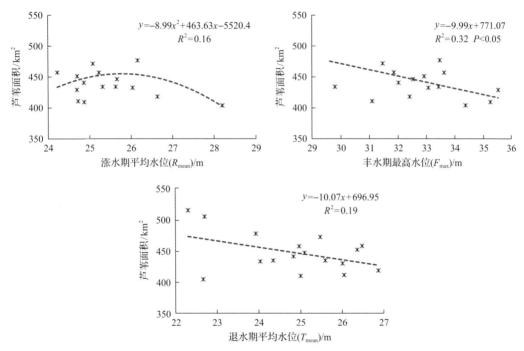

图 8.5　芦苇群落面积与关键水情因子的关系（周静等，2020）

对于薹草群落而言，其面积变化也明显受到湖泊水情因子变化的影响（$R^2 = 0.33$，$p < 0.05$）。影响薹草群落面积分布的关键水情因子为大于 26 m 水位持续时间（Dur_26）与丰水期平均水位（F_{mean}）。前文研究结果表明该湖区薹草分布的最适高程范围在 23～26 m，水位大于 26 m 的持续时间对湿生植被的生长发育有促进作用，但东洞庭湖丰水期平均水位达 29.17 m，因此当汛期水位过高超过某一阈值时，将不利于湿生植被的二次生长。进一步分析关键水情变量与薹草群落面积的关系，结果表明薹草群落面积分布与 Dur_26 呈线性关系，随着水位大于 26 m 淹水历时的增加，薹草面积呈增加趋势（$p < 0.05$）（图 8.6）；而薹草面积与丰水期平均水位的多项式拟合结果显示，当 F_{mean} 在 29 m 左右，其分布面积维持在较高水平，当 F_{mean} 大于 30 m，东洞庭湖湿地薹草群落面积将出现下降趋势。

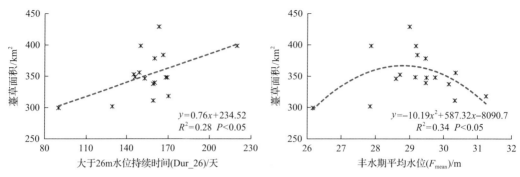

图 8.6　薹草群落面积与关键水情因子的关系（周静等，2020）

3. 洞庭湖湿地植被格局对江湖关系变化的响应

三峡工程运行的 2003 年前后，长江中游江湖关系发生明显改变，而此改变显著影响了洞庭湖水情进而作用于洞庭湖湿地植被。为揭示洞庭湖湿地植被格局对江湖关系变化的响应，以城陵矶日水文数据、6 个时段的 Landsat TM/ETM+影像及 DEM 图为依据，分析 1995～2015 年，尤其是三峡工程运行前后东洞庭湖生态水文环境及湿地植被面积的变化（Hu et al.，2018），结果表明，1995～2015 年，水域和泥滩面积从 1995 年的 497.6 km² 持续下降到 2015 年的 419.4 km²；湖草面积经历一个先上升后下降的过程，从 1995 年的 463 km² 先增加到 2005 年的 478.7 km² 后，又保持缓慢降到 2015 年的 433.5 km²，面积变化呈总体下降趋势；获和林地面积保持持续增长，从 1995 年的 361.1 km² 增加到 2015 年的 468.8 km²，面积共增加 107.7 km²。三峡工程加速了植被格局的变化，三峡运行后，植被总面积扩张速率加快，由 0.08 km²/a（1995～2003 年）增长到 6.47 km²/a（2003～2015 年），其中湖草类型从-1.37 km²/a 下降到-1.66 km²/a，获和林地从 1.45 km²/a 迅速增长到 8.13 km²/a；从空间分布分析，植被最低分布高程下降（图 8.7）。在研究期间，湖草、

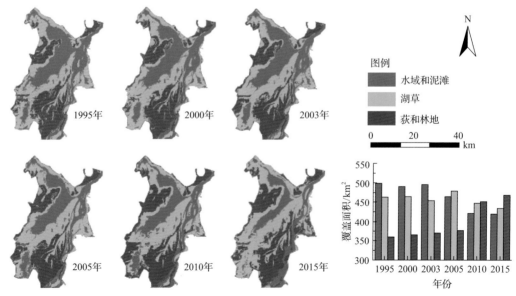

图 8.7　1995～2015 年东洞庭湖植被格局的变化（Hu et al.，2018）

获和林地的最低分布高程分别下移了 0.60 m 和 0.56 m。湖草在三峡运行前后均呈持续下移的趋势，但三峡运行之后下移速度明显加快；获和林地在 2003 年前变化趋势不明显，但在三峡运行后下移趋势显著；基于高程和水位分析，植被分布的最大水淹天数分别为 246 天和 177 天。水淹天数对洞庭湖植被分布格局具有很好的指示作用(图 8.8)。

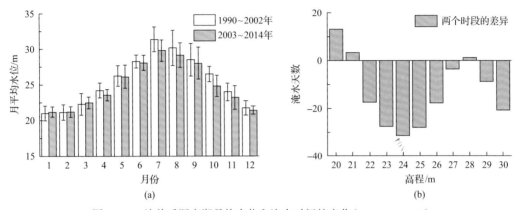

图 8.8　三峡前后洞庭湖月均水位和淹水时间的变化(Hu et al., 2018)

8.1.2　鄱阳湖湿地格局变化及对江湖关系变化的响应

1. 鄱阳湖湿地景观格局动态变化

利用多时相 MSS、Landsat TM/ETM+ 及 OLI 遥感影像对近 40 年来鄱阳湖湿地景观格局演变的分析结果表明，1973~2013 的近四十年中，鄱阳湖湿地总面积均维持在 3000 km² 左右，并未发生量级上的变化，但构成湿地总体的各典型植被及非植被景观类型占比却发生了明显的演替(You et al., 2017)。在该时段早期(1973~1988 年)，水体在湿地总面积中占有明显优势，后来则逐渐被泥滩和植被所代替；泥滩面积在经过剧烈波动之后，从 2006 年开始大致维持稳定不变，如图 8.9 及图 8.10 所示。因用于解译鄱阳湖湿地 20 世纪 70 年代典型景观类型图的遥感影像为 MSS 影像，其光谱分辨率较低(仅四波段)，因此该时段仅对水体、植被、泥滩和裸地四种景观类型进行了解译，未揭示不同植物群落的分布格局演变。随着 TM/ETM+ 及 OLI 遥感影像的光谱分辨率上的提高，在 1989~2003 年，鄱阳湖水域、泥滩、裸地等非生物景观类型以及薹草-藨草景观带、南获-芦苇景观带、稀疏草滩景观带等生物景观类型均进行了遥感解译。其结果显示，鄱阳湖湿地群落结构在 1989~2003 年未发生明显变化，各典型植物群落的比例处于波动平衡状态。其具体表现为，在 2003 年之前，薹草群落与水生植被的面积之和一直都高于当年芦苇群落与稀疏草滩面积之和。而自 2005 年开始，鄱阳湖湿地景观结构发生了明显变化，薹草群落与水生植被的面积之和开始低于当年的芦苇群落与稀疏草滩面积之和，如图 8.11 所示。

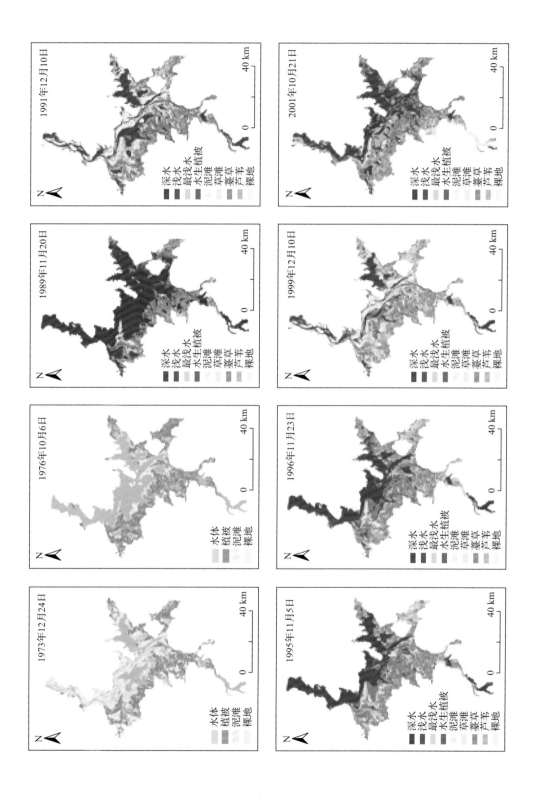

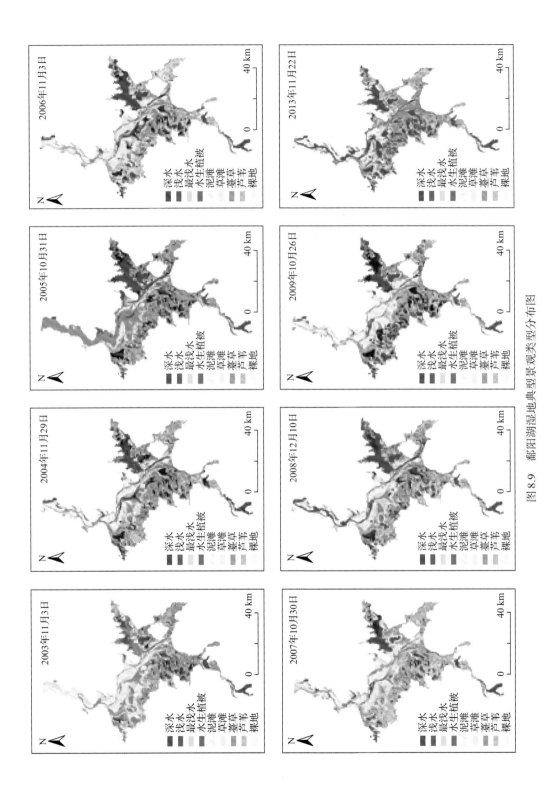

图 8.9　鄱阳湖湿地典型景观类型分布图

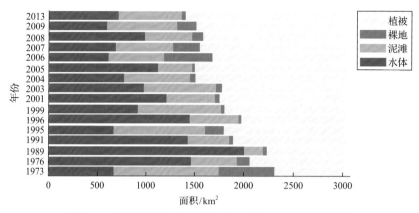

图 8.10 鄱阳湖湿地多景观类型在湿地总面积中的占比

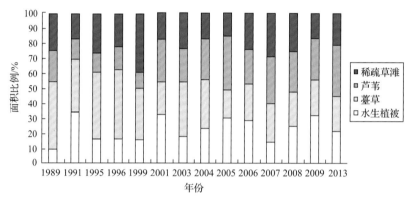

图 8.11 鄱阳湖湿地不同植被景观类型在总植被分布区的占比

为进一步揭示鄱阳湖湿地景观格局的动态变化趋势，对鄱阳湖湿地植被总面积以及两种典型植被景观类型，即薹草-藨草景观带以及南荻-芦苇景观带的分布面积进行了单独的 M-K 检验，其结果如图 8.12 所示。1989～2010 年，鄱阳湖湿地植被总面积呈现出 2007 年以前比较稳定，之后有显著增加的变化趋势。其中，薹草-藨草景观带分布面积在 2007 年以前略有减少，之后略有增加，多年平均面积为 378 km²；而南荻-芦苇景观带分

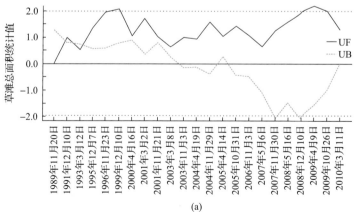

(a)

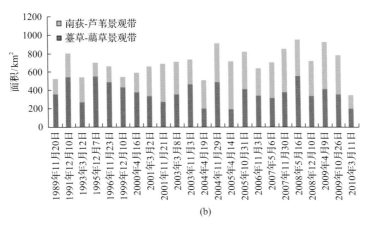

图 8.12　鄱阳湖湿地植被草滩总面积年际变化趋势(a)及其构成演变(b)

布面积则呈现出显著且连续稳定的增长，其多年平均面积为 325 km²，变化率达到 6 km²/半年。综合对比可知，2007 年以前，薹草-藨草景观带分布面积减少而南荻-芦苇景观带分布面积增加，进而草洲总面积保持相对稳定。2007 年以后，两种典型植被景观带分布面积均呈增长趋势，进而草洲总面积出现显著的增加。

2. 鄱阳湖湿地植被格局变化机制

通过鄱阳湖湿地植被景观分布与湖泊水位的相关分析，揭示影响鄱阳湖湿地植被景观格局演变的主要环境因子，分析近年来鄱阳湖湿地植被景观格局变化的机制。

鄱阳湖湿地各典型植被景观类型分布面积与观测当日水位之间的线性相关性如图 8.13 所示。由图可见，随着水位的升高，四种湿地植被类型的面积均呈下降趋势[①]。而以观测当日水位对四种湿地植被景观类型分布面积的线性拟合效果并不理想(R^2 均低于 0.2)。其主要原因为，用于遥感解译的影像都是鄱阳湖秋季影像，其对应的同期水位均较低，最高水位仅为 14.34 m(1989 年)，最低水位则低至 8.22 m(2007 年)。同样的情况也出现在湿地植被总面积与其对应水情的关系中，如图 8.13(e)所示。当星子水位低于 14 m 和高于 14 m 时，鄱阳湖植被总面积与水位均为负相关，从拟合精度来看，14 m 以上的水位变化对湿地草洲的影响更为明显($R^2 = 0.41$，$P < 0.01$)，但拟合关系也并不理想。形成此现象的原因为，在水位较低的情况下，湿地植被并没有被湖水浸淹或者完全浸淹，此时段的湖水位对湿地植被的生长及分布格局影响不大。而整个湿地植被生长期的多季节水位才是影响湿地植被分布格局的主要水文要素。此外，在水热组合条件良好的通江湖泊湿地，水分在非极端条件下不是湿地植物生长的限制性因素，其仅作为生境限制因子。因此，鄱阳湖湿地植被与其水文条件的关系并非线性关系，而是存在保证湿地生态系统健康的水位阈值。

因此，为揭示整个植被生长期多时段水位波动对鄱阳湖湿地植被景观分布格局的非线性影响，本书选取鄱阳湖湿地分布最为广泛的两种植被景观类型，即薹草-藨草景观带以及南荻-芦苇景观带，运用分类与回归树模型(classification and regression tree, CART)(Breiman et al, 1984)，以植被生长期前各个季节的平均水位、最高水位、最低水位和水

[①] 谭志强. 2016. 鄱阳湖湿地植被时空分布特征及其对水位变化的响应研究. 北京: 中国科学院大学。

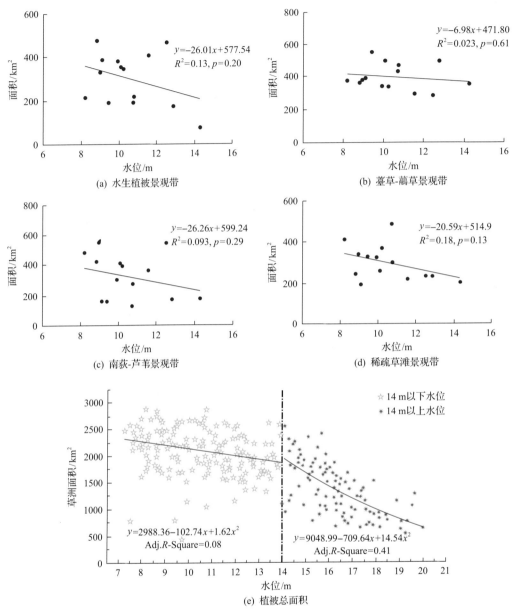

图 8.13　鄱阳湖湿地典型植被景观分布面积与植被总面积与水位之间的线性关系

位变幅共 16 个水位波动变量作为预测变量,分析水位波动对其分布面积的阈值性影响[1]。CART 模型的结果显示,对薹草-藨草景观带而言(图 8.14),丰水季节平均水位对其分布面积的影响最为显著,其次为退水季节最低水位。丰水季节平均水位的偏高可以促进薹草-藨草景观带分布面积的扩大;反之,丰水季节偏低的平均水位则可抑制薹草-藨草景观分布面积的扩展。退水季节偏枯的水情对薹草-藨草景观带分布面积的扩大有促进作用,反之,退水季节偏丰的水情则会对薹草-藨草景观分布面积有抑制作用。丰水季节高

---

① 戴雪. 2015. 鄱阳湖水位波动变化及其对洲滩湿地典型植被景观带空间分布的影响. 北京: 中国科学院大学。

水情对薹草-藨草景观带分布的促进机制为：①丰水季节偏高的水位会导致更大的洪泛面积，由此带来更多的泥沙并为薹草-藨草景观带内植物的生长提供更为丰富的养分；②丰水期高水位伴随的淹水时间延长，提高了死亡植物残体补充进入植物-土壤界面系统进而提高表层土壤有机质含量的作用强度；③薹草-藨草景观带的主要植物类型为粉绿薹草（*Carex cinerascens*）、阿及薹草（*C. argyi*）和单性薹草（*C. unisexualis*），其季相变化过程与鄱阳湖湿地其他植物种类有明显的差异，即在淹水状态下存在休眠策略（朱海虹等，1997）。薹草-藨草群落植物的此种生理特征促使丰水季节高水位后其种间竞争优势显著，从而分布面积扩展。退水期偏枯水情对对薹草-藨草景观带分布的促进机制表现为：薹草-藨草景观带的主要植物类型均存在秋季生长期，退水后的滩地是薹草-藨草景观带植物的生长区域，退水期低水位通过增加滩地出露面积及出露时间来促进薹草、藨草分布面积的扩展。

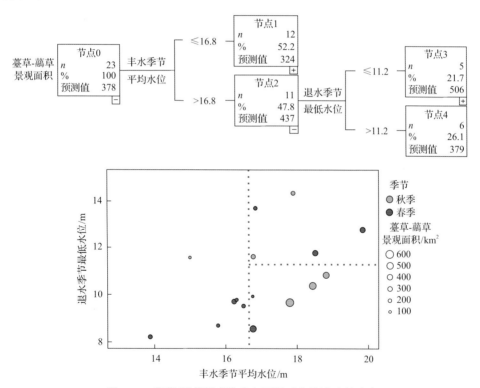

图 8.14　薹草-藨草景观带分布面积对水位波动的响应

对南荻-芦苇景观带而言（图 8.15），丰水季节最高水位对其分布面积的影响最为显著，其次为退水季节水位变幅。丰水季节的偏低水位促进南荻-芦苇景观分布面积的增加；反之，丰水季节的极端高水位则会对南荻-芦苇景观带分布面积产生抑制作用。退水季节偏枯的水情则会对南荻-芦苇景观带分布面积的扩大有促进作用，而退水季节的偏丰水情则会对南荻-芦苇景观带分布构成抑制。对于南荻-芦苇景观带而言，首先，因其位于高位滩地，丰水季节最高水位对其的影响相比平均水位更为显著。丰水季节最高水位因持续时间较短，其对南荻-芦苇景观带植物生长状态的影响主要体现在淹没导致其分布面积的减小，出露导致其分布面积的增加。同样对于南荻-芦苇景观带而言，退水季节水位变幅直接影响退水过程的快慢，退水迅速，鄱阳湖区提前进入偏枯状态，则会导致南荻-芦苇景观带分布面积的膨胀；退水缓慢，鄱阳湖区处于偏丰状态，则南荻-芦苇景观带分布面积保持在适中的状态。

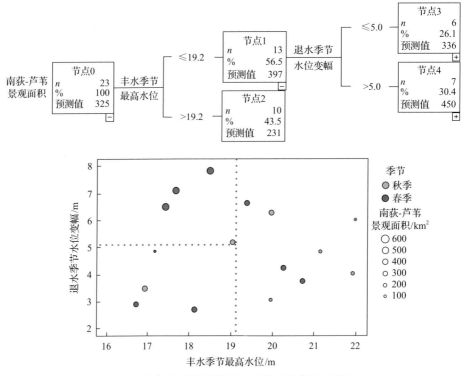

图 8.15　南荻-芦苇景观带分布面积对水位波动的响应

综上所述，薹草-藜草景观带分布面积以及南荻-芦苇景观带分布面积均对湖泊丰水季节的淹没和退水季节的出露这一水位波动存在显著的非连续阈值性响应。但两种季节的水位波动对两种典型植被景观分布面积的影响又存在显著的差异：①丰水季节水情是决定薹草-藜草景观带分布面积和南荻-芦苇景观带分布面积最为重要的水位波动变量。丰水季节的高水情促进薹草-藜草景观带分布面积的扩大，而抑制南荻-芦苇景观带的分布面积；反之，丰水季节的较低水情则可能导致南荻-芦苇景观带分布面积的膨胀，而抑制薹草-藜草景观带的分布面积；此外，薹草-藜草景观带分布面积对丰水季节平均水位的响应更为敏感，而南荻-芦苇景观带分布面积则对丰水季节最高水位的响应更为敏感，这与两种景观带的分布高程具有显著的关系。②退水季节水情是影响薹草-藜草景观带分布面积和南荻-芦苇景观带分布面积次为重要的水位波动变量：退水季节的偏枯水情对薹草-藜草景观带和南荻-芦苇景观带的分布均存在促进作用。而不同的是，薹草-藜草景观带对退水季节最低水位的响应更为敏感，而南荻-芦苇景观带对退水季节水位变幅的响应更为敏感。

3. 鄱阳湖湿地植被格局对江湖关系变化的响应

三峡工程运行的 2003 年以后，长江中游江湖关系发生了明显改变，而此改变显著影响了鄱阳湖水情进而作用于其湿地植被。本书通过三峡工程运行前后鄱阳湖湿地植被分布格局及生长状态的对比，量化江湖关系变化对鄱阳湖湿地植被的影响程度，揭示鄱阳湖湿地植被对江湖关系变化的响应。

具体来说，与三峡工程运行前(2000～2002 年)的多年平均水位相比，2003～2012 年的鄱阳湖星子站多年平均水位降低约 2.26 m；都昌站多年平均水位降低约 1.21 m；棠荫站多年平均水位降低约 0.78 m；而康山站多年平均水位降低约 0.60 m。就湿地植被分布总面积而言，三峡工程运行前(2000～2002 年)的鄱阳湖年均草洲面积由 1673 km^2 增加至三峡工程运行后(2003～2012 年)的 2093 km^2，增加幅度约 421 km^2，相当于湖区总面积的 12%，如图 8.16 所示。造成该现象的原因为，三峡工程运行后，鄱阳湖水量减少、水位下降，导致更多的低滩地露出水面，并且高滩地的年内出露时间增加。而鄱阳湖湿地不同植物群落的空间分布是其生态位的反映，对应着与其相适宜的淹水历时和淹水深度。因此，三峡工程运行以后水位的下降导致植被分布高程向湖心迁移，进而导致湿地植被面积增加。由此可见，水情变化是导致 2003 年以后鄱阳湖湿地植被分布格局变化的根本原因。

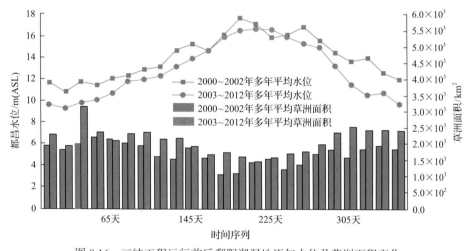

图 8.16　三峡工程运行前后鄱阳湖湿地逐旬水位及草洲面积变化

在自然因素和人为因素共同影响下，鄱阳湖的干旱形势愈演愈烈。丰水期水位降低及退水期的提前势必影响鄱阳湖湿地植被面积及空间分布。如果鄱阳湖目前出现的低枯水位不是阶段性的而是趋势性的，由水情改变导致的植被变化在全湖范围内将进一步加剧。有关水位变化对鄱阳湖湿地生态系统的影响还需要更加深入的研究。而该研究的重点首先在于掌握水位变化对湿地植被的影响规律，进而认识水位变化带来的生态系统变化及对湖泊功能的影响，即在对水位变化影响进行客观评判的基础上，为湿地保护制定科学的对策。

8.2　江湖关系变化对珍稀候鸟栖息地生境的影响

两湖湿地广阔的洲滩植被以及多样性的植被景观格局为越冬候鸟提供了丰富的食物资源和多样的栖息地生境。在江湖关系导致两湖水情变化，进而导致的湿地植被空间分布格局演变的趋势下，两湖湿地的珍稀候鸟栖息地也发生明显改变。

8.2.1　两湖湿地候鸟栖息地现状及典型珍稀候鸟生境需求分析

洞庭湖是东亚-澳大利西亚迁徙路线上水鸟重要的越冬地，有冬候鸟 118 种(钟福生等，2007)。每年有 10 余万只水鸟在洞庭湖越冬，优势类群为鸭类与雁类(马克·巴特等，2004，2005)。其中，东洞庭湖越冬鸟类主要是鸭类、鸻鹬类和雁类。鸭类主要分布在大西湖的大部分水域(壕沟除外)，鸻鹬类分布在靠近堤岸的浅水区域，鸥类在壕沟分布较多，雁类主要分布在大小西湖的草洲上，鹭类在全湖都有分布，灰鹤主要分布在大小西湖草洲上，鸬鹚则在深水区觅食，在湖中堤坝上栖息(图 8.17)。越冬雁类占东洞庭湖越冬水鸟总数约 49%，其中小白额雁(*Anser erythropus*)比例最高，约占 31%，东洞庭湖保护区范围内最高数量为 16 812 只，而全球种群数量 28 000～33 000 只，种群处于下降趋势。西洞庭湖的大多数鸟类分布在有圩堤的青山垸和安乐湖中，其中水鸟主要分布在湖泊和洲滩类型湿地中，开垦后的湿地中林鸟居多。人工控制的湖泊湿地与洲滩湿地水深、

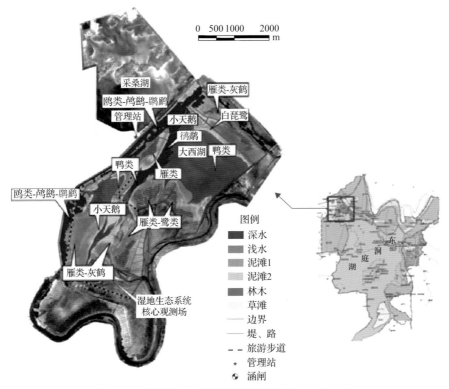

图 8.17　东洞庭大小西湖湖区不同生境与水鸟分布

水文动态、植被均有所不同，生活在其中的鸟类种类不同，这与水鸟觅食与栖息环境偏好相一致(图 8.18)。

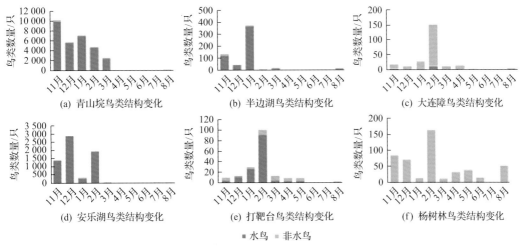

图 8.18 西洞庭湖不同生境中鸟类比例变化(刘云珠等，2013)

鄱阳湖是亚洲最大的候鸟越冬地，年平均约 35 万只水鸟在鄱阳湖区越冬。鄱阳湖是在世界范围内知名的"鹤湖"。曾经记录到 6 种鹤类在此越冬，它们是白鹤、白头鹤、白枕鹤、灰鹤、蓑羽鹤和沙丘鹤。其中白鹤、白头鹤、白枕鹤和灰鹤是常见种，每年冬天都有一定的越冬种群，而沙丘鹤和蓑羽鹤往往作为迷鸟出现。白鹤(*Leucogeranus leucogeranus*)是鹤形目鹤科鹤属鸟类，是世界上最为濒危的鸟类之一(IUCN，2013)，被 IUCN 列为极危种(CR)，国家 I 级保护野生动物。占全球种群数量 98%以上的白鹤种群在此鄱阳湖越冬。根据鄱阳湖冬季全湖鸟类同步调查数据分析发现，鄱阳湖年平均白鹤种群数量为 3183±765 只(n=13 年)。

1. 洞庭湖珍稀候鸟典型代表物种小白额雁生境需求

1)洞庭湖小白额雁保护现状

小白额雁(*A. erythropus*)隶属于雁形目鸭科，是全球易危物种(VU)(IUCN，2012)。全球种群数量 28 000～33 000 只(BirdLife International，2012)。自 20 世纪中期以来种群数量急剧下降，是古北区最受威胁的雁类物种之一(Lei et al., 2019)。小白额雁属长距离迁徙鸟类，在欧亚大陆北部亚寒带地区繁殖，选择近水的薹原生境筑巢；在欧洲东南部，黑海与里海周边，中东地区及中国东南部的湿地栖息越冬(Collar，2014)。全球范围内其西部种群基本处于灭绝边缘，而东部种群的越冬地仅仅局限于湖南省洞庭湖，目前湖南东洞庭湖是小白额雁最集中的越冬地，小白额雁东部种群数量 90%以上的个体每年均在东洞庭湖越冬(Wang et al., 2012)。

研究近 30 年来小白额雁在中国东部地区的种群分布发现，20 世纪 80 年代至 90 年代初小白额雁种群数量在安徽、江西、江苏下降极快。在 1991 年的调查中发现小白额雁主要集群在西洞庭湖区的半边湖和东洞庭湖的小西湖(刘齐德等，1995)。1999 年冬季在洞庭湖和鄱阳湖开展的调查发现东洞庭湖的采桑湖、大西湖、小西湖、白鹤嘴等地已成为小白额雁全球最重要的越冬地(Markkola et al., 1999)，近年来，小白额雁的分布更加集中在东洞庭湖(Cao et al., 2010)。这种高度集中分布的特点使其特别容易受到洞庭湖湿地栖息地丧失和变化的影响。

2) 洞庭湖小白额雁适宜栖息生境特征

小白额雁是植食性鸟类，主要在湖滨及沼泽地区取食洲滩植物的根、茎、叶、果实和水生植物绿色部分。通过粪便分析及野外观察，已初步了解小白额雁在不同时期的取食选择特征，结果见表8.2。在东洞庭湖，小白额雁主要以禾本科与莎草科植物为食物资源(Cong et al., 2012)，代表物种有异鳞薹草(*Carex heterolepis*)、江南荸荠(*Eleocharis migoana*)、看麦娘(*Alopecurus aequalis*)和狗牙根(*Cynodon dactylon*)等；小白额雁也取食双子叶植物，如十字花科植物。

在东洞庭湖的研究发现，小白额雁主要在退水后出露的洲滩分布，选择在开阔的沼泽-莎草群落交错区外围，经水牛啃食的放牧点等受轻度干扰且植株较短的生境取食。在植株极短小的洲滩生境取食，小白额雁更易于保持较为理想的取食量少、频率高的取食行为。在匈牙利、挪威等地也发现小白额雁在植株矮小的草洲取食。

表 8.2　小白额雁取食植物研究类别(Markkola et al., 1999)

纲	科	属	季节
单子叶植物	禾本科	看麦娘属	冬
		狗牙根属	冬
		芦苇属	春
		剪股颖属	春、秋
		碱茅属	春、秋
		羊茅属	春、秋
		拂子茅属	春
		喜极禾属	夏
		披碱草属	秋
		早熟禾属	秋
	莎草科	荸荠属	春、秋
		针蔺属	夏、冬
		薹草属	春、夏、秋、冬
		羊胡子属	夏
	水麦冬科	水麦冬属	春
	灯芯草科	灯芯草属	春、夏、秋
		地杨梅属	夏

续表

纲	科	属	季节
双子叶植物	蓼科	蓼属	夏
	藜科	藜属	夏、秋
	十字花科	葶苈属	冬
		白芥属	秋
	杉叶藻科	杉叶藻属	春、秋
	菊科	蒲公英属	夏
		蜂斗菜属	夏
		菁属	秋
	木贼科	木贼属	夏
	杨柳科	柳属	夏
	岩高兰科	岩高兰属	秋
	伞形科	刺芹属	秋

适宜生境减少是小白额雁越冬面临的主要威胁之一。草滩地演变为芦苇滩地，滩地造林在一定程度上改变了洞庭湖湿地生态系统原有的结构和功能（邓学建等，2008；刘云珠等，2013），加上三峡大坝运行对湿地洲滩分布的影响，洞庭湖湿地植被的演替已发生了改变（谢永宏和陈心胜，2008），洞庭湖区水鸟的适宜栖息地已经在退化。小白额雁的食谱比较特化，对其所特化的食物具有很高的适应性，因此其栖息地选择的局限性也就形成。

2. 鄱阳湖珍稀候鸟典型代表物种白鹤生境需求

1）鄱阳湖白鹤保护现状

鄱阳湖是亚洲最大的候鸟越冬地，年平均约 35 万只水鸟在鄱阳湖区越冬。世界上白鹤有三个种群，都在俄罗斯西伯利亚的薹原区繁殖。目前在印度和伊朗的白鹤种群数量已经下降到少于十只，这主要是由于栖息地的丧失和盗猎导致（Kanai et al., 2002）。在我国越冬的白鹤，通常从俄罗斯西伯利亚东北部迁徙至中国长江中游，迁徙路线涉及俄罗斯、蒙古国和中国。这些东部白鹤种群通常有 3500～3800 个（Wetland International, 2013）。占全球种群数量 98%以上的白鹤种群在鄱阳湖越冬。根据鄱阳湖冬季全湖鸟类同步调查数据分析发现，鄱阳湖年平均白鹤种群数量为 3183±765 只（n=13 年），其中种群数量最大的为 2002 年冬季（4004 只），而最小为 2008 年冬季，只有 1627 只。除了 2000 年（1791只）和 2009 年冬季外，其他年份的白鹤种群数量基本稳定在 3000 只左右。

2）鄱阳湖白鹤适宜栖息生境特征

白鹤是大型涉禽，主要在浅水湖泊和泥滩中觅食，这些平坦的觅食地生长着茂盛的苦草（*Vallisneria natans*），视野开阔无遮挡，加之人类不易进入，成为白鹤越冬觅食的最佳选择。鄱阳湖是世界范围内知名的"鹤湖"。在鄱阳湖不同的鹤类通常会分享相同的栖息地类型，而且常常会有不同的鹤类混合成一个大群进行觅食和夜栖。人们不仅能观察到白鹤在水深＜30 cm 的浅水湖泊和泥滩中搜索和挖掘食物（苦草的冬芽）（Wu et al., 2009），也能看到其他几种鹤在泥滩中挖掘冬芽为食。因此需要大面积的浅水滩涂湿地，才能满足这些水鸟生存的需要。但是在 2010～2011 年越冬季，由于苦草冬芽不足，首次记录到白鹤采食下江委陵菜（*Potentilla limprichtii*）的直根（Jia et al., 2013）。

8.2.2 珍稀候鸟适宜栖息地与水文情势的关系

1. 水文节律与水鸟的关系

食物资源是水鸟选择栖息地的主要因素之一，主要包括湿地植物、底栖动物、鱼类和浮游动植物等。水文节律往往不直接影响水鸟群落结构和数量，而是通过水文特征变化影响越冬水鸟食物资源和栖息地特征来影响湿地水鸟，如水位变化、水位消长频率变化、水量变化等均可以对洲滩岸线长度、食物资源植物产量和分布、鱼类产量分布和底栖动物丰富度、生境异质性等产生影响（GonzaLez-Gajardo et al., 2009；Baschuk et al., 2012）。水位和水深等是重要的湿地生态系统组分，水位也是影响湿地植物生活史的最重要生态因子之一，对湿地植物群落结构和物种多样性产生直接影响（Blindow et al., 1998；Havens, 2003；Van Geest et al., 2005）；许多研究证明水深也是影响水鸟栖息地选择的重要因素（Velasquez, 1992；Colwell et al., 2000；Isola et al., 2000；Lantz et al., 2010；Farago and Hangya, 2012；Jia et al., 2013）。水位波动是湿地生态系统过程中最为活跃的一个影响因素，它一般用流量、频率、持续时间、流量事件出现时机和变化率等要素来概括水流状况的整体特征和某个水文现象的特征（Poff et al., 1997）。水位变化对湿地植物群落的初级生产力、群落格局、物种多样性以及群落的演替都具有极其重要的影响（Keddy and Reznicek, 1986；Riis and Hawes, 2002；Van Geest et al., 2005；Deegan et al., 2007）。长时间淹水或洪水能导致沉水植物、浮叶植物种群密度和生物量大大降低，进而影响到种群的更新和恢复（Barrat-Segretain, 1996；Henry and Amoros, 1996；崔心红等, 2000；Casanova and Brock, 2000；Cooling et al., 2001；Macek et al., 2006）。

湿地水文过程对水鸟的影响因种类而异（Bolduc et al., 2008），即对某种水鸟的种群数量，不仅体现水位波动对该物种食物数量和质量的影响，还有对栖息地结构变化的响应（Jobin et al., 2009）。水位波动不仅改变了鸟类栖息的微生境，影响水鸟取食效率（Farago and Hangya, 2012），当这种水位波动的范围超过物种的适应范围，还会导致水鸟种群数量下降，或迫使水鸟改变其栖息地（Jia et al., 2013），影响湿地生态特征的诸多方面，进而影响生态系统功能（Kushlan, 1986）。在这个过程中，即使植物种群可以保持平衡，也可能会严重影响鸟类种群的稳定性（Zhang et al., 2011）。

2. 湿地景观格局变化与冬季水鸟的响应——以西洞庭湖区为例

西洞庭湖是洞庭湖的重要组成部分，地处沅、澧水尾闾，不仅承接沅、澧二水，而且吞吐长江松滋、太平、藕池三口洪流(图 8.19)。汉寿县南部低山丘陵区为雪峰山余脉，其间沧水、浪水、龙池河、烟包山河等 8 条河流也由南向北流入西洞庭湖。西洞庭湖容积面积 332 km²，总容积 21.2 亿 m³(湖泊容积为相应城陵矶水位 31.5 m 时的容积)，占整个洞庭湖容积 167 亿 m³ 的 12.6%，西洞庭湖湿地每年能够补给地下水约 4.7 亿 m³，调蓄洪水 52.5 亿 m³。

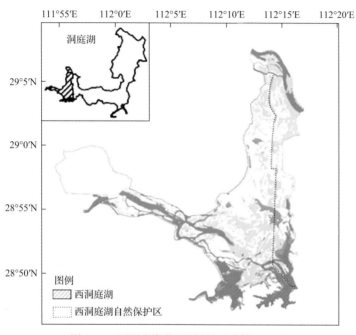

图 8.19　西洞庭湖位置图(刘云珠等，2013)

为了探讨水文情势变化带来湖区泥沙冲淤格局变化，以及相应的人类活动干扰导致的湿地景观格局变化与冬季水鸟的响应，对西洞庭湖土地利用/覆被变化(land-use and land-cover change, LUCC)和景观格局变化进行了分析，并基于实地调查分析了西洞庭湖恢复湿地、片断化自然湿地和人工杨树林 3 种现有典型生境中水鸟群落结构和多样性的差异。对比分析了 1996 年和 2013 年西洞庭湖土地利用/覆被变化和景观格局变化情况。基于实地调查了西洞庭湖三种现有典型生境中六个研究点(人工管理湿地：青山垸、安乐湖；破碎化自然湿地：打靶台、半边湖；退化湿地：大连障、游巡塘)的水鸟群落结构和多样性差异，研究了人类活动对西洞庭湖湿地生态系统造成的影响。

分析 1987～2012 年西洞庭湖南咀水文站逐日水位数据结果表明，三峡大坝运行之后，西洞庭湖丰水期平均水位下降 0.56 m，洪水期平均水位下降 0.91 m，32 m 高位洲滩淹没时间缩短了 41 天，为杨树、芦苇种植提供了更广阔的活动场所。1996 年西洞庭湖湿地景观中水域、草滩、泥滩地的面积比例较大，而 2013 年林地成为该湿地中的主要景观，水域、草滩、泥滩地的面积比例则大幅度减小。与 1996 年相比，2013 年西洞庭湖湖区杨树(*Populus* spp.)林面积增加了 9 倍，芦苇(*Phragmites australis*)面积增加了 30.6%，水域、草滩、泥滩地等天然湿地面积分别减少了 46.4%、49.8% 和 39.8%(图 8.20)(刘云珠等，2013）。湿地生境改变、破碎化严重，导致该区域生物多样性降低。恢复湿地是当前部分越冬水鸟的主要栖息场所，但水鸟群落结构简单，多样性指数较低（$H' = 1.866$）；自然湿地因严重破碎化，面积变小，水鸟数量较少，但多样性指数较高（$H' = 2.118$），且是黑鹳（*Ciconia nigra*）、白鹤（*Grus leucogeranus*）等珍稀濒危物种的栖息地；杨树林的种植改变了原有自然湿地景观，仅发现水鸟 1 种 2 只，已不适宜水鸟栖息。西洞庭湖湿地景观的改变、生境破碎化导致其生物多样性降低，杨树种植对自然湿地的侵占是西洞庭湖湿地生态系统退化的主要原因。

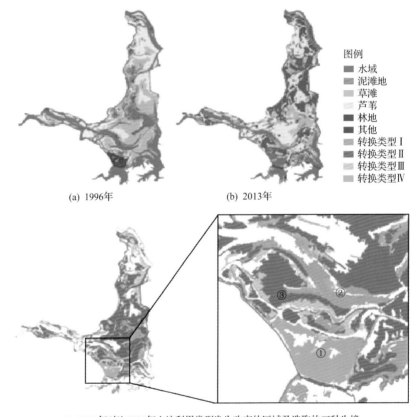

(a) 1996年　　　　　　　　　　　(b) 2013年

图例
■ 水域
■ 泥滩地
□ 草滩
□ 芦苇
■ 林地
■ 其他
■ 转换类型 I
■ 转换类型 II
■ 转换类型 III
■ 转换类型 IV

(c) 2013年对比1996年土地利用类型发生改变的区域及选取的三种生境

图 8.20　西洞庭湖土地利用类型的变化（刘云珠等，2013）

①恢复湿地；②片断化自然湿地；③人工杨树林；转换类型 I：天然湿地类型（水域、泥滩地、草滩，下同）之间转换；
转换类型 II：天然湿地类型转换为人工类型（林地、芦苇及其他，下同）；转换类型 III：人工类型之间转换；
转换类型 IV：人工类型恢复为天然湿地类型

3. 栖息地景观格局与鄱阳湖越冬水鸟丰富度、多样性关系

在冬季低水位时期，随着水位的下降，一系列和主湖区连通或者隔断的子湖逐渐出露。这些子湖的大小范围为 $310 \sim 8580 \ \mathrm{hm}^2$，栖息地异质性随着湖泊大小、形状以及水域、泥滩、草洲配置不同而变化。这三种栖息地类型划分包括了在鄱阳湖越冬水鸟的基本栖

息地需求。这一空间异质性为具有不同需求的水鸟提供了丰富的食物资源和多样化的栖息地。在浅水和泥滩区域中有着沉水植物块茎，鱼虾和底栖动物吸引着大量的鹤类，鹳类和鹭类。在地势稍高的草洲区域生长的薹草等湿生植被资源丰富，为雁类提供了优质的食物。水文节律特别是退水的时间节点关系着植被的发育和组成，强烈影响栖息地的质量。随着栖息地面积和异质性的增加，越冬水鸟可获得的能量增多，水鸟的种类和数量可能随之增加。

为了探讨栖息地可获得性及其异质性与越冬水鸟多度与丰富度的关系，选择了湖区10 个边界清晰的子湖(图 8.21)，使用结构方程模型(SEM)和广义添加混合模型(GAMM)探讨了多年冬季同步调查的水鸟数量、种类与基于遥感影像提取的水域、泥滩、草洲栖息地面积、数量与形状之间的关系。使用广义添加混合模型研究发现鄱阳湖越冬水鸟种类和数量对栖息地变化的响应有所不同，但是这两个变量均与子湖浅水域面积正相关(图 8.22)(Guan et al., 2015)。鄱阳湖独特的水文节律通过控制水深和植被决定了多种越冬栖息地的大小、分布和质量。同时发现随着水鸟群落的增大，包含的物种数也越多。这意味着对于鄱阳湖越冬水鸟而言，资源可利用性可能不是一个限制因子。标准化的路径系数表明子湖内部浅水区总面积对于越冬水鸟群落来说是最重要的环境因子，其次是泥滩斑块的数量(图 8.23)(Guan et al., 2015)。同时，发现水鸟种数与环境因子的关系比数量更密切(图 8.23)(Guan et al., 2015)。

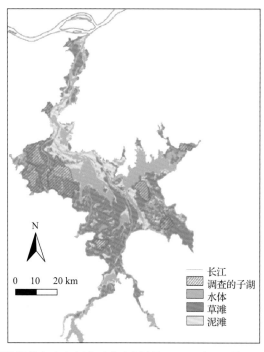

图 8.21　鄱阳湖越冬水鸟栖息地分布图(基于 2006 年 12 月 29 日卫星图像)
标记区域为同步水鸟调查的 10 个子湖(Guan et al., 2015)

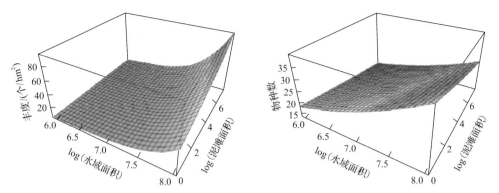

图 8.22　水鸟丰富度(计数单位/1000)和物种数与对数转换的鄱阳湖子湖水域、泥滩面积(m²)响应曲面(Guan et al., 2015)

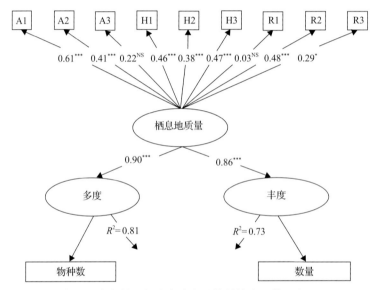

图 8.23　鄱阳湖越冬水鸟数量与种类多度最佳结构方程模型(Guan et al., 2015)

标准化的路径系数显著性(***$P<0.001$; **$P<0.01$; *$P<0.05$; NS, $P>0.05$)。A1, A2, A3 = log 转换的浅水、草洲和泥滩的总面积(hm²); H1, H2, H3 =平方根转换的浅水、草洲和泥滩的数量; R1, R2, R3 =形状指数

8.2.3　不同江湖关系与水文情景下候鸟栖息地生境的响应

1. 越冬期提前退水对雁类食物资源的影响

在东洞庭湖区，通过盆栽实验模拟了退水推迟情景对小白额雁食物资源薹草生长的影响。研究发现淹没深度对所有生长指标没有显著影响，淹没时长对所有的生长指标都有显著的影响(表 8.3)。其中，薹草芽的增长率随着淹没时长的增加而降低(图 8.24)，薹草生物量的增长率随着淹没时长的增加而降低(图 8.25)(Guan et al., 2014)，到达最大增长率的时间显著延长。与对照组相比，推迟 10 天、20 天、30 天出露组的生物量约降低 45%、62%、90%(图 8.26)。说明在推迟退水的情景下，洞庭湖越冬雁类会面临食物资源匮乏的风险，并且随着退水时间的延长这种风险会增大。

表 8.3　淹没时长和淹没深度对薹草生长影响的双因素方差分析

因子	A		r		Max R		T_{max}	
	株数	生物量	株数	生物量	株数	生物量	株数	生物量
淹没深度	0.54	0.68	0.74	0.60	0.98	0.43	0.36	0.65
淹没时长	0.02	0.04	0.03	<0.01	0.02	0.04	0.04	0.05
相互作用	0.78	0.93	0.45	0.86	0.56	0.71	0.58	0.76

注：A 为承载力；r 为增长率；Max R 为实验期间出现的最大增长率；T_{max} 为到达最大增长率的时间。

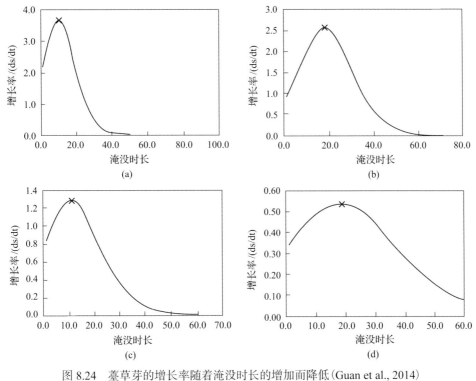

图 8.24　薹草芽的增长率随着淹没时长的增加而降低（Guan et al., 2014）

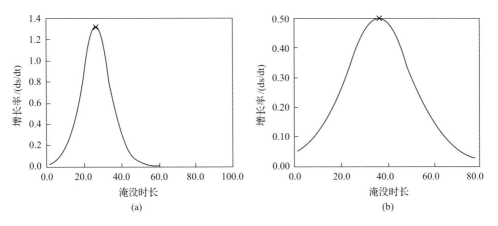

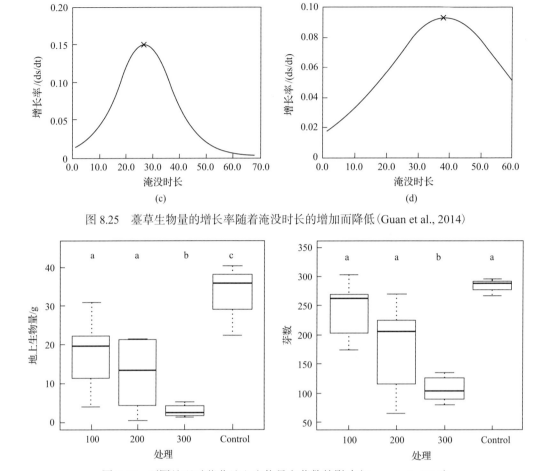

图 8.25 薹草生物量的增长率随着淹没时长的增加而降低（Guan et al., 2014）

图 8.26 不同处理对薹草地上生物量和芽数的影响（Guan et al., 2014）

2. 越冬期推迟退水对雁类食物资源的影响

2011 年是长江流域干旱年份，东洞庭湖洲滩出露时间较一般情况提前约 45 天，而 2012 年水文情势比较接近东洞庭湖一般水文情势，高水位使洲滩出露时间推迟（图 8.27）。为研究越冬期水位推迟退水对植食性水鸟食物资源的研究，在 2011 年和 2012 年冬季对雁类栖息地主要食物异鳞薹草（*C. heterolepis*）、看麦娘（*Alopecurus aequalis*）、江南荸荠（*Eleocharis migoana*）、针蔺（*Eleocharis congesta*）、蓼子草（*Polygonum cripolitanum*）的生长情况（表 8.4）与雁类分布（图 8.28）情况进行了调查。我们根据小白额雁分布范围，认为有新鲜啃食痕迹、雁类粪便的样方是小白额雁取食样方，其余的是对照样方。2011 年冬季采集取食样方 34 个，对照样方 32 个；2012 年冬季采集取食样方 71 个，对照样方 58 个。

比较 2011 年和 2012 年调查区域草洲、泥滩、水面三种生境所占总面积的比例结果表明，在不同水文情势影响下，2012 年较 2011 年调查区域草洲面积减少约 5%，泥滩面积增加约 4%，水面面积增加约 1%，见表 8.5。

从物候特征来看，2011 年秋季在小白额雁迁徙到达时，洲滩植被已经历了较长的生长期，地上部分生长旺盛并出现枯萎，样方内食物干枯部分生物量为 11.32±2.59 g。而 2012 年洲滩植被刚进入萌发期，调查样方内植物无枯萎部分，薹草嫩芽数较多，为 83±18 g。在植物物种组成方面，2011 年冬季调查记录到洲滩植物 18 种，2012 年冬季调查记录到洲滩植被物种 26 种。分别比较 2011 年和 2012 年的植物重要值，结果显示：在草洲植物群落中，薹草的重要值最大，优势度最高。在小白额雁的取食植物种类中，蓼子草与看麦娘的重要值低于薹草，优势度分别位于第二位、第三位。小白额雁取食植物中，狗牙根、针蔺、江南荸荠重要值更小，优势度更低。

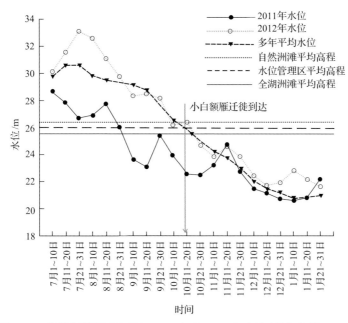

图 8.27 东洞庭湖洲滩高程与 2011 年和 2012 年水位(冯多多等, 2014)

表 8.4 东洞庭湖小白额雁栖息地植被调查变量及含义(冯多多等, 2014)

序号	变量	含义
1	取食植物种类(food species, FS)	小白额雁取食选择影响因素
2	总种类(total species, TS)	
3	取食植物盖度(food cover, FC; %)	植物对环境的利用影响程度
4	总盖度(total cover, TC; %)	
5	取食植物绿色部分生物量(green food biomass, GFB; g)	植物物候特征
6	取食植物干枯部分生物量(dry food biomass, DFB; g)	
7	总生物量(total biomass, TB; g)	植物生长特征
8	样方内植物均高(average height, AH; cm)	小白额雁取食选择影响因素

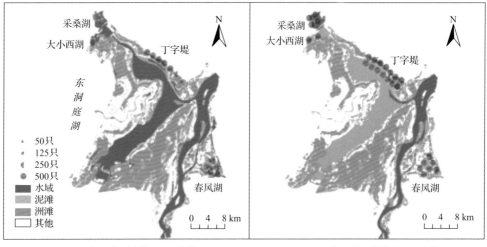

(a) 2011年10月31日模拟23 m水位　　　　　　　　(b) 2011年12月31日模拟20 m水位

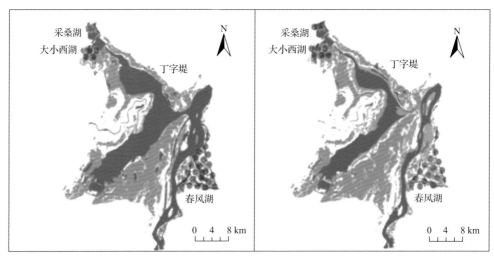

(c) 2012年10月31日模拟24 m水位　　　　　　　　(d) 2013年1月16日模拟22 m水位

图 8.28　2011 年、2012 年东洞庭湖越冬小白额雁空间分布(冯多多，2013)

表 8.5　小白额雁栖息生境组成年际变化(冯多多等，2014)　　　　　(单位：%)

类型	2011 年	2012 年
草洲	68	63
泥滩	12	16
水面	20	21

　　分别比较 2011 年和 2012 年冬季小白额雁取食点与对照点植被特征，结果显示，2011
年冬季，小白额雁对植物多度选择作用明显($p<0.05$)，取食点的总盖度(68.91%±
4.08%)、绿色食源植物生物量(14.44±2.47 g)、干枯食源植物生物量(1.94±1.94 g)、总
生物量(19.90±3.65 g)、植物均高(7.60±2.50 cm)都显著低于对照点。

　　2012 年冬季，小白额雁对植物种类丰富度和植物多度选择作用都显著($p<0.05$)，取

食点食源植物种类较多(1.72±0.10)，而总种类(2.89±0.21)、总盖度(38.14%±2.59%)和总生物量(7.75±0.71 g)较少。

由于样本量较小(n/K<40)，使用 AICc 值已进行模型选择，保留 ΔAICciR 值小于 10 的模型，计算比较其 Akaike 权重值，见表 8.6。

根据模型 wi 值确定拟合度最好的取食选择回归方程。2011 年冬季小白额雁取食选择的回归方程结果见表 8.7，当年影响小白额雁在洲滩取食的关键植被变量为总盖度和总生物量。2012 年冬季，影响小白额雁取食的关键因子是食物种类数、总种类数和总盖度，见表 8.8。

表 8.6　2011 年和 2012 年小白额雁取食地选择的逻辑斯蒂回归分析及模型选择(冯多多等，2014)

年份	模型中的变量	K	R^2	AICc	ΔAICci	权重
	TC+DFB	4	0.35	79.73	6.09	0.04
	TC+TB	4	0.44	73.65	0	0.76
	TC+AH	4	0.33	81.24	7.59	0.02
2011	TC+GFB+DFB	5	0.38	80.21	6.57	0.03
	TC+AH+GFB	5	0.33	83.41	9.77	0.01
	GFB+DFB	4	0.38	77.96	0.09	0.09
	GPB+AH	4	0.33	81.08	0.01	0.02
	FS+TS	4	0.24	160.02	1.78	0.21
	FS+TC	4	0.18	166.87	8.63	0.01
2012	FS+TS+TC	5	0.28	158.24	0	0.51
	FS+TS+TB	5	0.25	161.27	3.03	0.11
	FS+TB+TS+TC	6	0.28	160.44	2.20	0.17

表 8.7　2011 年小白额雁取食地选择模型的变量(冯多多等，2014)

变量及常数项	回归系数	标准误	Wald 卡方值	自由度	显著性	比数比
TC	0.024	0.017	2.026	1	0.155	1.024
TB	−0.073	0.022	11.180	1	0.001	0.930
Constant	0.669	0.920	0.529	1	0.467	1.953

表 8.8　2012 年小白额雁取食地选择模型的变量(冯多多等，2014)

变量及常数项	回归系数	标准误	Wald 卡方值	自由度	显著性	比数比
FS	1.148	0.319	12.974	1	0.000	3.153
TS	−0.361	0.122	8.715	1	0.003	0.697
TC	−0.013	0.007	3.814	1	0.051	0.987
Constant	0.253	0.523	0.235	1	0.628	1.288

2012 年水文情势比较接近东洞庭湖的一般水文情势，高水位使洲滩出露时间推迟，刚萌发的洲滩植物适宜小白额雁迁徙到达后取食。当自然洲滩食物资源充足的情况下，小白额雁在东洞庭湖内的适宜分布区的面积较大。

3. 春季长期高水位对鄱阳湖越冬白鹤食性与觅食行为影响

选择鄱阳湖珍稀候鸟的代表种白鹤，开展水文情势变化对其食性和觅食行为的影响研究。白鹤在鄱阳湖越冬地主要的食物为苦草的茎和冬芽。由于栖息地环境和食物资源的改变，白鹤会调整其觅食行为。研究首次报道了大群白鹤改变其固有觅食地浅水区转为在草滩上觅食下江委陵菜块茎的现象(Jia et al., 2013)(图 8.29)。2011 年 2 月 24～25 日在鄱阳湖保护区的 4 个子湖泊进行的鸟类调查，一共记录到 2465 只白鹤，这占全球种群的 70%以上。观察到的白鹤在浅水区、泥滩和草洲上觅食的比例分别为 48%、7%和 45%。2010 年春季，星子站的水位高于多年平均水位。升高的水位降低了水下光照，影响了苦草生长和冬芽的产量。植被调查结果也表明苦草冬芽的密度在 2010 年越冬季低于其他年份，而草滩上下江委陵菜块茎的密度则非常高(表 8.9)(Jia et al., 2013)。白鹤从传统觅食的浅水区转移到草滩上后，在警戒行为上花费了更多的时间，导致觅食时间更少(表 8.10)(Jia et al., 2013)。这说明水文情势变化导致食物资源供给不足，使得白鹤改变其觅食行为，从而影响其取食的效率，不利于越冬期能量的积累。

(a)　　　　　　　　　　　　　　(b)

图 8.29　白鹤食物资源(a)苦草(b)下江委陵菜(Jia et al., 2013)

表 8.9　鄱阳湖保护区内湖泊苦草冬芽和下江委陵菜块茎密度(Jia et al., 2013)　　　(单位：个)

物种	蚌湖	梅西湖	大湖池
苦草冬芽	1.24±1.61	0.167±0.37	
下江委陵菜	182.0±167.0		125.5±33.8

表 8.10　不同发育阶段和不同栖息地上白鹤行为时间 MANOVA 分析(Jia et al., 2013)

因素	自由度	F 值	P 值	系数						显著性差异
				取食	警戒	运行	休息	保养	其他	
发育阶段	1176	7.76	0.001**	4.65	−0.93	0.59	−1.53	−2.57	−0.21	幼体 vs. 成体
栖息地	2175	3.76	0.008**	1.11	−1.25	−1.76	1.63	0.34	−0.06	浅水面 vs. 草洲
				5.93	−1.24	0.12	−4.75	−0.24	0.19	泥滩 vs. 草洲
发育阶段：栖息地	2175	1.612	0.164n.s							

*** $p<0.001$; ** $p<0.01$; * $p<0.05$; n.s 代表不显著($p>0.05$)。

4. 西洞庭湖鱼类群落多样性变化

鱼类是湿地重要的组分之一，也是越冬水鸟的重要食物资源，鱼类的群落结构变化直接反映了栖息地生境和外部驱动力的变化。三峡大坝运行后，长江中游的江湖关系发生了改变，西洞庭湖由于其独特的地理区位受到首当其冲的影响。通过对比三峡运行前后西洞庭湖区 2002～2003 年、2012～2014 年鱼类群落调查数据发现，三峡运行后鱼类物种数由 85 种下降至 66 种(图 8.30)，多样性下降，个体小型化明显。水文节律的变化造成西洞庭湖景观格局破碎化，天然湿地大量丧失，使得鱼类产卵场和索饵场面积缩小，加上高强度的捕捞压力最终导致了鱼类群落出现衰退(朱轶等，2014)。

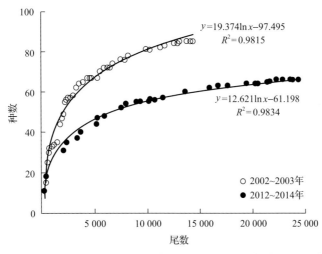

图 8.30 二次调查西洞庭湖渔获物抽样数量-累积物种数对数曲线(朱轶等，2014)

第9章 保障湖泊水安全的江湖关系健康评价

长江中游的江湖关系是洞庭湖和鄱阳湖与长江水系之间的水沙营养盐等物质和能量相互作用关系，因此，江湖关系健康既要考虑长江，也要考虑两湖，既包括水沙营养盐相互作用，也包括江湖水系结构与功能变化及其效应，涉及的范围和要素十分复杂。健康的江湖关系应该是江湖两利的平衡关系，既能满足洞庭湖、鄱阳湖两个大型湖泊，又能满足长江中下游河道的防洪、供水，以及水环境与水生态安全等功能的正常发挥。由于长江水量和水动力条件是洞庭湖和鄱阳湖无法比拟的，因此，长江对洞庭湖和鄱阳湖作用的强度及引起的湖泊生态系统变化要远远大于洞庭湖和鄱阳湖对长江干流河道的影响，相应地，江湖关系及健康评价通常也更多地关注两湖水文情势的变化和水功能的正常发挥，而将长江水文情势和河道结构与功能变化作为其外部影响因素。基于此，评判长江中游江湖关系是否健康的依据应主要是考虑两湖水安全是否能得到保障，而评判的标准则是两湖长期演变形成的水安全平衡状态是否被江湖关系变化所打破，从而加剧了湖泊水安全的风险。

本书首先根据湖泊水量平衡原理，构建用于定量表征长江与两湖相互作用强度的江湖关系指数；其次以保障湖泊防洪、供水，以及水环境、湖泊水域与湿地生态等湖泊水安全要素作为江湖关系健康的目标，构建湖泊水安全评价指标体系，评价两湖水安全及其变化；最后通过建立两湖水安全等级与关键水情要素的定量关系，关联湖泊水安全与江湖关系指数，定量评价基于湖泊水安全的江湖关系健康变化。

9.1 江湖关系指数与变化

9.1.1 江湖关系指数

长江中游江湖关系是长江干流下泄径流与流域入湖径流、湖泊蓄水量综合作用的体现，根据 3.3.1 节基于湖泊水量平衡原理的湖泊蓄水量回归模型：$\bar{S}_L = a\bar{Q}_W + b\bar{Q}_C + c$，假定湖区自身产生的径流量 c 相对稳定，江湖关系可用特定时段(年、季)长江对湖泊蓄水量的影响来表征：

$$\text{RLI} = \bar{S}_L - a\bar{Q}_W \tag{9-1}$$

式中，RLI 为江湖关系指数(river-lake index)；$\bar{S}_L$ 为特定时段(年、季)湖泊平均蓄水量标准化值；$\bar{Q}_W$ 为特定时段(年、季)流域入湖径流量标准化值；a 为拟合系数，因洞庭湖和鄱阳湖不同湖泊而异。RLI 值为正，表示长江对湖泊起顶托作用，RLI 值为负，表示长江对湖泊起拉空作用，绝对值越大，作用越强。

根据长江、流域和湖泊水文数据序列拟合，得到洞庭湖和鄱阳湖与长江江湖关系指数表征式分别为

$$\mathrm{RLI}_D = \bar{S}_L - 0.48\bar{Q}_W \tag{9-2}$$

$$\mathrm{RLI}_P = \bar{S}_L - 0.21\bar{Q}_W \tag{9-3}$$

根据式(9-2)和式(9-3)计算得到1980~2013年两湖江湖关系指数，由图9.1可知，鄱阳湖年、季尺度江湖关系指数数据比较离散，正负波动较大，洞庭湖江湖关系指数数据相对比较集中，但存在一些异常值。总体上，长江对鄱阳湖的影响波动变化高于洞庭湖，但是在某些特定年份，对洞庭湖的影响可能高于鄱阳湖。

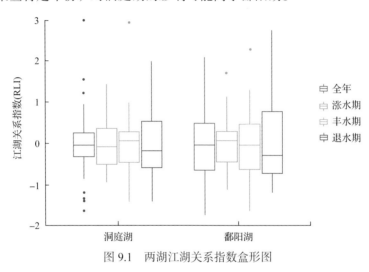

图9.1　两湖江湖关系指数盒形图

9.1.2　江湖关系年际与季节变化

1. 江湖关系年际变化

年尺度江湖关系指数计算结果表明，两湖的江湖关系指数在年际上呈现波动变化特征，大多数年份，江湖关系指数在0附近波动，表明江湖关系处于平衡状态；在洪水年份，如1983年、1998年、1999年，江湖关系指数很高，表明长江对湖泊的顶托作用强烈，江湖水交换量增大，湖泊蓄水量增加，湖泊发挥了对长江洪水的调蓄作用；在干旱年份，如2006年、2011年，江湖关系指数为负值且绝对值较高，表明长江对湖泊的拉空作用强烈，湖泊蓄水量减小(图9.2)。

对1980~2013年江湖关系指数序列进行统计分析，将累积频率低于5%和高于95%的指数定义为极端值。就长江对于鄱阳湖的作用而言，顶托作用极端强的年份为1983年(2.06)和1998年(2.10)，拉空作用极端强的年份为2006年(−1.64)和2011年(−1.74)；就长江对于洞庭湖的作用而言，顶托作用极端强的年份为1983年(1.54)和1998年(2.98)，拉空作用极端强的年份为1994年(−1.38)和2006年(−1.63)。

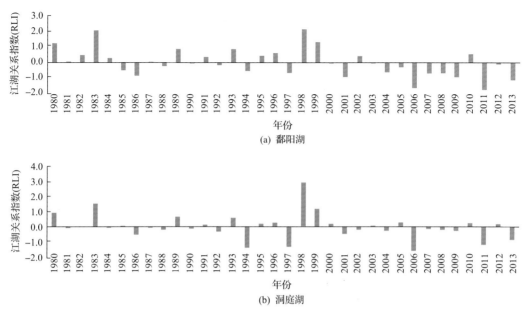

图 9.2　两湖年尺度江湖关系指数变化(1980~2013 年)

对比 1980~2002 年和 2003~2013 年两个时段两湖的江湖关系平均指数(图 9.3),发现 2003 年前后江湖关系发生了显著的变化,鄱阳湖平均指数由 2003 年前的 0.32 降至 2003 年后的–0.66,洞庭湖则由 2003 年前的 0.17 降至–0.35,表明长江对两湖的作用都是由顶托作用转为拉空作用。

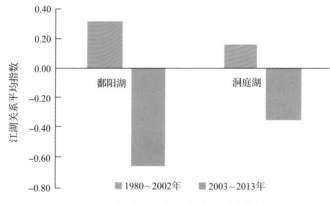

图 9.3　2003 年前后两湖江湖关系平均指数对比

2. 江湖关系季节变化

季尺度江湖关系指数计算结果(图 9.4)表明,两湖各季节的江湖关系在年际上呈现波动变化的特征,并且两湖的变化规律基本一致。

就涨水期而言,1980~1989 年,江湖关系指数大约以 3 年为周期波动变化,1989~1992 年以长江强顶托作用为主,1993~1999 年,江湖关系保持平衡,2000 年以后,除个别年份(如 2002 年)之外,均以长江拉空作用为主。统计分析结果表明,涨水期长江对鄱阳湖和洞庭湖顶托作用极强的年份是 1992 年和 2002 年，长江对鄱阳湖拉空作用极强的年份是 2007 年和 2011 年，对洞庭湖拉空作用极强的年份是 1982 年和 2007 年。

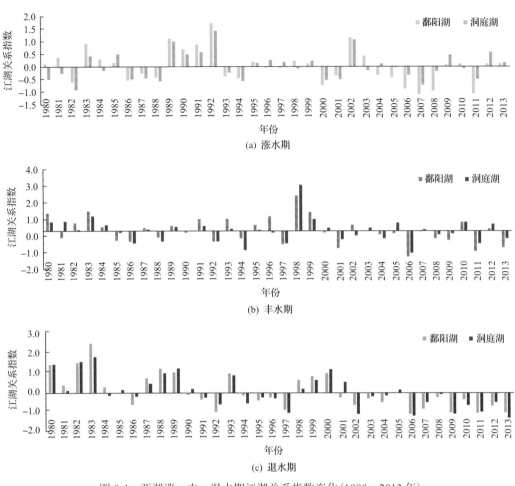

图 9.4　两湖涨、丰、退水期江湖关系指数变化（1980～2013 年）

对比 1980～2002 年和 2003～2013 年两个时段两湖涨水期江湖关系平均指数〔图 9.5(a)〕，发现 2003 年前后涨水期鄱阳湖江湖关系有所变化，平均指数由 2003 年前的 0.18 降至 2003 年后的–0.37，表明 2003 年之前的涨水期，鄱阳湖江湖关系相对平衡，2003 年之后长江对鄱阳湖呈一定的拉空作用。洞庭湖涨水期江湖关系在 2003 年前后变化不显著。

丰水期江湖关系指数统计分析结果表明〔图 9.4(b)〕，长江对鄱阳湖和洞庭湖顶托作用极强的年份是 1998 年和 1983 年，长江对鄱阳湖拉空作用极强的年份是 2006 年 2011 年，对洞庭湖拉空作用极强的年份是 2006 年和 1994 年。若不考虑极端年份，1980～2013 年两湖江湖关系指数波动幅度较小，丰水期江湖关系相对平衡且变化不显著。

退水期两湖江湖关系指数的波动幅度较大，2000 年之前，江湖关系指数呈波动变化特征，1980～1983 年、1987～1989 年、1993 年、1998～2000 年江湖关系指数为正值，其间间隔年份如 1991～1992 年、1994～1997 年为负值，以 20 世纪 80 年代初期长江顶托作用最强；2000 年之后，江湖关系指数除少数年份(2005 年、2008 年)接近 0 之外，大多为负值，表明 2000 年之后，退水期长江对两湖以拉空作用为主，并且拉空作用较为强烈[图 9.5(c)]。

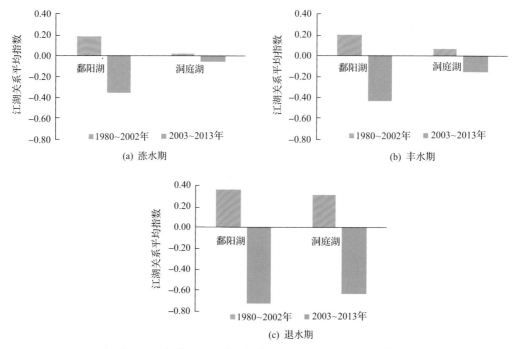

图 9.5　2003 年前后涨、丰、退水期两湖江湖关系平均指数对比

退水期江湖关系指数统计分析结果表明，长江对鄱阳湖和洞庭湖顶托作用极强的年份是 1983 年和 1982 年，长江对鄱阳湖拉空作用极强的年份是 2006 年、2011 年，对洞庭湖拉空作用极强的年份是 2013 年和 2006 年。退水期鄱阳湖江湖关系平均指数由 2003 年之前的 0.36 转为 2003 年之后的–0.74，洞庭湖则由 2003 年前 0.32 的转为 2003 年后的–0.64[图 9.5(c)]。即便是非极端年份，2003 以来退水期长江对两湖的拉空作用都十分显著。

2003 年以来，涨、丰、退水期长江对两湖均产生了不同程度的拉空作用，以退水期的拉空作用最为显著(图 9.5)。

9.2　湖泊水安全评价

9.2.1　湖泊供水与防洪安全

就湖泊供水与防洪安全而言，由于通江湖泊水情具有显著的年内波动特征，年尺度供水与防洪安全评价有助于从全年的角度宏观把握湖泊水安全的总体状态，而季尺度和旬尺度的评估是湖泊防洪与供水安全的细化和必要补充，季尺度评价有助于体现湖泊年内水位波动的水文节律，旬尺度评价有利于动态评估特定时段湖泊水情安全状态，以便实时发布安全预警，并及时采取防灾措施。

1. 年尺度供水与防洪安全评价指标及方法

全年尺度的供水与防洪安全评价主要从洪、旱灾害和灌溉用水等方面遴选评价指标，由于湖泊高水位会威胁防洪安全，特定时间的低水位会引发旱灾、并影响水资源利用和生态需水，因此年尺度高水位、低水位等极值是关系湖泊防洪与供水安全状态的重要因素。同时，由于高水位持续时间和低水持续时间又反映了洪枯水情的持续状态，评价时不可忽略，因此综合考虑极值和持续时间这两个因素，以连续十日平均水位作为综合评价指标。最终选择了年最大十日平均水位、年最小十日平均水位和退水期湖泊最小十日平均水位 3 个指标作为年尺度供水与防洪安全评价的指标[①]。

1）年最大十日平均水位（W_{max10}）

湖泊维持一定时间的高水位会对防洪安全产生威胁。最大十日平均水位不仅可以体现水位的极值状态，而且反映了湖水位连续的状态，是一个综合性的指标，可以表征湖泊防洪安全状态。以湖泊防洪警戒水位、危险水位为阈值，划分湖泊洪水安全等级（表 9.1）。

表 9.1　湖泊防洪安全等级划分

鄱阳湖	洞庭湖	防洪安全等级
$W_{max10}<19$	$W_{max10}<32.5$	安全
$19\leq W_{max10}<21$	$32.5\leq W_{max10}<33.5$	次安全
$W_{max10}\geq 21$	$W_{max10}\geq 33.5$	不安全

2）年最小十日平均水位（W_{min10}）

湖泊维持一定时间的低枯水位会对水资源利用安全产生威胁。最小十日平均水位不仅可以综合体现反映水位的极值状态和连续状态，也可以表征湖泊供水与防洪安全状态。通过水文频率分析，以 2.5% 百分位数对应的水位为阈值，划分湖泊枯水的安全等级（表 9.2）。

表 9.2　湖泊枯水期供水安全等级划分

鄱阳湖	洞庭湖	供水安全等级
$W_{min10}>7.25$	$W_{min10}>18.75$	安全
$W_{min10}\leq 7.25$	$W_{min10}\leq 18.75$	不安全

3）退水期湖泊最小十日平均水位（$W_{aumin10}$）

近年来秋季低枯水位对湖泊水资源利用尤其是湖区灌溉取水产生了一定的威胁，为

---

① 李冰. 2017. 通江湖泊水安全评价及其对水情变化的响应研究——以鄱阳湖为例。

了评估这一特定时期湖水位的状态，以退水期(三峡工程蓄水期 9 月 15 日～10 月 31 日)湖泊最小十日平均水位为指标，通过水文频率分析，以 1955～2002 年为总体，以 5%和 50%分位数值为参考，辅以湖泊灌溉用水需求的特征水位为阈值，划分湖泊供水安全等级(表 9.3、表 9.4、图 9.6、图 9.7)。

表 9.3 湖泊退水期供水安全等级划分

鄱阳湖	洞庭湖	供水安全等级
$W_{aumin10}>13$	$W_{aumin10}>24$	安全
$12 \leq W_{aumin10} \leq 13$	$22.5 \leq W_{aumin10} \leq 24$	次安全
$W_{aumin10}<12$	$W_{aumin10}<22.5$	不安全

表 9.4 两湖供水与防洪安全评价指标和标准

目标	指标	方法	标准		
			鄱阳湖	洞庭湖	等级
防洪	年最大十日平均水位(W_{max10})	特征水位	$W_{max10}<19$	$W_{max10}<32.5$	安全
			$19 \leq W_{max10}<21$	$32.5 \leq W_{max10}<33.5$	次安全
			$W_{max10} \geq 21$	$W_{max10} \geq 33.5$	不安全
供水	年最小十日平均水位(W_{min10})	水文频率	$W_{min10}7.25$	$W_{min10}>18.75$	安全
			$W_{min10}7.25$	$W_{min10} \leq 18.75$	不安全
	退水期湖泊最小十日平均水位($W_{aumin10}$)	水文频率、特征水位	$W_{aumin10}>13$	$W_{aumin10}>24$	安全
			$12 \leq W_{aumin10} \leq 13$	$22.5 \leq W_{aumin10} \leq 24$	次安全
			$W_{aumin10}<12$	$W_{aumin10}<22.5$	不安全

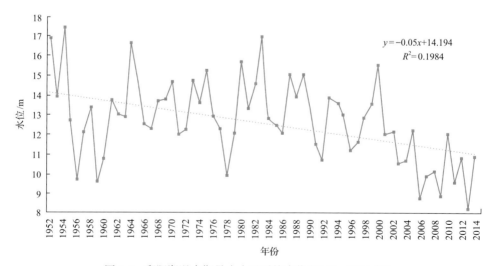

图 9.6 鄱阳湖退水期最小十日平均水位(1952～2014 年)

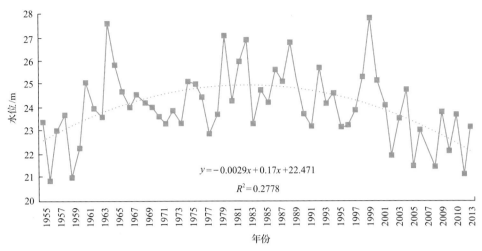

图 9.7　洞庭湖退水期最小十日平均水位(1955～2013 年)

2. 季、旬尺度供水与防洪安全评价指标和方法

根据正态分布理论，水安全等级划分的水位标准初步划定为 $\mu \pm \sigma$ 及 $\mu \pm 2\sigma$。上述划分方法适用于服从正态或近似正态分布的指标，以及转换后服从正态分布的指标，而对于少数符合偏态分布的水位序列，则通过数据的百分位数将水位数据转换为累积频率，根据上述累积频率 0.023、0.1587、0.8413、0.9772 为分界标准，划定区间确定评价等级。采用防洪警戒水位、危险水位和灌溉需水期的灌溉需水设施最低运行水位进行水位修正，得到各季和旬尺度供水与防洪安全水位等级标准，并依据等级标准确定各旬最低生态水位、适宜生态水位和最高生态水位(表 9.5、表 9.6)(Wan et al., 2018, 2020)，为水库群联合调度提供依据。

表 9.5　鄱阳湖旬尺度生态水位　　　　　　　　　　　　　　(单位：m)

时间	星子			都昌			康山		
	最低	适宜	最高	最低	适宜	最高	最低	适宜	最高
1 月上旬	7.4	7.9	10.0	12.2	8.2	9.3	11.5	12.4	12.3	12.6	14.2	14.7
1 月中旬	7.5	7.8	10.1	12.6	8.2	9.2	11.1	12.2	12.3	12.6	14.1	14.6
1 月下旬	7.3	7.7	10.3	13.7	7.8	9.3	11.7	13.3	12.3	12.8	14.3	15.0
2 月上旬	7.2	8.0	10.5	12.8	8.5	9.7	11.9	12.7	12.4	13.0	14.4	14.7
2 月中旬	7.4	8.1	11.0	12.4	8.4	9.7	12.3	12.9	12.3	12.9	14.6	15.1
2 月下旬	7.4	8.2	11.7	13.7	8.8	9.6	12.6	14.2	12.6	13.3	14.8	15.4
3 月上旬	7.5	8.7	12.3	13.5	9.0	10.4	12.9	14.0	12.7	13.4	14.8	15.5
3 月中旬	7.8	9.4	12.5	15.3	9.3	10.7	13.2	14.6	13.0	13.8	15.1	15.7
3 月下旬	8.6	10.1	12.7	15.4	10.3	11.5	13.5	15.2	13.2	14.4	15.1	15.9
4 月上旬	8.5	10.9	13.4	16.2	10.0	12.0	13.8	14.9	13.3	14.4	15.3	15.8
4 月中旬	8.3	11.4	14.1	16.4	9.9	12.4	14.4	16.0	13.3	14.4	15.7	16.4

在图中：
$$y = -0.0029x + 0.17x + 22.471$$
$$R^2 = 0.2778$$

续表

时间	星子				都昌				康山			
	最低	适宜		最高	最低	适宜		最高	最低	适宜		最高
4月下旬	9.8	12.0	15.1	16.6	11.5	12.5	15.1	16.4	13.3	14.6	15.7	16.7
5月上旬	10.1	12.5	15.8	16.8	12.4	12.9	15.6	16.5	14.3	14.8	16.2	16.7
5月中旬	10.1	13.3	16.8	18.4	12.0	13.4	16.3	18.1	14.0	14.7	16.9	18.2
5月下旬	10.2	13.5	17.3	18.8	11.1	13.6	17.2	18.6	13.9	14.6	17.3	18.7
6月上旬	11.3	13.9	17.4	19.0	12.4	14.0	17.1	18.8	14.6	15.0	17.4	18.9
6月中旬	13.1	14.4	17.8	19.3	13.4	14.3	17.5	18.4	14.4	15.2	17.7	18.5
6月下旬	13.2	14.5	18.3	20.6	13.7	15.0	18.1	20.3	14.6	15.4	18.2	20.5
7月上旬	13.3	15.8	19.0	21.0	14.6	15.6	19.0	21.0	14.8	15.9	19.3	21.0
7月中旬	14.5	15.8	19.0	21.0	14.6	15.7	19.0	21.0	14.6	15.8	19.5	21.0
7月下旬	14.1	15.7	19.0	21.0	14.0	15.7	19.0	21.0	14.3	15.7	19.2	21.0
8月上旬	12.7	15.4	18.6	21.0	13.3	15.4	18.4	21.0	13.7	15.5	18.4	21.0
8月中旬	13.1	13.0	18.3	21.0	13.6	14.8	18.1	20.6	14.1	14.9	18.2	20.6
8月下旬	12.0	13.0	18.0	21.0	13.1	14.2	17.8	20.5	13.6	14.7	17.9	20.4
9月上旬	12.0	13.0	18.0	21.0	12.0	14.2	17.5	20.4	12.9	14.5	17.6	20.5
9月中旬	12.0	13.0	17.7	20.4	12.0	14.3	17.3	19.9	13.0	14.5	17.5	19.9
9月下旬	12.0	13.1	17.8	19.8	12.0	13.1	17.5	19.2	13.1	14.2	17.5	19.0
10月上旬	12.0	13.0	17.2	19.0	12.0	13.1	17.0	17.8	12.9	14.1	17.1	18.4
10月中旬	12.0	13.0	16.3	18.4	12.0	13.0	16.0	17.8	12.6	13.6	16.1	18.0
10月下旬	8.7	11.1	15.6	17.8	9.1	11.3	15.5	17.4	12.6	13.2	15.6	17.6
11月上旬	8.5	10.5	14.6	17.0	9.1	10.7	14.4	16.4	12.4	12.9	14.9	16.6
11月中旬	8.4	9.8	14.1	15.7	9.1	10.4	13.7	15.2	12.5	13.0	14.9	15.6
11月下旬	8.5	9.3	13.3	14.4	8.9	10.1	13.2	14.3	12.4	12.9	14.5	14.9
12月上旬	7.8	8.6	12.0	13.6	8.5	9.6	12.4	13.4	12.4	12.8	14.2	14.9
12月中旬	7.5	8.4	10.9	12.9	8.3	9.4	11.7	13.2	12.3	12.7	14.1	14.8
12月下旬	7.5	8.2	10.5	12.3	8.5	9.2	11.5	12.8	12.2	12.7	14.2	14.8

表9.6 洞庭湖旬尺度生态水位　　　　(单位：m)

时间	城陵矶				营田				南咀			
	最低	适宜		最高	最低	适宜		最高	最低	适宜		最高
1月上旬	19.5	19.9	21.3	22.5	21.1	21.7	23.5	25.4	27.8	27.9	28.4	29.0
1月中旬	19.6	19.9	21.6	22.5	21.3	21.9	23.7	25.5	27.8	28.1	28.5	29.0
1月下旬	19.4	19.8	21.7	22.7	21.3	22.0	24.1	26.5	27.8	28.0	28.7	29.2

续表

时间	城陵矶			营田			南咀		
	最低	适宜	最高	最低	适宜	最高	最低	适宜	最高
2 月上旬	19.1	19.7	21.4	22.6	21.2	21.9	24.3	26.1	27.8	27.9	28.6	29.2
2 月中旬	19.1	19.4	21.5	22.5	21.1	22.0	25.0	26.0	27.8	27.9	28.8	29.2
2 月下旬	18.9	19.9	22.4	24.0	21.3	22.0	26.1	27.0	27.7	27.9	29.1	29.8
3 月上旬	19.0	20.4	23.1	23.8	21.7	22.7	26.2	27.4	27.7	28.1	29.2	29.7
3 月中旬	18.9	20.6	23.0	24.7	21.8	22.8	25.9	28.2	27.9	28.3	29.4	30.1
3 月下旬	19.8	21.2	23.3	24.8	22.2	23.9	26.2	27.9	28.0	28.4	29.4	30.3
4 月上旬	20.6	22.0	24.1	25.4	22.9	24.2	27.0	28.5	28.3	28.7	29.6	30.1
4 月中旬	21.4	22.8	24.9	26.4	23.1	25.1	27.4	28.7	28.5	29.0	30.0	30.8
4 月下旬	22.0	23.1	25.8	26.7	24.0	25.4	28.0	28.9	28.4	29.1	30.5	30.8
5 月上旬	21.8	23.8	26.3	27.2	24.3	26.1	28.5	29.3	28.4	29.2	30.7	31.4
5 月中旬	22.8	24.3	27.4	28.9	24.4	26.3	29.3	30.4	28.8	29.5	31.1	32.3
5 月下旬	23.2	24.6	28.1	29.5	24.3	26.5	29.6	30.9	28.9	29.5	31.4	32.2
6 月上旬	24.5	25.7	28.3	29.7	25.8	27.1	29.6	31.1	29.4	29.8	31.6	32.5
6 月中旬	25.7	26.9	28.9	29.9	27.3	28.2	30.4	30.9	30.0	30.5	31.9	32.3
6 月下旬	26.1	27.4	30.1	31.1	26.8	28.3	31.2	32.6	30.1	30.4	32.9	33.7
7 月上旬	27.4	28.3	31.6	33.5	27.8	28.7	32.6	34.4	30.1	30.9	33.4	35.0
7 月中旬	27.6	28.8	32.5	33.5	27.9	29.4	33.2	34.3	30.3	31.2	34.0	35.0
7 月下旬	26.7	28.8	32.2	33.5	27.0	29.4	32.6	34.5	29.8	31.3	33.7	35.0
8 月上旬	26.6	28.1	31.9	33.5	26.8	28.7	32.3	34.3	29.8	30.7	33.6	35.0
8 月中旬	25.7	27.5	31.1	33.0	26.4	27.7	31.5	33.6	29.4	30.4	32.8	34.6
8 月下旬	25.0	26.9	30.9	33.5	25.7	27.3	31.3	34.5	29.0	30.1	32.5	35.0
9 月上旬	23.7	26.4	31.0	33.0	24.4	27.1	31.4	33.5	28.6	30.3	32.9	34.7
9 月中旬	23.9	26.6	30.4	32.6	24.4	26.8	30.9	33.0	28.6	29.6	32.2	33.7
9 月下旬	24.0	25.8	29.9	31.2	24.5	26.3	30.3	31.9	28.9	29.3	31.7	32.8
10 月上旬	22.7	25.9	28.4	29.3	23.2	26.2	28.8	29.7	28.2	29.4	30.8	31.7
10 月中旬	22.2	24.8	27.7	28.9	22.8	25.3	28.3	29.7	28.1	28.8	30.6	31.8
10 月下旬	21.6	23.4	26.9	28.3	22.1	23.8	27.7	28.9	28.1	28.6	30.3	31.0
11 月上旬	21.7	23.0	26.0	27.0	22.2	23.4	27.0	28.0	28.1	28.5	29.9	31.1
11 月中旬	21.1	21.9	25.2	27.0	21.9	22.5	26.3	27.9	28.0	28.4	29.7	30.7
11 月下旬	20.6	21.3	24.2	25.3	21.5	22.0	25.5	26.5	27.8	28.2	29.2	29.7
12 月上旬	20.2	20.9	22.9	24.1	21.3	21.7	24.4	26.1	27.8	28.1	28.8	29.6
12 月中旬	20.2	20.7	21.9	23.6	21.4	21.8	23.9	25.9	27.6	28.0	28.6	29.2
12 月下旬	19.8	20.3	22.0	22.8	21.3	21.7	23.7	25.7	27.6	28.0	28.6	29.1

3. 两湖供水与防洪安全评价结果

湖泊供水与防洪安全综合评价是在湖泊防洪、供水安全单项评价的基础上，采用短板效应进行综合，即以等级最低结果作为综合评价结果（表9.7、表9.8）。

表 9.7　鄱阳湖供水与防洪安全评价结果（1980～2014 年）

年份	防洪	供水	综合
1980	次安全	安全	次安全
1981	安全	安全	安全
1982	次安全	安全	次安全
1983	不安全	安全	不安全
1984	安全	次安全	次安全
1985	安全	次安全	次安全
1986	安全	次安全	次安全
1987	安全	安全	安全
1988	次安全	安全	次安全
1989	次安全	安全	次安全
1990	次安全	安全	次安全
1991	次安全	不安全	不安全
1992	次安全	不安全	不安全
1993	次安全	安全	次安全
1994	次安全	安全	次安全
1995	不安全	次安全	不安全
1996	不安全	不安全	不安全
1997	次安全	不安全	不安全
1998	不安全	次安全	不安全
1999	不安全	安全	不安全
2000	安全	安全	安全
2001	安全	不安全	不安全
2002	次安全	次安全	不安全
2003	次安全	不安全	不安全
2004	安全	不安全	不安全
2005	次安全	次安全	次安全
2006	安全	不安全	不安全
2007	安全	不安全	不安全
2008	安全	不安全	不安全

续表

年份	防洪	供水	综合
2009	安全	不安全	不安全
2010	次安全	不安全	不安全
2011	安全	不安全	不安全
2012	次安全	不安全	不安全
2013	安全	不安全	不安全
2014	安全	不安全	不安全

表 9.8　洞庭湖供水与防洪安全评价结果（1980～2014 年）

年份	防洪	供水	综合
1980	次安全	安全	次安全
1981	安全	安全	安全
1982	安全	安全	安全
1983	不安全	安全	不安全
1984	安全	次安全	次安全
1985	安全	安全	安全
1986	安全	安全	安全
1987	安全	安全	安全
1988	次安全	安全	次安全
1989	安全	安全	安全
1990	安全	安全	安全
1991	次安全	次安全	次安全
1992	安全	次安全	次安全
1993	次安全	安全	次安全
1994	安全	安全	安全
1995	次安全	不安全	不安全
1996	不安全	次安全	不安全
1997	安全	次安全	次安全
1998	不安全	次安全	不安全
1999	不安全	安全	不安全
2000	安全	安全	安全
2001	安全	安全	安全
2002	不安全	安全	不安全

续表

年份	防洪	供水	综合
2003	次安全	不安全	不安全
2004	安全	次安全	次安全
2005	安全	安全	安全
2006	安全	不安全	不安全
2007	安全	次安全	次安全
2008	安全	不安全	不安全
2009	安全	不安全	不安全
2010	次安全	次安全	次安全
2011	安全	不安全	不安全
2012	次安全	次安全	次安全
2013	安全	不安全	不安全
2014	安全	次安全	次安全

9.2.2 湖泊水环境安全

1. 水环境安全评价指标与方法

研究采用基于动态权重的水质指数法(D-WQI)对鄱阳湖水环境安全进行评价,其中 WQI 是目前国际上常用的水质定量评价方法,通过某种算法将各个污染物浓度转化为 0~100 的得分,它能够反映水体的综合水环境状况(Dobbie and Dail, 2013; Yan et al., 2015),以得分的形式形象地表述了复杂的水质状况。D-WQI 计算步骤如下:

1)选取指标

根据鄱阳湖水环境特征和相关文献研究,选取溶解氧(DO)、总氮(TN)、总磷(TP)、高锰酸盐指数(COD_{Mn})和氨氮(NH_4-N)作为水环境安全评价指标。评价标准等级参照地表水环境标准(GB3838—2002)(表 9.9)

表 9.9 地表水环境质量标准

指标/(mg/L)	水质等级				
	I	II	III	IV	V
DO(≥)	7.5	6	5	3	2
COD_{Mn}(≤)	2	4	6	10	15
TN(≤)	0.2	0.5	1.0	1.5	2
TP(≤)	0.01	0.025	0.05	0.1	0.2
NH_4-N(≤)	0.15	0.5	1	1.5	2

2)计算亚 WQI 指数

将不同单位、维度的变量转化为 0～100 的范围内，对于越大越好的指标，如 DO：

$$y_i = \begin{cases} 100 & x_i > c_{i0} \\ \dfrac{100(5-j)}{5} + \dfrac{100}{5} \cdot \dfrac{x_i - c_{ij}}{c_{i(j-1)} - c_{ij}} & c_{ij} < x_i \leqslant c_{i(j-1)} \\ 0 & x_i < c_{i5} \end{cases} \tag{9-4}$$

式中，x_i 和 y_i 分别为 i 指标的实际观测值和亚 WQI 得分；c_{i0} 为 I 类标准的上边界；c_{ij} 为 j 等级的下边界。

对于越小越好的指标，如 TN 等：

$$y_i = \begin{cases} 100 & x_i < c_{i0} \\ \dfrac{100(5-j)}{5} + \dfrac{100}{5} \cdot \dfrac{c_{ij} - x_i}{c_{ij} - c_{i(j-1)}} & c_{i(j-1)} \leqslant x_i < c_{ij} \\ 0 & x_i \geqslant c_{i5} \end{cases} \tag{9-5}$$

式中，c_{i0} 为 I 类标准的下边界；c_{ij} 为 j 类标准的上边界。

3)设定指标的动态权重

常规的指标权重采用指标相对重要性来计算，局限于指标的理论重要性。应该设定随指标值动态变化的权重。此外，较差指标对综合水质状况的影响可能被较好的指标掩盖，因此还应考虑指标的短板效应。本书在相对污染程度的基础上，计算带有惩罚效应的 WQI，将 $100 - y_i$ 作为第 i 个指标的相对污染程度，动态权重计算方法如下：

$$w_i(t) = \dfrac{100 - y_i(t)}{\sum\limits_{i=1}^{L} [100 - y_i(t)]} \quad i = 1, 2, \cdots, L \tag{9-6}$$

式中，$w_i(t)$ 为基于相对污染程度的动态权重；L 为指标的个数。

4)计算 D-WQI 指数

在前述动态权重和亚 WQI 得分的基础上，采用加权求和的方法计算综合 D-WQI 指数，根据相关文献，将 D-WQI 划分为三个等级：差(0～30)，中等(30～70)，好(70～100)：

$$z = \sum_{i=1}^{L} w_i \cdot y_i \tag{9-7}$$

2. 两湖水环境安全现状

依托鄱阳湖湖泊与湿地观测研究站 2012～2013 年季尺度的湖泊水质常规调查数据，

采用 D-WQI 进行了水环境安全评价(图 9.8)。综合来看，鄱阳湖水环境状况基本在中等水平，且呈现明显的季节差异。类似的，2012 年与 2013 年均呈现出枯水期和退水期水质最差(平均 D-WQI 分别为枯水期：27.3、33.2；退水期：33.8、37)、丰水期和涨水期水质最好(平均 D-WQI 分别为丰水期：44.9、42.8；涨水期：44.4、42.8)。

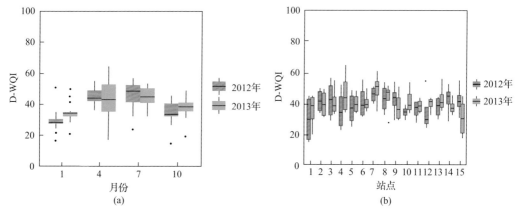

图 9.8　鄱阳湖 2012～2013 年水环境安全年内差异与空间差异

对 2012 年、2013 年湖泊水质的空间变化分别进行评价，可以看出 15 个站点的水质有明显的差异，而不同年由于其污染物输入、降水、水情条件的不同呈现不同的趋势和规律。可以看出大部分站点的水质均处于中等状况，1 号点(龙口)水质在两年中水质最差，且水质变化不稳定，7 号点(修河口)的水质在两年间均最佳。鄱阳湖 2012 年、2013 年水环境安全评价结果见表 9.10。

表 9.10　鄱阳湖 2012 年、2013 年水环境安全评价结果

年份	枯水期	涨水期	丰水期	退水期	全年
2012	不安全	次安全	次安全	次安全	次安全
2013	次安全	次安全	次安全	次安全	次安全

收集和整理了洞庭湖不同湖区代表站点：南咀、小河咀，鹿角、东洞庭湖、岳阳楼，以及横岭湖、虞公庙 2012～2013 年月尺度的水质常规采样数据，采用同样的方法进行评价，评价结果如图 9.9 所示，可以发现洞庭湖水质季节变化不显著，基本处在中等和差的边界。四个季节的平均水质指数分别为 29、28.6、29.1 和 30.8。

分析湖区水质的空间差异，可以发现洞庭湖水质空间差异并不明显，其中西洞庭湖(南咀、小河咀)的水质指数平均值相对较高，然而从盒形图可以看出西洞庭湖与南洞庭湖样点水质年内差异相对较大。就 2012 年、2013 年水质 WQI 指数年均值而言，洞庭湖水质空间差异可以大致总结为：西洞庭湖>南洞庭湖>东洞庭湖。此外，就年际变化而言，2012 年与 2013 年各样点水质 WQI 指数存在明显差异，可大致看出 2012 年水质状况相比 2013 年较好，洞庭湖水质的年际差异主要受到入湖污染物的通量变化，以及不同的水文水动力条件的影响。洞庭湖 2012 年、2013 年水环境安全评价结果见表 9.11。

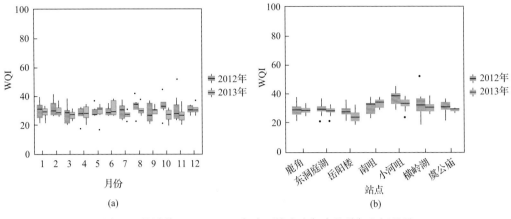

图 9.9　洞庭湖 2012～2013 年水环境安全年内差异与空间差异

表 9.11　洞庭湖 2012 年、2013 年水环境安全评价结果

年份	枯水期	涨水期	丰水期	退水期	全年
2012	不安全	不安全	不安全	次安全	不安全
2013	次安全	不安全	次安全	不安全	不安全

9.2.3　湖泊水域生态安全

近年来，湖泊水域生态安全评价越来越受到关注(Solheim et al., 2013)。本书采用相关性分析等方法对大型通江湖泊鄱阳湖与洞庭湖水域生态健康影响因子进行初步筛选，通过对指标的分布范围分析、判别能力分析、冗余度分析和变异度分析等，淘汰不能充分反映水域生态受损状况的参数，遴选大型通江湖泊水域生态安全关键指示指标，构建水域生态安全评价指标体系，并确定指标阈值；基于可拓理论对大型通江湖泊鄱阳湖和洞庭湖水域生态安全时空分异特征进行评价。

1. 数据与方法

1) 鄱阳湖数据

经过历史资料搜集、多次实地考察、野外现场调查、采样及实验室分析获取大量资料数据，这些数据资料主要包括水环境、水生态数据(图 9.10、表 9.12)。

(1) 1984～1999 年历史数据，包括水环境参数、浮游植物数量、生物量以及大型底栖动物数量。这些数据来源于历史文献资料(《鄱阳湖地图集》编纂委员会，1993；谢钦铭等，2000；Wang et al.，2002；王天宇等，2005)。

(2) 2007～2008 年湖泊调查数据，包括水环境参数、浮游植物数量(生物量)、大型底栖动物生物量(数量)。这些调查工作于 2007 年 6 月和 2008 年 10 月进行，来源于科技部重点项目"全国湖泊水质、水量和生物资源调查"长江片区野外调查。

(3) 2009～2013 年度、季度调查数据，包括水环境参数、浮游植物数量(生物量)、浮游动物数量(生物量)以及大型底栖动物生物量(数量)。分别在每年的 1 月、4 月、7 月、

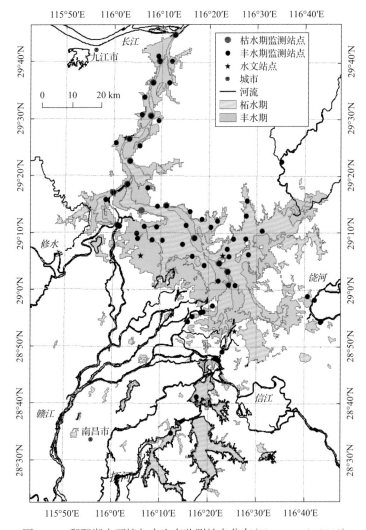

图 9.10　鄱阳湖水环境与水生态监测站点分布(Zhang et al., 2019)

表 9.12　鄱阳湖监测月份、参数及点位详细列表

监测时间	1	4	6	7	10	数据类型
1984 年，1987~1993 年	—	—	—	—	—	生物指标(浮游植物数量、生物量)
1999 年 6 月，1999 年 9 月	—	—	—	—	—	物理、化学指标(SD、TN、TP、CODMn)、Chla、浮游植物、浮游动物、大型底栖动物生物量(数量)
2007 年	—	—	—	—	24 个点位	物理、化学指标(SD、TN、TP、CODMn)、Chla、浮游植物、浮游动物、大型底栖动物生物量(数量)
2008 年	—	—	35 个点位	—	—	
2009~2011 年	15 个点位(北部区域)	—	—	15 个点位	15 个点位	
2013 年		—	—	68 个点位		

10月中上旬采样，采样时间分别代表冬、春、夏、秋4个季节，同时代表枯水期、涨水期、丰水期和退水期4个时期，包含15个监测站点(图9.10的红色监测站点)，数据来源于鄱阳湖湖泊湿地观测研究站。

(4)夏季大调查数据。为全面了解鄱阳湖水域生态环境的状况，于2013年7月对鄱阳湖进行了全湖大面积的大调查，包括水环境参数、浮游植物数量(生物量)、浮游动物数量(生物量)、大型底栖动物生物量(数量)，数据来源于鄱阳湖湖泊湿地观测研究站。

2)洞庭湖数据

经过历史资料搜集、多次实地考察、野外现场调查、采样及实验室分析获取大量数据资料，包括水环境、水生态数据等(表9.13、图9.11)。

表9.13　洞庭湖监测月份、参数及点位详细列表

监测年份	1月	7月	8月	11月	数据类型
1995		—			大型底栖动物数量
2000					
2007	—			23点位	物理、化学指标(SD、TN、TP、COD$_{Mn}$)、Chla、浮游植物、浮游动物、大型底栖动物生物量(数量)
2012			31个点位	—	
2013	11点位	32点位	—	—	

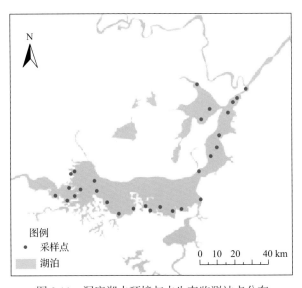

图9.11　洞庭湖水环境与水生态监测站点分布

(1)2007年湖泊调查数据，包括水环境参数、浮游植物数量(生物量)、大型底栖动物生物量(数量)。这些调查工作于2007年11月进行，来源于科技部重点项目"全国湖泊水质、水量和生物资源调查"长江片区野外调查。

(2)2012~2013年季度调查数据，包括水环境参数、浮游植物数量(生物量)、浮游动物数量(生物量)以及大型底栖动物生物量(数量)。分别在每年的1月、7月或者8月

采样，采样时间分别代表冬、夏2个季节，也代表枯水期、丰水期2个时期，共包含32个监测站点（表9.13、图9.11），数据来源于鄱阳湖湖泊湿地观测研究站。

3）阈值确定方法

常用的阈值确定方法主要包括参照状态法、频度分析法、规范标准法以及特殊值法。

参照状态法是目前河湖健康水质、生态评价常用的方法，通过将待评价的河湖生态系统的状态与参照状态进行比较，判断其与参照状态的偏离程度，从而判断其健康与否。一般而言，偏离程度越大，越不健康。目前确定参照状态的方法有：历史数据分析法（时间参考状态法）、最少干扰状态法（空间参考状态法）、统计分析法（频率法）、模型法等。本书主要采用历史数据分析法（时间参考状态法）、最少干扰状态法（空间参考状态法）两种。

频度分析法又称累积频率的概率分级方法，Z-指数法，是一种简单的统计分析方法。假定指标符合正态分布，然后运用小概率事件的思想，借助一些有统计学意义的限值，来划定指标阈值，如一倍标准差的范围、二倍标准差的范围等。

规范标准法指在确定阈值时，参考或者借鉴已有的研究成果，如综合营养指数、底栖动物香农-威纳指数等。

特殊值法指阈值的确定中参考一些极端事件或者特定时期的特定的值。本书中的阈值确定方法，不是单一的使用某种方法，而是把一种或者几种方法综合使用。

2. 评价指标与阈值

1）构建湖泊水域生态安全评价指标体系

相关研究表明，湖泊水域生态安全的评价指标体系要涵盖水生生物及物理、化学等生境要素指标（Mjelde et al., 2013），不能通过单一的生物的、物理的、化学的指标来表征其健康状况（Xu et al., 2001），因此，大型自然通江湖泊水域生态安全评价指标体系的构建须综合考虑湖泊生物及水环境等生境要素（Zhang et al., 2019）。

A. 水生生物指标

湖泊生态系统主要包括浮游生物、底栖生物、大型水生植物、鱼类等水生生物成分。研究表明，水生生物要素方面，常用的生态成分包括浮游植物、底栖动物、大型水生植物、鱼类等（Solheim et al., 2013），其中对水文形态的响应主要通过底栖动物（Baumgärtner et al., 2008）、大型水生植物（Mjelde et al., 2013; Keto et al., 2006）、鱼类（Sutela and Vehanen, 2008）等，对营养盐的响应的评价主要通过浮游植物、底栖动物、大型水生植物，而对酸碱度的响应主要通过大型底栖动物和鱼类（Solheim et al., 2008）。水生生物常用的表征指标包括生物量、数量、物种结构等。自然通江的鄱阳湖与其他阻隔湖泊相比，水生生物呈现以下特点：①浮游植物方面，无论生物量还是数量硅藻均为优势种，而非蓝藻（Wu et al., 2013），这种情况是水情与营养盐共同作用的结果；②底栖动物方面，近年来优势种和丰度均发生显著变化（Cai et al., 2014），可能与采砂等人类活动和水环境变化有关；③大型水生植物，主要出现在丰水期的湖汊区域，采样可达性弱；④鱼类，其物种结构与长江流域乃至全国淡水鱼类种组成相似，主要受人类活动与水情要素的共同作用。因而，大型通江湖泊水域生态健康评价，考虑到数据可获取性及生物指示性特征，选取浮游植物和大型底栖动物两个生物组分来评价水域生态健康状况。

浮游植物是湖泊初级生产力的主要体现者，是生态系统变化的直接响应者，藻种结构变化可揭示水环境(营养盐等)和湖泊生态系统的变化(Paerl et al., 2003)。水文情势会影响浮游植物的生物量、种类组成、多样性以及演替等(邬红娟和郭生练，2001)，动水生态系统以硅藻为主，静水生态系统以蓝藻为主(De Emiliani,1997)。藻种结构变化，尤其是蓝藻比重的变化趋势是大型通江湖泊水域生态健康评价需关注的首要问题。因而，以蓝藻生物量与硅藻生物量的比值作为浮游植物指标，反映水域生态健康状况。

大型底栖动物是湖泊人为干扰和污染监测的重要指示生物类群，其群落结构特征可反映人为活动长期和短期的影响(Miler et al., 2013)，已被广泛应用于水域生态健康的评价。据统计，基于底栖动物的评价参数已多达 50 种以上(耿世伟等，2012)，其中以基于耐污值构建的大型底栖评价指标和多样性指数使用较为普遍，如 BI(biotic index)计算不同类群的相对丰度以及类群的耐污值乘积，可指示生境状况。底栖动物对水位波动较为敏感，水位变幅会影响底栖动物的丰富度等(Aroviita and Hamalainen, 2008)。因而，关注底栖动物的多样性特征，是大型通江湖泊水域生态评价的又一重点。综上，本书选取底栖动物香农-威纳指数和底栖动物耐污指数作为大型通江湖泊水域生态健康评价的底栖动物指标。

B. 水环境指标

根据前文介绍，水环境要素是生境要素四方面之一，而水环境的状况直接影响水生生物的生长，如 TN、TP 的浓度、TN/TP 的比值，水体的透明度直接影响浮游植物的生长，因而选取水环境要素作为另一个生境指标。富营养化是大型通江湖泊(鄱阳湖和洞庭湖)的重要问题之一，富营养化特征也是水域生态健康评价的重要方面，因而选取综合营养指数作为水域生态健康评价水环境指标。

综上，从水生生物以及水环境要素层面，选取蓝藻硅藻生物量比值(CB/DB)、底栖动物香农-威纳指数(DI)、底栖动物耐污指数(BI)、综合营养指数(TLI)等作为大型通江湖泊水域生态健康评价指标体系(表 9.14)。

表 9.14　大型通江湖泊水域生态健康评价指标体系(Zhang et al., 2019)

目标层	要素层	指标层	指标解释	指标计算方法	指标阈值确定方法
大型通江湖泊水域生态健康	水生生物要素	蓝藻硅藻生物量比值(CB/DB)	表征生态系统浮游植物演替	测量、计算	参照状态法、频度分析法
		底栖动物香农-威纳指数(DI)	表征底栖动物的特征，揭示生态系统变化特征	$DI = \sum_{j=1}^{m}(N_i/N)\log\left(\frac{N_i}{N},2\right)$	规范标准及类比
		底栖动物耐污指数(BI)	表征人类活动对底栖动物生境的污染程度	$BI = \sum_{i=1}^{n}W_i \cdot p_i \Big/ \sum_{i=1}^{n}W_i$	规范标准
	水环境要素	综合营养指数(TLI)	表征湖泊的营养状态	王明翠等，2002	规范标准及类比

注: TLI: trophic state index；CB/DB: ratio of cyanobacteria biomass to diatom biomass；DI: diversity index of macrozoobentho；BI: biotic index。

2)确定湖泊水域生态安全指标阈值

生态系统的特性、功能等具有多个稳定态，而多个稳定态之间存在的临界值（Thresholds and Breakpoints），这些临界值即为阈值（May，1977）。阈值确定方法有参照状态法、规范标准及类比、经验法、统计模型、数学模型、物理模型等，本书采用历史调查数据、国家标准、研究文献和统计方法确定各评价指标的阈值（Zhang et al.，2019）。

确定大型通江湖泊水域生态安全评价指标的阈值，分为三个等级：健康、临界状态（亚健康）、不健康（表 9.15）。

表 9.15　大型通江湖泊水域生态安全评价指标阈值

指标/等级	健康	临界状态（亚健康）	不健康
CB/DB	≤0.4	0.4~0.6	≥0.6
DI	≥2	1~2	0~1
BI	0~5.5	5.5~6.5	6.5~10
TLI	≤40	40~50	≥50

3. 鄱阳湖水域生态安全评价

为动态监测鄱阳湖水环境生态状况，鄱阳湖湖泊湿地观测研究站于 2013 年 1 月、4 月、7 月、10 月分别开展了 15 个常规监测站点的采样工作，此外考虑到鄱阳湖高变幅的水位波动，在丰水期的 7 月开展了大湖面 68 个采样点的监测工作。本书将 2013 年作为现状年进行评价，水域生态安全的总体特征采用 2013 年湖区 15 个监测站点不同水文时期的平均状态表示，空间分异特征则着重研究了 2013 年丰水期大湖面的水域生态健康空间差异（Zhang et al.，2016）。

1)总体特征

鄱阳湖 2013 年水域生态安全状况评价结果见表 9.16 和图 9.12。就评价权重而言，综合营养指数、底栖动物香农-威纳指数、底栖动物耐污指数权重相对较大，是影响鄱阳湖水域生态安全的关键指标；就评价结果而言，2013 年鄱阳湖的 15 个监测站点中，有 12 个监测站点为亚健康状态，2 个监测站点为健康状态，1 个监测站点为不健康状态，因而，鄱阳湖总体而言处于亚健康的状态。根据 $j^*(p)-j_0(p)$ 判断鄱阳湖水域生态安全的变化趋势，15 个监测站点中 9 个监测站点呈现向不健康转变的态势，3 个监测站点呈现向健康转变的态势，3 个监测站点呈现向亚健康转变的态势，即近 60%的监测站点呈现不健康的趋势，约 20%的监测站点呈现亚健康的态势。因此，总体上鄱阳湖水域生态安全状况现状良好但呈现出向不健康转变的态势。

2)空间分异特征

鄱阳湖 2013 年丰水期水域生态安全评估结果如图 9.13 所示。就健康等级而言，2013 年健康等级较为分散，68 个监测站点中有 39 个为亚健康状态，22 个为不健康状态，7 个为健康状态，分别占监测样点总数的 60%、30%与 10%；就健康趋势而言，68 个监测站

表 9.16　2013 年鄱阳湖水域生态安全的评价结果

站点	健康	亚健康	不健康	权重				等级	特征向量	健康趋势
				TLI	CB/DB	DI	BI			
1	−0.24	0.03	−0.31	0.23	0.16	0.43	0.17	2	1.83	1
2	−0.32	0.05	−0.26	0.31	0.18	0.38	0.12	2	2.13	3
3	−0.35	−0.17	−0.19	0.26	0.2	0.13	0.41	2	2.47	3
4	−0.31	−0.01	−0.27	0.25	0.19	0.28	0.28	2	2.12	3
5	−0.18	0	−0.14	0.36	0.15	0.30	0.19	2	2.18	3
6	0.54	0.1	−0.21	0.26	0.17	0.31	0.27	1	1.29	2
7	−0.11	0.12	−0.19	0.33	0.13	0.23	0.31	2	1.79	1
8	−0.23	0.19	−0.13	0.27	0.09	0.35	0.29	2	2.19	3
9	−0.26	0.02	−0.07	0.23	0.24	0.31	0.22	2	2.41	3
10	−0.58	−0.38	0.58	0.28	0.14	0.48	0.1	3	2.86	2
11	−0.42	−0.26	−0.47	0.25	0.31	0.32	0.13	2	1.8	1
12	−0.35	−0.04	−0.24	0.29	0.18	0.27	0.25	2	2.27	3
13	0.24	−0.05	−0.2	0.37	0.23	0.26	0.14	1	1.26	2
14	−0.23	0.14	−0.13	0.27	0.39	0.24	0.11	2	2.21	3
15	−0.18	0.11	−0.17	0.32	0.23	0.34	0.11	2	2.01	3

注：1 代表健康；2 代表亚健康；3 代表不健康。

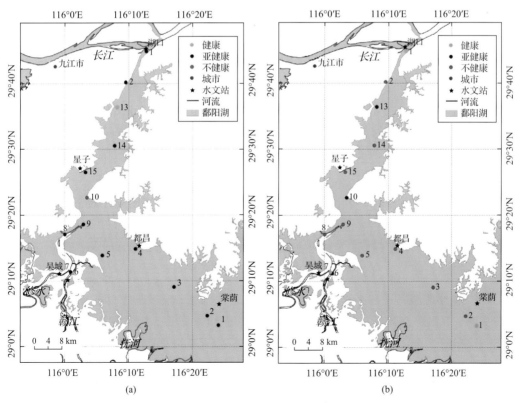

图 9.12　鄱阳湖 2013 年水域生态安全状况评价平均健康状态(a)及健康趋势(b)

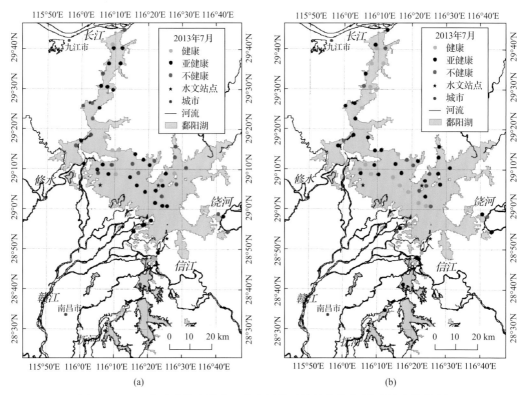

图9.13　2013年丰水期水域生态安全评估平均健康状态(a)及健康趋势(b)

点中有 29 个为亚健康、24 个为不健康、15 个为不健康，即 40%的监测站点呈现亚健康的趋势，40%的监测站点呈现不健康趋势。进一步分析水域生态健康评估结果的空间差异发现，水域生态健康主要受营养盐和水文、水动力共同影响。由于夏季水量比较大，水体的污染物得到充分交换，再加上丰水期较强的吞吐流动，导致夏季大湖面区域健康状态差异较大。

3) 季节变化

2013 年"枯-涨-丰-退"四个时期的水域生态健康评价结果见图 9.14。整体而言，丰水期和枯水期水域生态健康状态均以不健康和亚健康为主，丰水期稍微优于枯水期。涨水期和退水期水域生态健康状态均以亚健康为主，涨水期和退水期的水域生态健康状态基本持平。

4. 洞庭湖水域生态安全评价

根据资料的特征和各年的水文特性，本书选取 2013 年作为现状评价年。总体特征是采用 2013 年 11 个监测站点 1 月和 7 月的平均状态；空间分异特征指 7 月大湖面的空间分异特征；季节变化指 1 月和 7 月 11 个监测站点的变化特征，即"枯-丰"两个时期水域生态健康特征。

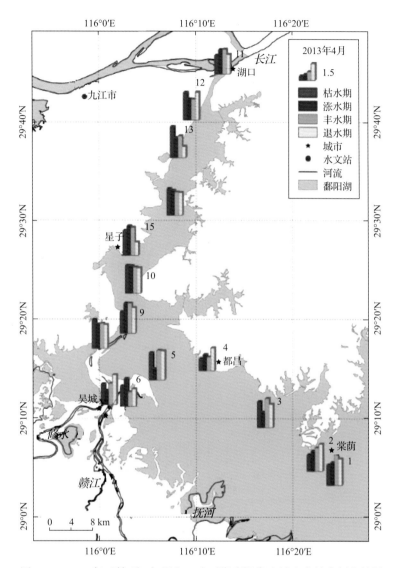

图 9.14　2013 年"枯-涨-丰-退"四个时期鄱阳湖水域生态健康评价结果

1)总体特征

2013 年的评价结果见表 9.17 和图 9.15。就评价权重而言，综合营养指数、底栖动物

表 9.17　2013 年洞庭湖水域生态健康的评价结果

站点	健康	亚健康	不健康	权重				等级	特征向量	健康趋势
				TLI	CB/DB	DI	BI			
1	−0.16	0.01	−0.17	0.35	0.17	0.31	0.17	2	1.88	1
2	−0.3	0.02	−0.03	0.25	0.3	0.33	0.11	2	2.44	3
3	−0.55	−0.32	12.51	0.27	0.12	0.52	0.1	3	2.98	2
4	−0.52	−0.44	−0.46	0.20	0.1	0.55	0.14	2	1.79	3

续表

站点	健康	亚健康	不健康	权重				等级	特征向量	健康趋势
				TLI	CB/DB	DI	BI			
5	−0.1	−0.09	0.02	0.21	0.27	0.37	0.15	2	2.00	2
6	−0.37	−0.11	−0.22	0.29	0.19	0.26	0.26	2	1.96	3
7	−0.46	−0.18	−0.1	0.28	0.16	0.43	0.13	2	2.31	2
8	−0.41	−0.08	−0.24	0.33	0.23	0.31	0.13	2	2.19	3
9	−0.31	0.05	−0.23	0.21	0.13	0.33	0.34	2	2.05	3
10	−0.45	−0.22	0.08	0.27	0.15	0.44	0.13	3	2.66	2
11	−0.33	−0.17	−0.21	0.29	0.17	0.37	0.17	2	2.21	3

注：1代表健康；2代表亚健康；3代表不健康。

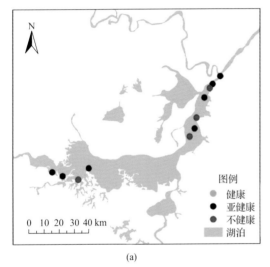
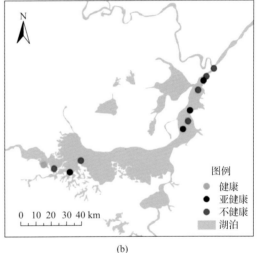

图 9.15　2013 年平均健康状态(a)及健康趋势(b)

香农-威纳指数权重相对较大，是影响洞庭湖水域生态安全的关键变量；就评价结果而言，11 个监测站点中，有 9 个监测站点为亚健康状态(约 82%)，2 个监测站点为不健康状态。根据 $j^*(p)-j_0(p)$ 判断洞庭湖水域生态安全状况变化趋势，11 个监测站点中有 6 个监测站点呈现出向不健康转变的态势，4 个监测站点呈现出向亚健康转变的态势。总体而言，洞庭湖水域生态主要以亚健康状态为主，并呈现向不健康转变的态势。

2) 空间分异特征

洞庭湖 2013 年丰水期水域生态安全状况评价结果见图 9.16。就评价等级而言，丰水期水域生态状况以亚健康和不健康为主，32 个监测站点中有 2 个为健康状态，18 个为不健康状态，12 个为亚健康状态，分别占监测样点总数的 6%、56% 和 38%；根据 $j^*(p)-j_0(p)$ 变化趋势判断，32 个监测站点中分别有 31% 和 63% 呈现出向不健康、亚健康转变的态势。就不同湖区差异而言，西、南洞庭湖以亚健康和不健康状态为主，东洞庭湖以亚健康状态为主。

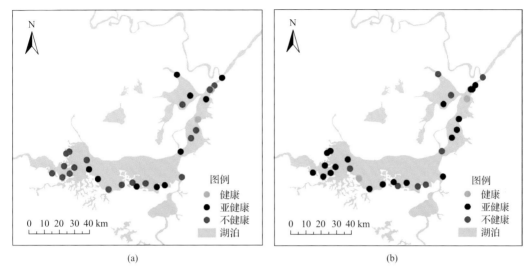

图 9.16 2013 年丰水期水域生态安全平均健康状态(a)及健康趋势(b)

3)季节变化

2013 年洞庭湖"枯-丰"两个时期的水域生态健康评价结果见图 9.17。整体而言,枯水期和丰水期均以不健康为主,呈亚健康趋势,区域差异并不显著。

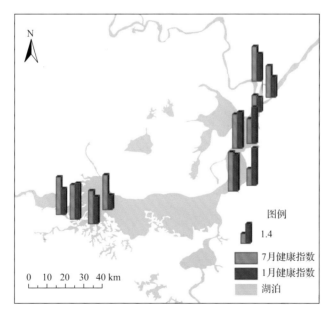

图 9.17 2013 年洞庭湖"枯-丰"两个时期水域生态健康评价结果

综上所述,2013 年鄱阳湖水域生态以亚健康状态为主,并呈现向不健康状态转变的态势。空间上,区域分异不明显;季节上,丰水期的水域生态健康状态稍微优于枯水期,涨水期和退水期基本持平。洞庭湖水域生态以亚健康状态为主,整体呈不健康的趋势。空间上,西、南洞庭湖以亚健康和不健康为主,东洞庭湖以亚健康为主;季节上,枯水期和丰水期均以不健康为主，季节差异不显著。总体而言，鄱阳湖与洞庭湖相比，水域生态安全状况相对良好。

9.2.4　湖泊湿地生态安全

鄱阳湖与洞庭湖作为典型的洪泛型湖泊，洲滩湿地面积广大，是湖泊水域生态系统与陆域生态系统的过渡地带，具有极其丰富的植被资源与生物多样性，在涵养水源、调蓄洪水、维持营养物质循环以及为生物提供栖息地等方面发挥着巨大的生态服务功能，同时对调节长江中下游地区水量平衡与生物地球化学循环发挥着重要作用。因此，鄱阳湖与洞庭湖湿地生态安全关乎珍稀候鸟栖息地乃至整个湖泊生态系统的完整性和稳定性。

1. 指标与方法

本书采用综合生态健康指数法（ecological health comprehensive index，EHCI）在景观尺度上评价洲滩湿地生态安全（戴雪等，2016）。EHCI 方法的评价指标包含三个递阶层次的指标体系，由目标层、准则层和指标层逐层聚合构成（图 9.18）。

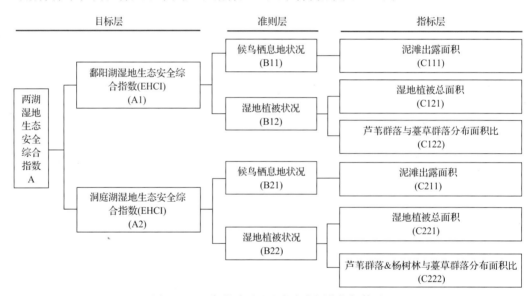

图 9.18　两湖洲滩湿地生态安全评价指标体系

目标层反映洲滩湿地生态安全的总体水平，由准则层与指标层逐层计算得到，用 EHCI 表示。本书中以 EHCI 值的区段将洲滩湿地生态安全状态划分为安全、较安全、不安全 3 个等级，对湿地生态系统安全程度的 EHCI 综合指数分级的指示如表 9.18 所示。当 EHCI 指数得分在 0～30 时，湿地生态系统处于安全状态，即整个洲滩湿地生态系统中候鸟栖息地面积合理，湿地植被总面积合理，典型植被群落结构稳定；当 EHCI 指数得分在 30～50 时，湿地生态系统处于较安全状态，即整个洲滩湿地生态系统中候鸟栖息地面积较合理，湿地植被总面积较合理，且典型植被群落结构较稳定；当 EHCI 指数得分大于 50 时，湿地生态系统处于不安全状态，即整个洲滩湿地生态系统中候鸟栖息地面积不合理，湿地植被总面积极端增大或缩小，且典型植被群落结构不稳定。

表 9.18　两湖湿地生态系统安全程度的 EHCI 综合指数分级

分级	EHCI	状态	湿地生态系统状态
I	0~30	安全	候鸟栖息地面积合理，湿地植被总面积合理、典型植被群落结构稳定
II	30~50	较安全	候鸟栖息地面积较合理，湿地植被总面积合理、典型植被群落结构较稳定
III	>50	不安全	候鸟栖息地面积不合理，湿地植被总面积不合理、典型植被群落结构不稳定

　　准则层从不同侧面反映目标层，即洲滩湿地生态系统安全的不同属性和水平，同时也是选择指标层构成要素的关键层次。本书针对两湖湿地生态系统的特性，在准则层选择两个准则，包括候鸟栖息地安全准则和湿地植被安全准则。首先，两湖洲滩湿地作为具有世界意义的越冬候鸟栖息地，为越冬候鸟提供生境是其生态系统的重要服务功能之一。因此，保障候鸟栖息地安全是维护两湖湿地生态安全的重要组成部分。其次，在湖泊洲滩湿地生态系统的物质循环和能量流动中，植被作为主要的物质能量供应者而扮演重要的角色。植被构成湿地鱼类、水鸟和哺乳动物的主要栖息地，其属性变化意味着其他生物体生境的变化。因此，保障湿地植被安全同样是维护两湖湿地生态安全的重要组成部分。

　　指标层是在准则层的指导下选择的若干指标。按照准则层设定的两个保障湿地生态系统安全的准则，本书分别选取了相应指标对其进行表征。针对候鸟栖息地安全准则，本书确定了泥滩出露面积这一指标，因两湖湿地的出露泥滩是越冬候鸟的主要觅食地，其在湿地生态环境中的变化直接影响着越冬候鸟的整体数量、种群多样性、繁殖成功率和存活率。针对湿地植被安全准则，一方面，因湿地植被总面积能总体反映洲滩湿地生态系统的基本状态，因此，本书选取湿地植被总面积这一指标反映两湖湿地生态系统总体上的基本特点；另一方面，因洲滩湿地植物群落类型及分布格局能综合反映湿地生态环境的功能特性，洞庭湖典型植物群落在中低程范围内以薹草群落为主而在中高程范围内混合分布芦苇群落和杨树林群落两种群落类型，鄱阳湖典型植物群落在中低程范围内仍以薹草群落为主，而在中高程范围内则仅以芦苇群落为主。基于此，本书在洞庭湖和鄱阳湖设定差别化的评价指标指示典型植物群落内部结构的稳定性。最终的两湖洲滩湿地生态系统安全评价指标体系如图 9.18 所示。

　　本书中各评价指标权重的确定综合考虑了其携带的信息量及重要性两个方面。首先，两湖湿地出露泥滩面积的标准差、南荻-芦苇群落带与薹草群落带面积比(或芦苇群落&杨树林群落面积与薹草群落带面积比)的标准差、湿地植被总面积的标准差相对于其各自多年平均值而言均较大，即携带较大的信息量。其次，通过对湿地生态系统安全研究成果的文献调研得出，保障候鸟栖息地安全与保障湿地植被状况良好对于维护湿地生态系统安全而言均很重要。且湿地植被总体分布状况与湿地植被内部结构状况均为维护湿地植被安全的重要因素。因此，综合考虑以上三个指标的信息量及重要性，本书中采用平权法确定准则层和指标层的权重，即对各个准则赋予相同的权重，且在各个准则对应的各个指标亦赋予相同的权重，并保证其加和为 1。最终的湿地生态系统安全评价指标体系及权重分配结果如表 9.19 所示。

表 9.19　两湖湿地生态安全评价指标体系及权重分配结果

	准则层	指标层	权重/%
鄱阳湖湿地生态安全评价	候鸟栖息地状况	出露泥滩面积	50
	湿地植被状况	湿地植被总面积	25
		芦苇群落和薹草群落面积比	25
洞庭湖湿地生态安全评价	候鸟栖息地状况	出露泥滩面积	50
	湿地植被状况	湿地植被总面积	25
		薹草/芦苇&杨树林面积比	25

2. 鄱阳湖湿地生态安全

本书中，鄱阳湖湿地生态安全评价所需的各景观类型面积数据来源于以层次分类法解译 Landsat TM 遥感影像所得的植被类型分布图。应用上述湿地生态安全评价方法对鄱阳湖湿地 1989~2013 年春季、秋季以及全年平均的生态系统安全状况进行评价，得出的结果如图 9.19 所示。

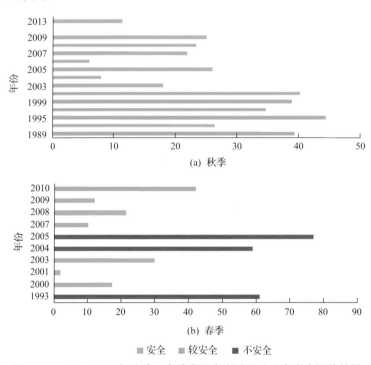

图 9.19　1989~2013 年秋季、春季鄱阳湖洲滩湿地生态安全评价结果

就秋季而言，鄱阳湖湿地生态安全状况均表现为安全或较安全状态，其中，呈较安全状态的年份分别为 1989 年、1995 年、1996 年、1999 年和 2001 年，而这几个年份湿地生态系统的安全状态在具体表现上又有很大差别。1989 年秋与 1996 年秋，鄱阳湖洲滩湿地植被内部结构与其多年平均状态无显著差异，然而出露泥滩面积大幅减少，其面积值仅为 198 km²，是出露泥滩面积多年平均值的 33%；就水文条件而言，1989 年和 1996

年的鄱阳湖水情偏丰，尤其在其退水季节，湖水位仍保持在较高水平，因此导致鄱阳湖湿地秋季出露泥滩面积大幅减少，进而导致候鸟栖息地面积的萎缩，威胁鄱阳湖湿地生态系统安全。1995 年秋和 1999 年秋，鄱阳湖洲滩湿地植被内部结构亦与其多年平均状态无显著差异，而出露泥滩面积则大幅增加，其面积值均值达 890 km^2，是出露泥滩面积多年平均值的 149%；就水文条件而言，1995 年和 1999 年的鄱阳湖水情仍偏丰，但其水位年过程线存在丰水季节水位超高而退水季节水位快速下降的特点，因而导致鄱阳湖洲滩湿地秋季出露泥滩面积的大幅增加，亦使鄱阳湖湿地生态系统产生其对多年平均状态的偏离。2001 年秋，鄱阳湖洲滩湿地的出露泥滩面积与其多年平均状态无显著差异，而植被内部结构则严重失衡，具体表现为南荻-芦苇群落分布面积的膨胀（面积 423 km^2，为多年平均值的 136%）和薹草群落分布面积的萎缩（面积 277 km^2，仅为多年平均值的 65%）；就水文条件而言，2001 年的鄱阳湖水情偏枯，丰水季节和退水季节的平均水位分别低于多年平均值 1.8 m 和 0.2 m，丰水季节的偏枯水情促进了南荻-芦苇群落的膨胀而抑制了薹草群落的分布，其导致的植被内部结构失衡亦对鄱阳湖湿地生态系统安全产生严重威胁。

就春季而言，鄱阳湖湿地生态安全状况在 1993 年、2004 年和 2005 年表现为不安全状态，且表现出相似的特征，即出露泥滩面积较多年平均状态大幅增加，湿地植被内部结构状况也呈现出不同程度的失衡，均表现为南荻-芦苇群落分布面积的膨胀而薹草群落分布面积的减少；就水文条件而言，1993 年、2004 年和 2005 年的鄱阳湖水位过程线均揭示出其年内较严重的春旱现象，可见，湖泊春季的偏枯趋势会导致洲滩湿地生态系统安全受到一定威胁。

总体而言，1989～2013 年秋季，鄱阳湖洲滩湿地处于安全和较安全状态的年份约占总体的 100%，无不安全年份；1993～2010 年春季，鄱阳湖湿地安全和较安全状态比例约 70%，不安全比例约 30%（表 9.20）。

表 9.20　1989～2013 年鄱阳湖湿地生态安全等级统计表

湿地生态安全状态		秋季	春季
安全	数量	9	6
	比例/%	64	60
较安全	数量	5	1
	比例/%	36	10
不安全	数量	0	3
	比例/%	0	30

3. 洞庭湖湿地生态安全

本书中，洞庭湖湿地生态安全评价所需的各景观类型面积数据来源于以决策树方法解译 Landsat TM/ETM+遥感影像所得的植被类型分布图。同样应用综合安全指数法

（EHCI）对洞庭湖湿地 2003～2012 年春季及秋季的生态系统安全状况进行评价，得出的结果如图 9.20 所示。

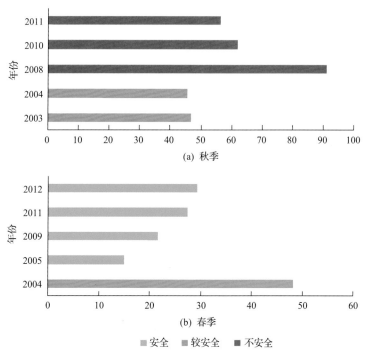

图 9.20　2003～2012 年秋季及春季洞庭湖洲滩湿地生态安全评价结果

　　就秋季而言，有三个年份洞庭湖湿地生态安全状况在 2008 年、2010 年与 2011 年表现为不安全状态，其中 2008 年与 2010 年的不安全状态表现出类似的特征，即出露泥滩面积较多年平均状态大幅减少，且湿地植被内部结构状况失衡，在植被总面积减小的情况下芦苇群落以及杨树的分布占比大大超过湖草分布占比；就水文条件而言，2008 年和 2010 年的洞庭湖水位过程线均揭示出其年内退水季节水位偏高的现象，可见，湖泊秋季的偏丰状况会导致洲滩湿地生态系统安全受到一定威胁。2011 年秋季的洞庭湖湿地生态系统不安全状态则表现出另外的特征，即出露泥滩面积增加，湿地植被总体面积增加，且湖草面积增加幅度高于芦苇群落及杨树，即湖草群落占比相较往年更大；就水文条件而言，2011 年的洞庭湖水位偏低，尤其是丰水季节与退水季节，由此可见，湖泊夏、秋季节的偏枯状况亦会导致洲滩湿地生态系统安全受到威胁。

　　就春季而言，洞庭湖湿地生态安全状况仅在 2004 年表现为弱安全状态，其余年份均为安全状态。2004 年春的洞庭湖湿地出露泥滩面积较多年平均状态大幅增加。就水文条件而言，2004 年的洞庭湖水文过程线揭示出其年内较严重的春季干旱现象，可见，湖泊春季的偏枯趋势会导致出露泥潭面积的增加并威胁洲滩湿地生态系统的安全。

　　综上所述，2003～2011 年秋季，洞庭湖湿地生态系统处于安全与较安全状态的年份约占总体的 40%，不安全比例约为 60%；2004～2012 年春季，洞庭湖湿地处于安全和较安全状态的年份约占总体的 100%，无不安全年份（表 9.21）。

表 9.21　2003～2012 年洞庭湖湿地生态安全等级统计表

湿地生态系统安全状态		秋季	春季
安全	数量	0	4
	比例/%	0	80
较安全	数量	2	1
	比例/%	40	20
不安全	数量	3	0
	比例/%	60	0

9.3　湖泊水安全与江湖水情要素变化的关系

鄱阳湖与洞庭湖作为典型的通江、洪泛型湖泊，其湖泊水安全受到包含流域来水、江湖关系的共同作用，而江湖水情要素变化作为流域-湖泊-长江复杂系统变化的关键响应指标，其与两湖湖泊水安全状况之间的响应关系：一方面能够识别湖区水安全现状的限制因素；另一方面能够为不同水情条件下湖泊水安全状况的优劣提供模拟情景，从而为可能的水安全多目标调控提供理论支撑与现实依据，这对于保障湖区经济社会发展和维持两湖生态系统服务具有重要意义。

9.3.1　湖泊水安全综合评价

综合考虑两湖防洪、供水、水环境、水域和湿地生态特征及其季节变化，针对不同水文时期(涨、丰、退、枯)的变化特征，构建湖泊水安全综合评价指标体系(图 9.21)，并采用模糊综合评判法/得分法对典型年的综合水安全状况进行评价。

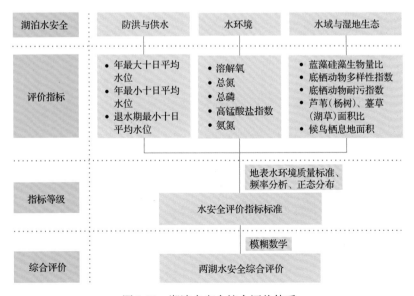

图 9.21　湖泊水安全综合评价体系

对于湖泊防洪安全而言，选取年最大10日平均水位作为关键表征指标。对于供水安全而言，选取年最小10日平均水位、退水期最小10日平均水位来表征。根据对长时间序列日尺度的湖泊水位数据进行正态分布和累积概率分析，同时考虑湖区防洪警戒水位、安全水位等水位限值，构建湖泊防洪和供水的等级范围，值得一提的是，在不同的季节供水与防洪安全的侧重不同，如在枯水期和退水期基本不用考虑防洪。对于水环境安全，选取代表性的湖泊水质参数：DO、TN、TP、COD$_{Mn}$、NH$_4$-N 来表征，各个指标的安全等级参考国家地表水环境质量标准作为水环境安全评价的等级阈值。湖泊水生态安全包含水域生态安全与湿地生态安全两个方面，其中对于水域生态安全而言，选取综合营养状态指数(TLI)、蓝藻硅藻的比值(CB/DB)，以及底栖动物多样性指数(DI)，底栖动物耐污指数(BI)来表征，而对于湿地生态安全而言，仅在春、秋季节选取遥感解译泥滩总面积、草洲总面积和湿地结构指标(鄱阳湖选取芦苇、薹草面积比，洞庭湖选取芦苇/杨树、湖草面积比)，通过累积概率统计，选取指标序列的累积概率断点：0.023、0.159、0.5、0.84135、0.977 对应的指标值作为春秋季湿地指标等级范围(表9.22)。

表9.22　水域与湿地生态指标安全等级范围

	安全	中等安全	不安全
TLI	≤40	40~50	≥50
CB/DB	(0, 0.4)	(0.4, 0.6)	(≥0.6)
DI	(4, 2)	(1, 2)	(0, 1)
BI	(0, 5.5)	(5.5, 6.5)	(6.5, 10)
草洲总面积	(527.4, 844.7)	(382.4, 527.4)/(844.7, 955.7)	(<382.4)/(>955.7)
芦苇、薹草面积比 芦苇/杨树、湖草面积比	(0.7, 1.4)	(0.6, 0.7)/(1.4, 2.4)	(<0.6)/(>2.4)

根据各个指标及其等级范围，采用基于变权重的模糊数学方法，将各个指标按照下式转化为隶属度的形式

$$r_{i1}(x_{ij}) = \begin{cases} 1 & x_{ij} \in [0,\ s_{i1}] \\ (s_{i2} - x_{ij})/(s_{i2} - s_{i1}) & x_{ij} \in [s_{i1},\ s_{i2}] \\ 0 & x_{ij} \in [s_{i2},\ +\infty) \end{cases} \tag{9-8}$$

$$r_{ik}(x_{ij}) = \begin{cases} 0 & x_{ij} \in [0,\ s_{i(k-1)}) \\ (x_{ij} - s_{i(k-1)})/(s_{ik} - s_{ik-1}) & x_{ij} \in [s_{ik-1},\ s_{ik}] \\ (s_{i(k+1)} - x_{ij})/(s_{i(k+1)} - s_{i(k)}) & x_{ij} \in [s_{ik},\ s_{i(k+1)}] \\ 0 & x_{ij} \in (s_{i(k+1)},\ +\infty) \end{cases} \tag{9-9}$$

$$r_{ic}(x_{ij}) = \begin{cases} 0 & x_{ij} \leqslant s_{i(c-1)} \\ (x_{ij} - s_{i(c-1)}) / (s_{ic} - s_{i(c-1)}) & x_{ij} \in [s_{i(c-1)}, \ s_{ic}] \\ 1 & x_{ij} \in [s_c, \ +\infty) \end{cases} \tag{9-10}$$

得到各个指标关于(安全、中等安全、不安全)的隶属度矩阵，最终采用加权的模糊综合评价方法，得到水安全综合指数 I_s，该指数在 1～3 范围内波动，$I_s=1$ 时，表明湖泊水安全处于最安全状态，而 $I_s=3$ 时表明处于最不安全状态。

$$I_s = \sum_{j=1}^{c} j \cdot b_j \tag{9-11}$$

最终得到 2012 年、2013 年鄱阳湖水安全综合指数分别为 1.96 和 1.64，均处于安全状态，其中水环境安全的不安全程度较大，分别达到 2.38 和 2.13。对于洞庭湖而言，2012 年、2013 年水安全指数分别为 2.26 和 1.55。与鄱阳湖类似，湖泊水环境安全是制约湖泊水安全的重要因素。此外，可以看出鄱阳湖相对洞庭湖的水安全状态较好。同时，两湖均呈现出 2013 年水安全状态比 2012 年好的状态(表 9.23、表 9.24)。

表 9.23　鄱阳湖水安全综合评价结果

特征年	评估对象	安全	次安全	不安全	I_s	安全等级
	防洪	0	0.86	0.14	2.14	中等安全
	供水	0.5	0	0.5	2	中等安全
2012 年	水环境	0.31	0	0.69	2.38	不安全
	水生态	0.67	0.33	0	1.33	安全
	综合	0.37	0.3	0.33	1.96	安全
	防洪	1	0	0	1	安全
	供水	0.5	0	0.5	2	中等安全
2013 年	水环境	0.32	0.23	0.45	2.13	不安全
	水生态	0.67	0.23	0.1	1.43	安全
	综合	0.62	0.12	0.26	1.64	安全

表 9.24　洞庭湖水安全综合评价结果

特征年	评估对象	安全	次安全	不安全	I_s	安全等级
	防洪	0	0.44	0.56	2.56	不安全
	供水	0.5	0	0.5	2	中等安全
2012 年	水环境	0.27	0.06	0.67	2.4	不安全
	水生态	0.35	0.32	0.33	1.98	安全
	综合	0.28	0.21	0.52	2.26	不安全

续表

特征年	评估对象	安全	次安全	不安全	I_s	安全等级
	防洪	1	0	0	1	安全
	供水	0.5	0.23	0.27	1.77	安全
2013 年	水环境	0.27	0.06	0.67	2.4	不安全
	水生态	1	0	0	1	安全
	综合	0.69	0.07	0.24	1.55	安全

9.3.2　湖泊水安全指数与水情要素关系

作为典型洪泛型通江湖泊，鄱阳湖与洞庭湖水安全与两湖水文情势变化存在密切联系。首先，水位的周期性波动直接影响了两湖防洪与水资源安全水平。其次，水文情势变化下水动力条件变化、湿地周期性淹没又在很大程度上影响了两湖污染物输移降解、浮游生物生长、迁移等过程。此外，前述研究也表明两湖湿地生态关键要素(包括湿地面积、湿地植被结构)与水位波动变化密切且存在明显的线性或峰值效应。因此，本书以鄱阳湖为例，着重阐明了湖泊水环境安全、湖泊水生态安全与水情要素的关系。

1. 湖泊水环境安全与水情要素关系

已有研究证实年际和年内的水位波动变化对于水生生物结构和水环境安全有重要影响。尤其是对于具有剧烈水位波动变化的大型洪泛型湖泊，如鄱阳湖与洞庭湖。本书以鄱阳湖为例，对 2009～2014 年鄱阳湖季尺度的水质数据和同步的水位数据进行了分析 (Li B et al., 2016)。水位与 11 个水环境指标的 Pearson 相关系数见表 9.25，可以看出水位与温度、透明度、电导率等物理指标均有显著的相关性($p<0.05$)，此外，水位与污染

表 9.25　鄱阳湖水位与水环境要素的 Pearson 相关系数

	水位	pH	T	SD	EC	DO	COD_{Mn}	SS	TN	TP	NH_4-N	Chla
水位	1											
pH	−0.22	1										
T	0.75[**]	−0.2	1									
SD	0.42[*]	−0.26	0.64[**]	1								
EC	−0.76[**]	0.33	0.7[**]	−0.48[*]	1							
DO	−0.57[**]	0.38	0.76[**]	−0.57[**]	0.58[**]	1						
COD_{Mn}	−0.43[*]	0.33	−0.36	−0.18	0.45[*]	0.12	1					
SS	−0.5[*]	−0.16	−0.34	−0.4	0.25	0.32	0.07	1				
TN	−0.74[**]	0.23	−0.64[**]	−0.41[*]	0.78[**]	0.53[**]	0.45[*]	0.54[*]	1			
TP	−0.31	−0.08	−0.25	−0.14	0.34	0.41[*]	−0.11	0.45[*]	0.35	1		
NH_4-N	−0.26	0.36	−0.27	0.11	0.18	0.21	0.12	−0.12	0.04	−0.27	1	
Chla	0.29	−0.01	0.07	−0.06	−0.07	−0.18	0.06	−0.06	0.02	−0.08	−0.41[*]	1

*表示在 0.05 置信水平下显著；**表示在 0.01 置信水平下显著。

物化学指标均存在负相关性，其中与 TN 在 0.01 水平下显著相关，与 COD_{Mn}、SS 在 0.05 显著性水平下相关，与 TP 和 NH_4-N 的相关性不显著。因此，与相关研究类似，鄱阳湖的水情变化对湖泊水环境安全也有重要影响。

　　TP、NH_4-N 与水位的相关性不显著，然而其浓度呈现明显的季节性变化。根据方春明等(2012)的研究，鄱阳湖在水位高于 14 m 时开始显现出湖相特征，湖泊面积增大，水流流速减缓，而在低于 14 m 时以河相为主，湖泊面积锐减，水流流速加快。因此以特征水位 14 m 为界将鄱阳湖划分为湖相、河相两种类型，比较不同水情条件下湖泊水环境安全的差异(图 9.22)。研究发现 TN、TP 和 NH_4-N 在两种水情条件下浓度存在显著差异。概率密度曲线分析进一步表明 TN、TP 和 NH_4-N 在湖相状态(高水位)下水质更好的概率更大，如 TN 在湖相时低于 1.5 mg/L 的概率为 66.5%，而在河相状态下该概率降为 19.1%，然而相关性分析表明 TP 和 NH_4-N 与水位的相关性不显著，因此鄱阳湖水情变化对污染物的输移和降解可能存在阈值效应，高/低于该阈值，污染物浓度骤降/升。

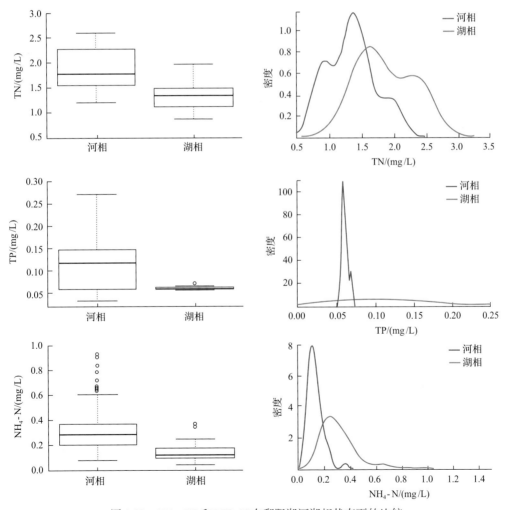

图 9.22　TN、TP 和 NH_4-N 在鄱阳湖河湖相状态下的比较

　　运用主成分(因子)分析进一步研究影响鄱阳湖水环境安全的主要因素,对河湖相两种水情条件下站点的平均状态进行了主成分分析,共抽取三个主成分(分别占 50.2%、20.7%和 8.9%的方差解释率)(图 9.23)。其中第一主成分对水温有较强的负载荷,而与TN、TP、EC 和 DO 有较大的正载荷。说明第一主成分代表了季节效应影响的污染物指标,随着温度升高,DO 浓度相应升高,此外随着湖泊水量的大幅增大,对湖泊污染物的稀释作用增强。第二主成分与叶绿素浓度有较强的正载荷,而与悬浮物浓度有较强的负载荷,主要代表了湖泊浮游植物生长对水质的影响,随着悬浮物浓度的减小,水下光照条件改善,对浮游植物的生长有重要的促进作用。第三主成分主要与 COD_{Mn} 有较大的相关,代表了由于城市和居民生活污水,以及湖泊内部动植物残体降解造成的有机污染。从三个主成分在总方差中的贡献率可以看出,鄱阳湖的有机污染并未占主导,水环境安全主要是受到自然因素主导的季节波动变化的影响。从得分图中也可以看出,河湖相两种水情条件下,鄱阳湖水环境存在显著的差异。

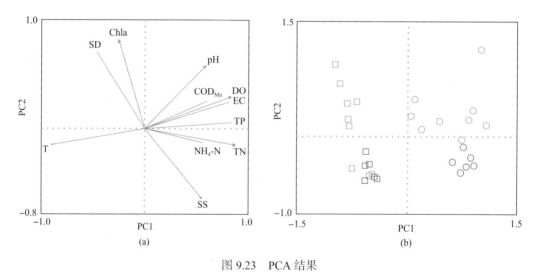

图 9.23　PCA 结果

(a)水质指标在第一、二主成分的载荷;(b)不同水情条件下站点的 PCA 得分,其中圆圈代表河相,方块代表湖相,红色表示通江水道的监测站点

　　鄱阳湖水环境存在明显的年际差异(图 9.24)。2011 年和 2014 年湖泊总体 TN 和 Chla含量较高,尤其是 2011 年。由于江西省面积约占鄱阳湖流域的 92%,且鄱阳湖作为流域汇流的集中地,因此采用江西省水资源公报发布的年尺度的江西省入河污染物排放总量数据来指示入湖污染物总量。2009～2014 年入河污染物总量(图 9.25)显示,2009 年、2010 年的污染物排放总量相对较低,而 2011 年污染物排放总量相比 2010 年增加了13.4%,且自 2011 年后缓慢上升。虽然 2011 年为典型枯水年,年降水量相比 2010 年减少近 49%,湖泊年平均水位仅为 10.96 m,反映在湖泊水环境与入湖污染物总量关系上,2011 年湖泊水环境下降幅度明显大于入湖污染物总量增加幅度,表明鄱阳湖水质年际差异受到入湖污染物通量和湖泊水情条件的双重影响。

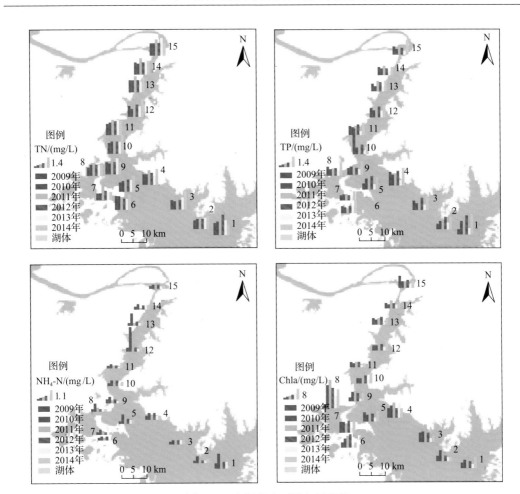

图 9.24　鄱阳湖水环境空间差异

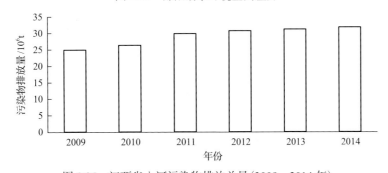

图 9.25　江西省入河污染物排放总量(2009～2014 年)

2. 湖泊水生态安全与水情要素关系

1) 水文条件导致湖泊水生态健康的季节变化

水文条件对鄱阳湖水生态健康的影响主要体现在以下两个方面：一方面水位波动变化直接影响鄱阳湖水生生物生长；另一方面水位波动变化通过影响营养盐的浓度，进而影响鄱阳湖富营养化程度。

A. 水位波动变化影响鄱阳湖水生生物的生长

近年来鄱阳湖枯水期提前，枯水位偏低且持续时间较长，提前进入枯水期会影响鄱阳湖湿地植被的生长及其种群结构的演替，2013 年提前 40 天进入枯水期，洲滩提前出现大片草洲，洲滩植被生长物候提前，与候鸟越冬时间不匹配，影响候鸟的生境条件，导致湖区内候鸟觅食空间缩小，2010～2011 年首次出现越冬季白鹤大规模上草洲觅食的现象(Jia et al., 2013)。枯水期枯水位偏低导致鄱阳湖湿地植被旱化严重，沉水植被和草洲锐减、芦苇面积大量增加。同时，鄱阳湖春旱加重，对鱼类繁殖影响严重，在过去的 60 年里，鄱阳湖排春旱前 10 位的年份中，进入 2000 年后就出现了 5 次，分别是 2004 年、2005 年、2008 年、2009 年、2011 年。春季由于流水及水草刺激性腺，鱼类会大量产卵，而一旦遭遇严重春旱，水流小、水草生长少，鱼类产卵场将遭到破坏。

B. 水位波动变化影响营养盐，从而影响湖泊富营养化程度

图 9.26 是 2007～2013 年鄱阳湖季节富营养化指数和水生态健康等级与鄱阳湖星子站平均水位的变化关系。由图可知，水位波动变化一定程度上指示了鄱阳湖富营养化状况，星子水位越高，综合营养指数越小，两者呈显著负相关关系。水生态健康等级与星子水位也呈一定的负相关性，但相关性不明显，2012 年 4 月与 7 月星子水位相对较高，水生态相对越健康，2013 年 1 月星子水位相对较低，水生态相对较不健康，但 2013 年 7 月，星子水位相对中等，水生态却最不健康，表明水生态健康除受湖泊富营养化状况影响外，还受其他因素的影响。

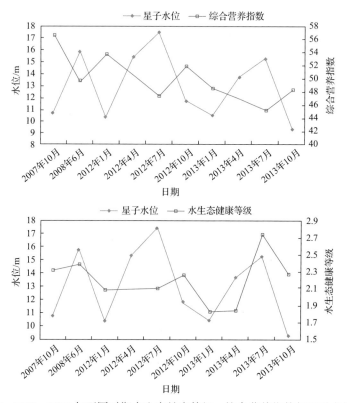

图 9.26　2007～2013 年不同时期水生态健康等级、综合营养指数与星子水位关系

图9.27显示了2012年和1999～2013年鄱阳湖季节生态健康等级与星子水位的关系。2012年水生态季节健康状态与水位有显著相关性。然而，1999～2013年季节健康等级与水位呈现弱相关，以上关系还有待于进一步补充水生态健康要素与水位的同步监测数据来验证。

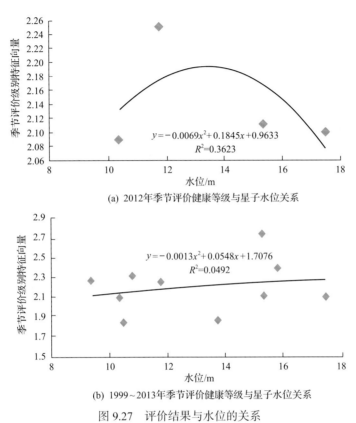

(a) 2012年季节评价健康等级与星子水位关系

(b) 1999～2013年季节评价健康等级与星子水位关系

图9.27　评价结果与水位的关系

2) 水动力条件导致湖泊水生态健康的空间差异

湖泊水动力条件影响着湖泊中各类物质如泥沙、污染物质等的迁移和扩散，直接影响湖泊水生态健康状态。

图9.28是2013年7月生态健康状况和流速分布图，两者对比可知，流速越大，水生态相对越健康，流速越小，水生态相对越不健康，两者呈显著负相关关系，表明流速较快，水量交换相对较快，营养物质循环加快，有利湖泊生态健康。因此湖泊水动力的件一定程度上决定了水生态健康状态的空间差异。

3. 湖泊综合水安全指数与水情要素关系

湖泊综合水安全包括湖泊防洪、供水、水环境，以及水域和湿地安全等要素。水环境安全与水情的关系在季节尺度可能存在阈值效应，即当水位超过一定的范围，湖泊水质改善或恶化与水位关系不显著，而年际尺度的湖泊水环境安全则同时受到湖泊水情和入湖污染物通量的共同影响。湖泊水域生态安全与水情条件，如流速和水位虽表现出一定关系，但并不敏感。因此，本书仅从湖泊防洪、供水、湿地生态安全的角度阐明湖泊综合水安全与水情的关系。

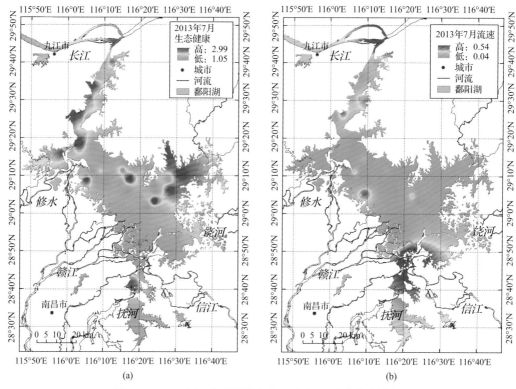

图 9.28　2013 年 7 月鄱阳湖生态健康(a)与流速分布图(b)

　　就湖泊综合水安全的防洪、水资源方面而言，由于湖泊高水位会威胁防洪安全、特定时间的低水位会引发旱灾、影响水资源利用和生态需水，因此年尺度高水位、低水位的极值是关系湖泊供水与防洪安全状态的重要因素。同时，由于高水位和低水位持续时间又反映了洪枯水情的持续状态，因此综合考虑极值和持续时间这两个因素，选取连续十日最大水位和最小水位作为综合评价指标，同时参考湖区防洪警戒、安全水位，以及灌溉取水位等特征水位，划定安全等级范围。就湖泊湿地生态安全而言，当整个洲滩湿地生态系统中候鸟栖息地面积合理，湿地植被总面积合理，典型植被群落结构稳定时，认为湿地生态系统处于安全状态。对于鄱阳湖而言，越冬候鸟在鄱阳湖的分布主要取决于候鸟的迁徙时间与生物学特性，每年的 10 月至次年 3 月是候鸟在鄱阳湖的集中季节。已有研究表明，泥滩地与水深小于 60 cm 的浅水区是鄱阳湖候鸟栖息地主要组成部分，因此将实际水位小深 60 cm 对应的泥滩和水域面积作为评价候鸟栖息地安全的指标。同时，采用 1998 年 7 月 8 日 TM 遥感影像和鄱阳湖区的圩堤图提取最大自由水面面积作为鄱阳湖的天然湿地边界，天然湿地面积约为 3643 km² (夏少霞等，2010)。对于鄱阳湖而言，栖息地面积对于高水位的响应比低水位更敏感，且在越冬期(11 月至次年 2 月)平均水位接近 11 m 时水位面积最大，当水位进一步升高至 12 m，适宜水鸟栖息和取食的面积呈现出明显下降的趋势，主要表现在泥滩和草洲面积的减少，当水位升高至 13 m，候鸟栖息地面积下降趋势更为明显，当水位超过 14 m 后，将淹没大部分水鸟的栖息地，尤其是鱼虾富集的浅水区。考虑到候鸟越冬期处于鄱阳湖枯水期，水位基本不超过 14 m，因此将水位 11 m 对应的栖息地面积作为安全状态的特征值，而 12 m 和 13 m 对应的栖息地面积分别作为中等安全、不安全的特征阈值。此外，根据不同湿地植被景观带对湖泊水情要素指标的响应状况，即丰水季节平均水位对薹草-藜草景观带分布面积的影响最为显著，其变化阈值为 16.8 m，平均水位的偏高可以促进薹草-藜草景观带分布面积的扩大；反之，丰水季节偏低的平均水位则可抑制薹草-藜草景观分布面积的扩展。而丰水季节最高水位是影响南荻-芦苇景观带分布面积最显著的变量，其水位影响阈值为 19.2 m，丰水季节的偏低水位促进南荻-芦苇景观分布面积的增加；反之，丰水季节的极端高水位则会对南荻-芦苇景观带分布面积产生抑制作用。理论上认为湿地植被分布结构的历史平均状态为健康的湿地生态系统状况，因此将丰水期平均水位 16.8 m 和 19.2 m 作为特征水位，评价年的水位越接近该特征值，认为其湿地植被带分布结构较为稳定。基于以上关于湖泊水安全各要素的研究，两湖综合水安全与水情的关系可见表 9.26。

表 9.26　两湖综合水安全等级与水情要素关系

目标	指标	水情变量	水位等级		
			鄱阳湖	洞庭湖	等级
防洪安全	年最大十日平均水位 (W_{max10})	年最大十日平均水位 (W_{max10})	$W_{max10}<19$	$W_{max10}<32.5$	安全
			$19\leqslant W_{max10}<21$	$32.5\leqslant W_{max10}<33.5$	次安全
			$W_{max10}\geqslant21$	$W_{max10}\geqslant33.5$	不安全
供水安全	年最小十日平均水位 (W_{min10})	年最小十日平均水位 (W_{min10})	$W_{min10}>7.25$	$W_{min10}>18.75$	安全
			$W_{min10}\leqslant7.25$	$W_{min10}\leqslant18.75$	不安全
	退水期湖泊最小十日平均水位$(W_{aumin10})$	退水期湖泊最小十日平均水位$(W_{aumin10})$	$W_{aumin10}>13$	$W_{aumin10}>24$	安全
			$12\leqslant W_{aumin10}\leqslant13$	$22.5\leqslant W_{aumin10}\leqslant24$	次安全
			$W_{aumin10}<12$	$W_{aumin10}<22.5$	不安全
湿地生态安全	候鸟栖息地面积	候鸟越冬期平均水位 (W_{habit})	$11<W_{habit}<12$	—	安全
			$12<W_{habit}<13$	—	次安全
			$W_{habit}\geqslant13$	—	不安全
	薹草-藜草景观带与南荻-芦苇景观带面积比	丰水期平均水位 $(W_{wetmean})$	$|W_{wetmean}-16.8|<1$	—	安全
			$1\leqslant|W_{wetmean}-16.8|\leqslant1.5$	—	次安全
			$|W_{wetmean}-16.8|\geqslant1.5$	—	不安全
		丰水期最高水位 (W_{wetmax})	$18.2<W_{wetmean}<19.2$	—	安全
			$1\leqslant|W_{wetmean}-19.2|\leqslant1.5$	—	次安全
			$|W_{wetmean}-19.2|\geqslant1.5$	—	不安全

9.4　江湖关系健康评价

9.4.1　评价方法与江湖关系健康阈值

1. 评价方法

采用随机森林模型建立湖泊综合水安全指示指标(水情指标)与江湖关系指数的关系。随机森林模型是基于分类与回归树模型的算法,通过放回式抽样技术(OOB),由一组回归树构成的组合模型,模型的预测结果采取森林中所有回归树的平均值。随机森林算法对模拟数据的分布要求较低,且能很好的处理非线性和非高斯数据,也不会出现过拟合现象。此外,随机森林算法还提供了一个测度指标重要性的指标,能够进一步用于模型预测变量的选择。已有研究表明随机森林模型采用的 OOB 采样技术克服了模型的过拟合问题,不用在模拟过程中设定训练和测试样本。本书中选取 1980~2013 年湖泊水安全评价指标,包括年最大 10 日平均水位、年最小 10 日平均水位、退水期最小 10 日平均水位、候鸟越冬期平均水位、丰水期平均水位和丰水期最高水位,以及 1980~2013 年江湖关系作用指数,分别针对鄱阳湖和洞庭湖建立模型。模型的模拟精度分别为 R^2=0.75、R^2=0.35,模拟与实测值比较结果如图 9.29 所示。其中鄱阳湖江湖关系指数模拟精度较高,然而建立的两个模型对极端江湖关系指数的模拟均存在一定误差。

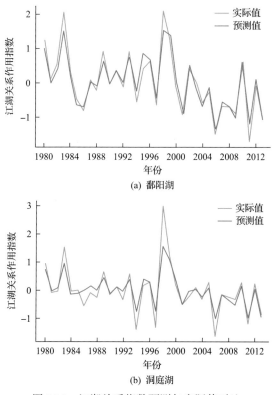

图 9.29　江湖关系指数预测与实际值对比

2. 江湖关系健康阈值确定

在各湖泊水情要素指标综合水安全等级范围的基础上，通过线性内插的方法生成模拟情景数据集，分别生成 25 个安全等级数据样本和 30 个不安全等级数据样本，采用建立好的湖泊水安全与江湖关系指数关系模型进行模拟，从而得到湖泊综合水安全各等级范围对应的江湖关系指数范围，结果如表 9.27。

表 9.27　两湖江湖关系健康对应江湖关系指数等级范围

综合水安全等级	鄱阳湖	洞庭湖
安全	(−0.47, 0.39)	(−0.47, 0.31)
次安全	(−0.69, −0.47), (0.39, 0.61)	(0.31, 0.82)
不安全	<−0.69, >0.61	<−0.47, >0.81

9.4.2　鄱阳湖江湖关系健康评价

江湖关系指数综合考虑了湖泊入流、蓄水量以及与长江的交互作用，其与湖泊水安全存在很大的相关性，鄱阳湖江湖关系指数与湖泊防洪(年最大 10 日平均水位)、供水(年最低 10 日平均水位)，以及湿地植被结构的稳定(丰水期平均水位、丰水期最高水位、候鸟越冬期平均水位)均存在显著的相关性。

根据以上的研究，鄱阳湖江湖关系健康程度可以根据江湖关系指数与湖泊水安全综合等级得出。如图 9.30 所示，江湖关系在江湖关系指数为 (−0.47, 0.39) 区间内较为健康，过高或过低均不健康。此外对照江湖关系指数与湖泊水安全状况的关系，可以发现当江湖关系指数较高时，防洪与湿地生态多处于不安全状态，这主要是由于江湖关系指数与湖泊年最大 10 日水位、丰水期最高和平均水位有显著的正相关。同理，当江湖关系指数较低时，主要是由于湖泊水资源和湿地生态安全的限制。因此江湖关系指数能够在指示

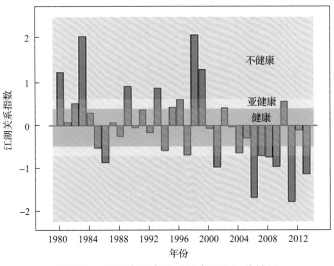

图 9.30　鄱阳湖江湖关系健康程度评价结果

江湖关系健康的同时，表征湖泊洪旱程度。分别对 1980~2013 年鄱阳湖江湖关系健康进行评价，可以看出鄱阳湖在 20 世纪 90 年代末，尤其是 1998 年和 1999 年江湖关系指数呈现不健康的状态，这主要是由于强降雨使湖泊水位相比同期较高，威胁湖泊防洪安全。此外，2003 年以后，有 5 年江湖关系处于不健康状态，其中主要限制因素是退水期水位下降明显，退水期 10 日最小水位偏低，严重影响了湖区的灌溉和生产生活用水。此外可以推断出江湖关系不健康的主要原因是流域气候循环变异、三峡大坝蓄水运行、湖区采砂活动等引起的退水期最小 10 日平均水位、丰水期最高水位和最低水位的偏低。

9.4.3　洞庭湖江湖关系健康评价

洞庭湖江湖关系指数与湖泊水安全水情指标也存在较显著的相关性，其中江湖关系指数与年最大 10 日水位、退水期最低 10 日水位呈显著正相关，而与年最小 10 日水位存在显著负相关。与鄱阳湖类似，洞庭湖江湖关系指数也呈现出绝对值越大时，江湖关系状态越趋于不健康。1980~2013 年洞庭湖江湖关系评价结果如图 9.31 所示，可以看出洞庭湖在极端丰水年如 1998 年、1999 年，以及极端枯水年，如 2006 年、2011 年均处于不健康状态。此外，江湖关系指数越大，江湖关系不健康的主要原因是湖泊防洪带来的压力，然而江湖关系指数越小时，江湖关系不健康的主要原因是湖泊供水，尤其是退水期灌溉用水的不足。综合洞庭湖和鄱阳湖江湖关系健康评价结果可以看出，与洞庭湖相比，鄱阳湖江湖健康关系不健康的程度略高，尤其是近 10 年以来，随着三峡水库蓄水和气候变化的影响，极端低枯水位频发，江湖关系指数偏小。

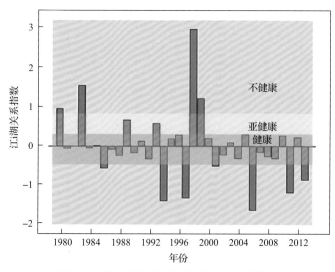

图 9.31　洞庭湖江湖关系健康程度评价结果

第10章 江湖关系优化调控路径与总体策略

10.1 有利于改善江湖关系的水库群联合优化调度

10.1.1 调控对象的选取与概化

对长江干流及两湖流域支流水库分布状况及特性进行调研和资料收集，收集整理了长江干流及两湖流域支流48座大型水库的水位、兴利库容和总库容等关键特征数据，选择具有较大调节能力的控制性水库作为调控对象(图10.1)。

(a) 洞庭湖流域   (b) 鄱阳湖流域

图10.1 洞庭湖流域(a)与鄱阳湖流域(b)主要水库及选定水库

1. 长江干流控制性水库选择概化

三峡工程兼具防洪、发电、航运和供水等综合效益。按常规调度运行方式，在汛期利用221亿m³的调节库容发挥防洪功能，在汛末蓄水至175.0 m正常蓄水位，并在枯水期时为大坝下游地区持续补水，水位在次年汛前降至145.0 m防洪限制水位，库容系数0.037，属于不完全年调节水库。三峡水库调节库容221亿m³，在长江干流属于控制性水库，因此在长江干流选取三峡水库作为调控对象。

2. 洞庭湖流域支流控制性水库选择

湖南省大多数水库为季调节或径流式，调节性能差。湖南省内湘、资、沅、澧四水干流已建成各类水库、电站35座，本书中选择的控制性水库共8座：东江水库、柘溪水库、五强溪水库、江垭水库、凤滩水库、托口水库、洮水水库、黄石水库，如图10.1(a)所示，这8座水库占所有水库可调节库容的90%以上。

3. 鄱阳湖流域支流控制性水库选择

鄱阳湖流域已建大型水库多数为以灌溉为主，控制面积较小，且建成时间较早。在开展面向湖泊生态需水、进而改善鄱阳湖生态环境时，选择的控制性水库共7座：柘林水库、万安水库、上犹江水库、洪门水库、峡江水库、大坳水库、廖坊水库(占鄱阳湖所有水库可调节库容的86%)作为鄱阳湖流域支流调度目标，如图10.1(b)所示。

4. 聚合水库的构建与分解

在开展有利于改善洞庭湖江湖关系的水库群优化调度时，选取的控制性水库共有9座，针对鄱阳湖调度时，控制性水库有16座，数目众多，调度程序中以这些水库库容作为决策量，再乘以时段数，状态变量数目达224个(计算总时段数为14)，将导致模型维数过高，造成求解效率低下，难以收敛。因此采用聚合分解法对上述水库进行聚合。由于不同支流对湖泊影响的区域不同，将同一支流上的若干水库聚合成一座单一虚拟"水库"进行优化调度，得出最优的库容后再进行成员水库的分解调度。按着上述原则，在开展有利于改善洞庭湖生态环境的水库群优化调度时，将湘江上的洮水水库和东江水库虚拟成一座"水库"，沅江上的五强溪水库、凤滩水库、黄石水库虚拟成一座"水库"，这样就等效于仅对5座水库进行调度(图10.2)。

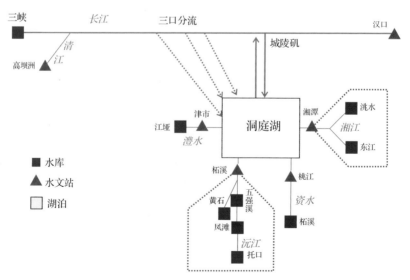

图 10.2　有利于改善洞庭湖江湖关系的水库群优化调度系统概化图

在开展有利于改善鄱阳湖江湖关系的水库群优化调度时，将鄱阳湖流域支流水库虚拟成一座"水库"，赣江上的峡江水库、万安水库、上犹江水库虚拟成一座"水库"，抚河上的廖坊水库、洪门水库虚拟成一座"水库"。这样就等效于仅对 6 座水库进行调度，大大减少了变量的个数，聚合后的水库群优化调度系统如图 10.3 所示。

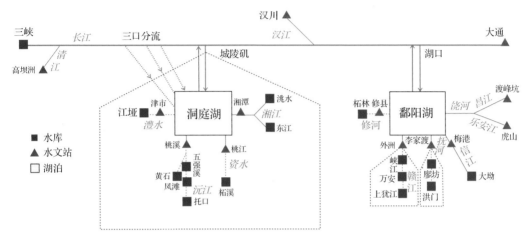

图 10.3　有利于改善鄱阳湖江湖关系的水库群优化调度系统概化图

10.1.2　三峡与两湖流域水库群联合优化调度模型构建

1. 调度总体目标函数

研究结合长江干流及两湖流域支流径流特征及水库群调度，将生态目标引入水库群调度中来，要求水库群在蓄水过程中，在满足水库防洪、航运、河道最低生态流量的前提下，通过合理调配各水库出库流量过程，达到保证长江典型通江湖泊-洞庭湖、鄱阳湖供水和水生态环境对水量的需求。为此在设定本模型的目标函数时，应在保证水库正常运行的条件下，以改善江湖关系、确保湖泊健康为核心目标，将防洪和河道生态流量作为约束处理，通过合理调配各成员水库供水蓄泄过程，实现湖区最小生态需水满足率最大、缺水量最小，发挥最佳的社会效益和生态环境效益。最小生态需水满足率是指在计算时段内湖泊水量与对应时段最小生态需水量的比值，该值越大，表明该时段水量能够满足湖泊的生态环境需水的要求，生态满足度越高，湖泊生态系统越健康。最小生态需水满足率公式为

$$\delta = \sum_{t=1}^{T} \gamma_t W_t / W_{t,\min} \tag{10-1}$$

式中，δ 为通江湖泊最小生态需水满足率；γ_t 为各时段所占的权重；W_t 为湖泊时段 t 的蓄水量，m^3；$W_{t,\min}$ 为湖泊时段 t 的最小生态需水量，m^3；T 为调度期内的时段数。时段 t 的蓄水量的求解首先是得出该时段内的水位，再通过水位-湖容关系求出对应的湖泊蓄水量，同样时段 t 的最小生态需水量则是通过该时段的最低生态水位并结合湖泊水位-湖容关系求出。

2. 约束条件

1) 水库库容约束

$$V_{i,t}^{\min} \leqslant V_{i,t} \leqslant V_{i,t}^{\max} \tag{10-2}$$

式中，$V_{i,t}^{\min}$ 为 t 时段水库 i 的蓄水量下限，m^3；$V_{i,t}^{\max}$ 为 t 时段水库 i 的蓄水量上限，m^3。

2) 水量平衡约束

水量平衡约束方程表示如下：

$$V_{i,t+1} - V_{i,t} = (q_{\text{in}i,t+1} - q_{\text{out}i,t}) \times \Delta t \tag{10-3}$$

式中，$V_{i,t+1}$ 为 $i+1$ 时段聚合水库 i 的蓄水量，m^3；$V_{i,t}$ 为 t 时段水库 i 的蓄水量，m^3；$q_{\text{in}i,t+1}$ 为水库 i 第 $t+1$ 个时段的入库流量，m^3/s；$q_{\text{out}i,t}$ 为水库 i 第 t 个调度时段的出库流量，m^3/s。

3) 下泄流量约束

下泄最大流量为下游河道所能承受的最大过流要求，须满足防洪要求；最小流量应满足下游河流生态环境所需要的最低需水量：

$$QE_{k,t}^{\min} \leqslant q_{\text{out}k,t} \leqslant QF_{k,t}^{\max} \tag{10-4}$$

式中，$q_{\text{out}k,t}$ 为水库泄流量，m^3/s；$QF_{k,t}^{\max}$ 为 t 时段、河段 k 能承受的最大流量，m^3/s；$QE_{k,t}^{\min}$ 为 t 时段河段 k 所需的最小流量，m^3/s。

3. 模型求解

本书采用混沌遗传算法对调度模型进行求解，模型求解算法的步骤如下。

1) 编码设计

本书采用浮点数进行编码设计，在水库优化调度中常选择时段 t 相应的水库上游平均水位作为决策变量；而在本章中，需要将通江湖泊流域支流水库聚合成一个虚拟水库，因此采用各水位的蓄水量作为决策变量。根据总体目标，确定优化调度期，将调度期分为 T 个时段，以各时段的顺序编号，选择各成员水库的蓄水量值作为优化变量，根据各时段内成员水库水位的上下限，结合水库的库容-水位曲线，确定各时段内成员水库蓄水量的上下限。

(1) 约束条件，各时段内成员水库水位的上下限：

$$\begin{cases} Z_{\min} = [Z_{1,\min}^1, \cdots, Z_{1,\min}^T, Z_{2,\min}^1, \cdots, Z_{2,\min}^T, \cdots, Z_{N,\min}^1, \cdots, Z_{N,\min}^T] \\ Z_{\max} = [Z_{1,\max}^1, \cdots, Z_{1,\max}^T, Z_{2,\max}^1, \cdots, Z_{2,\max}^T, \cdots, Z_{N,\max}^1, \cdots, Z_{N,\max}^T] \end{cases} \tag{10-5}$$

式中，$Z_{\min}$ 为水库 i 在时段 t 的最低水位值，$i = 1,2,\cdots,N$；$t = 1,2,\cdots,T$；$Z_{\max}$ 为水库 i 在时段 t 的最高水位值。

根据水库的库容-水位曲线，求出各时段成员水库的水库约束：

$$V_i = f(Z_i) \tag{10-6}$$

$$\begin{cases} V_{\min} = [V_{1,\min}^1, \cdots, V_{1,\min}^T, V_{2,\min}^1, \cdots, V_{2,\min}^T, \cdots, V_{N,\min}^1, \cdots, V_{N,\min}^T] \\ V_{\max} = [V_{1,\max}^1, \cdots, V_{1,\max}^T, V_{2,\max}^1, \cdots, V_{2,\max}^T, \cdots, V_{N,\max}^1, \cdots, V_{N,\max}^T] \end{cases} \tag{10-7}$$

式中，混沌序列长度 $T \times N$，T 为调度时段数；N 为成员水库总数。

(2) 通过 Logistic 映射得出 $M \times P$ 个在[0, 1]区间内不同的混沌序列：

$$\boldsymbol{\varepsilon}_{M \times P} = \begin{bmatrix} \varepsilon_{1,1}, \varepsilon_{1,2}, \cdots, \varepsilon_{1,P} \\ \vdots \\ \varepsilon_{M,1}, \varepsilon_{M,2}, \cdots, \varepsilon_{M,P} \end{bmatrix} \tag{10-8}$$

式中，M 为种群规模。

(3) 根据式(10-9)将序列初值放大到优化变量的取值空间，得到 M 组代表水库运行过程中的蓄水量值序列，式(10-10)作为初始种群。

$$X_i = a_i + (b_i - a_i)\varepsilon_i \tag{10-9}$$

$$\boldsymbol{V}_{M \times P} = \begin{bmatrix} V_{1,1}, V_{1,2}, \cdots, V_{1,P} \\ \vdots \\ V_{M,1}, V_{M,2}, \cdots, V_{M,P} \end{bmatrix} \tag{10-10}$$

2) 适应度函数

适应度函数即目标函数，通过初始种群计算的适合度如下：

$$\boldsymbol{F}_{M \times 1}^0 = \begin{bmatrix} f_1^0, & f_2^0, & \cdots, & f_M^0 \end{bmatrix}^{\mathrm{T}} \tag{10-11}$$

3) 选择和交叉算子

采用正弦选择算子对适合度进行转化，再根据转换后的适合度进行选择。

$$\boldsymbol{F}_{M \times 1}^{0'} = \begin{bmatrix} \sin\left(\dfrac{\pi}{2} \times \dfrac{f_1^{0'} - f_{\min}}{f_{\max} - f_{\min}}\right), \cdots, \sin\left(\dfrac{\pi}{2} \times \dfrac{f_M^{0'} - f_{\min}}{f_{\max} - f_{\min}}\right) \end{bmatrix}^{\mathrm{T}} \tag{10-12}$$

交叉算子采用算术交叉。

4. 变异算子

混沌遗传算法的变异算子设计采用均匀变异，即用分布随机数的概率来替换原有的基因值。

5. 混沌扰动算子

混沌遗传优化算法与纯粹的遗传算法最根本的区别之一在于在优化的过程中增加

一个微小的混沌扰动算子；主要体现在：一是遗传操作过程中染色体的微小扰动，用于得到新的种群以避免早熟现象；二是对初始最优解的微小扰动，从而进行局部搜索优化。

1) 遗传操作过程中的混沌扰动

对于经过选择、交叉和变异操作后得到的染色体，再采用混沌的方法增加一个微小的扰动，得到新的种群，该扰动按如下方法进行：

设 g 为当前迭代次数，$V^g_{M \times P}$ 为经过 g 次迭代后，所有染色体经过选择、交叉和变异操作后得到的种群。

设 $\boldsymbol{\varepsilon}^g_{M \times P}$ 为 Logistic 映射产生的混沌时间序列，则可将原种群 $\boldsymbol{X}^g_{m \times n}$ 与混沌映射得到的数组对应相加，得到新的种群 $V^{g'}_{M \times P} = V^g_{M \times P} + \boldsymbol{\varepsilon}^g_{M \times P}$，然后再进行选择运算。

2) 初始最优解的微小扰动

假设 $(v_1, v_2, \cdots, v_p)$ 是迭代 h 次后的最优解，而 $\boldsymbol{v} = (v_1, v_2, \cdots, v_P)$ 是当前最优解映射到 [0, 1] 区间后形成的向量，称为初始最优解对应的初始最优决策变量，$\boldsymbol{v}_k$ 是迭代 k 次后的初始最优解对应的初始决策向量，通过下式随机扰动后得到新的初始并决策变量 $\boldsymbol{v}'_k$，再进行局部细搜索，进而得到最终的最优解。

$$V'_k = (1 - \alpha)\boldsymbol{v} + \alpha \boldsymbol{v}_k \tag{10-13}$$

6. 算法终止条件

算法的终止条件有：①连续几代的平均适应度不变；②最优化适应度与平均适应度接近同一水平；③连续几代迭代过程中最好的解没有变化；④迭代次数到达设定值；⑤种群适应度的方差小于指定值。本书采用第 1 种方法，改进遗传算法在水库群优化调度中应用的步骤如图 10.4 所示。

10.1.3　情景、工况与调度时段设置

基于已有研究，以三峡水库、洞庭湖流域、鄱阳湖流域支流控制性水库群为调控对象，分别针对表征洞庭湖及鄱阳湖江湖关系的控制性水文和水生态参数，在蓄水期及枯水期开展有利于改善洞庭湖、鄱阳湖江湖关系的三峡水库及两湖支流水库群优化调度，提出了不同情景（表 10.1）、不同工况（表 10.2、表 10.3）下有利于改善洞庭湖及鄱阳湖生态环境的水库群优化调度方案。

水库群通常以年为计算周期，也可以月和旬为计算时段，而本书与整年的水库调度不同，在蓄水期选取特定时段 7～11 月为调度期，若以月为计算时段不能真实反映水库的调度过程，同时根据优化调度模型的敛散性和各水库的调节性能，采用旬为计算时段。根据混沌遗传算法的算子设计，开展有利于改善通江湖泊生态环境的优化调度的应用研究，考虑不同典型年汛末及蓄水期为典型水文背景条件。关键调度期自 7 月 1 日起至 11 月 20 日，以旬为计算时段，则整个调度期共划分为 14 个时段，对三峡水库而言，第 1～8

时段(7 月 1 日～9 月 20 日)为主汛期及汛末期，9～12 时段(9 月 20 日～10 月 30 日)为蓄水期，13～14 时段水库水位已蓄至正常蓄水位。

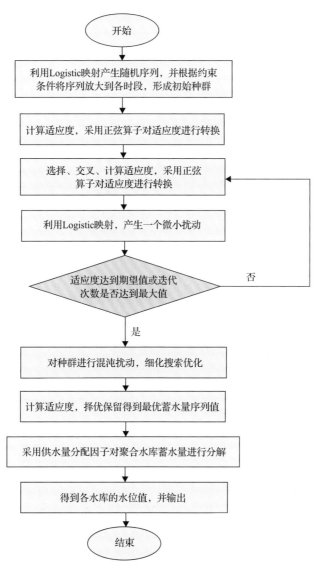

图 10.4　基于混沌遗传算法的水库调度计算流程图

表 10.1　改善两湖江湖关系的水库群优化调度的情景设置

情景设置	情景描述
情景 1	长江干流来水和两湖流域支流来水均为平水年
情景 2	长江干流来水和两湖流域支流来水均为丰水年
情景 3	长江干流来水和两湖流域支流来水均为枯水年
情景 4	两湖流域支流来水均为枯水年，干流相应年份
情景 5	长江干流来水为枯水年，两湖相应的年份

表 10.2 改善洞庭湖江湖关系的水库群优化调度的工况设置

工况设置	调度对象设置
工况 0	水库蓄水前
工况 1	所有水库常规调度
工况 2	仅三峡水库优化调度
工况 3	洞庭湖流域水库群联合优化调度
工况 4	三峡水库、洞庭湖流域支流水库群联合优化调度

表 10.3 改善鄱阳湖江湖关系的水库群优化调度的工况设置

工况设置	调度对象设置
工况 0	水库蓄水前
工况 1	所有水库常规调度
工况 2	仅三峡水库优化调度
工况 3	三峡水库、洞庭湖流域支流水库群联合优化调度
工况 4	仅鄱阳湖流域支流水库群联合优化调度
工况 5	所有水库群联合优化调度

10.1.4 有利于改善洞庭湖江湖关系的优化调度方案

1. 优化调度目标

在开展改善洞庭湖生态环境的水库群蓄水期优化调度时，将洞庭湖湖区最小生态需水满足率作为调度目标，即时段内湖泊水量与对应时段最小生态需水量的比值，该值越大，表明该时段水量能够满足湖泊的生态环境需水的要求，生态满足度越高，湖泊生态系统越健康。由于洞庭湖湖体已演变为东、南、西 3 个湖区，因此在计算各个湖区最小生态需水满足率时，应分别计算不同湖区的生态需水满足率，再按相应的权重求和得到湖泊整体的最小生态需水满足率。以鹿角站水位作为东洞庭湖的水位，以柳潭站和营田站的平均水位作为南洞庭湖的水位，以南咀站和小河咀站的平均水位作为西洞庭湖的水位，则针对洞庭湖的具体调度目标为

$$\delta_{\mathrm{d}} = \sum_{t=1}^{14} \gamma_t \sum_{i=1}^{3} \lambda_i \frac{W_{t,i}}{W_{t,i,\min}} \tag{10-14}$$

式中，t 为调度时段，关键调度期自 7 月 1 日起至 11 月 20 日，以旬为调度时段，共划分为 14 个时段；γ_t 为各时段的权重，由于洞庭湖蓄水量偏低主要集中在水库群的蓄水期，因此在水库群蓄水期 9 月下旬至 10 月下旬所占权重较大，而其他时段不存在生态需水量不满足的情况，故权重为 0；λ_i 为各湖区生态需水量满足率所占的权重，各权重的确定采用专家经验法结合试算法，东洞庭湖生态需水量满足率所占的权重取 0.5，南洞庭湖取 0.3，西洞庭湖取 0.2；$W_{t,i}$ 为 t 时段东洞庭湖、南洞庭湖、西洞庭湖的实际蓄水量

$(i=1,2,3)$，m^3；$W_{t,i,\min}$ 为 t 时段不同湖区的最小生态需水量，m^3。

2. 约束条件

根据《三峡-葛洲坝水利枢纽梯级调度规程》，三峡水库在汛期原则上按汛限水位 145.0 m 运行，实际运行中水库水位可在 144.9～146.0 m，汛限水位以下 0.1～1.0 m 范围内变动，当沙市站水位在 41.0 m 以下、城陵矶站水位在 30.5 m 以下，且三峡水库入库流量小于 30 000 m^3/s，水库水位可在汛限水位以下 0.1～2.0 m 范围内波动。若水库水位在 146.0 m 以上，当沙市站水位达到 41.0 m 或城陵矶站水位达到 30.5 m 且预报继续上涨，或三峡水库入库流量达到 25 000 m^3/s 时，应根据水库上下游水情状况，及时将水库水位降至 146.0 m 以下。水库 9 月上旬的运行水位可进一步逐渐向上浮动，9 月 10 日库水位可控制在 150.0～155.0 m，9 月底控制水位 165.0 m，10 月底可蓄至 175.0 m。三峡水库枯水期主要满足不低于电站保证出力(4990MW)及葛洲坝下游 39.0 m 最低航深对应的流量要求，大约 5500 m^3/s，为满足荆江大堤防洪的要求，最大流量为 56 700 m^3/s。

湖南水利厅颁发的《湖南省水资源调度方案及系统建设规划》（以下简称《规划》）确定了省内各主要河道断面最小控制流量。根据《规划》，要确保湘江下游的用水及生态安全，澧水石门站最小流量不得低于 60 m^3/s，沅江桃源站最小流量不得低于 301 m^3/s，资水桃江站最小流量不得低于 130 m^3/s，湘江湘潭站最小流量不得低于 570 m^3/s。最大流量限制以考虑防洪为主，澧水下游河道安全泄量不超过 12 000 m^3；五强溪水库汛期 5～7 月防洪限制水位为 98.0 m，当水库水位在 108.0 m 以下时，按着满足尾闾防洪要求调度，沅江下游尾闾河段安全泄量为 20 000 m^3/s；为结合防洪和汛末蓄水的要求，资水柘溪水库 7 月 15 日前汛限水位为 162.0 m，7 月 16～31 日汛限水位 165.0 m，8 月 1 日后视水文气象变化情况灵活调度，最高控制蓄水位 169.0 m，资水桃江站河道安全泄流量为 8950 m^3/s；东江水库下游耒水两岸农田防洪，控制下泄流量不超过 1500 m^3/s，东江水库汛期为每年 4～8 月，防洪限制水位为 284.0 m，9 月开始允许蓄水至 285.0 m。

3. 调度结果与分析

1)平水年调度结果分析

A. 仅三峡水库优化调度

图 10.5 显示了平水年不同工况下三峡水库优化调度下的水库下泄流量及水位变化过程。由图 10.5(a)可知，通过三峡水库优化调度，蓄水期较常规调度下泄流量平均增加 2377.00 m^3/s，累计向长江中下游补水 82.15 亿 m^3。三峡水库下泄流量的增加对洞庭湖的影响体现在以下两个方面：一是可以增加通过三口河段进入洞庭湖的水量，蓄水期平均增加流量 616.18 m^3/s，通过三口累计向洞庭湖增加补水 21.2 亿 m^3；二是提高城陵矶站的水位，对洞庭湖的入江水流起着顶托作用，可使城陵矶水位较常规调度水位平均提高 0.386 m，最大抬升 0.551 m，对维持通江湖泊的正常水位起着顶托作用，与之对应，东洞庭水位平均提高 0.125 m，最大提高 0.147 m，南洞庭湖平均抬升 0.136 m，最大抬升 0.157 m，西洞庭湖受三口分流河道流量增加和城陵矶水位的顶托的双重影响，水位平均提高 0.151 m，最大提高 0.253 m，见表 10.4。

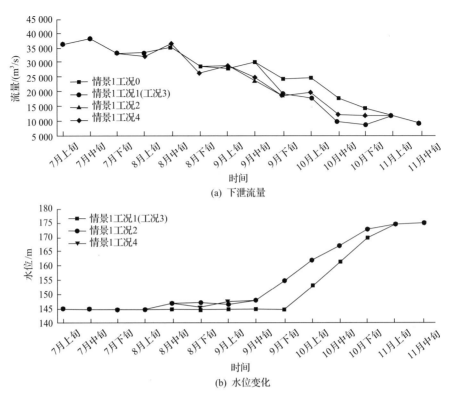

(a) 下泄流量

(b) 水位变化

图 10.5 平水年不同工况下三峡水库(a)下泄流量与(b)水位变化过程(洞庭湖)

表 10.4 平水年不同工况下优化调度对于提高洞庭湖水位的效果

湖区	站点	工况 2 平均/最大/m	工况 3 平均/最大/m	工况 4 平均/最大/m
东洞庭湖	鹿角	0.125/0.147	0.204/0.170	0.206/0.302
南洞庭湖	杨柳潭、营田站	0.136/0.157	0.103/0.188	0.227/0.333
西洞庭湖	南咀、小河咀	0.151/0.253	0.028/0.059	0.174/0.290

从水库水位变化过程看,8 月下旬长江还处于主汛期末,三峡水库入流量为 28 452 m³/s,可以使三峡水库水位较汛限水位提高 0.5 m 左右,水位预蓄至 145.53 m;至 9 月中旬,三峡水库正式蓄水时,水位水库达到 148.18 m,至 10 月下旬水位蓄水至正常蓄水位 175.0 m,见图 10.5(b),通过预蓄,可减缓三峡水库的蓄水过程,增加出库流量。

B. 仅洞庭湖流域水库群联合优化调度

由于洞庭湖流域支流汛期在每年 4~9 月,支流水库群在汛末及汛后开始蓄水,常规调度蓄水时段与三峡水库蓄水基本相同,在平水年,四水在蓄水期平均流量为 3063.5 m³/s,其中澧水平均流量 267.25 m³/s,沅江平均流量 1079.75 m³/s,资水平均流量 489.25 m³/s,湘江平均流量 1227.25 m³/s。通过实施优化调度,四水累计增加出库流量 489.17 m³/s,澧水江垭水库平均出库流量增加 43.21 m³/s,见图 10.6(a),沅江虚拟水库(包括五强溪水库、凤滩水库、黄石水库、托口水库)下泄流量平均增加 261.956 m³/s,出库流量过程

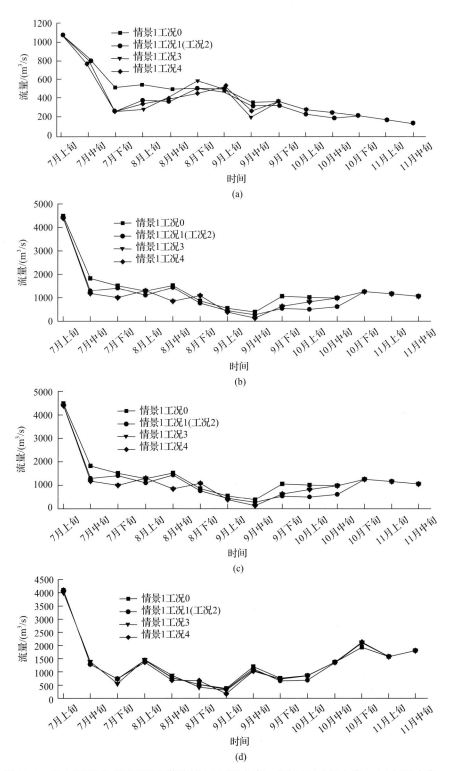

图 10.6　平水年不同工况下洞庭湖流域(a)江垭水库、(b)沅江虚拟水库、(c)柘溪水库、(d)湘江虚拟水库出库流量过程

见图 10.6(b)。资水柘溪水库下泄流量平均增加 104.17 m^3/s,见图 10.6(c);湘江虚拟水库(包括东江水库、洮水水库)出库流量平均增加 79.84 m^3/s,见图 10.6(d)。城陵矶水位受四水的联合影响,水位最大提高 0.14 m,东洞庭湖水位最大提高 0.170 m,南洞庭湖水位主要受资水和湘江的影响,最大提高 0.188 m,西洞庭湖水位主要受澧水及沅江的影响,最大提高 0.059 m,见表 10.4。

根据聚合水库分解原则,得出沅江、湘江各成员水库不同时段的可调节库容,再根据水库的水位-库容关系得出各水库水位。不同工况下各水库的水位变化趋势总体与三峡水库相同,即在汛末预蓄,在正式蓄水时可减轻蓄水压力,加大出库流量。由于本研究的重点是水库群调度对两湖水位的改善效果,故其它水文年不再赘述各水库水位变化趋势。

C. 三峡水库与洞庭湖流域支流水库群联合优化调度

由上述分析得知,仅对三峡水库或洞庭湖流域支流水库群实施优化调度,对于提高洞庭湖水位,改善湖泊生态生态环境起到了一定的促进作用,如何通过干支流水库群联调联控,进而最大限度的减缓水库库蓄水对洞庭湖的不利影响,是本书研究的一个重点。工况 4 研究了三峡水库、洞庭湖流域支流水库联合调度对于提高洞庭湖水位的作用。通过实施联合优化调度,可使城陵矶水位最大提高 0.579 m,东洞庭湖水位最大提高 0.302 m,南洞庭湖水位最大提高 0.333 m,西洞庭湖水位最大提高 0.290 m,平水年不同工况下洞庭湖代表性站点水位增幅见表 10.4。

2)丰水年调度结果分析

A. 仅三峡水库优化调度

图 10.7 显示了丰水年不同工况下三峡水库优化调度下的水库下泄流量及水位变化过程。由图 10.7(a)可知,通过三峡水库优化调度,蓄水期较常规调度下泄流量平均增加 2377.00 m^3/s,累计向长江中下游补水 82.15 亿 m^3。

三峡水库下泄流量的增加提高了洞庭湖的水量,蓄水期平均增加流量 631.06 m^3/s,通过三口累计向洞庭湖增加补水 21.8 亿 m^3;同时使城陵矶水位较常规调度水位平均提高 0.367 m,最大抬升 0.497 m,对维持通江湖泊的正常水位起着顶托作用,与之对应,东洞庭水位平均提高 0.144 m,最大提高 0.193 m,南洞庭湖平均抬升 0.158 m,最大抬升 0.210 m,西洞庭湖受三口分流河道流量增加和城陵矶水位的顶托的双重影响,水位平均提高 0.180 m,最大提高 0.251 m,见表 10.5。

B. 洞庭湖流域水库群联合优化调度

四水在丰水年的蓄水期,通过实施优化调度,蓄水期四水累计增加出库流量 529.09 m^3/s,澧水江垭水库平均出库流量增加 43.21 m^3/s,见图 10.8(a),沅江虚拟水库(包括五强溪水库、凤滩水库、黄石水库、托口水库)下泄流量平均增加 261.95 m^3/s,出库流量过程见图 10.8(b)。资水柘溪水库下泄流量平均增加 156.25 m^3/s,见图 10.8(c);湘江虚拟水库(包括东江水库、洮水水库)出库流量平均增加 67.68 m^3/s,见图 10.8(d)。城陵矶水位受四水的联合影响,水位最大提高 0.137 m,东洞庭湖水位最大提高 0.134 m,南洞庭湖水位主要受资水和湘江的影响,最大提高 0.149 m,西洞庭湖水位主要受澧水及沅江的影响，最大提高 0.049 m，见表 10.5。

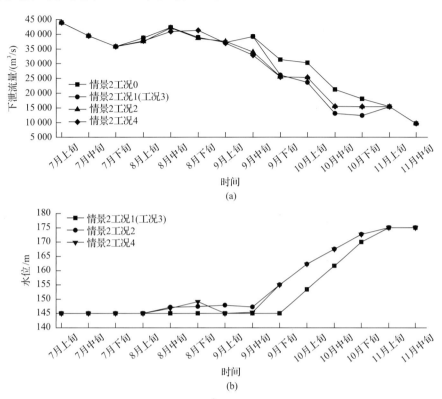

(a)

(b)

图 10.7 丰水年不同工况下三峡水库(a)下泄流量与(b)水位变化过程(洞庭湖)

表 10.5 丰水年不同工况下优化调度对于提高洞庭湖水位的效果

湖区	站点	工况 2 平均/最大/m	工况 3 平均/最大/m	工况 4 平均/最大/m
东洞庭湖	鹿角	0.144/0.193	0.071/0.134	0.208/0.284
南洞庭湖	杨柳潭、营田站	0.158/0.210	0.080/0.149	0.223/0.312
西洞庭湖	南咀、小河咀	0.180/0.251	0.025/0.049	0.199/0.276

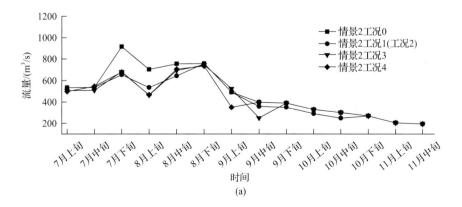

(a)

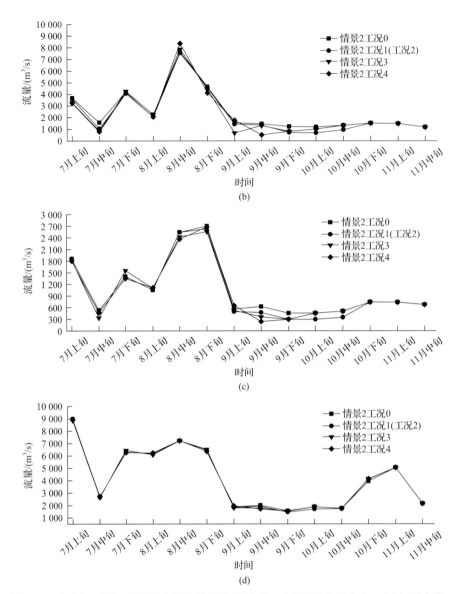

图 10.8 丰水年不同工况下洞庭湖流域(a)江垭水库、(b)沅江虚拟水库、(c)柘溪水库、(d)湘江虚拟水库出库流量过程

C. 三峡水库、洞庭湖流域支流水库群联合优化调度

通过实施三峡水库、洞庭湖流域支流水库联合优化调度，提高洞庭湖水位的作用。具体地，可使城陵矶水位最大提高 0.568 m，东洞庭湖水位最大提高 0.284 m，南洞庭湖水位最大提高 0.312 m，西洞庭湖水位最大提高 0.276 m，丰水年不同工况下洞庭湖代表性站点水位增幅见表 10.5。

3) 枯水年调度结果分析

A. 仅三峡水库优化调度

图 10.9 显示了枯水年不同工况下三峡水库优化调度下的水库下泄流量及水位变化过

程。由图 10.9(a)可知，通过三峡水库优化调度，蓄水期较常规调度下泄流量平均增加 2376.53 m³/s，累计向长江中下游补水 82.13 亿 m³。三峡水库下泄流量的增加提高了洞庭湖的水量，蓄水期平均增加流量 367.75 m³/s，通过三口累计向洞庭湖增加补水 12.71 亿 m³；同时使城陵矶水位较常规调度水位平均提高 0.298 m，最大抬升 0.498 m，对维持通江湖泊的正常水位起着顶托作用，与之对应，东洞庭水位平均提高 0.01 m，最大提高 0.019 m，南洞庭湖平均抬升 0.009 m，最大抬升 0.022 m，西洞庭湖受三口分流河道流量增加和城陵矶水位的顶托的双重影响，水位平均提高 0.008 m，最大提高 0.016 m(表 10.6)。

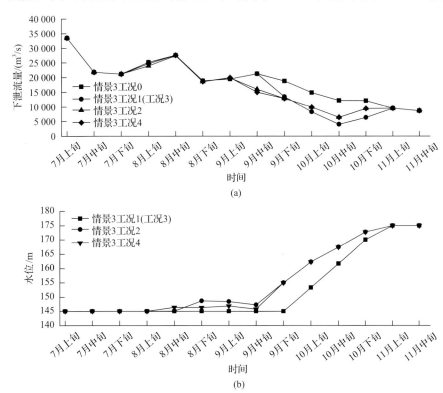

图 10.9 枯水年不同工况下三峡水库(a)下泄流量与(b)水位变化过程(洞庭湖)

表 10.6 枯水年不同工况下优化调度对于提高洞庭湖水位的效果

湖区	站点	工况 2 平均/最大/m	工况 3 平均/最大/m	工况 4 平均/最大/m
东洞庭湖	鹿角	0.01/0.019	0.144/0.273	0.155/0.285
南洞庭湖	杨柳潭、营田站	0.009/0.022	0.161/0.312	0.172/0.324
西洞庭湖	南咀、小河咀	0.008/0.016	0.036/0.080	0.041/0.086

B. 洞庭湖流域水库群联合优化调度

四水在枯水年的蓄水期，通过实施优化调度，蓄水期四水累计增加出库流量 529.12 m³/s，澧水江垭水库平均出库流量增加 43.21 m³/s，见图 10.10(a)，沅江虚拟水库(包括五强溪水库、凤滩水库、黄石水库、托口水库)下泄流量平均增加 261.96 m³/s，出

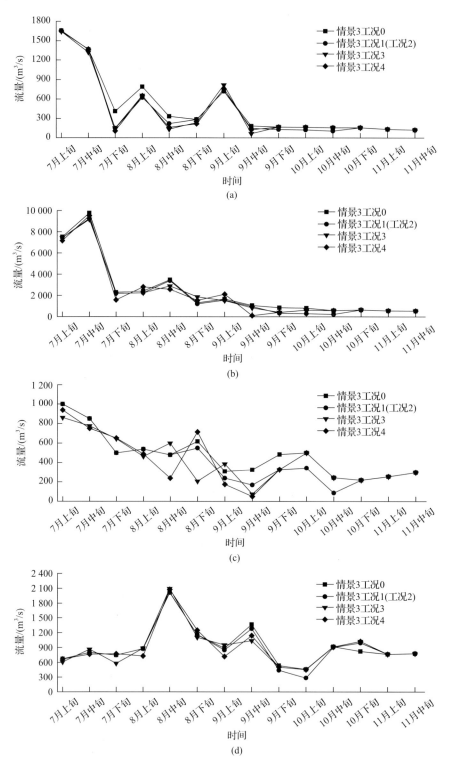

图 10.10 枯水年不同工况下洞庭湖流域(a)江垭水库、(b)沅江虚拟水库、(c)柘溪水库、
(d)湘江虚拟水库出库流量过程

库流量过程见图 10.10(b)。资水柘溪水库下泄流量平均增加 156.25 m³/s，见图 10.10(c)；湘江虚拟水库(包括东江水库、洮水水库)出库流量平均增加 67.70 m³/s，见图 10.10(d)。城陵矶水位受四水的联合影响，水位最大提高 0.127 m，东洞庭湖水位最大提高 0.273 m，南洞庭湖水位主要受资水和湘江的影响，最大提高 0.312 m，西洞庭湖水位主要受澧水及沅江的影响，最大提高 0.080 m，见表 10.6。

C. 三峡水库、洞庭湖流域支流水库群联合优化调度

通过实施三峡水库、洞庭湖流域支流水库联合优化调度，提高洞庭湖水位的作用。具体地，可使城陵矶水位最大提高 0.515 m，东洞庭湖水位最大提高 0.285 m，南洞庭湖水位最大提高 0.324 m，西洞庭湖水位最大提高 0.086 m，枯水年不同工况下洞庭湖代表性站点水位增幅见表 10.6。

4) 两湖来水枯水年调度结果分析

A. 仅三峡水库优化调度

图 10.11 分别显示了两湖来水枯时不同工况下三峡水库优化调度下的水库下泄流量及水位变化过程。由图 10.11(a)可知，通过三峡水库优化调度，蓄水期较常规调度下泄流量平均增加 3696.3 m³/s。三峡水库下泄流量的增加提高了洞庭湖的水量，蓄水期平均增加流量 320.09 m³/s，通过三口累计向洞庭湖增加补水 11.06 亿 m³；同时使城陵矶水位较常规调度水位平均提高 0.337 m，最大抬升 0.664 m，对维持通江湖泊的正常水位起着

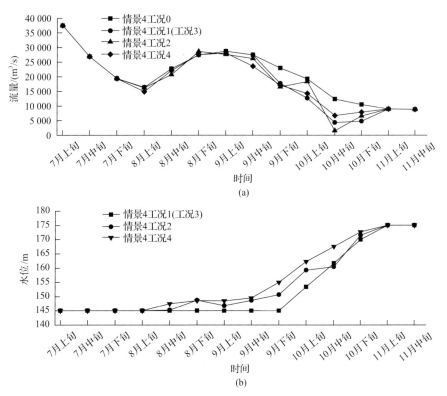

图 10.11　两湖枯水年不同工况下三峡水库(a)出库流量与(b)水位变化过程(洞庭湖)

顶托作用，与之对应，东洞庭水位平均提高 0.159 m，最大提高 0.377 m，南洞庭湖平均抬升 0.171 m，最大抬升 0.411 m，西洞庭湖受三口分流河道流量增加和城陵矶水位的顶托的双重影响，水位平均提高 0.137 m，最大提高 0.375 m（表 10.7）。

表 10.7　枯水年不同工况下优化调度对于提高洞庭湖水位的效果

湖区	站点	工况 2 平均/最大/m	工况 3 平均/最大/m	工况 4 平均/最大/m
东洞庭湖	鹿角	0.159/0.377	0.077/0.143	0.143/0.277
南洞庭湖	杨柳潭、营田站	0.171/0.411	0.086/0.157	0.158/0.299
西洞庭湖	南咀、小河咀	0.137/0.375	0.035/0.083	0.081/0.183

B. 洞庭湖流域水库群联合优化调度

情景 4 两湖来水枯水年，优化调度后，蓄水期四水累计增加出库流量 322.52 m^3/s，由图 10.12 可得，澧水江垭水库平均出库流量增加 43.21 m^3/s，沅江虚拟水库（包括五强溪水库、凤滩水库、黄石水库、托口水库）下泄流量平均增加 55.36 m^3/s，资水柘溪水库下泄流量平均增加 156.25 m^3/s，湘江虚拟水库（包括东江水库、洮水水库）出库流量平均增加 67.71 m^3/s。城陵矶水位受四水的联合影响，水位最大提高 0.075 m，东洞庭湖水位最大提高 0.143 m，南洞庭湖水位主要受资水和湘江的影响，最大提高 0.157 m，西洞庭湖水位主要受澧水及沅江的影响，最大提高 0.083 m（表 10.7）。

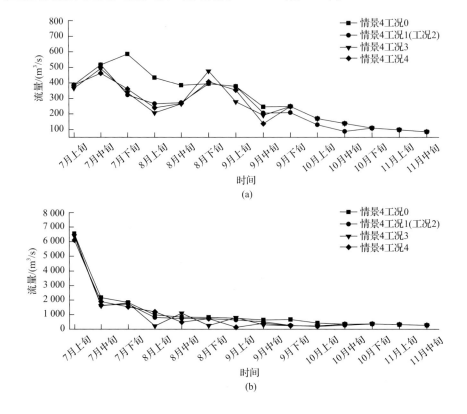

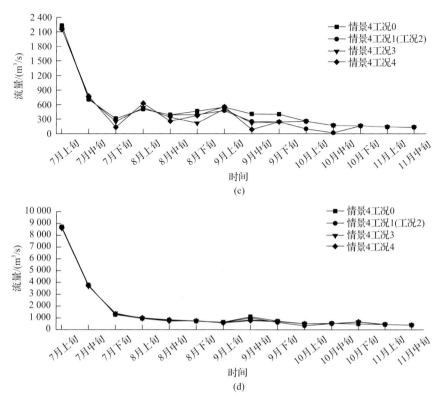

图 10.12　两湖枯水年不同工况下洞庭湖流域(a)江垭水库、(b)沅江虚拟水库、(c)柘溪水库、(d)湘江虚拟水库出库流量过程

C. 三峡水库、洞庭湖流域支流水库群联合优化调度

通过实施三峡水库、洞庭湖流域支流水库联合优化调度，提高洞庭湖水位的作用。具体地，可使城陵矶水位最大提高 0.493 m，东洞庭湖水位最大提高 0.277 m，南洞庭湖水位最大提高 0.299 m，西洞庭湖水位最大提高 0.183 m，情景 4 下不同工况下洞庭湖代表性站点水位增幅见表 10.7。

5) 长江来水枯水年调度结果分析

A. 仅三峡水库优化调度

图 10.13 显示了情景 5 长江来水枯水年不同工况下三峡水库优化调度下的水库下泄流量及水位变化过程。由图 10.13(a)可知，通过三峡水库优化调度，蓄水期较常规调度下泄流量平均增加 3402.8 m^3/s。三峡水库下泄流量的增加提高了洞庭湖的水量，蓄水期平均增加流量 286.01 m^3/s，通过三口累计向洞庭湖增加补水 9.88 亿 m^3；同时使城陵矶水位较常规调度水位平均提高 0.402 m，最大抬升 0.848 m，对维持通江湖泊的正常水位起着顶托作用，与之对应，东洞庭湖水位平均提高 0.003 m，最大提高 0.004 m，南洞庭湖平均抬升 0.003 m，最大抬升 0.004 m，西洞庭湖受三口分流河道流量增加和城陵矶水位的顶托的双重影响，水位平均提高 0.005 m，最大提高 0.007 m(表 10.8)。

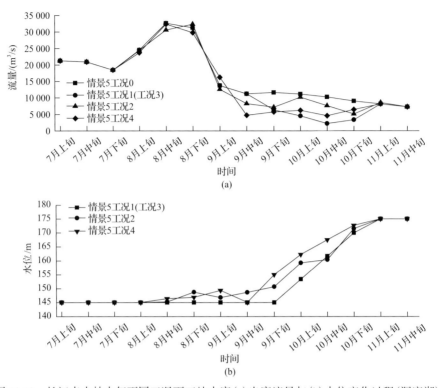

图 10.13　长江来水枯水年不同工况下三峡水库(a)出库流量与(b)水位变化过程(洞庭湖)

表 10.8　长江来水枯水年不同工况下优化调度对于提高洞庭湖水位的效果

湖区	站点	工况 2	工况 3	工况 4
		平均/最大/m	平均/最大/m	平均/最大/m
东洞庭湖	鹿角	0.003/0.004	0.157/0.274	0.149/0.263
南洞庭湖	杨柳潭、营田站	0.003/0.004	0.177/0.319	0.169/0.309
西洞庭湖	南咀、小河咀	0.005/0.007	0.035/0.087	0.025/0.060

B. 洞庭湖流域水库群联合优化调度

情景 5 下，通过实施优化调度，蓄水期四水累计增加出库流量 514.45 m³/s，澧水江垭水库平均出库流量增加 28.54 m³/s，见图 10.14(a)，沅江虚拟水库(包括五强溪水库、凤滩水库、黄石水库、托口水库)下泄流量平均增加 261.96 m³/s，出库流量过程见图 10.14(b)。资水柘溪水库下泄流量平均增加 156.25 m³/s，见图 10.14(c)；湘江虚拟水库(包括东江水库、洮水水库)出库流量平均增加 67.70 m³/s，见图 10.14(d)。城陵矶水位受四水的联合影响，水位最大提高 0.096 m，东洞庭湖水位最大提高 0.274 m，南洞庭湖水位主要受资水和湘江的影响，最大提高 0.319 m，西洞庭湖水位主要受澧水及沅江的影响，最大提高 0.087 m，见表 10.8。

C. 三峡水库、洞庭湖流域支流水库群联合优化调度

通过实施三峡水库、洞庭湖流域支流水库联合优化调度，提高洞庭湖水位的作用。

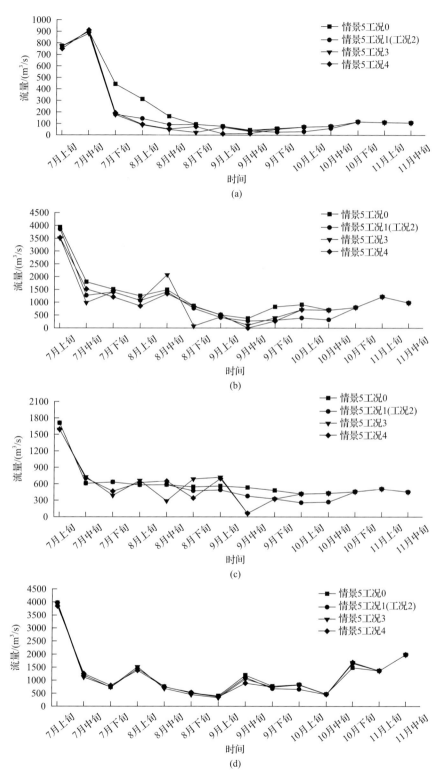

图 10.14　长江来水枯水年不同工况下洞庭湖流域(a)江垭水库、(b)沅江虚拟水库、(c)柘溪水库、
(d)湘江虚拟水库出库流量过程

具体地，可使城陵矶水位最大提高 0.471 m，东洞庭湖水位最大提高 0.263 m，南洞庭湖水位最大提高 0.309 m，西洞庭湖水位最大提高 0.060 m，情景 5 下不同工况下洞庭湖代表性站点水位增幅见表 10.8。

10.1.5　有利于改善鄱阳湖江湖关系的优化调度方案

1. 优化调度目标

在开展改善鄱阳湖生态环境的水库群蓄水期优化调度时，将鄱阳湖湖区最小生态需水满足率作为调度目标。由于鄱阳湖湖体特征分为南、北两个湖区，因此在计算各个湖区最小生态需水满足率时，应分别计算不同湖区的生态需水满足率，再按相应的权重求和得到湖泊整体的最小生态需水满足率。以星子站水位作为鄱阳湖北部湖区的水位，以棠荫站水位作为鄱阳湖南部湖区水位，则针对鄱阳湖的具体调度目标为

$$\delta_{\mathrm{P}} = \sum_{t=1}^{14} \gamma_t \sum_{i=1}^{2} \lambda_i \frac{W_{t,i}}{W_{t,i,\mathrm{min}}} \tag{10-15}$$

式中，t、$W_{t,i}$、$W_{t,i,\mathrm{min}}$ 的定义与式(10-14)一致；γ_t 为各时段的权重，由于鄱阳湖蓄水位可能出现偏低的现象主要集中在水库群蓄水期(9 月下旬至 10 月下旬)，在水库群蓄水期所占权重较大，而在其他时段不存在生态需水量不满足情况，故权重为 0；λ_i 为各湖区生态需水量满足率所占的权重，本书中鄱阳湖北部湖区权重取 0.3，南部湖区取 0.7。

2. 约束条件

最大流量约束主要考虑下游河道的防洪需求。修水：在保证柘林水库安全的前提下，当坝址洪水小于 50 年一遇时，为承担下游防洪任务，修水尾闾流量不超过 6500 m³/s；赣江：下泄流量按 8800 m³/s 控制；信江：大坳水库本身而方言，设计泄洪流 1414 m³/s，最大泄洪流量 1846 m³/s，而水库下游设计安全泄量为 800 m³/s，但实际下游局部低洼堤防只有 450 m³/s 的行洪能力，下泄流量小于 450 m³/s 为正常下泄流量，小于 800 m³/s 安全下泄流量。最小流量约束按河道最小生态流量控制，修水最小流量为 17 m³/s、赣江最小流量为 275 m³/s、抚河最小流量为 52.8 m³/s、信江最小流量为 34 m³/s。

3. 调度结果与分析

1) 平水年调度结果分析

A. 仅三峡水库优化调度

根据水库调度时段内三峡、洞庭湖四水及鄱阳湖五河水库实际出库流量时间序列代入建立的水库群联合优化调度模型，得出蓄水期不同情景不同工况下鄱阳湖在最小生态需水满足率最大的各水库最优流量下泄过程。

在情景 1 平水年时，由图 10.15(a)可知，通过三峡水库优化调度，蓄水期下泄流量平均增加 2377.00 m³/s，对江湖关系具有一定的潜在调控能力，对应的鄱阳湖水位变

化见图 10.15(b)。三峡水库优化调控对鄱阳湖湖区内水位的影响具有自北向南逐渐减小的特点,鄱阳湖湖口水位可较常规调度最大提高约 0.51 m,对北部湖区代表性站点星子站水位最大提高仅 0.02 m,而南部湖区棠荫站水位基本不受三峡水库调控的影响(表 10.9)。

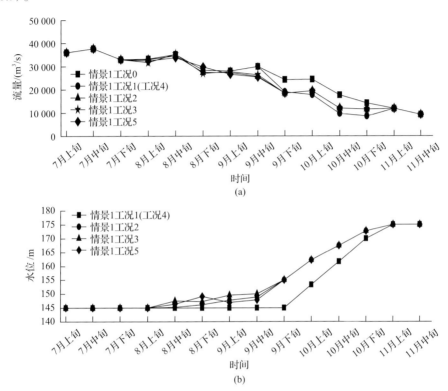

图 10.15　平水年不同工况下三峡水库(a)出库流量与(b)水位变化过程(鄱阳湖)

表 10.9　平水年不同工况下优化调度对于提高鄱阳湖水位的效果

湖区	站点	工况 2 平均/最大/m	工况 3 平均/最大/m	工况 4 平均/最大/m	工况 5 平均/最大/m
北部湖区	星子	0.015/0.02	0.045/0.073	0.037/0.055	0.022/0.091
南部湖区	棠荫	0.000/0.000	0.000/0.010	0.051/0.076	0.017/0.067

B. 三峡水库与洞庭湖流域支流水库联合调度

在情景 1 平水年通过实施三峡水库与洞庭湖流域支流水库联合优化调度,累计平均增加出库流量 5189.4 m³/s,其中三峡水库出库流量过程见图 10.15(a),四水出库流量平均增加 2812.49 m³/s,见图 10.16。优化调度后鄱阳湖湖口水位较常规调度水位平均提高 0.42 m,最大抬升 0.58 m,对维持通江湖泊的正常水位起着顶托作用,北部湖区代表性站点星子站水位平均提高 0.045 m,最大提高 0.073 m,而南部湖区棠荫站水位受水库调控的影响较小,平均提高仅 0.01 m(表 10.9)。

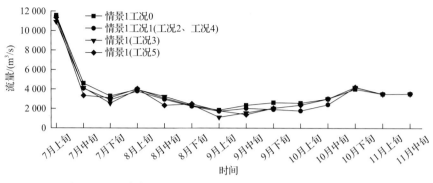

图 10.16　平水年不同工况下四水虚拟水库流量过程(鄱阳湖)

C. 仅鄱阳湖流域支流水库群优化调度

在平水年,通过实施优化调度,柘林水库、赣江虚拟水库、抚河虚拟水库、信江大坳水库的出库流量见图 10.17(a)~(d),蓄水期累计增加出库流量 575.95 m³/s,其中柘林水库平均增加出库流量 53.55 m³/s,赣江虚拟水库平均增加出库流量 387.49 m³/s,抚河虚拟水库出库流量平均增加 80.86 m³/s,信江大坳水库平均增加出库流量 54.04 m³/s,由于增加流量较小,对下游河段水位抬高值也较小,湖口水位较常规调度水位平均提高 0.07 m,最大抬升 0.114 m,对维持通江湖泊的正常水位起着顶托作用,对北部湖区代表性站站点星子站水位平均提高 0.037 m,最大提高 0.055 m,南部湖区棠荫站水位平均提高 0.051 m,最大提高 0.076 m。

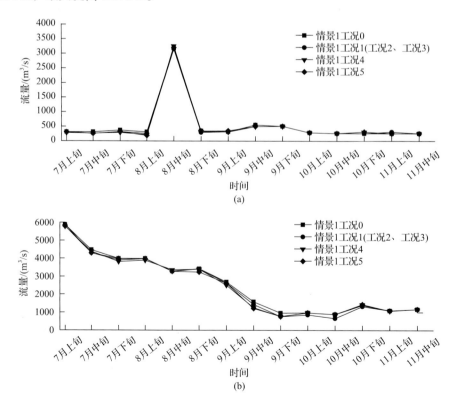

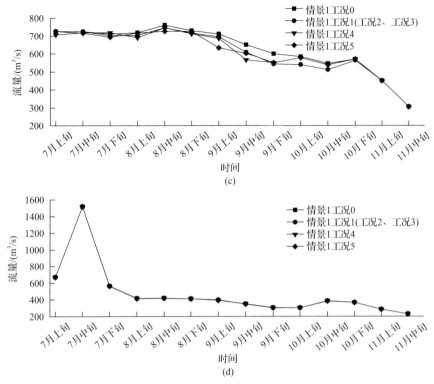

图 10.17　平水年不同工况下鄱阳湖流域(a)柘林水库、(b)赣江虚拟水库、(c)抚河虚拟水库、(d)信江大坳水库流量过程

D. 三峡水库、洞庭湖流域、鄱阳湖流域支流水库群联合调度

平水年不同工况下鄱阳湖代表性站点水位增幅见表 10.9,可以看出,通过实施联合优化调度,在平水年可使得北部湖区星子站水位最大提高 0.091 m,南部湖区棠荫站水位最大提高 0.067 m。

2) 丰水年调度结果分析

A. 仅三峡水库优化调度

在情景 2 丰水年时,由图 10.18(a)可知,通过三峡水库优化调度,蓄水期下泄流量平均增加 2376.00 m³/s,对江湖关系具有一定的潜在调控能力,对应的三峡水库水位变化见图 10.18(b)。通过三峡水库优化调度后,鄱阳湖湖口水位可较常规调度最大提高约 0.53 m,对北部湖区代表性站点星子站水位最大提高 0.23 m,对南部湖区棠荫站水位最大提高 0.12 m。可见三峡水库优化调控对鄱阳湖湖区内水位的影响具有自北向南逐渐减小的特点(表 10.10)。

B. 三峡水库与洞庭湖流域支流水库联合调度

在情景 2 丰水年,通过实施三峡水库与洞庭湖流域支流水库联合优化调度,累计平均增加出库流量 5198.4 m³/s,其中三峡水库出库流量过程见图 10.18(a),四水出库流量平均增加 2816.11 m³/s,见图 10.19。优化调度后鄱阳湖湖口水位较常规调度水位平均提高 0.39 m,最大抬升 0.61 m,对维持通江湖泊的正常水位起着顶托作用,北部湖区代表性站点星子站水位平均提高 0.19 m，最大提高 0.26 m，南部湖区棠荫站水位受水库调控，平均提高 0.11 m，最大提高 0.14 m（表 10.10）。

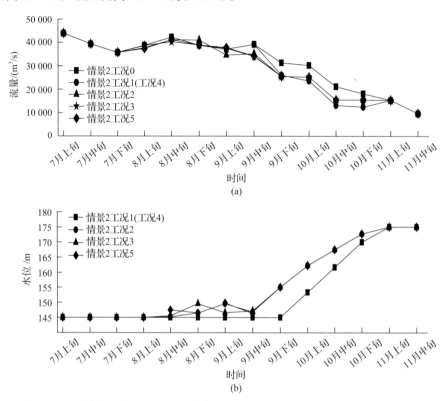

图 10.18　丰水年不同工况下三峡水库(a)出库流量与(b)水位变化过程(鄱阳湖)

表 10.10　丰水年不同工况下鄱阳湖代表性站点水位增幅

湖区	站点	工况 2 平均/最大/m	工况 3 平均/最大/m	工况 4 平均/最大/m	工况 5 平均/最大/m
北部湖区	星子	0.155/0.23	0.19/0.26	0.039/0.063	0.234/0.327
南部湖区	棠荫	0.081/0.12	0.11/0.14	0.04/0.063	0.152/0.199

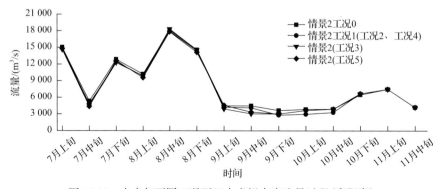

图 10.19　丰水年不同工况下四水虚拟水库流量过程(鄱阳湖)

C. 鄱阳湖流域支流水库群优化调度

在丰水年，通过实施优化调度，柘林水库、赣江虚拟水库、抚河虚拟水库、信江大坳水库的出库流量见图 10.20(a)～(d)，蓄水期累计增加出库流量 596.06 m³/s，其中柘林水库平均增加出库流量 53.24 m³/s，赣江虚拟水库平均增加出库流量 398.33 m³/s，抚河虚拟水库出库流量平均增加 81.02 m³/s，信江大坳水库平均增加出库流量 63.47 m³/s。与此对应，对下游河段水位有一定抬高作用，湖口水位较常规调度水位平均提高 0.095 m，最大抬升 0.139 m，对维持通江湖泊的正常水位起着顶托作用，对北部湖区代表性站站点星子站水位平均提高 0.039 m，最大提高 0.063 m，南部湖区棠荫站水位平均提高 0.04 m，最大提高 0.063 m(表 10.10)。

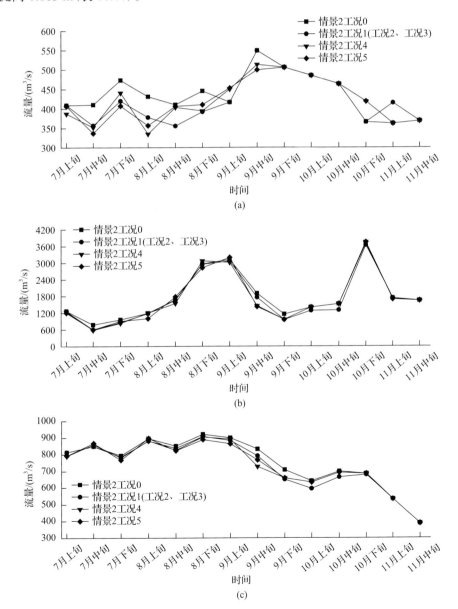

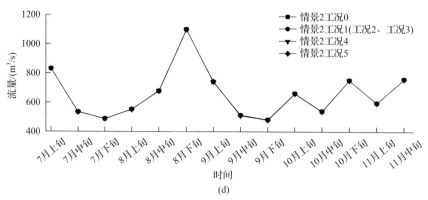

图 10.20　丰水年不同工况下鄱阳湖流域(a)柘林水库、(b)赣江虚拟水库、(c)抚河虚拟水库、(d)信江大坳水库流量过程

D. 三峡水库、洞庭湖流域、鄱阳湖流域支流水库群联合调度

丰水年不同工况下鄱阳湖代表性站点水位增幅见表 10.10，可以看出，通过实施联合优化调度，在丰水年可使得北部湖区星子站水位最大提高 0.327 m，南部湖区棠荫站水位最大提高 0.199 m。

3)枯水年调度结果分析

A. 仅三峡水库优化调度

在情景 3 枯水年下，由图 10.21(a)可知，通过三峡水库优化调度，蓄水期下泄流量

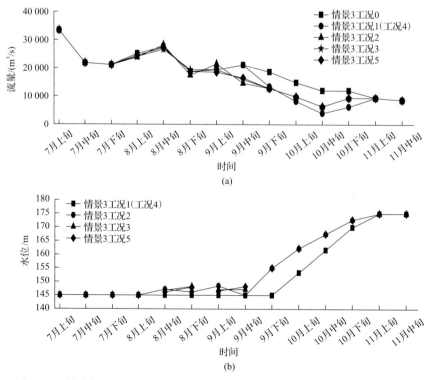

图 10.21　枯水年不同工况下三峡水库(a)出库流量与(b)水位变化过程(鄱阳湖)

平均增加 2376.5 m³/s，对江湖关系具有一定的潜在调控能力，对应的三峡水库水位变化见图 10.21(b)。三峡水库优化调控对鄱阳湖湖区内水位的影响较小，鄱阳湖湖口水位可较常规调度最大提高约 0.18 m，对北部湖区和南部湖区的代表性站点水位基本不受三峡水库调控的影响(表 10.11)。

表 10.11　枯水年不同工况下鄱阳湖代表性站点水位增幅

湖区	站点	工况 2	工况 3	工况 4	工况 5
		平均/最大/m	平均/最大/m	平均/最大/m	平均/最大/m
北部湖区	星子	0.000/0.000	0.000/0.000	0.039/0.058	0.040/0.057
南部湖区	棠荫	0.000/0.000	0.000/0.000	0.063/0.088	0.063/0.086

B. 三峡水库与洞庭湖流域支流水库联合调度

在情景 2 丰水年，通过实施三峡水库与洞庭湖流域支流水库联合优化调度，累计平均增加出库流量 5159.4 m³/s，其中三峡水库出库流量过程见图 10.21(a)，四水出库流量平均增加 2782.3 m³/s，见图 10.22。优化调度后鄱阳湖湖口水位较常规调度水位平均提高 0.12 m，最大抬升 0.18 m，对维持通江湖泊的正常水位起着顶托作用，而对北部湖区和南部湖区代表站水位均影响较小(表 10.11)。

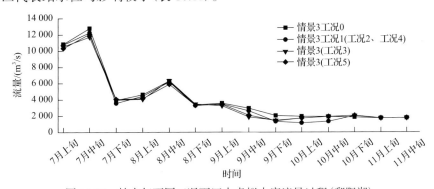

图 10.22　枯水年不同工况下四水虚拟水库流量过程(鄱阳湖)

C. 鄱阳湖流域支流水库群优化调度

在枯水年，通过实施优化调度，柘林水库、赣江虚拟水库、抚河虚拟水库、信江大坳水库的出库流量见图 10.23，蓄水期累计增加出库流量 395.84 m³/s，其中柘林水库平均增加出库流量 53.55 m³/s，赣江虚拟水库平均增加出库流量 237.95 m³/s，抚河虚拟水库出库流量平均增加 80.86 m³/s，信江大坳水库平均增加出库流量 23.48 m³/s，由于增加流量较小，对下游河段水位抬高值也较小，湖口水位较常规调度水位平均提高 0.038 m，最大抬升 0.061 m，北部湖区代表性站站点星子站水位平均提高 0.039 m，最大提高 0.058 m，南部湖区棠荫站水位平均提高 0.063 m，最大提高 0.088 m(表 10.11)。

D. 三峡水库、洞庭湖流域、鄱阳湖流域支流水库群联合调度

枯水年不同工况下鄱阳湖代表性站点水位增幅见表 10.11，可以看出，通过实施联合优化调度，在枯水年可使得北部湖区星子站水位最大提高 0.057 m，南部湖区棠荫站水位最大提高 0.086 m。

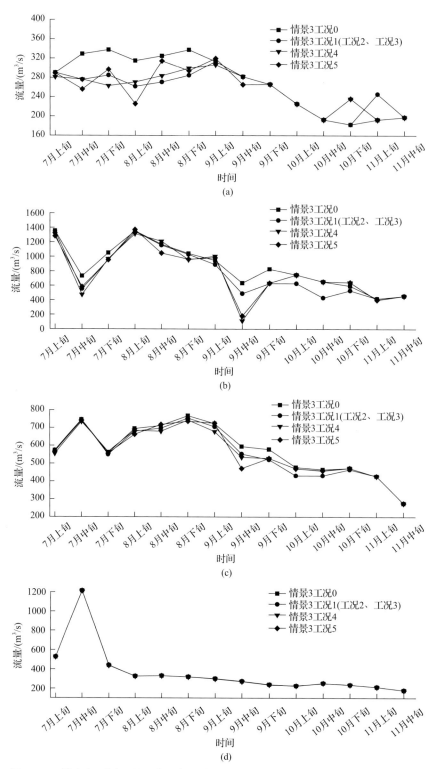

图 10.23　枯水年不同工况下鄱阳湖流域(a)柘林水库、(b)赣江虚拟水库、(c)抚河
虚拟水库、(d)信江大坳水库流量过程

4) 两湖来流枯水年调度结果分析

A. 仅三峡水库优化调度

在两湖来水枯水年情景 4 下，由图 10.24(a)可知，通过三峡水库优化调度，蓄水期下泄流量平均增加 2388.00 m³/s，对江湖关系具有一定的潜在调控能力，对应的三峡水库水位变化见图 10.24(b)。三峡水库优化调控对鄱阳湖湖区水位的影响具有自北向南逐渐减小的特点，鄱阳湖湖口水位可较常规调度最大提高约 0.178 m，而北部湖区和南部湖区代表性站点水位受调度影响较小(表 10.12)。

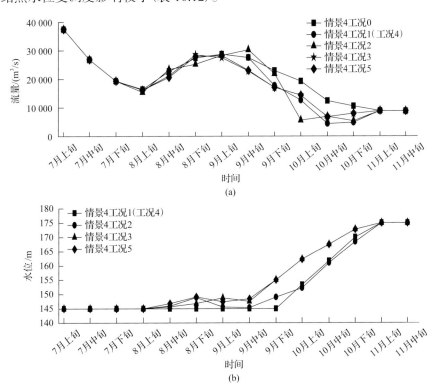

图 10.24　两湖枯水年不同工况下三峡水库(a)出库流量与(b)水位变化过程(鄱阳湖)

表 10.12　两湖来流枯水年不同工况下鄱阳湖代表性站点水位增幅

湖区	站点	工况 2	工况 3	工况 4	工况 5
		平均/最大/m	平均/最大/m	平均/最大/m	平均/最大/m
北部湖区	星子	0.000/0.000	0.000/0.000	0.02/0.061	0.033/0.045
南部湖区	棠荫	0.000/0.000	0.000/0.000	0.035/0.099	0.056/0.075

B. 三峡水库与洞庭湖流域支流水库联合调度

在情景 4 两湖来流枯水年，通过实施三峡水库与洞庭湖流域支流水库联合优化调度，累计平均增加出库流量 4969.6 m³/s，其中三峡水库出库流量过程见图 10.24(a)，四水出库流量平均增加 2816.11 m³/s，见图 10.25。优化调度后鄱阳湖湖口水位较常规调度水位平均提高 0.087 m，最大抬升 0.26 m，对维持通江湖泊的正常水位起着顶托作用，而北部湖区和南部湖区代表性站点水位受优化调度影响较小(表 10.12)。

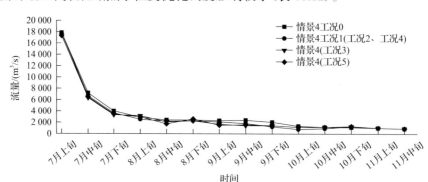

图 10.25　两湖枯水年不同工况下四水虚拟水库流量过程(鄱阳湖)

C. 鄱阳湖流域支流水库群优化调度

在两湖来流枯水年,通过实施优化调度,柘林水库、赣江虚拟水库、抚河虚拟水库、信江大坳水库的出库流量见图 10.26(a)～(d),蓄水期累计增加出库流量 403.42 m³/s,其中柘林水库平均增加出库流量 36 m³/s,赣江虚拟水库平均增加出库流量 306.16 m³/s,抚河虚拟水库出库流量平均增加 50.82 m³/s,信江大坳水库平均增加出库流量 10.45 m³/s,由于增加流量较小,对下游河段水位抬高值也较小,湖口水位较常规调度水位平均提高 0.043 m,最大抬升 0.15 m,对维持通江湖泊的正常水位起着顶托作用,对北部湖区代表性站站点星子站水位平均提高 0.02 m,最大提高 0.061 m,南部湖区棠荫站水位平均提高 0.035 m,最大提高 0.099 m(表 10.12)。

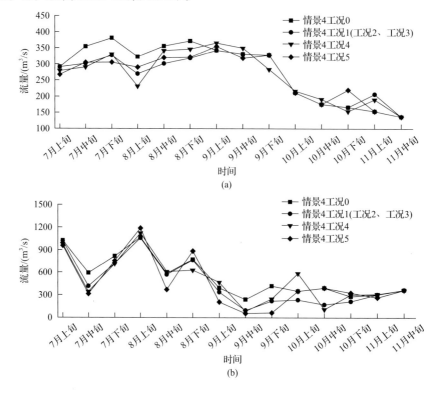

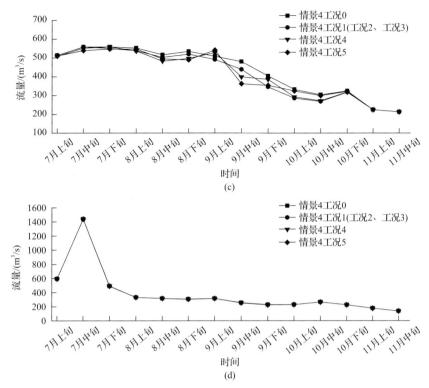

图 10.26　两湖枯水年不同工况下鄱阳湖流域(a)柘林水库、(b)赣江虚拟水库、(c)抚河虚拟水库、(d)信江大坳水库流量过程

D. 三峡水库、洞庭湖流域、鄱阳湖流域支流水库群联合调度

两湖来流枯水年不同工况下鄱阳湖代表性站点水位增幅见表 10.12，可以看出，通过实施联合优化调度，该情景可使得北部湖区星子站水位最大提高 0.045 m，南部湖区棠荫站水位最大提高 0.075 m。

5) 长江来流枯水年调度结果分析

A. 仅三峡水库优化调度

当长江来水枯水年情景 5 下，由图 10.27(a)可知，通过三峡水库优化调度，蓄水期下泄流量平均增加 3113.5 m³/s，对江湖关系具有一定的潜在调控能力，对应的三峡水库水位变化见图 10.27(b)。三峡水库优化调控对鄱阳湖湖区水位影响较小，鄱阳湖湖口水位可较常规调度最大提高约 0.14 m，北部湖区和南部湖区代表站点水位受三峡水库调控影响较小(表 10.13)。

B. 三峡水库与洞庭湖流域支流水库联合调度

在情景 5 长江来流枯水年，通过实施三峡水库与洞庭湖流域支流水库联合优化调度，累计平均增加出库流量 5180.9 m³/s，其中三峡水库出库流量过程见图 10.27(a)，四水出库流量平均增加 2803.9 m³/s，见图 10.28。优化调度后鄱阳湖湖口水位较常规调度水位平均提高 0.04 m，最大抬升 0.10 m，对维持通江湖泊的正常水位起着顶托作用，北部湖区代表性站点星子站水位平均提高 0.005 m，最大提高 0.014 m，南部湖区棠荫站水位受水库调控，平均提高 0.01 m，最大提高 0.03 m（表 10.13）。

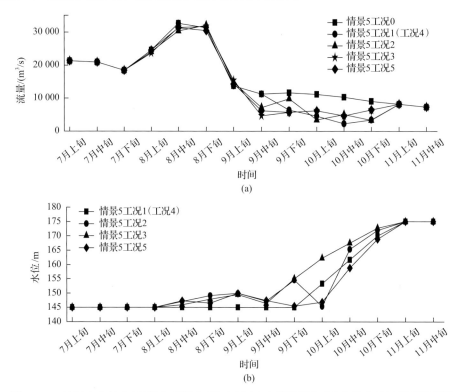

图 10.27　长江来水枯水年不同工况下三峡水库(a)出库流量与(b)水位变化过程(鄱阳湖)

表 10.13　长江来流枯水年不同工况下鄱阳湖代表性站点水位增幅

湖区	站点	工况 2	工况 3	工况 4	工况 5
		平均/最大/m	平均/最大/m	平均/最大/m	平均/最大/m
北部湖区	星子	0.000/0.002	0.005/0.014	0.021/0.04	0.024/0.038
南部湖区	棠荫	0.000/0.002	0.01/0.03	0.041/0.085	0.041/0.064

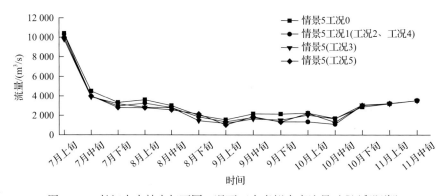

图 10.28　长江来水枯水年不同工况下四水虚拟水库流量过程(鄱阳湖)

C. 鄱阳湖流域支流水库群优化调度

在长江来流枯水年，通过实施优化调度，柘林水库、赣江虚拟水库、抚河虚拟水库、信江大坳水库的出库流量见图 10.29(a)～(d)，蓄水期累计增加出库流量 433.25 m³/s，其中柘林水库平均增加出库流量 38.08 m³/s，赣江虚拟水库平均增加出库流量 316.48 m³/s，抚河虚拟水库出库流量平均增加 65.76 m³/s，信江大坳水库平均增加出库流量 12.93 m³/s，由于增加流量较小，对下游河段水位抬高值也较小，湖口水位较常规调度水位平均提高 0.054 m，最大抬升 0.111 m，对维持通江湖泊的正常水位起着顶托作用，对北部湖区代表性站站点星子站水位平均提高 0.021 m，最大提高 0.04 m，南部湖区棠荫站水位平均提高 0.041 m，最大提高 0.085 m(表 10.13)。

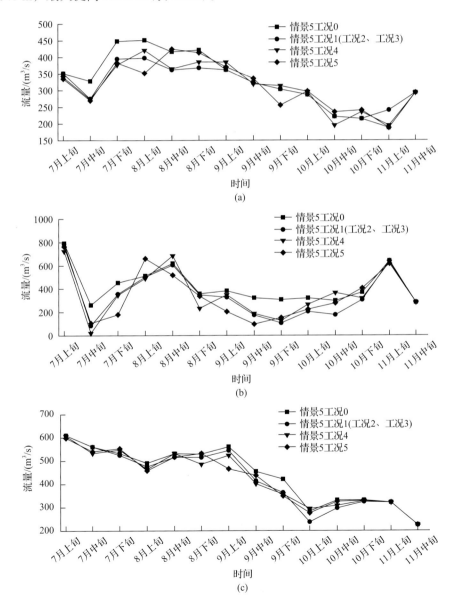

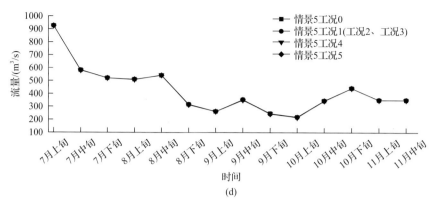

图 10.29　长来水江枯水年不同工况下鄱阳湖流域(a)柘林水库、(b)赣江虚拟水库、
(c)抚河虚拟水库、(d)信江大坳水库流量过程

D. 三峡水库、洞庭湖流域、鄱阳湖流域支流水库群联合调度

长江来流枯水年不同工况下鄱阳湖代表性站点水位增幅见表 10.13，可以看出，通过实施联合优化调度，可使得北部湖区星子站水位最大提高 0.038 m，南部湖区棠荫站水位最大提高 0.064 m。

10.2　洞庭湖城陵矶和鄱阳湖湖口建闸

自 2003 年以来受流域降水偏枯及长江水资源形势变化等多种因素影响，洞庭湖和鄱阳湖均出现了枯水时间提前、水位偏低、持续时间延长等现象，干旱事件频发，引起了国内学者和有关政府部门的高度关注(Liu et al.，2011)。为有效缓解湖区枯水期旱情，江西省、湖南省和湖北省相继提出了建设鄱阳湖水利枢纽工程与城陵矶综合枢纽的方案。江西省提出在湖口建设鄱阳湖水利枢纽工程，采用"控枯不控洪，动态调整"的设计方案与运行思路(唐明，2010)；湖南省和湖北省政府提出了建设洞庭湖城陵矶综合枢纽工程，采用"调枯畅洪"的调度方式运行。

然而，在江湖交汇处建闸必然造成江湖系统连续性和流动性的破坏，从而导致湖泊水文情势和水动力的变化。水动力模型是定量分析湖泊水文情势和水动力变化的重要且有效的工具(Obeysekera et al.，2011)，可以在短时间内模拟单变量或多变量组合对河湖系统水文水动力情势变化的影响，本书针对拟建的鄱阳湖水利枢纽工程与城陵矶综合枢纽工程，应用具有物理意义的水动力学模型，通过单变量或多变量组合的敏感性模拟和情景模拟，开展了城陵矶综合枢纽工程与鄱阳湖水利枢纽工程对湖泊水文水动力的影响研究。

10.2.1　洞庭湖城陵矶建闸

1. 城陵矶综合枢纽设计及调度方案概况

城陵矶综合枢纽工程位于洞庭湖入江水道，坝址选定湖南省岳阳市洞庭湖出口河段岳阳洞庭湖第一大桥下游约 1.8 km 处，枢纽轴线 3532.7 m(图 10.30)。综合考虑生态、水环境、供水、灌溉、航运等要求，城陵矶综合枢纽工程采用"调枯畅洪"的调度方式运行。城陵矶综合枢纽工程目前尚处于论证阶段，其初步调度方案见表 10.14。

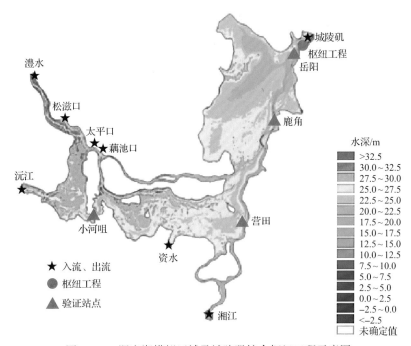

图 10.30　洞庭湖模拟区域及城陵矶综合枢纽工程示意图

表 10.14　城陵矶综合枢纽工程初步调度方案

时段	调度方案
4 月 1 日~8 月 31 日	闸门全开，江湖连通
9 月 1 日~9 月 10 日	当闸前水位高于 27.50 m 时，泄水闸门全开；当闸前水位降到 27.50 m 时，减少闸门开启孔数，按四水、洞庭湖区及区间来水下泄，水位维持 27.50 m；当闸前水位低于 27.50 m，在泄放满足航运、生态流量的前提下，最高可蓄水至 27.50 m
9 月 11 日~10 月 31 日	闸前水位按闸址 1980~2002 年天然水位节律消落至 24.00 m；在消落过程中若外江水位达到闸前水位，则闸门全开
11 月 1 日~11 月 30 日	闸前水位消落至 23.50 m
12 月 1 日~3 月 31 日	根据最小通航、生态流量等需求控制枢纽下泄流量，闸前水位在 23.00~23.50 m 波动。在此期间，若外江水位达到 23.00 m，则闸门全开

注：城陵矶综合枢纽调度方案引自《城陵矶综合枢纽初步方案研究报告》。

2. 城陵矶枢纽工程对洞庭湖水位变化的影响

城陵矶综合枢纽运行后，将抬升洞庭湖区水位，湖区各站点水位变化过程与下游闸坝控制边界趋势相同，湖体水动力条件与枢纽调度方案密切相关。城陵矶综合枢纽调控对洞庭湖退水期、枯水期水位的影响具有明显的空间异质性，东、南湖区的岳阳、鹿角、营田水位变化受影响较大，西洞庭湖几乎不受枢纽的影响，呈现由东洞庭湖至南洞庭湖至西洞庭湖逐级递减特征(田泽斌等，2019)。

1) 洞庭湖退水期(10~11月)，即湖泊由丰水时期转变为枯水时期的阶段

(1) 无枢纽工程条件下，洞庭湖退水期平均出湖水位22.12 m，湖面面积1955 km^2，湖容32.5亿m^3。湖区岳阳、鹿角、营田站点10月开始水位下降显著，相比于9月分别下降约3.54 m、3.13 m、2.63 m，南咀、草尾次之，分别降低约0.9 m、0.95 m；受湖口水位拉空效应的影响，相比于10月，岳阳、鹿角、营田站点11月水位分别下降、3.41 m、3.0 m、2.66 m，湖泊退水速率较快，退水末期湖泊水位降至低枯水平，11月岳阳、鹿角、营田、南咀、草尾平均水位分别降至20.42 m、21.29 m、22.64 m、28.03 m、27.2 m，东、南、西洞庭湖水位格局差异显著，水位相差最高达7.61 m。

(2) 城陵矶综合枢纽调控条件下，相比于9月洞庭湖岳阳、鹿角、营田站点10月水位下降1.7~1.98 m，至11月水位下降1.36~1.63 m，洞庭湖退水速率平稳，退水过程由枢纽建设前的迅速退水向稳定退水转变，有效抬升湖区水位。由于洞庭湖水面面积及地形差异较大，一定水位条件下的湖体水动力条件反应过程是逐步显现的，靠近枢纽的区域影响最大，即离枢纽位置越近，水位增幅越大。相比于无枢纽条件下，10月岳阳、鹿角、营田水位分别抬升1.28 m、0.99 m、0.73 m，11月分别抬升3.33 m、2.54 m、1.76 m，最高缩小各湖区间的水位差达3.33 m。平均出湖水位抬升2.28 m，随着湖区水位的抬升，有效增加湖面面积212 km^2，增幅为10.84%，约占湖泊总面积的8.02%，湖面面积增至2167 km^2，有效增加湖容12.9亿m^3，增幅为39.69%，约占湖泊总容量的11.68%，湖容增至45.4亿m^3。洞庭湖呈现湖相特征，能够在一定程度上缓解洞庭湖枯水期时间提前现象。

2) 洞庭湖枯水期(12月至次年3月)

(1) 无枢纽工程条件下，洞庭湖维持较低水位，湖面面积平均1661 km^2、湖容仅为18.73亿m^3，滩区多数出露，湖区水位由西向东递减，岳阳、鹿角、营田、南咀、小河咀枯水期水位变化范围分别为18.96~19.86 m、20.96~21.77 m、22.85~23.62 m、27.57~27.78 m、27.9~28.3 m。

(2) 枢纽工程调控下，枯水期洞庭湖水位明显抬升，其中岳阳、鹿角、营田涨幅明显，分别有效抬升3.61~4.23 m、2.03~2.38 m、1.14~1.32 m，各湖区水位差范围由8.44~9.12 m缩小至4.71~4.89 m，湖泊面积增加99 km^2，增幅为5.96%，约占湖泊总面积的3.74%，湖面面积增至1760 km^2；湖容增加5.84亿m^3，增幅为31.18%，约占湖泊总容量的5.29%，湖容增至23.18亿m^3。枯水期枢纽工程水位控制在23~23.5 m，能够缓解洞庭湖春旱现象，对增加洞庭湖水域面积、湖容作用显著(图10.31)。

3. 城陵矶枢纽工程对洞庭湖流速变化的影响

城陵矶枢纽工程运行后，将改变洞庭湖湖区水动力条件，特别是与闸坝水力联系紧密的东洞庭湖湖区，受闸坝蓄水顶托的影响，水体流速将变缓。

(1) 洞庭湖湖体典型水文站点流速变化。模拟结果显示，受枢纽工程调度的影响，洞庭湖退水期、枯水期平均流速由0.30 m/s和0.23 m/s降至0.28 m/s和0.19 m/s，分别降低了6.67%、17.39%，其中枯水期由于水位抬升幅度较大，湖区水位维持在较高水平，各

湖区水位差减小，流速降幅最为明显。从空间上看，与水位模拟结果较为一致，城陵矶综合枢纽调控对洞庭湖东、南湖区的岳阳、鹿角、营田流速影响较大，西洞庭湖几乎不受枢纽的影响，空间上变幅随各站点空间分布位置不同而有所差异。退水期岳阳、鹿角、营田流速分别降低了 0.06 m/s、0.1 m/s、0.05 m/s，降幅分别为 19.36%、24.27%、29.07%；枯水期岳阳、鹿角、营田流速分别降低了 0.1 m/s、0.12 m/s、0.06 m/s，降幅分别为 33.5%、30.47%、25.39%。西洞庭湖各站点流速变幅在 0.1%～0.4%，枢纽建设前后流速差异不明显（图 10.32）。

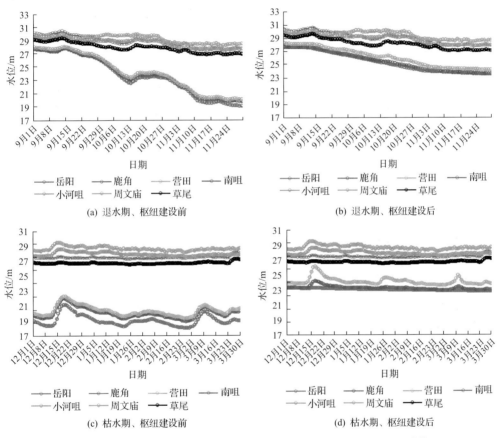

图 10.31　城陵矶综合枢纽建设前后洞庭湖退水期、枯水期水位对比（田泽斌等，2019）

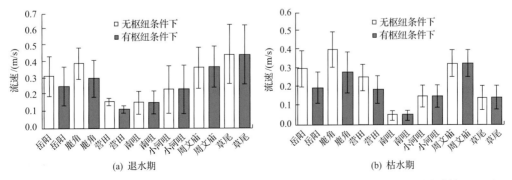

图 10.32　城陵矶综合枢纽建设前后洞庭湖退水期、枯水期典型站点流速对比（田泽斌等，2019）

(2)洞庭湖湖体流场分布格局变化。将湖体划分为闸前区域、主洪道、东洞庭湖滩区、南洞庭湖滩区、西洞庭湖滩区进行对比，结果如图 10.33 所示。无枢纽工程条件下，洞庭湖湖体流速空间上呈现主洪道＞闸前区域＞南洞庭湖滩区＞西洞庭湖滩区＞东洞庭湖滩区的分布特征。在城陵矶枢纽工程的调控下，洞庭湖各区域流速有不同程度的改变，其中闸前区域与主洪道流速降幅最大，退水期平均下降 0.11 m/s、0.14 m/s，枯水期平均下降 0.02 m/s、0.03m/s，东洞庭湖滩区略有下降，西、南洞庭湖滩区流速变幅不大。

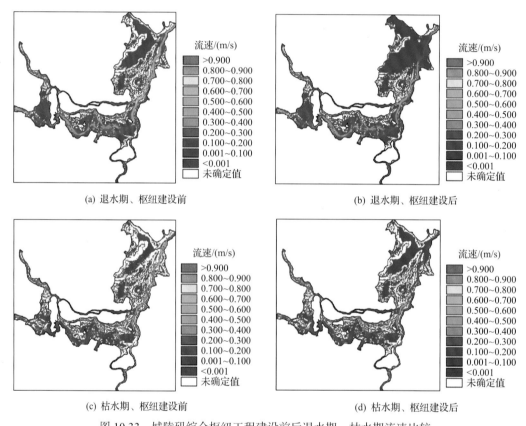

图 10.33　城陵矶综合枢纽工程建设前后退水期、枯水期流速比较

10.2.2　鄱阳湖湖口建闸

1. 鄱阳湖水利枢纽设计及调度方案概况

拟建的鄱阳湖水利枢纽工程坝址选定于鄱阳湖入江水道（116°07′E，29°32′N），介于庐山区长岭与湖口县屏峰山之间，两山之间湖面宽约 2.8 km，为鄱阳湖入长江通道最窄之处。该处上距星子县城约 12 km，下至长江汇合口约 27 km（图 10.34）。规划中的鄱阳湖水利枢纽工程，以"一湖清水"为建设目标，坚持"江湖两利"的原则，按"调枯不控洪"方式运行，按生态保护和综合利用要求控制相对稳定的鄱阳湖枯水位，提高鄱阳湖枯水季节水环境容量，达到保护水生态水环境、根本解决湖区干旱及生态缺水问题、改善湿地环境、消灭钉螺、提高航道等级、发展湖区旅游及渔业等方面的综合效益。

表 10.15 给出了规划中的鄱阳湖水利枢纽工程调度方案。

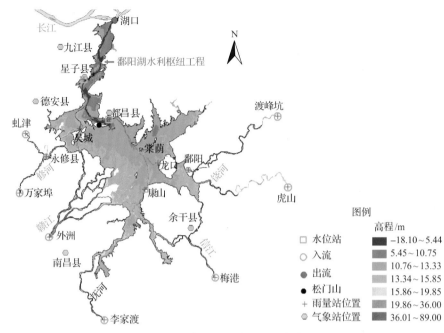

图 10.34　鄱阳湖地图及水文站、气象站位置

表 10.15　鄱阳湖水利枢纽工程规划调度方案[①]

时段	时间	江湖连通状态及调度方案
江湖连通期	3 月中旬至 8 月底	闸门全开，江湖连通。江湖间水流、能量、生物自由交换（类似于天然状况）
枢纽蓄水期	9 月 1～15 日	9 月 1～15 日，利用长江高水位期间，鄱阳湖洪水尾巴下闸节制湖水位，至 15 日水位一般控制在 14～15 m（黄海高程，下同）
三峡水库蓄水期	9 月 16 日～10 月底	9 月 16 日～10 月 10 日，综合考虑湖区灌溉和生态需求，湖水位渐降至 12 m 10 月 11～31 日，水位由 12 m 降至 11 m
补偿调节期	11 月 1 日～1 月 10 日	11 月 1 日至 1 月 10 日，水位在 11 m 波动
低枯水期	1 月 11 日～3 月 10 日	1 月 11 日～2 月 10 日，湖区水位由 11 m 降至 10 m 2 月 11 日～3 月 10 日，湖水位节制在 10～11 m 3 月 11 日起，视长江、鄱阳湖来水情况逐渐调至天然状态（防止水位骤降），当来水量较大时，闸门合开

注：表中水位为黄海高程。

2. 鄱阳湖水利枢纽工程对湖泊水文节律变化的影响

1）对主湖区水位变化节律的影响

以平水年 2000～2001 年枯水期为例，利用建立的鄱阳湖二维水动力模型模拟的结果，对 2000 年 9 月～2001 年 3 月水利枢纽水位调度时期有、无水利枢纽工程两种条件

---

① 资料来源：2012 年 6 月项目组调研时由江西省水利厅提供。

下鄱阳湖的水位变化进行分析(图 10.35)。从图中可以看出，水利枢纽工程条件下星子、都昌两处的水位变化影响较大，9～11 月波浪式的下降变为持续下降，12 月至次年 3 月的水位比无水利枢纽工程条件下明显提高，水位变化幅度变小；南矶、棠荫两处水位变化受水利枢纽工程影响较小。

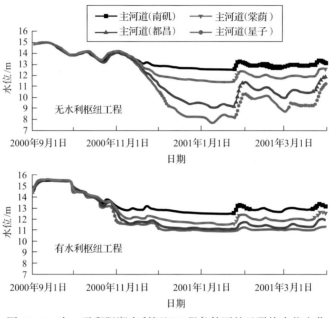

图 10.35　有、无鄱阳湖水利枢纽工程条件下的日平均水位变化

图 10.36 为有、无水利枢纽工程两种条件下鄱阳湖主河道的 2000 年 9 月～2001 年 3 月平均水位。无水利枢纽工程条件下，南矶附近主河道月平均水位范围为 14.7～12.7 m，棠荫为 14.6～11.7 m，都昌为 14.6～9.5 m，星子为 14.4～8.6 m。9～10 月，主湖区南北水位相差小于 1 m；11 月后，南北水位相差增大至 3～4 m。有水利枢纽工程时，9～11 月水利枢纽工程使水位下降速率加快，主湖区水面南北变化趋势相近；12 月至次年 3 月，水利枢纽工程使主湖区北部水位明显升高，升高范围为 1～3 m，而对主湖区南部水位影响不大。从图 10.36 可以看出，在星子水位高于 13 m 时，南北水位差很小；在星子水位低于 13 m 时，南北水位关系产生变化，北部水位的下降速率大于南部，导致南北水位差逐渐增大。水利枢纽工程的存在，阻止了北部水位的持续下降，在枯水期提升了主湖区北部水位，使南北水位差减小，将对湖水的整体流速产生影响，从而影响水体的自净能力。胡春华等(2012)利用 EFDC 模型模拟了鄱阳湖水利枢纽工程对湖区氮磷营养盐的影响，结果表明水利枢纽运行后，枯水期湖区 TIN、TP 浓度将分别增长 20.42%和 20.55%。

利用每月日平均水位的标准差描述有、无水利枢纽工程条件下主湖区水位的动态变化情况(图 10.36)。9 月，由于水利枢纽工程对水位的限制，标准差偏小；10 月，水利枢纽工程持续的水位下降调整导致水位动态变大；11 月，水利枢纽工程使主湖区水位动态明显变小；12 月起，水利枢纽工程对主湖区南部水位动态影响不大，北部明显变小。9 月和 10 月，在有、无水利枢纽工程两种条件下，主湖区水位动态在南北方向上大体一致。

11 月至次年 3 月，无水利枢纽工程条件下，主湖区水位由南向北，水位动态变化逐渐增大，如星子主河道月水位标准差范围为 0.39～1.10 m，南矶仅为 0.09～0.46 m；有水利枢纽工程条件下，南北水位动态变化差别变小，靠近水利枢纽工程的北部动态变化比无水利枢纽时明显变小。

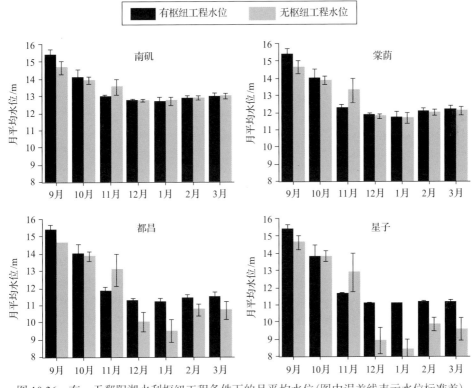

图 10.36　有、无鄱阳湖水利枢纽工程条件下的月平均水位(图中误差线表示水位标准差)

2) 对湿地自然保护区水位变化节律的影响

　　选取吴城、南矶两个国家湿地自然保护区核心区进行有、无水利枢纽工程条件的水位模拟。从模拟结果可以看出(图 10.37)，两个湿地保护区在 9～11 月的水位变化受到水利枢纽工程的一定影响。

　　有水利枢纽工程时，吴城和南矶保护区 9 月的月平均水位分别上升了 0.77 m，10 月分别上升了 0.15 m 和 0.16 m，11 月分别下降了 0.14 m 和 0.11 m；12 月至次年 3 月几乎完全不受水利枢纽工程的影响。吴城自然保护区核心区位于蚌湖，丰水期与鄱阳湖连通成为一个整体，枯水期则与主湖区隔离。通过对比吴城湿地自然保护区与主湖区主河道水位关系(图 10.38)可以知道，当吴城湿地水位低于约 13.8 m 时，蚌湖与鄱阳湖主湖区分离，与姜加虎和黄群(1996)通过水位观测资料分析得出的结论相同。2000 年由于水利枢纽工程的调控，使分离时间提前了约 20 天，对保护区的水位变化节律进行一定影响，在蚌湖与鄱阳湖主湖区分离后，保护区核心区水位不再受水利枢纽工程的影响。

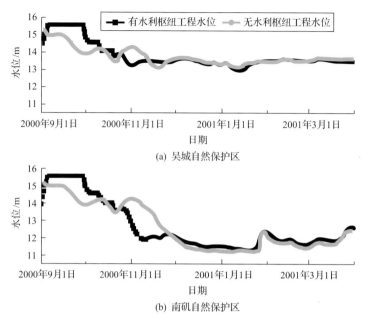

(a) 吴城自然保护区

(b) 南矶自然保护区

图 10.37　有、无鄱阳湖水利枢纽工程条件下湿地自然保护区水位变化

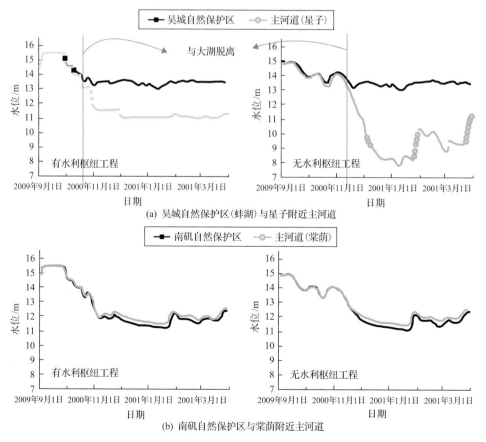

(a) 吴城自然保护区(蚌湖)与星子附近主河道

(b) 南矶自然保护区与棠荫附近主河道

图 10.38　湿地自然保护区与主湖区水位关系

南矶自然保护区的水位变化与主湖区棠荫附近主河道的水位变化基本一致（图10.38）。通过前面分析可知，水利枢纽工程对湖泊南部水位变化影响不大，由于南矶自然保护区位于鄱阳湖南部，受水利枢纽工程影响也较小。齐述华等（2014）通过遥感影像的解译认为，鄱阳湖在低水位下，浅水生境面积随水位的增加而增加，当水位至 11 m 时，达到最大面积，并随水位增加而减少，目前的水利枢纽工程调控在 11 月 1 日至次年 3 月 31 日间水位维持在 11 m 左右，可以有效保证越冬候鸟的栖息地面积。

总体来说，水利枢纽工程对两个国家湿地自然保护区核心区水位变化节律的影响较小，但形成原因不一样。吴城自然保护区核心区在水位较低时与主湖区脱离，不再受水利枢纽工程影响；南矶自然保护区位于鄱阳湖南部，受水利枢纽工程影响较小。

3）枯水年下枢纽工程对湖泊水位变化节律的影响

无水利枢纽工程条件下，枯水年湖泊来水量减少，水位将比平水年降低，特别是在鄱阳湖北部，枯水年水位下降更明显（图10.39），如湖泊南部的南矶附近主河道，2000 年平水年 9～12 月的平均水位为 13.7 m，2004 年枯水年为 12.8 m，下降了 0.9 m；北部的星子2000 年平水年 9～12 月的平均水位为 12.5 m，2004 年枯水年为 10.0 m，下降了 2.5 m。

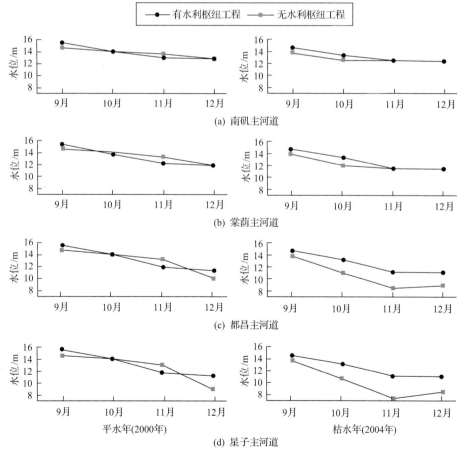

图 10.39 平水年和枯水年有、无鄱阳湖水利枢纽工程条件下主湖区月平均水位变化

有水利枢纽工程条件下，湖泊水位受人工控制，平水年和枯水年湖泊水位的变化基本一致。与平水年相比，枯水年水利枢纽工程对湖泊水位变化的影响更大。前面分析可知，平水年 2000 年 12 月起，水利枢纽工程开始明显提升湖泊水位；在枯水年 2004 年10 月起，有水利枢纽工程条件下的水位明显高于无水利枢纽工程时。通过对比主湖区主河道上南矶、棠荫、都昌和星子四处的水位，可以发现在枯水年水利枢纽工程对都昌和星子水位变化的影响明显，对南矶和棠荫的水位变化影响较小，即枯水年水利枢纽工程对湖泊水位的影响规律与平水年类似，影响大小由北向南逐渐变小。

3. 鄱阳湖水利枢纽工程对典型年份湖泊水动力的影响

1) 对典型年份流速的影响

为了对比分析水利枢纽对鄱阳湖流场流速的影响，在鄱阳湖选择了 50 个观测点，对有枢纽工程和无枢纽工程的模拟结果进行分析，图 10.40 是根据有枢纽和无枢纽模拟结果绘制的鄱阳湖入江河道、主湖区、吴城自然保护区和南矶山自然保护区年平均流速、枯水期平均流速和丰水期平均流速对比图。

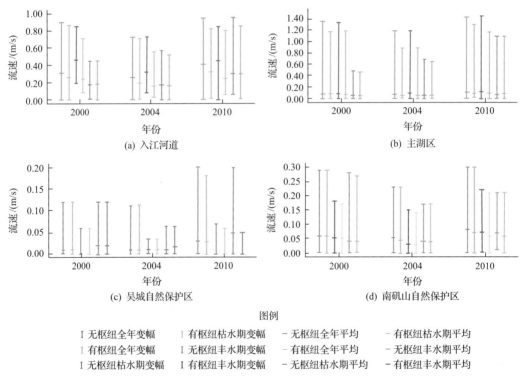

图 10.40　鄱阳湖重要区域有、无枢纽全年、枯水期、丰水期最大最小及平均流速

图 10.40 表明，枢纽工程的控水工程降低了入江河道的年平均流速，2000 年、2004 年和 2010 年分别由原来的 0.31 m/s、0.26 m/s 和 0.41 m/s 降为 0.26 m/s、0.18 m/s 和 0.32 m/s，分别降低了 0.05 m/s、0.08 m/s、0.09 m/s，其降速的影响主要来自于枯水期间的水位抬升，因此枯水期的平均流速变化较大，2000 年、2004 年和 2010 年分别由原来的 0.46 m/s、

0.32 m/s 和 0.45 m/s 降为 0.24 m/s、0.15 m/s 和 0.25 m/s，分别降低了 0.22 m/s、0.17 m/s、0.20 m/s，分别降低了 48%、53%和 44%。

枢纽控水过程对主湖区平均流速的影响，相对于入江河道来说比较小，2000 年的平均流速没有变化，但最大流速由无枢纽时的 1.34 m/s 到有枢纽的 1.18 m/s，降低了 0.16 m/s。2004 年和 2010 年分别由原来的 0.075 m/s 和 0.11 m/s 到有枢纽时的 0.061 m/s 和 0.09 m/s，分别降低了 0.014 m/s、0.020 m/s。

枢纽控水过程对主湖区最大流速的降低作用，比入江河道明显，尤其是对 2000 年和 2004 年最大流速的降低最为明显，这两年的最大流速分别从 1.38 m/s 和 1.19 m/s 降到了 1.18 m/s 和 0.89 m/s，降幅分别达 14%和 25%。

枢纽工程对入江河道、主湖区和两大保护区的枯水期平均流速、最大流速和最小流速都有不同程度的影响，其中以入江河道为最，对两大保护区的影响则较小，主要影响表现在降低了两大保护区枯水期的流速变幅，但减小程度不明显。

2) 对典型年份湖流的影响

鄱阳湖水利枢纽工程水位调度方案的实施客观上会改变鄱阳湖与长江水位之间的相对高低关系，使鄱阳湖的基本湖流类型发生改变，同时也会对局部湖流带来影响。

A. 鄱阳湖自然状态下和有枢纽状态下的基本湖流特征分析

自然状态下鄱阳湖是一个吞吐型湖泊，其湖流的主要形态为吞吐流，密度流和异重流较为少见。在吞吐流中，根据流势、流向及江湖水文关系可分为重力型、倒灌型和顶托型三种湖流类型。中低水位期以重力型湖流为主，中高水位期以顶托型湖流为主(尹宗贤和张俊才，1987)。三种湖流类型的划分标准在参照相关文献(熊道光，1991；程时长和卢兵，2003；谭国良等，2013)的基础上，定义如表 10.16 所示。

表 10.16　自然状态下鄱阳湖吞吐型湖流的分类

类型	水位落差/cm	湖口流量/(m³/s)	湖口流向	湖口流速/(m/s)
重力型	≥7	>1000	NE	>0.5
倒灌型	<7	<0.0	SW	<0.0
顶托型	<7	≥0.0	NE	≤0.5 且≥0.0

注：表中水位落差为星子与湖口水位之差。

表 10.16 中，之所以将倒灌和顶托型湖流星子与湖口水位落差都定义为小于 7 cm，主要是因为在实际考察中，倒灌和顶托型湖流都可能发生在水位落差小于 7 cm 的情况，但倒灌发生的必要条件是湖口流量小于 0 m³/s 且湖口流速小于 0 m/s。

水利枢纽工程的建设，使湖泊的基本湖流特征发生改变。一年中由于枢纽水位从 1月 1 日开始到 3 月中旬结束和从 9 月 1 日开始到 12 月 31 日结束，两度受到调节水位影响，在此时间范围中，自然状态下湖泊水位受长江水位影响而产生倒灌型湖流和顶托型湖流，在枢纽水位调节下这两种湖流形态发生根本性的变化，不再出现，取而代之的是因枢纽水位调节而产生的蓄水和排水湖流格局。为此，将其分别定义为蓄水型湖流和排水型湖流；同时在蓄水开始后，由于水流受枢纽的阻隔会出现局部的回流，将其定义为回流型湖流。

蓄水型湖流格局下湖泊的水文特征是枢纽处出流流量小于自然状态，但大于等于 0，湖泊水量外排受限，水位逐渐抬升，其水力原理类似于顶托型；排水型湖流格局下湖泊的水文特征是枢纽处出流流量大于或等于自然状态，水位逐渐较低或维持不变，其水力原理类似于重力型；回流型湖流出现于蓄水过程之后，与倒灌型湖流不同的是：回流型湖流是系统内湖水流动造成的结果，而倒灌是系统外补水造成湖水流动的结果。

B. 对湖泊基本湖流格局的影响

利用典型年份(2000 年、2004 年和 2010 年)的湖口实测水位、流量和模拟的枢纽位置水位、湖口流向及湖口流速、水位调度资料，对这些典型年份不同类型的湖流进行分析。

在分析过程中，湖流类型及其判断标准定义如下。

在江湖连通阶段，湖流类型和判断标准按表 10.16 进行命名和统计；在枢纽水位调控阶段(从 1 月 1 日开始到 3 月中旬结束和从 9 月 1 日开始到 12 月 31 日结束)，如果枢纽位置的水位大于枢纽调度水位，此时无论枢纽调度过程是处于排水过程还是蓄水过程，湖流类型均视为排水型湖流；反之，如果枢纽位置的水位小于枢纽调度水位，此时无论枢纽调度过程是处于排水过程还是蓄水过程，湖流类型均视为蓄水型湖流。

分析结果见表 10.17，表中括号内的数据分别表示排水型、回流型和蓄水型湖流发生的天数。

表 10.17　鄱阳湖典型年份不同湖流类型出现的天数

湖泊状态	水文年型	湖流类型		
		重力型	倒灌型	顶托型
无枢纽	平水年(2000 年)	258	9	99
	枯水年(2004 年)	218	14	134
	丰水年(2010 年)	256	0	109

湖泊状态	水文年型	湖流类型		
		重力型(排水型)	倒灌型(回流型)	顶托型(蓄水型)
有枢纽	平水年(2000 年)	106(103)	9(11)	50(87)
	枯水年(2004 年)	84(45)	8(0)	73(156)
	丰水年(2010 年)	105(89)	0(2)	60(109)

表 10.17 表明，不同年型中无枢纽状态下鄱阳湖湖流以重力型为主，占全年天数的59%以上，其次为顶托型，倒灌型最少，有些年份不发生；有枢纽状态下，重力型+排水型湖流有所较少，不同年型的减少比例为 19.0%～40.8%，其中以枯水年为最；顶托型+蓄水型湖流有所增加，不同年型的增加比例为 38.4%～70.9%，也以枯水年为最；枯水年型(2004)的倒灌由无枢纽的 14 次减少到 8 次，减少了 42.8%，其余两种年型未发生倒灌。但值得注意的是，倒灌与枢纽状态下由于蓄水产生的回流在水力学上是完全不同的。在有枢纽时，2000 年(平水年)和 2010 年(丰水年)由于蓄水分别发生了 11

次和 2 次回流。

3）对典型年份湖泊换水周期的影响

利用 2000 年、2004 年和 2010 年的模拟结果，根据换水周期的概念，在模拟结果的基础上得到逐日换水周期的计算公式：

$$P_l = 86\,400 \times \left(\frac{\sum\limits_{i=1}^{T}\sum\limits_{j=1}^{n}\xi_j H_{ij}}{\sum\limits_{i=1}^{T}\sum\limits_{k=1}^{m}Q_{ik}} \right), \quad 当\ Q_{ik} < 0, \quad Q_{ik} = 0 \tag{10-16}$$

式中，P_l 为第 l 月的换水周期；ξ_j 为格网 j 的面积（m²）；H_{ij} 为格网 j 第 i 天的平均水深（m）；n 为整个湖泊计算域的格网数量（大小为 96 004）；Q_{ik} 为出口断面处格网 k 的流量（m³/s）；m 为出口断面处格网数量；T 为第 l 月的天数。86 400 为将时间单位"秒"转换为"天"的转换系数。发生倒灌时，出口断面流量 Q_{ik} 为负值，而此时的湖泊库容 $\sum\limits_{j=1}^{n}\xi_j H_j$ 是在 Q_{ik} 为负值时作用形成的。在数值模拟条件下，对于换水周期来说，$Q_{ik}<0$ 与 $Q_{ik}=0$ 是等效的。因此，按式（10-16）计算换水周期时，当 $Q_{ik}<0$ 时，即令 $Q_{ik}=0$。

按照式（10-16）计算了 2000 年、2004 年和 2010 年无枢纽及有枢纽状态下的逐日换水周期。图 10.41 为有枢纽与无枢纽条件下月换水周期对照图。从图中可以看出，在江湖连通的 4～8 月，枢纽工程对月换水周期没有影响，但在 1～3 月及 9～12 月，湖泊水位由枢纽工程控制，明显增加了这些月份的换水周期。其中，枯水年型的 2004 年表现得尤其明显，月换水周期相差最大的为 23.4 天（1 月）；平水年型（2000 年）次之，最大相差天数为 23.8 天（9 月），其余均较小；丰水年型（2010 年）的月换水周期增加较小，月换水周期最大的相差 10.8 天（9 月）。

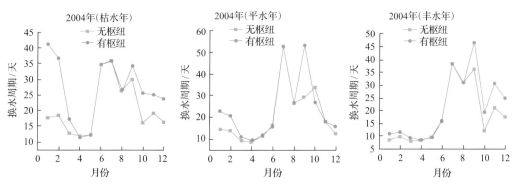

图 10.41　枯平丰年型下无、有枢纽工程时月换水周期

表 10.18 列出的是不同年型有、无水利枢纽工程时年换水周期及枢纽控制期间换水周期的对照。从表中可以看出，枢纽工程的控水过程导致了年换水周期的增加，2000 年、2004 年和 2010 年分别增加了 3.2 天、5.1 天和 3.4 天，以枯水年 2004 年为最大。

而枢纽工程实际控水期间的换水周期变化体现了枢纽工程对湖泊换水周期的实际影响，从表 10.18 可以看出，枢纽工程实际控水期间使 2000 年、2004 年和 2010 年的换水周期分别增加了 5.1 天、9.7 天和 6.4 天，增加的程度分别是 27.1%、52.7%、36.6%，其中对枯水年型(2004 年)影响最大。

表 10.18　不同年型有、无枢纽工程时年换水周期及控水期间换水周期对照表(单位：天)

年份	无枢纽换水周期	有枢纽换水周期	控水期间无枢纽换水周期	控水期间有枢纽换水周期
2000 年(平水年)	19.6	22.8	18.8	23.9
2004 年(枯水年)	20.8	25.9	18.4	28.1
2010 年(丰水年)	19.1	22.5	17.5	23.9

平水年 2000 年的平均流量为 4502.4 m^3/s，丰水年 2010 年的平均流量为 7031.3 m^3/s，枯水年的平均流量为 2934.4 m^3/s，从平均流量看符合"平""丰""枯"年型的标准，但从枯水期的天数来看，2000 年星子水位低于 10.22 m 的天数为 100 天，2010 年星子水位低于 10.22 m 的天数为 148 天，而 2004 年的天数为 172 天。因此，由此可以看出，枢纽工程对换水周期的影响与星子水位低于 10.22 m 的枯水期天数及期间的平均水位密切相关。

10.3　江湖关系优化调控系统构建

10.3.1　系统平台研发

1. 系统框架设计

开展湖泊水安全预测预警与江湖关系优化调控系统的用户需求分析，定位系统的开发目标为通过水动力模型模拟长江与两湖的水动力变化，根据水动力模拟结果预测长江与两湖的物质(如氮、磷等)迁移过程，进而评估河湖关系健康状态，并基于水库群联合调度模型计算水库群的最优调度方案，改善江湖关系，据此设计系统总体技术框架(图 10.42)，主要包括长江-两湖信息数据库、模型与用户界面三部分。长江-两湖信息数据库是系统运行的数据源，数据库采用不同数据类型存储，适应不同子模块的数据输入需求，开发数据管理工具(数据导入、导出与验证等)，提高用户与数据库的交互能力；模型部分明确了子模块的组成、交互关系、模拟变量、数据规范，规范了子模块的封装规则与接口，形成不同时间与空间尺度子模块之间的良好通信机制；用户界面基于 Python 编程语言及其函数库开发(WXPython 与 GDAL 等)，重点表征长江与两湖环境要素的空间异质性与时间动态性，为用户提供模拟情景管理、模拟结果表达、统计分析等系列后处理工具。

系统功能包括数据库管理、模拟控制、系统输出、系统选项、系统帮助。数据库管理主要实现用户对地形、气象、水文、水质等数据的相关操作，包括数据导入、数据校验、数据查看、数据导出功能；模型控制主要实现模拟情景设置、模型输入输出设置、选择计算模式、查看模拟状态等方面的功能；系统输出界面用于管理模拟结果，包括水文、水动力等模拟结果，支持模拟结果查看与统计分析等方面的功能；系统选项主要包括系统语言与系统界面等相关设置；系统帮助界面为用户提供技术支持，包括相关说明文档。

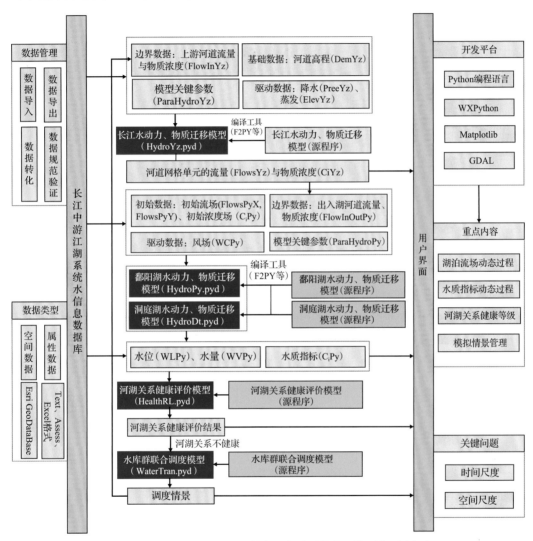

图 10.42　湖泊水安全预测预警与江湖关系优化调控系统平台框架

2. 数据库构建

长江中游江湖系统水信息数据库的构建是以规范化、安全性、实用性、可扩展性为原则，参照国家和行业信息化管理的有关标准整编数据，设计完善的数据接口，构建数据库及其应用平台，为系统平台的运行提供数据支持。数据库包括研究对象(鄱阳湖、洞庭湖与长江)的地形、气象、水文与水质等数据，数据库具有完善的数据接口，能够满足系统平台在模型数据输入与模型校验阶段的实时调用。

系统数据库具备三方面功能：数据校验，长江中游江湖系统水信息数据库具有数据量大、种类多等特点，通过数据校验可实现数据的规范性，确定模型合理调用；数据查询，长江中游江湖系统水信息数据库支持简单数据查询功能，用户可查询数据类型、时间尺度、空间范围；数据分析与制图，长江中游江湖系统水信息数据库基于系统的可视化组件，可分析数据特征，并完成简单制图工作。

基础数据主要包括四类：地形、气象、水文与水质；其中地形数据主要包括鄱阳湖与洞庭湖的湖底地形；气象数据包括国家气象站点提供的降水、气温等数据；水文数据包括水文站点的水位与流量；水质数据包括含沙量、叶绿素与氮磷的相关指标，数据主要作为模型的输入数据与校正数据。

3. 可视化组件开发

洞庭湖-长江-鄱阳湖水环境与水生态过程具有时空尺度差异大、影响要素多、动态过程复杂等特征；现有商业 GIS 组件提供了强大的空间分析功能，但存在动态表达功能有限、网格数据结构不兼容、使用成本高等不足，难以满足水环境过程可视化表达的需求。

基于水环境的模拟需求，采用底层函数库开发具有自主知识产权的长江-两湖关系可视化组件，该组件包括空间分布图、流场图与曲线图三个模块，重点表征水文、水环境与水生态相关指标(如水位、流场、藻类与不同形态氮磷)的空间动态过程，与现有 GIS 组件相比，具有多模拟情景动态比较、模拟情景误差分析、兼容水环境模拟的主流数据网格(三角网格、正交曲线网格、正方形网格)、灵活框架与快捷安装等突出优势，能够满足江湖关系空间动态过程模拟结果表达与分析的需求(图 10.43)。

4. 应用界面开发

基于湖泊水安全预测预警与江湖关系优化调控系统的技术框架，根据系统功能需求，设计系统应用界面，主要包括以下 6 个界面。

(1)系统主界面。包括 5 个功能区：模拟案例、数据库、模拟控制、模拟输出、系统选项。

(2)模拟案例管理。重点实现案例的快捷访问模式，系统用户无需详细了解模块的过程机理的前提下，亦可快速实现导入案例、浏览案例、删除案例与新建案例等方面功能。

(3)数据库。用于管理长江中游江湖系统水信息数据库的地形、气象、水文与水质等数据，数据库界面具有数据查询、单一站点的单要素信息显示、多站点的单要素信息显示和多站点的多要素信息显示等功能。

(4)模拟控制。模拟控制界面提供模型设置的索引，包括湖泊水动力模型、湖泊水安全评估模型、水库群联合调度模型等模型，通过索引，可设置不同模块参数，并运行模型。

(5)模拟输出。模拟输出用于管理模拟结果，包括湖泊水动力(流速、流向)与优化调度等相关结果，支持模拟结果查看与统计分析等方面的功能。

(6)系统选项。用于展示系统开发信息，包括系统名称、开发平台、开发时间与人员等信息。

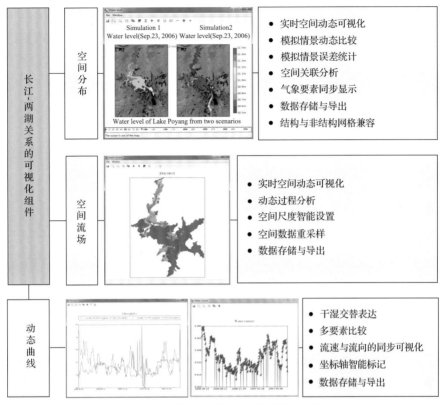

图 10.43　长江-两湖关系的可视化组件

10.3.2　系统模拟设置

1. 模型输入设置

模型输入设置主要实现不同模块的具体设置，系统通过"模块通信与设置索引"方式管理不同模块的设置，双击某一模块后，可弹出该模块相关配置信息的设置，不同模块的配置信息有所差异，但主要包括模拟时段、时间步长、初始数据、驱动数据、边界条件、输出文件存储等相关设置。

单击"参数设置"按钮后，可设置模型的配置信息，包括 6 个选项卡：模拟控制、初始数据、驱动数据、边界条件、参数、输出设置。其中模拟控制可设置模拟初始时间、模拟时长、模拟步长，并选择模拟所需要的模块。

初始数据用于设置湖泊水动力与水质的初始状态，可采用冷启动与热启动两种方法，模拟水动力时可以不设置水质指标(如溶解氧与氮磷)的初始状态。

驱动数据主要包括气象数据与水动力数据，其中气象数据有两个来源：通过离线方式导入、通过在线方式下载，包括风速、风向、气温、降雨、太阳辐射等指标，系统提供示例模板，可基于模板整理气象数据；水动力数据用于驱动水质模型。

边界条件主要设置出入湖河流位置，系统提供可视化模式编辑出入湖河流的点位，其中同一编号代表 1 条河流，系统采用均匀分配方法把河流流量分配到不同网格。

　　参数选项卡用于设置模型参数，包括水动力与水质模拟参数，水动力模拟时可不设置水质参数，系统提供默认的参数取值与取值范围，用户可根据参数取值范围优化参数值。

　　输出设置选项卡可设置模拟结果的存储路径、输出指标、不同指标对应的文件夹、不同指标的存储频次。

2. 模型输出管理

　　系统提供模型输出管理界面，可以显示湖泊水位的空间分布与关键站点信息、流场空间分布与关键站点信息、专题要素信息(如淹没时间等)。

10.3.3　江湖关系调控决策

1. 调控的流程

　　基于湖泊水安全预测预警与江湖关系优化调控系统开展江湖关系调控决策的核心技术是湖泊水动力模型、湖泊水生态健康评估模型、水库群联合调度模型，关键环节说明如下(图10.44)。

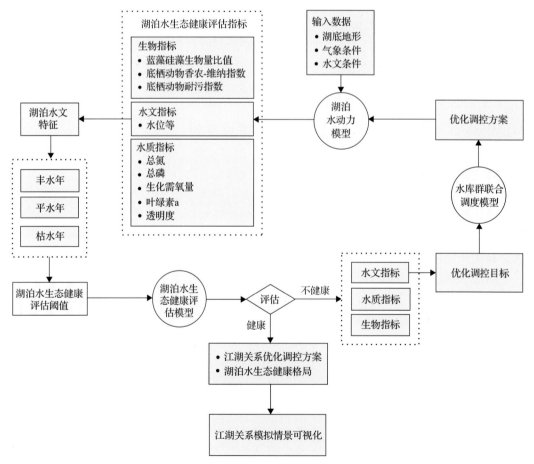

图 10.44　江湖关系优化调控流程

(1)湖泊水动力模型：以地形、气象、水文等数据为湖泊水动力模型的输入数据，模拟鄱阳湖与洞庭湖的水位等水动力要素空间分布的动态变化过程，并提取丰水期与枯水期水位的空间分布、关键站点水位动态变化过程、丰水期与枯水期流场的空间分布、关键站点流速与流向的动态变化过程等关键信息，分析湖泊水文特征，判别模拟年份对应的水文年(平水年、丰水年与枯水年)。

(2)湖泊水安全评估：基于湖泊水生态健康评估指标(水文指标、水质指标与生物指标)，以及不同水文年建立的湖泊水生态健康评估阈值，开展鄱阳湖与洞庭湖的水生态健康评估，分析两湖水生态健康的空间格局与季节变化特征，为水库群联合调度目标确定提供科学依据。

(3)水库群联合调度模型：分析水生态健康评估结果，设置优化调控目标，基于水库群联合调度模型，设计三峡等大型水库的联合优化调度方案，实现湖泊最小生态需水满足率最大、缺水量最小，发挥通江湖泊最佳的生态环境效益。

(4)江湖关系模拟情景可视化：完成湖泊及出入湖河流水文与水质等情景模拟结果的可视化，重点开展上述要素的空间动态表达，表征湖泊与河流的连通关系，实现模拟情景的统计分析与动态比较(图 10.44)。

2. 调控情景的空间动态过程展示

湖泊水安全预测预警与江湖关系优化调控系统具有展示调控模拟情景的功能。

(1)展示不同调控情景下的关键站点流量和水位等要素的时间动态变化过程(图 10.45、图 10.46)，主要包括长江、鄱阳湖与洞庭湖的相关水文站点；

(2)通过地图定位与经纬度输入方式，自定义长江与两湖关键站点/感兴趣站点的地理位置，用户可快捷提取关键站点/感兴趣站点水位等要素的时间动态变化过程；

(3)支持不同调控情景水位与流量等要素的空间动态变化过程比较，并且可同步显示不同调控情景的风速与风向，动态变化过程支持图像与动画格式输出；

(4)展示湖泊水安全评估结果，包括安全、次安全与不安全三种安全等级，同时支持不同水安全评估状态的空间比较(图 10.47)。

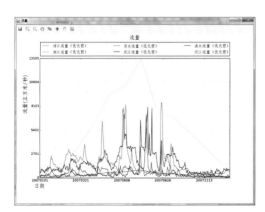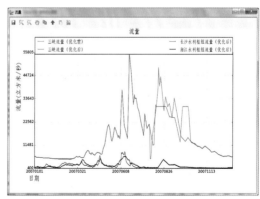

图 10.45　不同调控情景下的关键站点流量

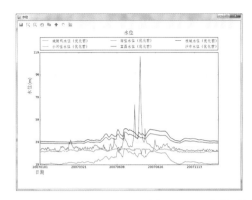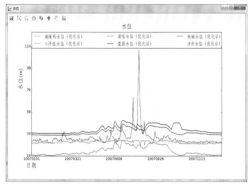

图 10.46　不同调控情景下的关键站点水位

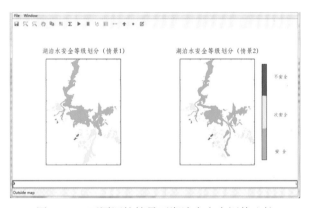

图 10.47　不同调控情景下湖泊水安全评估比较

10.4　江湖关系调控的总体策略

保持长江中游洞庭湖和鄱阳湖与长江江湖两利的健康江湖关系，对维护两湖流域和长江中下游区域防洪、供水、水环境和水生态安全具有不可替代的作用。以三峡水库为代表的长江上游水库群建设，极大地改变了坝下河道径流的年内分配，尤其是三峡水库作为长江上游下泄径流的最后的调节，9～10 月水库集中蓄水将导致坝下干流径流急剧减少，干流水位降低，导致长江对洞庭湖城陵矶和鄱阳湖湖口出流顶托作用减弱、拉空作用增强；4～5 月水库汛前腾空增加下泄径流抬高干流水位，将加大对进入汛期的两湖洪水下泄入江的顶托作用，打破原有的江湖关系平衡，一定程度上增加两湖地区洪水风险。三峡水库的这种影响与两湖湖区日益加大的不合理人类活动和入湖河流大量调蓄水库运用相叠加，将加剧长江中游江湖关系的失衡。采取科学合理的措施优化调控和维护江湖两利的江湖关系意义重大。

针对湖泊涨、丰、退、枯不同时段防洪、供水、水生态和水环境安全存在的问题，根据前述长江与干支流水库联合优化调度和两湖枢纽工程建设情景模拟，以及对洞庭湖区近自然综合整治效应的模拟分析，提出恢复特定水文年湖泊退、枯水季节平衡江湖关系的总体调控策略。

10.4.1 优化长江和两湖干支流水库群联合调度

1. 优化平水年和偏枯水年份三峡水库蓄水期蓄水调度方案

大量研究表明，21 世纪初以来，长江中游洞庭湖和鄱阳湖两大通江湖泊，以持续低水位为主要水情特征。原因在于，长江和两湖流域均处于降水偏少的干旱水文周期，导致长江分流、顶托倒灌和两湖入湖径流量减少，三峡水库蓄水运用只起到叠加影响作用。三峡水库蓄水运用对两湖江湖关系和湖泊水文情势的负面影响，主要集中在水库汛前腾空期(大致对应两湖 4~6 月汛期)和汛末蓄水期(大致对应两湖 9~11 月退水期)，在水库调洪期(7~9 月)和枯水消落期(12 月至次年 3 月)不同程度上有利于两湖的防洪和供水。

三峡水库汛前腾空调度主要是为保障汛期水库防洪效益的发挥，在长江上游与两湖流域同步进入特大洪水的年份，才会影响两湖泄洪，增加两湖洪水风险，其遭遇影响频次和影响程度总体相对不大。汛末集中蓄水将大大减少长江上游下泄沙量和水量，加剧干流河道冲刷，显著降低坝下干流河道水位，增强长江对两湖的拉空作用，如 2003~2015 年，三峡集中蓄水期洞庭湖和鄱阳湖典型代表站平均水位较多年平均(20 世纪 50 年代至 2002 年)分别下降 0.18~1.70 m 和 1.01~2.07 m(图 10.48)，尤以 10 月降幅最为明显，从而导致两湖枯水期显著提前和枯水期延长；遇特殊水文年份，不仅严重影响偏枯年份两湖地区工农业生产与居民生活供水安全，还会导致湖泊与湿地生态系统生态缺水，对湖泊与湿地生态系统正常演替产生不利影响。

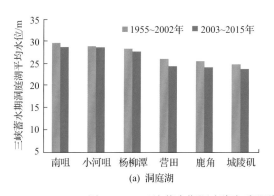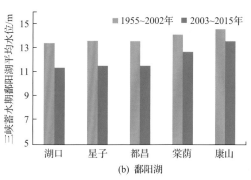

图 10.48 三峡蓄水期洞庭湖与鄱阳湖代表站 2003 年前后平均水位变化

因此，三峡水库蓄水运行对中游江湖关系和两湖水文情势的负面影响主要体现在汛末集中蓄水的 9~11 月，导致两湖退水期和枯水期的水位降低。遇丰水年份，三峡水库正常调度引起的湖泊水位降低对两湖退水期生态需水影响不大，两湖生态需水均能得到保障；遇平水年份，水位降低对两湖退水期生态需水有一定影响，但两湖退水期生态需水保证率基本能维持在 85%(洞庭湖)和 94%(鄱阳湖)以上；而遇枯水年份，三峡水库正常调度引起湖泊退水期水位降低，两湖生态需水保证率仅能达到 67%(洞庭湖)和 82%(鄱阳湖)，三峡水库集中蓄水影响明显。

据 10.1 节研究，优化三峡水库汛末蓄水期调度运用方案，可减轻三峡水库集中蓄水对两湖退水期水位快速下降的影响。蓄水前期和初期(8月中旬至9月中旬),在常规调度的基础上减少水库下泄流量,适当保持起蓄水位,并在提高气象水文中长期预报精度、保障水库大坝安全的前提下提前蓄水,减小水库正常调度集中蓄水期的蓄水强度和压力,若水库在汛末采用预蓄方式,保持汛末水位在150 m左右,可使常规调度集中蓄水期蓄水过程有所放缓,增加下泄流量;蓄水末期和后期(10月中下旬至11月),为保障湖泊生态需水,在初期预蓄基础上适当加大下泄流量。不同水文年三峡水库优化调度两湖不同湖区水位最大增幅见表10.19。

表 10.19 三峡水库优化调度不同水文年两湖退水期水位最大增幅 (单位:m)

情景	洞庭湖				鄱阳湖		
	城陵矶	东洞庭湖	南洞庭湖	西洞庭湖	湖口	北鄱阳湖	南鄱阳湖
平水年	0.55	0.15	0.16	0.25	0.51	0.02	0.00
丰水年	0.50	0.19	0.21	0.25	0.53	0.23	0.12
枯水年	0.50	0.02	0.02	0.02	0.18	0.00	0.00

从表 10.19 中可以看出,三峡水库汛末蓄水期蓄水优化调度能不同程度地抬高两湖退水期各湖区的水位,抬高幅度丰水年>平水年>枯水年;各湖区抬高幅度也有所差异,其中以洞庭湖城陵矶和鄱阳湖湖口湖区增幅最为显著。

从两湖退水期生态需水保证率提高程度看,实行三峡汛末蓄水期蓄水优化调度,丰水年两湖生态需水均能得到满足。平水年,洞庭湖生态需水保证率可从正常调度的85.4%提高到95.7%,鄱阳湖可从93.7%提高到96.9%,均可有效改善两湖生态缺水的状况。枯水年,洞庭湖生态需水保证率从约67%提高到不足70%,对洞庭湖缓解退水期生态缺水的作用有限;鄱阳湖生态需水保证率从82.2%提高到84.0%,可在一定程度缓解退水期水位快速下降的影响。

2. 开展枯水期三峡和两湖入湖河流水库群联合优化调度

在平水和丰水水文年情形下,两湖枯季水量基本能满足湖区供水和湖泊生态需水的要求,但在偏枯水年份,尤其是特枯水年份,两湖枯水期将出现湖区供水和湖泊生态需水紧张状况。三峡水库枯水消落期蓄水运用理论上将不同程度提升两湖枯季水位,对缓解枯季两湖缺水有利。但事实上,受长江干流河道冲刷加深和径流量减少的双重影响,水位降低对两湖拉空作用增强,2003~2015年与1980~2002年多年平均相比,受前期退水水位过快下降影响,三峡水库枯季消落,两湖12月水位不升反降,洞庭湖和鄱阳湖平均水位分别下降0.41 m和1.44 m;1~3月,除洞庭湖平均水位有0.32~0.47 m的升幅外,鄱阳湖水位基本没有上升。

从不同水文季节长江和两湖流域来水对湖泊蓄水量的贡献来看,在退水期,两湖蓄水量主要受长江来水多少的影响,长江来水对洞庭湖和鄱阳湖蓄水量的贡献分别可达73%和92%,而两湖流域来水影响仅分别占27%和8%;在枯水期,两湖蓄水量几乎100%受流域四水和五河来水的影响,长江对两湖枯水期蓄水量大小基本没有影响。因此,加大两湖流域来水调控，特别是鄱阳湖五河水库群运用调控，与长江三峡水库开展水库群联合优化调度，是缓解两湖枯水期生态缺水的有效途径。

根据两湖不同湖区枯水期实际水位与最小生态保证水位的差异，据前述 10.1 开展的枯水年长江和两湖干支流水库群联合优化调度研究，在两湖流域和三峡水库汛前腾空期前，提前和加大水库库容腾空，在湖泊过低水位出现的 2～3 月，舍弃一定发电效益，同时增加水库下泄水量，有效提高枯水年两湖的枯季水位，可使洞庭湖枯季生态需水保证率从正常调度的 89.3%增加到优化调度的 93.8%，鄱阳湖从 73.7%增加到 76.3%（图 10.49）。

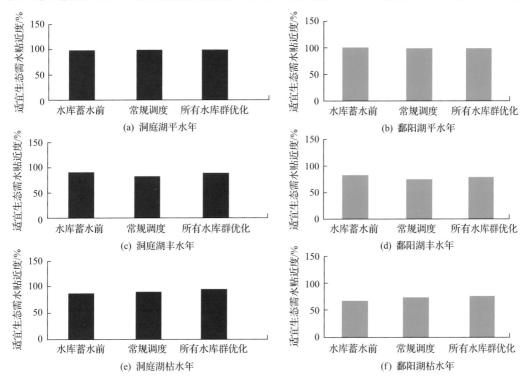

图 10.49　三峡与两湖流域水库群联合优化调度改善两湖生态需水程度

10.4.2　审慎对待洞庭湖城陵矶和鄱阳湖湖口水利枢纽工程建设

1. 水利枢纽对缓解两湖枯季缺水效益

自三峡水库蓄水运用以来，受自然因素和人类活动导致的江湖关系变化等多因素影响，洞庭湖和鄱阳湖出现枯水期提前、枯水期延长和超低水位频现等问题，导致湖区供水和湖泊生态需水严重不足。为应对两湖水库情势变化，湖南和江西两省均提出了"调枯不控洪"的水利枢纽建议方案。

洞庭湖城陵矶水利枢纽采取 9 月开始蓄水，当湖水位最高蓄至 27.5 m 后按照天然水位节律下泄，至次年 3 月底，抬升枯水期水位至 23～23.5 m，对增加洞庭湖水域面积、湖容作用显著。退水期能够有效抬升全湖水位 0.78 m，东洞庭湖水位平均抬升 2.04 m，增加湖泊面积 212 km²，增加湖容 12.9 亿 m³，对缓解洞庭湖秋旱有利。枯水期可有效抬升全湖水位 1.06 m，东洞庭湖水位平均抬升 3.08 m，增加湖泊面积 99 km²，增加湖容 5.84 亿 m³，对缓解洞庭湖春旱有利。

鄱阳湖湖口水利枢纽同样采取 9 月开始蓄水，9 月上中旬若闸上水位高于 14.5 m，泄水闸门全部敞开，若遇枯水年闸上水位低于 14.5 m，则关闸蓄水至 14.5 m；10 月至次年 3 月上中旬，控制闸上湖水位按近自然方式，逐步消落至 10 月中旬 13.5 m、10 月底 12.0 m、11 月底 10.0 m 并维持至 12 月底，至 2 月底保持水位 9.5 m 以上，直至 3 月中上旬闸上水位逐渐与外江持平打开闸门江湖连通。枢纽建设，9～10 月退水期多年平均可增加供水量 4.6 亿 m³，并不同程度地增加湖泊水面积(图 10.50)，可使环湖 79 座城市水厂水源供水保证率从现状最低的 80% 提高到最低的 97%，环湖农村水源供水保证率从现状最低 70% 提高至最低 90% 以上，在相当大的程度上可缓解湖区干旱缺水问题。

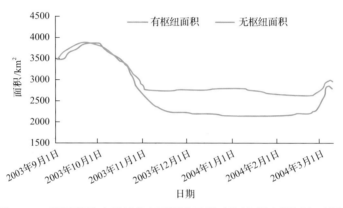

图 10.50　鄱阳湖无/有枢纽状态下湖泊面积对比(包括入湖河流面积)

因此，总体来说，枢纽工程对缓解洞庭湖和鄱阳湖秋季和春季旱情作用明显，将在很大程度上缓解三峡蓄水运用以来两湖出现的枯水期提前、枯水期延长、枯季水位偏低及引发的缺水问题。

2. 水利枢纽对湖泊可能的负面影响

水利枢纽工程毋庸置疑对缓解退水期和枯水期干旱缺水有利，但建闸将在很大程度上阻断 9 月中旬至次年 3 月两湖与长江的自然连通，导致湖泊水动力、换水周期等水文情势变化，对湖泊生态系统影响不容忽视，以 10.2 节鄱阳湖水利枢纽研究为例，对这些影响进行分析。

1)流速降低对湖泊富营养化的影响

鄱阳湖水利枢纽工程明显降低了湖泊南部与北部的水位差，降低了湖泊流速，特别是湖泊北部流速降低了约 50%，减少了湖泊水体的流动性，在一定程度上会导致富营养化的加剧(刘涛等，2012；王力玉等，2012)。Pan 等(2009)对长江流域通江湖泊的研究表明叶绿素 a 浓度在湖水流速降低至 0.12 m/s 时达到最大；在鄱阳湖水利枢纽工程影响下，鄱阳湖北部湖区(星子)的流速由 0.32～1.02 m/s 减小至 0.02～0.86 m/s，有可能加剧鄱阳湖枯水期的富营养化。

2) 湖泊流场格局变化对湖泊的影响

湖泊流场决定了湖泊水体的运动，对湖泊沉积物、营养成分和污染物的运移输送和再悬浮有着至关重要的作用(黄牧涛和田勇，2014)。就选择的典型年份来看，从模拟分析结果可知：枢纽工程使重力型(包括排水时类似于重力型)的湖流有所较少，不同年型的减少比例为 19.0%~40.8%，其中以枯水年为最；顶托型(包括蓄水时类似于顶托型)的湖流有所增加，不同年型的增加比例为 38.4%~70.9%，也以枯水年为最；枯水年型(2004 年)的倒灌由无枢纽的 14 次减少到 8 次，减少了 42.9%。

枢纽工程除了对湖泊的基本湖流类型有影响外，对局部流场也有不同程度的影响，其中比较明显的是松门山南部的环流场，枢纽工程使该部位顺时针环流场发生的次数明显减少，反时针环流发生的次数则有所增加；枢纽工程也在不同程度上造成汊池湖回流次数减少，不同年型下减少的比例为 4.2%~11.4%；而对汊池湖反时针半环流场在枯水年型的影响较大，其发生次数增加了 45.6%。

据叶崇开等(1991)和马逸麟等(2003)的研究，鄱阳湖入江河道淤积区的物质来源主要来自于长江泥沙倒灌和入江河道上游的风扬作用和水土流失，如多宝乡的沙山水土流失和星子县的矿山开采等；另据朱玲玲等(2014)的研究，1957~2003 年的三峡水库蓄水前，若不考虑"五河"控制水文站以下水网区入湖沙量，湖区年均淤积泥沙量占总入湖沙量的 33.1%，但三峡水库蓄水后的 2003~2012 年，"五河"年均入湖泥沙量远小于出湖悬移质泥沙量。因此，枢纽工程导致重力型基本湖流减少、顶托型基本湖流增加和局部湖流改变的现象，可能会影响到现有的入湖与出湖泥沙量的比例关系，从而在一定程度上影响到入江河道和湖区的泥沙淤积和营养物质的空间分布状态，加之水利枢纽工程导致的湖泊流速减小，使这种状态在流场格局变化基础上增添了变数。

3) 换水周期延长对湖泊的影响

湖泊的换水周期直接影响到了湖泊的水力驻留时间，换水周期的大小影响到湖泊水体营养物质聚集或稀释(郭武和钱湛，2011)。从前述研究模拟结果的分析看，枢纽工程的水位调度使实际控水期间的湖泊换水周期变化有所增加，从而使湖泊的年换水周期也相应地发生变化。模拟结果表明，就模拟所选年份，枢纽工程实际控水期间使 2000 年、2004 年和 2010 年的换水周期分别增加了 5.1 天、9.7 天和 6.4 天，增加的程度分别是 27.1%、52.7%、36.6%。其中对枯水年型(2004 年)影响最大。

换水周期增加意味着湖泊水体营养物质聚集和驻留的风险加大。根据李锦秀和廖文根(2002)在三峡库区水流与污染物降解速率的研究，当流速大幅度降低后，水体内有机污染物的降解速率将大幅减小。模拟结果表明，鄱阳湖枯水期 TN 与 TP 浓度在枢纽工程运行后将分别增加 37.55%和 10.87%，而在平水期枢纽工程运行后将分别增加 16.24%和 10.53%(胡春华等，2012)。枢纽工程的运行对污染物浓度的富集作用主要表现为：①水利工程的运行导致大面积洲滩长时间被淹没，污染物底泥释放速率增加；②湖水自净能力降低，藻类等微生物丰度和活性降低；③枢纽工程运行后造成流速大幅降低，营养盐的滞留率增大。

因此，从两湖水利枢纽建设对两湖水文和生态环境影响的利弊，以及长江中下游江湖阻隔对湖泊生态环境影响的历史看，水利枢纽建设将显著改变湖泊水动力条件和换水周期等，对湖泊生态系统结构与功能长期演变将产生难以预测的影响，存在较大的湖泊富营养化加剧和蓝藻水华爆发的风险，必须审慎对待。

10.4.3　疏浚洞庭湖荆江三口和增加鄱阳湖碟形湖建议调控枯水期水量

长江中游通江湖泊江湖关系变化与长江干流和湖泊水沙输移、河床和湖盆地形演变等要素密切相关。在两湖与长江主交汇口建闸季节性调控江湖关系，高坝调控将严重影响两湖生态与环境；近自然过程的低坝调控，虽大大减缓了工程的生态环境影响，但巨量投入的工程不仅在丰、平水年份效益难以发挥，而且在枯水期控流仍将导致湖泊水动力大幅减缓、换水周期加长、污染物滞留增加，在枯水期延长的背景下，将可能增大湖泊蓝藻水华发生风险。因此有必要寻求其他解决枯水期所面临问题的替代方案，如开展洞庭湖荆江三口近自然综合整治，开展鄱阳湖碟形子湖建设等，变湖口建闸控湖为保持枯季局部生态水位调控，最大程度减轻工程建设的负面影响。

针对洞庭湖目前水资源时空分布不均和荆江分流过境水资源量减少问题，根据三峡运行以来长江干流和荆江四口（包括已封堵的调弦口）径流-水位过程线和河床冲淤-高程变化，通过荆江分流河道河床高程疏浚调控，将分流河道分流量恢复到 20 世纪 60~70 年代水平，同时大力实施湖区水系连通工程、改善湖区水动力条件，大幅提升湖区水资源供给能力，在基本缓解洞庭湖区枯水期缺水和水环境下降问题的同时，最大程度减轻筑坝和建闸工程建设带来的更多难以逆转的负面效应。

近 60 年来，由于荆江裁弯、葛洲坝及三峡大坝的修建等因素的影响，荆江三口河道冲淤发生了剧烈变化。根据 1952~2011 年实测地形资料，荆江三口河道从三峡大坝运行前 1952~2003 年以淤积为主，转变为三峡大坝运行后 2003~2011 年的以冲刷为主（Yang et al., 2014）。2003~2011 年松滋河、虎渡河、藕池河、松虎洪道冲刷强度分别为 1.25 万 m^3/km、1.39 万 m^3/km、0.65 万 m^3/km、2.56 万 m^3/km（孙苏里和沈健，2015）。此外，2003 年以来枯水期三口分流量与分流比呈现增大的趋势，然而由于干流清水下泄、干流河床持续性冲刷，造成同流量下干流水位下降，现阶段三口分流比（11.73%）相较荆江裁弯前（29.19%）仍较小，且丰水期与平水期分流量与分流比仍呈现不断下降的态势。

河湖水文连通作为河湖系统纵向连通的重要表现形式，对于河湖系统水、沙、营养物质以及生物交换互馈具有重要意义。开展洞庭湖荆江三口近自然整治，恢复荆江三口分流量，对于缓解河道断流情况，重建河湖水文连通具有重要意义。考虑到松滋口分流量与分流比在荆江三口中所占的比例较大，以松滋口为例，对不同疏浚情景的分流量提升效应开展了模拟研究，结果表明（图 10.51），在新江口现状河道基础上，疏浚 1 m 左右其分流量可达到 20 世纪 60 年代荆江裁弯前分流量水平。而对于沙道观而言，疏浚深度超过 1.5 m 才能改善枯水期断流的情况，典型枯水年(2006 年)、典型平水年(2008 年)疏浚 2.5 m 左右条件下分流量与 60 年代相应年份的分流量最为接近。

　　近 60 年来长江干流河道基本处于冲刷状态，而分流河道冲刷强度有限，年均输沙量较大，前期淤积严重，造成河道水力坡降下降，松滋口分流能力下降，进而导致分流量减少甚至断流。模拟结果表明在现状条件下对分流河道的疏浚可以有效缓解松滋口分流能力下降的问题。然而三口疏浚的总体方案需综合考虑松滋口、太平口与藕池口及其相应河道的疏浚效应，通过建立目标函数，开展多目标优化研究确定。此外，值得注意的是，三口河道的疏浚在提升枯水期分流缓解湖区干旱、提高水文连通性的同时，也将不可避免地提高丰水期分流量，进而加大松滋地区的防洪压力，给湖区人民生产生活带来安全隐患，可采取加高加固河道堤防工程、蓄滞洪区运用和退垸行洪生态补偿等湖区系统性综合整治措施加以减缓。

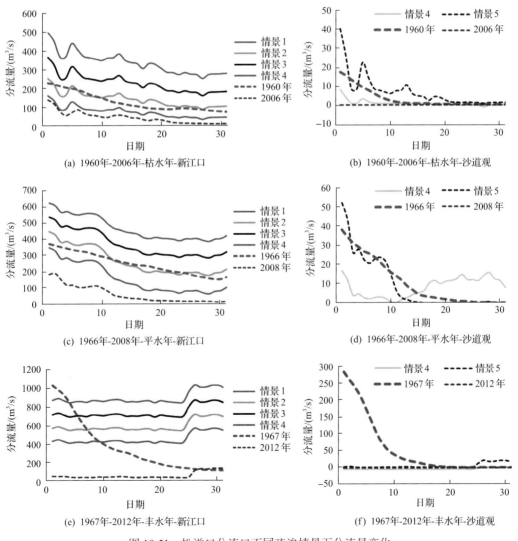

图 10.51　松滋口分流口不同疏浚情景下分流量变化

针对鄱阳湖退水期、枯水期水资源短缺，严重影响湖区人民生产生活的问题，在两湖上游水库群与三峡水库联合调度不足的情况下，可在鄱阳湖替代采用当地百姓历来采用的碟形湖局部调控方式，在供水水源地和生态影响敏感局部湖区构筑低矮土坝，形成近自然状态的碟形子湖，丰平水期过水，枯水期局部控流，在退水、枯水期形成适应性目标的水位波动模式，从而缓解灌溉关键期与枯水期干旱的态势。

10.4.4 加大湖区综合管理力度

1. 控制和规范湖泊采砂

改革开放以来，随着基础建设在各地的兴起，对湖砂的需求也与日俱增。2001年，长江上的大规模采砂被禁止后，鄱阳湖与洞庭湖成为主要的采砂区域。每天有上百艘船在两湖穿梭，将从河湖中挖出的砂土运往全国各地。据统计，自采砂活动在鄱阳湖大规模开展以来，平均每年有 2.4 亿 m^3 的砂土被挖走。这导致了湖口河道的宽度增加并进而影响了鄱阳湖泄流河道的水文特征，从而大大增加了鄱阳湖的泄流能力。通过比较 20世纪 80 年代和 2000 年以后的鄱阳湖湖盆地形变化，采砂活动引起了局部湖盆地形的显著变化。这进一步引起了鄱阳湖与长江之间江湖关系的改变，在一定条件下将加大湖泊向长江的排泄量，在枯水期可能会加剧鄱阳湖的干旱程度(Yao et al., 2018)。此外，在1955～2000 年，鄱阳湖的泄流能力基本没有变化，但是在 2002～2012 年，即采砂活动转移到鄱阳湖后，截至 2008 年的数据显示，鄱阳湖的泄流能力增加了 1.5～2 倍(Lai et al.,2014；赖锡军等，2014)。鄱阳湖泄流能力也影响着长江与两湖的泥沙与营养盐等物质的交换关系，可能导致江湖关系发生根本性变化。因此，对于两湖的采砂活动引起的江湖关系健康影响应给与足够重视，加强采砂管理，合理规划两湖采砂范围，如对于湖泊泄洪通道、自然保护区和重要湿地严格禁止采砂。

2. 加强碟形湖保护与管理

碟形湖主要是指鄱阳湖湖盆区内枯水季节显露于洲滩之中、具有特殊水文过程的季节性子湖泊。丰水期鄱阳湖一片汪洋，碟形湖融入主湖体，鄱阳湖完全显现大湖特征。当主湖区水位下降到 14.5 m 后，碟形湖依次显露；水位继续下降成为孤立的水域，与主湖区没有直接的水流联系，形成湖中湖的独特景观。如果没有人为活动影响，碟形湖水位主要取决于降水、蒸发和下渗作用；秋冬季少雨，碟形湖水位相对稳定，保持浅水湖泊特征(胡振鹏等，2015)，谭其骧先生称为"重湖"。利用 TM 影像和鄱阳湖湖盆数字地形图进行分析，统计出鄱阳湖湖盆内共识别出闸控碟形湖 102 个，总面积 816.32 km^2，占鄱阳湖湖通江水域总面积的 22.25%，主要分布在赣江入湖三角洲。面积最大的蚌湖为71.26 km^2，最小的是赣江尾闾新形成的碟形湖，面积仅 0.67 km^2；其中 2 km^2 以上季节性碟形湖 70 个(胡振鹏等，2015)。碟形湖对于湖泊水安全具有特殊的意义，主要体现在：①增加了鄱阳湖湿地生态系统(植被、大型底栖动物、鱼类、越冬候鸟)的多样性；②缓解了洪旱极端灾害事件对湖泊生态系统的冲击。然而，目前鄱阳湖中部分碟形湖承包给私人，渔民为了最大限度回收成本和扩大利润，通常采取竭泽而渔的捕捞作业，导致湖面干涸，生机全无，使得鸟类失去了食物来源，直接影响鸟类的数量和栖息时间。此外，近年来许多碟形湖用来养殖龙虾、螃蟹等，大量投放饲料，使水质恶化，直接影响了湖泊水环境安全，以及湿地植被和天然水生动物的生长和繁殖。碟形湖的生态功能发挥与管理方式有密切联系，因此，加强碟形湖的保护与管理，对于维护鄱阳湖水安全乃至江湖关系健康均具有重要意义。

3. 强化入湖河口区和湖区综合治理

加强洞庭湖四水尾闾、鄱阳湖五河尾闾重点淤塞段的疏浚、退堤、串河控制等综合整治，重点解决泥沙淤积、芦苇丛生、人为设障、水流混串等问题，恢复河道自然河势和功能，保证河湖水系畅通，从而健全湖区防洪减灾体系，保障湖泊水安全。此外，通过实施两湖入湖河口区疏浚活化，活化水体，提高中低水位湖泊容量，修复湖泊自然生态恢复长江-四水(五河)-内外湖的水力联系，畅通江、湖、河自然联系，构建江河湖畅通、洪水调蓄、枯水调剂、江湖两利的水网体系。

中华人民共和国成立以来，大规模的围湖造田导致两湖湖域、湖容的迅速缩减，洞庭湖 20 世纪 50 年代以来新增围垦面积达 1700 km² 以上，鄱阳湖 50 年代以来围垦面积达 1460 km² 以上，围湖造田引起的湖域、湖容的缩小更甚于泥沙淤积的影响。1998 年特大洪水以来国家决定在两湖湖区开展大规模的退田还湖和移民建镇工作，以鄱阳湖为例，1998～2003 年湖区共将 830 km² 圩堤开展了退田还湖，其中双退圩堤面积达 189 km²(闵骞等，2006)，一定程度上加大了湖泊蓄洪容积，提高了湖泊调蓄洪水的能力，降低大至特大洪水情况下的洪峰水位和缩短高危水位持续时间，同时扩大了天然湿地面积，部分恢复湖区天然湿地功能，有效改善了湖区水生态条件。为进一步恢复两湖江湖关系健康发展，应加强湖区综合整治，开展蓄滞洪区调整建设，稳步推进对洲滩民垸的退田还湖、退圩还湿工作，在两湖及重点入湖河流周边一定范围划定生态缓冲带，严厉打击侵占河湖水域岸线、滩地围垦、填湖造地等行为，包括枯水期的季节性围垦开发，坚决清退非法围垦的湖泊滩地，加强湖泊周边人工围垦形成的养殖垸塘的退垸还湖工作，最大程度保障湖泊水面的完整性和调蓄容量。此外，应持续加强湖区渔业活动的科学管理。2016 年年底，洞庭湖湿地和水禽自然保护区大规模非法钢丝围网养殖被媒体曝光并引发社会各界的关注，仅南洞庭湖矮围围网总面积高达 16.78 万亩，类似的非法网围现象在鄱阳湖区子湖也有报道，极大的影响了两湖自然生态，对水生动植物结构与功能、候鸟栖息地生境造成严重破坏，不同程度的加剧湖泊水污染。因此应严格禁止两湖非法围栏网围养殖、网箱养殖等，依法科学划定禁养区、限养区和养殖区，禁止在自然保护区核心区和缓冲区、饮用水源地一级保护区内人工养殖，拆除影响湖泊内部水文连通的子埂和拦鱼格栅、渔网等阻水措施，在圈圩、围网清除区开展湿地生态修复，重构两湖良性健康的生态系统。

主要参考文献

曹承进, 秦延文, 郑丙辉, 等. 2008. 三峡水库主要入库河流磷营养盐特征及其来源分析. 环境科学, 29(2): 310-315.

陈扬, 汪德爝, 赖锡军. 2003. GMRES 解法在大型河网数值计算中的应用. 水利水运工程学报, (4): 45-48.

成小英, 李世杰. 2006. 长江中下游典型湖泊富营养化演变过程及其特征分析. 科学通报, 51(7): 848-855.

程时长, 卢兵. 2003. 鄱阳湖湖流特征. 江西水利科技, 29(2): 105-108.

崔心红, 钟扬, 李伟, 等. 2000. 特大洪水对鄱阳湖水生植物三个优势种的影响. 水生生物学报, 24(4): 322-325.

戴雪, 何征, 万荣荣, 等. 2017. 近 35 年长江中游大型通江湖泊季节性水情变化规律研究. 长江流域资源与环境, 26(1): 118-125.

戴雪, 万荣荣, 杨桂山, 等. 2014. 鄱阳湖水文节律变化及其与江湖水量交换的关系. 地理科学, 34(12): 1488-1496.

戴雪, 杨桂山, 万荣荣, 等. 2016. 鄱阳湖洲滩植被健康状态评价及其典型不健康年水文条件分析. 长江流域资源与环境, 25(9): 1395-1402.

邓学建, 戴枚兵, 王斌, 等. 2008. 南洞庭湖冬季鸟类群落监测. 湖南林业科技, 35(4): 36-39.

窦鸿身, 姜加虎. 2000. 洞庭湖. 合肥: 中国科学技术大学出版社.

方春明, 曹文洪, 鲁文, 等. 2002. 荆江裁弯造成藕池河急剧淤积与分流分沙减少分析. 泥沙研究, (2): 40-45.

方春明, 曹文洪, 毛继新, 等. 2012. 鄱阳湖与长江关系及三峡蓄水的影响. 水利学报, 43(2): 175-181.

方春明, 毛继新, 陈绪坚. 2007. 三峡工程蓄水运用后荆江三口分流河道冲淤变化模拟. 中国水利水电科学研究院学报, 5(3): 181-185.

高俊峰, 蒋志刚. 2012. 中国五大淡水湖保护与发展. 北京: 科学出版社.

高俊峰, 张琛, 姜加虎, 等. 2001. 洞庭湖的冲淤变化和空间分布. 地理学报, 56(3): 269-277.

高永霞, 孙小静, 张战平, 等. 2007. 风浪扰动引起湖泊磷形态变化的模拟实验研究. 水科学进展, 18(5): 668-673.

耿世伟, 渠晓东, 张远, 等. 2012. 大型底栖动物生物评价指数比较与应用. 环境科学, 33(7): 2281-2287.

顾朝军, 穆兴民, 高鹏, 等. 2016. 赣江流域径流量和输沙量的变化过程及其对人类活动的响应. 泥沙研究, (3): 38-44.

郭华, Hu Q, 张奇, 等. 2012. 鄱阳湖流域水文变化特征成因及旱涝规律. 地理学报, 67(5): 699-709.

郭武, 钱湛. 2011. 湖南湘阴东湖水体生态流量及换水周期计算方法. 中南林业科技大学学报: 自然科学版, 31(9): 66-68.

何征, 万荣荣, 戴雪, 等. 2015. 近 30 年洞庭湖季节性水情变化及其对江湖水量交换变化的响应. 湖泊科学, 27(6): 991-996.

胡春宏, 阮本清, 张双虎. 2017. 长江与洞庭湖鄱阳湖关系演变及其调控. 北京: 科学出版社.

胡春华, 施伟, 胡龙飞, 等. 2012. 鄱阳湖水利枢纽工程对湖区氮磷营养盐影响的模拟研究. 长江流域资源与环境, 21(6): 749-755.

胡光伟, 毛德华, 张旺, 等. 2014. 湖南省四水流域水沙周期特征及其影响因素分析. 长江流域资源与环境, 23(7): 944-953.

胡旭跃, 马利军, 程永舟, 等. 2011. 洞庭湖演变机理及地貌临界特征分析. 人民长江, 42(15): 73-76.

胡遥云, 欧阳青. 2010. 鄱阳湖生态湿地保护存在的问题及对策. 理论导报, (1): 15-16.

胡振鹏. 2009. 调节鄱阳湖枯水位维护江湖健康. 江西水利科技, 35(2): 82-86.

胡振鹏, 张祖芳, 刘以珍, 等. 2015. 碟形湖在鄱阳湖湿地生态系统的作用和意义. 江西水利科技, 41(5): 317-323.

黄代中, 万群, 李利强, 等. 2013. 洞庭湖近20年水质与富营养化状态变化. 环境科学研究, 26(1): 27-33.

黄牧涛, 田勇. 2014. 湖泊三维流场数值模拟及其在东湖的应用. 水动力学研究与进展(A辑), 29(1): 114-124.

吉红霞, 吴桂平, 刘元波. 2014. 近百年来洞庭湖堤垸空间变化及成因分析. 长江流域资源与环境, 23(4): 566-572.

吉红霞, 吴桂平, 刘元波. 2016. 极端干旱事件中洞庭湖水面变化过程及成因分析. 湖泊科学, 28(1): 207-216.

姜加虎, 窦鸿身. 2003. 中国五大淡水湖. 合肥: 中国科学技术大学出版社.

姜加虎, 黄群. 2004. 洞庭湖近几十年来湖盆变化及冲淤特征. 湖泊科学, 16(3): 209-214.

姜加虎, 黄群. 1996. 蚌湖与鄱阳湖水量交换关系的分析. 湖泊科学, 8(3): 208-214.

姜加虎, 窦鸿身, 苏守德, 等. 2009. 江淮中下游淡水湖群. 武汉: 长江出版社.

姜霞, 王书航. 2012. 沉积物质量调查评估手册. 北京: 科学出版社.

金相灿, 王圣瑞, 庞燕. 2004. 太湖沉积物磷形态及pH对磷释放的影响. 中国环境科学, 24(6): 707-711.

赖锡军, 黄群, 张英豪, 等. 2014. 鄱阳湖泄流能力分析. 湖泊科学, 26(4): 529-534.

赖锡军, 姜加虎, 黄群. 2005. 漫滩河道洪水演算的水动力学模型. 水利水运工程学报, (4): 29-35.

赖锡军, 姜加虎, 黄群. 2012a. 三峡工程蓄水对洞庭湖水情的影响格局及其作用机制. 湖泊科学, 24(2), 178-184.

赖锡军, 姜加虎, 黄群. 2012b. 三峡工程蓄水对鄱阳湖水情的影响格局及作用机制分析. 水力发电学报, 31(6): 132-136, 148.

李锦秀, 廖文根. 2002. 水流条件巨大变化对有机污染物降解速率影响研究. 环境科学研究, 15(3): 45-48.

李学山, 王翠平. 1997. 荆江与洞庭湖水沙关系演变及对城螺河段水情影响分析. 人民长江, 28(8): 6-8.

李一平, 逄勇, 陈克森, 等. 2004. 水动力作用下太湖底质泥启动规律研究. 水科学进展, 15(6): 770-774.

李义天, 郭小虎, 唐金武, 等. 2009. 三峡建库后荆江三口分流的变化. 应用基础与工程科学学报, 17(1): 21-31.

李义天, 邓金运, 孙昭华, 等. 2000. 泥沙淤积与洞庭湖调蓄量变化. 水利学报, (12): 48-52.

李云良, 姚静, 张奇. 2017. 长江倒灌对鄱阳湖水文水动力影响的数值模拟. 湖泊科学, 29(5): 1227-1237.

梁培瑜, 王烜, 马芳冰. 2013. 水动力条件对水体富营养化的影响. 湖泊科学, 25(4): 455-462.

林日彭, 倪兆奎, 郭舒琨, 等. 2018. 近 25 年洞庭湖水质演变趋势及下降风险. 中国环境科学, 38(12): 4636-4643.

刘齐德, 黄正其, 张志光. 1995. 洞庭湖湿地鸟类的初步研究. 动物学杂志, 30(1): 27-32.

刘涛, 胡志新, 杨柳燕, 等. 2012. 江苏西部湖泊沉积物营养盐赋存形态和释放潜力差异性分析. 环境科学, 33(9): 3057-3063.

刘元波, 赵晓松, 吴桂平. 2014. 近十年鄱阳湖区极端干旱事件频发现象成因初析. 长江流域资源与环境, 23(1): 131-138.

刘云珠, 史林鹭, 朵海瑞, 等. 2013. 人为干扰下西洞庭湖湿地景观格局变化及冬季水鸟的响应. 生物多样性, 21(6): 666-676.

卢承志. 2005. 江湖关系的现状及问题. 湖南水利水电, (6): 22-25.

卢金友, 罗恒凯. 1999. 长江与洞庭湖关系变化初步分析. 人民长江, 30(4): 24-26.

罗蔚, 张翔, 邹大胜, 等. 2012. 鄱阳湖流域抚河径流特征及变化趋势分析. 水文, 32(3): 75-82.

马广文, 王圣瑞, 王业耀, 等. 2015. 鄱阳湖流域面源污染负荷模拟与氮和磷时空分布特征. 环境科学学报, 35(5): 1285-1291.

马逸麟, 熊彩云, 易文萍. 2003. 鄱阳湖泥沙淤积特征及发展趋势. 资源调查与环境, 24(1): 29-37.

马元旭, 来红州. 2005. 荆江与洞庭湖区近 50 年水沙变化的研究. 水土保持研究, 12(4): 103-106.

欧伏平, 张建明, 王小毛, 等. 2001. 含泥沙水样总磷测定方法的研究. 环境工程, 19(6): 55-56.

欧阳珊, 詹诚, 陈堂华, 等. 2009. 鄱阳湖大型底栖动物物种多样性及资源现状评价. 南昌大学学报: 工科版, 31(1): 9-13.

彭进平, 逄勇, 李一平, 等. 2003. 水动力条件对湖泊水体磷素质量浓度的影响. 生态环境学报, 12(4): 388-392.

《鄱阳湖地图集》编纂委员会. 1993. 鄱阳湖地图集. 北京: 科学出版社.

齐述华, 张起明, 江丰, 等. 2014. 水位对鄱阳湖湿地越冬候鸟生境景观格局的影响研究. 自然资源学报, 29(8): 1345-1355.

钱奎梅, 刘霞, 段明, 等. 2016. 鄱阳湖蓝藻分布及其影响因素分析. 中国环境科学, 36(1): 261-267.

师哲, 张亭, 高华斌. 2008. 鄱阳湖地区流域水土流失特点研究初探. 长江科学院院报, 25(3): 38-41.

孙苏里, 沈健. 2015. 松滋河演变与治理研究. 水资源研究, 4(6): 559-566.

孙小静, 朱广伟, 罗潋葱, 等. 2005. 浅水湖泊沉积物磷释放的波浪水槽试验研究. 中国科学: 地球科学, 35(s2): 81-89.

谭国良, 郭生练, 王俊, 等. 2013. 鄱阳湖生态经济区水文水资源演变规律研究. 北京: 中国水利水电出版社.

唐明. 2010. 鄱阳湖水利枢纽工程"调枯不调洪"建设理念. 中国农村水利水电, (9): 23-25.

唐日长. 1999. 下荆江裁弯对荆江洞庭湖影响分析. 人民长江, 30(4): 20-23.

陶卫春, 王克林, 陈洪松, 等. 2007. 退田还湖工程对洞庭湖生态承载力的影响评价. 中国生态农业学报, 15(3): 155-160.

田泽斌, 王丽婧, 李小宝, 等. 2014. 洞庭湖出入湖污染物通量特征. 环境科学研究, 27(9): 1008-1015.

童亚莉, 梁涛, 王凌青, 等. 2016. 双向环形水槽模拟变化水位和流速下洞庭湖沉积物氮释放特征. 湖泊科学, 28(1): 59-67.

涂业苟, 俞长好, 黄晓凤. 2009. 鄱阳湖区域越冬雁鸭类分布与数量. 江西农业大学学报, 31(4): 760-764.

汪德燿. 1989. 计算水力学理论及应用. 南京: 河海大学出版社.

汪星, 李利强, 郑丙辉, 等. 2016. 洞庭湖浮游藻类功能群的组成特征及其影响因素研究. 中国环境科学, 36(12): 3766-3776.

汪星, 郑丙辉, 刘录三, 等. 2012. 洞庭湖典型断面藻类组成及其与环境因子典范对应分析. 农业环境科学学报, 31(5): 995-1002.

王崇瑞, 李鸿, 袁希平. 2013. 洞庭湖渔业水域氮磷时空分布分析. 长江流域资源与环境, 22(7): 928-936.

王力玉, 秦华鹏, 王波, 等. 2012. 再生水回用于社区景观水体的富营养化风险与成本分析. 水资源保护, 28(6): 93-96.

王然丰, 李志萍, 赵贵章, 等. 2017. 近60年鄱阳湖水情演变特征. 热带地理, 37(4): 512-521.

王天宇, 王金秋, 吴健平. 2005. 春秋两季鄱阳湖浮游植物物种多样性的比较研究. 复旦学报: 自然科学版, 43(6): 1073-1078.

王婷, 王坤, 王丽婧, 等. 2018. 三峡工程运行对洞庭湖水环境及富营养化风险影响评述. 环境科学研究, 31(1): 15-24.

王伟, 卢少勇, 金相灿, 等. 2010. 洞庭湖沉积物及上覆水体氮的空间分布. 环境科学与技术, 33(12F): 6-10.

王雯雯, 王书航, 姜霞, 等. 2013. 洞庭湖沉积物不同形态氮赋存特征及其释放风险. 环境科学研究, 26(6): 598-605.

王岩, 姜霞, 李永峰, 等. 2014. 洞庭湖氮磷时空分布与水体营养状态特征. 环境科学研究, 27(5): 484-491.

王艳分, 倪兆奎, 林日彭, 等. 2018. 洞庭湖水环境演变特征及关键影响因素识别. 环境科学学报, 38(7): 2554-2559.

王艺兵, 侯泽英, 叶碧碧, 等. 2015. 鄱阳湖浮游植物时空变化特征及影响因素分析. 环境科学学报, 35(5): 1310-1317.

邬红娟, 郭生练. 2001. 水库水文情势与浮游植物群落结构. 水科学进展, 12(1): 51-55.

夏少霞, 于秀波, 范娜. 2010. 鄱阳湖越冬季候鸟栖息地面积与水位变化的关系. 资源科学, 32(11): 2072-2078.

谢冬明, 郑鹏, 邓红兵, 等. 2011. 鄱阳湖湿地水位变化的景观响应. 生态学报, 31(5): 1269-1276.

谢钦铭, 李长春, 彭赐莲. 2000. 鄱阳湖浮游藻类群落生态的初步研究. 江西科学, 18(3): 162-166.

谢永宏, 陈心胜. 2008. 三峡工程对洞庭湖湿地植被演替的影响. 农业现代化研究, 29(6): 684-687.

熊道光. 1991. 鄱阳湖湖流特性分析与研究. 海洋与湖沼, 22(3): 200-207.

熊剑, 喻方琴, 田琪, 等. 2016. 近30年来洞庭湖水质营养状况演变特征分析. 湖泊科学, 28(6): 1217-1225.

许全喜, 胡功宇, 袁晶. 2009. 近50年来荆江三口分流分沙变化研究. 泥沙研究, (5): 1-8.

鄢帮有, 刘青, 万金保, 等. 2010. 鄱阳湖生态环境保护与资源利用技术模式研究. 长江流域资源与环境, 19(6): 614-618.

杨汉, 黄艳芳, 李利强, 等. 1999. 洞庭湖的富营养化研究. 甘肃环境研究与监测, 12(3): 120-122.

姚静, 李云良, 李梦凡, 等. 2017. 地形变化对鄱阳湖枯水的影响. 湖泊科学, 29(4): 955-964.

叶崇开, 张怀真, 王秀玉, 等. 1991. 鄱阳湖近期沉积速率的研究. 海洋与湖沼, 22(3): 272-278.

尹发能. 2008. 洪湖自然环境演变研究. 人民长江, 39(5): 19-22.

尹宗贤, 张俊才. 1987. 鄱阳湖水文特征(Ⅱ). 海洋与湖沼, 18(2): 208-214.

张光贵, 卢少勇, 田琪. 2016. 近 20 年洞庭湖总氮和总磷浓度时空变化及其影响因素分析. 环境化学, 35(11): 2377-2385.

张奇. 2018. 鄱阳湖水文情势变化研究. 北京: 科学出版社.

张瑞瑾. 1963. 论重力理论兼论悬移质运动过程. 水利学报, 3: 11-23.

张维, 赵运林, 薛云, 等. 2014. 基于 MODIS 数据的 2000～2013 年洞庭湖水华时空变化研究. 电脑与电信, 1～2: 33-35.

张毅敏, 张永春, 张龙江, 等. 2007. 湖泊水动力对蓝藻生长的影响. 中国环境科学, 27(5): 707-711.

张子林, 黄立章. 2008. 浅析鄱阳湖采砂对生态环境的影响. 江西水利科技, 34(1): 7-10.

赵军凯, 李九发, 戴志军, 等. 2011. 枯水年长江中下游江湖水交换作用分析. 自然资源学报, 26(9): 1613-1627.

郑丙辉, 曹承进, 秦延文, 等. 2008. 三峡水库主要入库河流氮营养盐特征及其来源分析. 环境科学, 29(1): 1-6.

郑丙辉, 曹承进, 张佳磊, 等. 2009. 三峡水库支流大宁河水华特征研究. 环境科学, 30(11): 3218-3226.

钟福生, 王焰新, 邓学建, 等. 2007. 洞庭湖湿地珍稀濒危鸟类群落组成及多样性. 生态环境, 16(5): 1485-1491.

钟振宇, 陈灿. 2011. 洞庭湖水质及富营养状态评价. 环境科学与管理, 36(7): 169-173.

周静, 万荣荣, 吴兴华, 等. 2020. 洞庭湖湿地植被长期格局变化(1987～2016 年)及其对水文过程的响应. 湖泊科学, 32(6): 1723-1735.

朱海虹, 张本, 等. 1997. 鄱阳湖——水文·生物·沉积·湿地·开发整治. 合肥: 中国科学技术大学出版社.

朱玲玲, 陈剑池, 袁晶, 等. 2014. 洞庭湖和鄱阳湖泥沙冲淤特征及三峡水库对其影响. 水科学进展, 25(3): 348-357.

朱轶, 吕偲, 胡慧建, 等. 2014. 三峡大坝运行前后西洞庭湖鱼类群落结构特征变化. 湖泊科学, 26(6): 844-852.

Aroviita J, Hamalainen H. 2008. The impact of water-level regulation on littoral macroinvertebrate assemblages in boreal lakes. Hydrobiologia, 613(1): 45-56.

Barrat-Segretain M. 1996. Germination and colonisation dynamics of Nuphar lutea(L.)Sm. in a former river channel. Aquatic Botany, 55(1), 31-38.

Baschuk M S, Koper N, Wrubleski D A, et al. 2012. Effects of water depth, cover and food resources on habitat use of marsh birds and waterfowl in Boreal Wetlands of Manitoba, Canada. Waterbirds, 35(1), 44-55.

Baumgärtner D, Mörtl M, Rothhaupt K O. 2008. Effects of water-depth and water-level fluctuations on the macroinvertebrate community structure in the littoral zone of Lake Constance. Hydrobiologia, 613(1): 97-107.

BirdLife International. 2012. Anser erythropus. In: IUCN 2012. IUCN Red List of Threatened Species. Version 292.

Blindow I, Hargeby A, Andersson G. 1998. Alternative Stable States in Shallow Lakes: What Causes a Shift? The structuring role of submerged macrophytes in lakes. Springer: 353-360.

Bolduc F, Afton A D. 2008. Monitoring waterbird abundance in wetlands: The importance of controlling results for variation in water depth. Ecological Modelling, 216(3): 402–408.

Bonnet M P, Barroux G, Martinez J M, et al. 2008. Floodplain hydrology in an Amazon floodplain lake (Lago Grande de Curuai). Journal of Hydrology, 349: 18–30.

Breiman L, Friedman J H, Olshen R, et al. 1984. Classification and regressim trees. Biometrics, 1(1): 14–23.

Cai Y, Liu Y, Wu Z, et al. 2014. Community structure and decadal changes in macrozoobenthic assemblages in Lake Poyang, the largest freshwater lake in China. Knowledge and Management of Aquatic Ecosystems, 414: 9.

Cai Y, Zhang Y, Wu Z, et al. 2017. Composition, diversity, and environmental correlates of benthic macroinvertebrate communities in the five largest freshwater lakes of China. Hydrobiologia, 788(1): 85–98.

Cao J, Chu Z, Du Y, et al. 2016. Phytoplankton dynamics and their relationship with environmental variables of Lake Poyang. Hydrology Research, 47(S1): 249–260.

Cao L, Zhang Y, Barter M, et al. 2010. Anatidae in eastern China during the non-breeding season: Geographical distributions and protection status. Biological Conservation, 143(3): 650–659.

Casanova M T, Brock M A. 2000. How do depth, duration and frequency of flooding influence the establishment of wetland plant communities? Plant Ecology, 147(2): 237–250.

Cong P H, Wang X, Cao L, et al. 2012. Within-winter shifts in Lesser White-fronted Goose Anser erythropus distribution at East Dongting Lake, China. Ardea, 100(1): 5–11.

Cooling M P, Ganf G G, Walker K F. 2001. Leaf recruitment and elongation: An adaptive response to flooding in Villarsia reniformis. Aquatic Botany, 70(4): 281–294.

Dai Z J, Liu J T. 2013. Impacts of large dams on downstream fluvial sedimentation: an example of the Three Gorges Dam (TGD) on the Changjiang (Yangtze River). Journal of Hydrology, 480: 10–18.

Dai S B, Yang S L, Li M. 2009. The sharp decrease in suspended sediment supply from China's rivers to the sea: Anthropogenic and natural causes. Hydrological Science Journal, 54(1): 135–146.

Dai X, Wan R, Yang G. 2015. Non-stationary water-level fluctuation in China's Poyang Lake and its interactions with Yangtze River. Journal of Geographical Sciences, 25(3): 274–288.

Dai X, Wan R, Yang G, et al. 2016. Responses of wetland vegetation in Poyang Lake, China to water-level fluctuations. Hydrobiologia, 773(1): 35–47.

Dai X, Wan R, Yang G, et al. 2019. Impact of seasonal water level fluctuations on autumn vegetation in Poyang Lake wetland, China. Frontiers of Earth Science, 13(2): 398–409.

Dai X, Yang G, Wan R, et al. 2018. The effect of the Changjiang River on water regimes of its tributary Lake East Dongting. Journal of Geographical Science, 28(8): 1072–1084.

De Emiliani M O G. 1997. Effects of water level fluctuations on phytoplankton in a river-floodplain lake system (Paraná River, Argentina). Hydrobiologia, 357(1): 1–15.

Deegan B M, White S D, Ganf G G. 2007. The influence of water level fluctuations on the growth of four emergent macrophyte species. Aquatic Botany, 86(4): 309–315.

Dobbie M J, Dail D. 2013. Robustness and sensitivity of weighting and aggregation in constructing composite indices. Ecological Indicators, 29: 270–277.

Farago S, Hangya K. 2012. Effects of water level on waterbird abundance and diversity along the middle section of the Danube River. Hydrobiologia, 697(1): 15–21.

Franzluebbers A J. 2002. Water infiltration and soil structure related to organic matter and its stratification with depth. Soil and Tillage Research, 66: 197–205.

Gonzalez-Gajardo A, Sepulveda P V, Schlatter R. 2009. Waterbird assemblages and habitat characteristics in wetlands: influence of temporal variability on species-habitat relationships. Waterbirds, 32(2): 225–233.

Guan L, Jia Y F, Saintilan N, et al. 2015. Causality between abundance and diversity is weak for wintering migratory waterbirds. Freshwater Biology, 61(2): 206–218.

Guan L, Wen L, Feng D, et al. 2014. Delayed flood recession in central Yangtze floodplains can cause significant food shortages for wintering geese: Results of inundation experiment. Environmental Management, 54(6): 1331–1341.

Guo H, Hu Q, Zhang Q, et al. 2012. Effects of the Three Gorges Dam on Yangtze River flow and river interaction with Poyang Lake, China: 2003-2008. Journal of Hydrology, 416: 19–27.

Henry C P, Amoros C. 1996. Restoration ecology of riverine wetlands. III. Vegetation survey and monitoring optimization. Ecological Engineering, 7(1): 35–58.

Hu C H, Fang C M, Cao W H. 2015. Shrinking of Dongting Lake and its weakening connection with the Yangtze River: Analysis of the impact on flooding. International Journal of Sediment Research, 30(3): 256–262.

Hu J, Xie Y, Tang Y, et al. 2018. Changes of vegetation distribution in the east Dongting Lake after the operation of the Three Gorges Dam, China. Frontiers in Plant Science, 9: 582.

Hu Q, Feng S, Guo H, et al. 2007. Interactions of the Yangtze river flow and hydrologic processes of the Poyang Lake, China. Journal of Hydrology, 347: 90–100.

Isola C R, Colwell M A, Taft O W, et al. 2000. Interspecific differences in habitat use of shorebirds and waterfowl foraging in managed wetlands of California's San Joaquin Valley. Waterbirds, 23(2): 196–203.

IUCN. 2012. Duck-hunting reserve of the Maharajas. https://www.iucn.org/content/duck-hunting-reserve-maharajas. 2012-03-09.

Jia Y, Jiao S, Zhang Y, et al. 2013. Diet shift and its impact on foraging behavior of Siberian Crane (Grus Leucogeranus) in Poyang Lake. Plos One, 8 (6):e65843.

Jobin B, Robillard L, Latendresse C. 2009. Response of a least bittern (Ixobrychus exilis)population to interannual water level fluctuations. Waterbirds, 32(1): 73–80.

Kanai Y, Ueta M, Germogenov N, et al. 2002. Migration routes and important resting areas of Siberian cranes (Grus leucogeranus) between northeastern Siberia and China as revealed by satellite tracking. Biological Conservation, 106(3): 339–346.

Keddy P A, Reznicek A A. 1986. Great Lakes vegetation dynamics: The role of fluctuating water levels and buried seeds. Journal of Great Lakes Research, 12(1): 25–36.

Keto A, Tarvainen A, Hellsten S. 2006. The effect of water level regulation on species richness and abundance of aquatic macrophytes in Finnish lakes. International Association of Theoretical and Applied Limnology, Proceedings, Vol 26, Pt 1, 29: 2103–2108.

Lai X, Jiang J, Liang Q, et al. 2013. Large-scale hydrodynamic modeling of the middle Yangtze River Basin with complex river–lake interactions. Journal of Hydrology, 492: 228-243.

Lai X, Jiang J, Yang G, et al. 2014. Should the Three Gorges Dam be blamed for the extremely low water levels in the middle–lower Yangtze River? Hydrological Processes, 28(1): 150-160.

Lantz S M, Gawlik D E, Cook M I. 2010. The effects of water depth and submerged aquatic vegetation on the selection of foraging habitat and foraging success of wading birds. The Condor, 112(3): 460-469.

Lei J, Jia Y, Zuo A, et al. 2019. Bird satellite tracking revealed critical protection gaps in East Asian–Australasian Flyway. International Journal of Environmental Research and Public Health, 16(7): 1147.

Lesack L F W, Melack J M. 1995. Flooding hydrology and mixture dynamics of lake water derived from multiple sources in an amazon floodplain lake. Water Resources Research, 31(2): 329-345.

Li B, Yang G, Wan R. 2020. Multidecadal water quality deterioration in the largest freshwater lake in China (Poyang Lake): Implications on eutrophication management. Environmental Pollution, 260: 114033.

Li B, Yang G, Wan R, et al. 2016. Spatiotemporal variability in the water quality of Poyang Lake and its associated responses to hydrological conditions. Water, 8(7): 296.

Li B, Yang G, Wan R, et al. 2017. Combining multivariate statistical techniques and random forests model to assess and diagnose the trophic status of Poyang Lake in China. Ecological Indicators, 83: 74-83.

Li X, Yao J, Li Y, et al. 2016. A modeling study of the influences of Yangtze River and local catchment on the development of floods in Poyang Lake, China. Hydrology Research, 47(S1): 102-119.

Li X, Zhang Q. 2015. Variation of floods characteristics and their responses to climate and human activities in Poyang Lake, China. Chinese Geographical Science, 25(1): 13-25.

Li X, Zhang Q, Xu C, et al. 2015. The changing patterns of floods in Poyang Lake, China: Characteristics and explanations. Natural Hazards, 76(1): 651-666.

Li Y, Zhang Q, Werner A D, et al. 2015. Investigating a complex lake-catchment-river system using artificial neural networks: Poyang Lake (China). Hydrology Research, 46(6): 912-928.

Li Y, Zhang Q, Werner A, et al. 2017. The influence of river-to-lake backflow on the hydrodynamics of a large floodplain lake system (Poyang Lake, China). Hydrological Processes, 31(1): 117-132.

Liang T, Tong Y, Wang X, et al. 2016. Release of reactive phosphorus from sediments in Dongting Lake linked with the Yangtze River. Environmental Chemistry, 14(1): 48-54.

Liu B, Liu J, Jeppesen E, et al. 2019. Horizontal distribution of pelagic crustacean zooplankton biomass and body size in contrasting habitat types in Lake Poyang, China. Environmental Science and Pollution Research, 26(3): 2270-2280.

Liu X, Li Y, Liu B, et al. 2016. Cyanobacteria in the complex river-connected Poyang Lake: Horizontal distribution and transport. Hydrobiologia, 768(1): 95-110.

Liu X, Qian K, Chen Y. 2015. Effects of water level fluctuations on phytoplankton in a Changjiang River floodplain lake (Poyang Lake): Implications for dam operations. Journal of Great Lakes Research, 41(3): 770-779.

Liu Y, Song P, Peng J, et al. 2011. Recent increased frequency of drought events in Poyang Lake Basin, China: Climate change or anthropogenic effects? Hydro-climatology: Variability and Change (Proceedings of symposium J-H02 held during IUGG2011, July 2011), 344: 99-104.

Liu Y, Wu G. 2016. Hydroclimatological influences on recently increased droughts in China's largest freshwater lake. Hydrology and Earth System Science, 20(1): 93–107.

Liu Y, Wu G, Guo R, et al. 2016. Changing landscapes by damming: The Three Gorges Dam causes downstream lake shrinkage and severe droughts. Landscape Ecology, 31(8): 1883–1890.

Liu Y, Wu P, Zhao X. 2013. Recent declines in China's largest freshwater lake: Trend or regime shift? Environmental Research Letters, 8(1): 14–16.

Macek P, Rejmánková E, Houdková K. 2006. The effect of long-term submergence on functional properties of Eleocharis cellulosa Torr. Aquatic Botany, 84(3): 251–258.

Maren van D S, Yang S L, He Q. 2013. The impact of silt trapping in large reservoirs on downstream morphology: The Yangtze River. Ocean Dynamics, 63(6): 691–707.

Markkola J, Iwabuchi S, Gang L, et al. 1999. Lesser white-fronted goose survey at the East Dongting and Poyang lakes in China, February 1999. Cambridge (United Kingdom): BirdLife International.

May R M. 1977. Thresholds and breakpoints in ecosystems with a multiplicity of stable states. Nature, 269(5628): 471–477.

Miler O, Porst G, McGoff E, et al. 2013. Morphological alterations of lake shores in Europe: A multimetric ecological assessment approach using benthic macroinvertebrates. Ecological Indicators, 34: 398–410.

Mjelde M, Hellsten S, Ecke F. 2013. A water level drawdown index for aquatic macrophytes in Nordic lakes. Hydrobiologia, 704(1): 141–151.

Obeysekera J, Kuebler L, Ahmed S, et al. 2011. Use of hydrologic and hydrodynamic modeling for ecosystem restoration. Critical Reviews in Environmental Science and Technology, 41(S1): 447–488.

Paerl H W, Valdes L M, Pinckney J L, et al. 2003. Phytoplankton photopigments as indicators of estuarine and coastal eutrophication. BioScience, 53(10): 953–964.

Palmer M W. 1994. Variation in species richness-towards a unification of hypotheses. Folia Geobotanica & Phytotaxonomica, 29(4): 511–530.

Poff N L R, Allan J D, Bain M B, et al. 1997. The natural flow regime. BioScience, 47(11): 769–784.

Riis T, Hawes I. 2002. Relationships between water level fluctuations and vegetation diversity in shallow water of New Zealand lakes. Aquatic Botany, 74(2): 133–148.

Solheim A, Feld C K, Birk S, et al. 2013. Ecological status assessment of European lakes: A comparison of metrics for phytoplankton, macrophytes, benthic invertebrates and fish. Hydrobiologia, 704(1):57–74.

Solheim A L, Rekolainen S, Moe S J, et al. 2008. Ecological threshold responses in European lakes and their applicability for the Water Framework Directive (WFD) implementation: Synthesis of lakes results from the REBECCA project. Aquatic Ecology, 42(2): 317–334.

Sutela T, Vehanen T. 2008. Effects of water-level regulation on the nearshore fish community in boreal lakes. Hydrobiologia, 613(1): 13–20.

Tian Z, Zheng B, Wang L, et al. 2017. Long term (1997-2014) spatial and temporal variations in nitrogen in Dongting Lake, China. Plos One, 12(2): e0170993.

Van Geest G J, Coops H, Roijackers R M M, et al. 2005. Succession of aquatic vegetation driven by reduced water-level fluctuations in floodplain lakes. Journal of Applied Ecology, 42(2): 251–260.

Van Rijn L C. 1984. Sediment transport. II: Suspended load transport. Journal of Hydrologic Engineering, 110(11): 1613-1641.

Wan R, Wang P, Dai X, et al. 2020. Water safety assessment and spatio-temporal changes in Dongting Lake, China on the basis of water regime during 1980–2014. Journal of Water and Climate Change, 11(3): 877-890.

Wan R, Yang G, Dai X, et al. 2018. Water security-based hydrological regime assessment method for lakes with extreme seasonal water level fluctuations: A case study of Poyang Lake, China. Chinese Geographical Science, 28(3): 456-469.

Wang L, Liang T. 2016. Distribution patterns and dynamics of phosphorus forms in the overlying water and sediment of Dongting Lake. Journal of Great Lakes Research, 42(3): 565-570.

Wang H, Xie Z, Wu X, et al. 2002. A preliminary study of zoobenthos in the Poyang Lake, the largest freshwater lake of China, and its adjoining reaches of Changjiang River. Acta hydrobiologica Sinica, 23(SUPP): 132-138.

Wang T, Wang K, Jiang X. 2018. Transportation of nitrogen between water column and surficial sediments in simulate wetting season. Fresenius Environmental Bulletin, 27(10): 6460-6468.

Wang X, Fox A D, Cong P H, et al. 2012. Change in the distribution and abundance of wintering Lesser White-fronted Geese Anser erythropus in eastern China. Bird Conservation International, 22(2): 128-134.

Wu G, Leeuw J D, Skidmore A K, et al. 2009. Will the three gorges dam affect the underwater light climate of Vallisneria spiralis L. and food habitat of Siberian crane in Poyang Lake? Hydrobiologia, 623(1): 213-222.

Wu Z, Cai Y, Liu X, et al. 2013. Temporal and spatial variability of phytoplankton in Lake Poyang: The largest freshwater lake in China. Journal of Great Lakes Research, 39(3): 476-483.

Wu Z, Lai X, Zhang L, et al. 2014. Phytoplankton chlorophyll a in Lake Poyang and its tributaries during dry, mid-dry and wet seasons: A 4-year study. Knowledge and Management of Aquatic Ecosystems, 412, 6.

Xu F L, Dawson R W, Tao S, et al. 2001. A method for lake ecosystem health assessment: An Ecological Modeling Method (EMM) and its application. Hydrobiologia, 443(1): 159-175.

Xu J J, Yang D W, Yi Y H, et al. 2008. Spatial and temporal variation of runoff in the Yangtze River basin during the past 40 years. Quaternary International, 186(1): 32-42.

Xu K, Chen Z, Zhao Y, et al. 2005. Simulated sediment flux during 1998 big-flood of the Yangtze (Changjiang) River, China. Journal of Hydrology, 313: 221-233.

Xu X, Zhang Q, Tan Z, et al. 2015. Effects of water-table depth and soil moisture on plant biomass, diversity, and distribution at a seasonally flooded wetland of Poyang Lake, China. Chinese Geographical Science, 25(6): 739-756.

Yan F, Liu L, Li Y, et al. 2015. A dynamic water quality index model based on functional data analysis. Ecological Indicators, 57: 249-258.

Yang S L, Milliman J D, Xu K H, et al. 2014. Downstream sedimentary and geomorphic impacts of the Three Gorges Dam on the Yangtze River. Earth-Science Reviews, 138: 469-486.

Yang S L, Zhang J, Dai S B, et al. 2007. Effect of deposition and erosion within the main river channel and large lakes on sediment delivery to the estuary of the Yangtze River. Journal of Geophysical Research, 112(F2): F02005.

Yang S L, Zhang J, Zhu J, et al. 2005. Impact of dams on Yangtze River sediment supply to the sea and delta intertidal wetland response. Journal of Geophysical Research, Earth Surface, 110(F3): F03006.

Yao J, Zhang Q, Li Y, et al. 2016. Hydrological evidence and causes of seasonal low water levels in a large river-lake system: Poyang Lake, China. Hydrology Research, 47(S1): 24-39.

Yao J, Zhang Q, Ye X, et al. 2018. Quantifying the impact of bathymetric changes on the hydrological regimes in a large floodplain lake: Poyang Lake. Journal of Hydrology, 561: 711-723.

Yao X, Wang S, Ni Z, et al. 2014. The response of water quality variation in Poyang Lake (Jiangxi, People's Republic of China) to hydrological changes using historical data and DOM fluorescence. Environmental Science and Pollution Research, 22(4): 3032-3042.

Ye X, Li Y, Li X, et al. 2014. Factors influencing water level changes in China's largest freshwater lake, Poyang Lake, in the past 50 years. Water International, 39(7): 983-999.

Ye X C, Zhang Q, Liu J, et al. 2013. Distinguishing the relative impacts of climate change and human activities on variation of streamflow in the Poyang Lake catchment, China. Journal of Hydrology, 494: 83-95.

You H L, Fan H X, Xu L G, et al. 2017. Effects of water regime on spring wetland landscape evolution in Poyang Lake between 2000 and 2010. Water, 9(7): 467.

Zhang Q, Li L, Wang Y G, et al. 2012. Has the three-gorges dam made the Poyang Lake wetlands wetter and drier? Geophysical Research Letters, 39(20): 20-25.

Zhang Q, Ye X C, Werner A D, et al. 2014. An investigation of enhanced recessions in Poyang Lake: Comparison of Yangtze River and local catchment impacts. Journal of Hydrology, 517: 425-434.

Zhang Y, Cao L, Barter M, et al. 2011. Changing distribution and abundance of Swan Goose Anser cygnoides in the Yangtze River floodplain: The likely loss of a very important wintering site. Bird Conservation International, 21(1): 36-48.

Zhang Y, Yang G, Li B, et al. 2016. Using eutrophication and ecological indicators to assess ecosgstem condition in Poyang Lake, a Yangtze-connected lake. Aquatic Ecosystem Health and Management, 19(1): 29-39.

Zhang Y, Yang G, Wan R, et al. 2019. Research on ecosystem health assessment indices and thresholds of a large Yangtze-connected lake, Poyang Lake. Applied Ecology and Environmental Research, 17(5): 11701-11716.

Zhao J, Li J, Dai Z, et al. 2010. Key role of the lakes in runoff supplement in the mid-lower reaches of the Yangtze River during typical drought years. International Conference on Digtial Manufacturing and Automation, ICDMA 2010, Changsha, China, 874-880.